G. Warnecke   M. Huch   K. Germann
Herausgeber

Tatort »ERDE«

Menschliche Eingriffe
in Naturraum und Klima

Zweite Auflage

Mit 72 Abbildungen
und 28 Tabellen

Springer-Verlag
Berlin Heidelberg New York
London Paris Tokyo
Hong Kong Barcelona
Budapest

Prof. Dr. GÜNTER WARNECKE
Freie Universität Berlin
Thielallee 50
1000 Berlin 33

MONIKA HUCH
Plöck 52
6900 Heidelberg

Prof. Dr. KLAUS GERMANN
Technische Universität Berlin
FG Lagerstättenforschung
Ernst-Reuter-Platz 1
1000 Berlin 12

Die Deutsche Bibliothek – CIP-Einheitsaufnahme
Tatort Erde: menschliche Eingriffe in Naturraum und Klima; mit 28 Tabellen / G. War-
necke ... – 2. Aufl. – Berlin; Heidelberg; New York; London; Paris; Tokyo; Hong
Kong; Barcelona; Budapest: Springer, 1992
ISBN-13: 978-3-540-55185-0   e-ISBN-13: 978-3-642-77316-7
DOI: 10.1007/978-3-642-77316-7
NE: Warnecke, Günter

Satz: K+V Fotosatz GmbH, Beerfelden

32/3140-5 4 3 2 1 0 – Gedruckt auf säurefreiem Papier

Vorwort zur zweiten Auflage

Die Aktualität der in diesem Buch angeschnittenen Themen bestätigt unser Anliegen, das wir im Vorwort zur 1. Auflage formuliert haben: die Verletzlichkeit des Systems Erde verbreitet bewußt zu machen. Wir freuen uns sehr über die Resonanz in den Medien und bei den Lesern, die wir in diesem Ausmaß nicht erwartet hatten, die aber eine zweite Auflage innerhalb eines halben Jahres nötig macht.

Die kritischen Anmerkungen über ein fehlendes Sachverzeichnis haben wir daher gerne aufgegriffen und hoffen, mit den ausgewählten Stichworten den Zugang zu den verschiedenen Themenbereichen auch fachfremden Lesern zu erleichtern.

Berlin, Heidelberg,
im Dezember 1991

GÜNTER WARNECKE · MONIKA HUCH
KLAUS GERMANN

Vorwort zur ersten Auflage

Die Sorge um unsere Umwelt läßt uns immer sensibler darauf achten, welche
Folgen menschliche Eingriffe auf der Erde bisher bewirkt haben und noch auslösen werden. In den vergangenen Jahren fand der Begriff „Umwelt" Eingang
in die Politik, und die Einrichtung von Umweltministerien war eine der Konsequenzen aus dem gestiegenen Umweltbewußtsein.

Doch was verstehen wir unter „Umwelt"? Umwelt, das ist die physikalische
und biologische Umgebung des Menschen, die Luft, die wir atmen, das Wasser,
das wir trinken, der Boden, den wir bewirtschaften, der uns umgebende Naturraum also. Mit ihm stehen wir in ständiger Wechselwirkung. Wir haben inzwischen gelernt, daß dieser Naturraum nicht vermehrbar ist, sondern ein be-
grenztes und verletzliches Kapital bedeutet, mit dem wir sehr sorgsam umge-
hen müssen. Mit dem Begriff Umwelt eng verknüpft sind aber auch die Nutzung dieses Naturraumes und die daraus entstehenden Belastungen. Wir ver-
schmutzen die Luft durch Abgase, belasten das Wasser durch Reinigungsmittel
und verändern den Boden auf vielfältigste Weise, indem wir die natürlichen
Biotope umgestalten oder zerstören, ihn seiner schützenden Vegetationsdecke
berauben, ihn überdüngen, vergiften oder mit Gebäuden überbauen und mit
Straßen und Wegen verdichten.

Der Mensch hat schon immer in den Naturraum eingegriffen. So haben un-
sere Vorfahren in Mitteleuropa bereits vor Jahrhunderten damit begonnen, die
Naturlandschaft in eine sogenannte Kulturlandschaft zu verwandeln. Diese
Eingriffe störten aber lange Zeit die Eigendynamik des Öko- und Klimasystems Erde insgesamt nicht entscheidend. Zwar verursachte z. B. schon der an-
tike Bergbau auf Silber oder Kupfer und die Verhüttung der Erze in manchen
Landstrichen erhebliche Naturschäden, und weiträumiger Kahlschlag oder
Überweidung führten zu Verkarstung und Versteppung, aber diese Folgen blieben zumeist regional begrenzt. Erst seit die technische Entwicklung beispielsweise die massenhafte Verwendung fossiler Brennstoffe und die Produktion organischer Kunststoffe in großem Maßstab möglich machte, erreichte die Stra-
pazierung des globalen Ökosystems Erde eine neue Qualität, die sich vor allem
in den Veränderungen der Atmosphäre äußert. Darüber hinaus führt das
Anwachsen der Bevölkerung weltweit zu wachsenden Ansprüchen an die
Erde. Beispielhaft sei hier die Steigerung der Lebensmittelerträge durch den
Einsatz von künstlichem Dünger und von Pestiziden zur Schädlingsbekämp-
fung mit den daraus entstehenden Belastungen für Boden und Grundwasser
erwähnt.

Es bleiben nicht viele Wege und nicht viel Zeit, die sich immer deutlicher ab-
zeichnende globale Gefährdung, vor der seit nun über 30 Jahren gewarnt wird,
abzuwenden. Oberstes Gebot muß eine bewußtere Nutzung des nicht vermehrbaren Naturraums sein, die auf sparsamen und schonenden Umgang mit den
Ressourcen ausgerichtet ist, um die Auswirkungen der bisherigen Schäden zu
begrenzen und künftige Schäden möglichst gering zu halten. Dazu benötigen
wir Bestandsaufnahmen, um Ursachen, Art und Ausmaß der Schädigungen
abschätzen zu können. So, wie der Kriminologe versucht, die Hintergründe der
Tat und den Tathergang zu ermitteln, müssen die Auswirkungen des weltweiten
fahrlässigen Umganges mit der Erde systematisch studiert werden. Bereits die
bisher vorgenommenen Untersuchungen zu den Veränderungen auf unserem
Planeten ließen erkennen, daß die gesamte Erde als „Tatort" zu betrachten ist.
Die Erfassungsmethoden für die Umweltveränderungen wurden laufend verfei-
nert, aber das Ausmaß und die Geschwindigkeit der Veränderungen haben sich
kaum verringert. Zu viele, im einzelnen vielleicht unscheinbare Einzeltaten
summieren sich zu den inzwischen unübersehbaren globalen Folgen.

Große Hoffnungen werden nun z. B. an die neue Weltklimakonvention ge-
knüpft. Doch was kann der einzelne zur Verbesserung der Situation beitragen?
Wir denken, nur wenn jeder einzelne bei sich anfängt, in seiner unmittelbaren
Umgebung, in seinem persönlichen Verantwortungsbereich alles Handeln kritisch zu prüfen und auf umweltschädigende Handlungen weitgehend zu ver-
zichten, kann es gelingen, die Folgen zu begrenzen. Am Schluß der Einleitung
zu unserem Buch „Die Erde − Dynamische Entwicklung, menschliche Eingriffe, globale Risiken" hatten wir geschrieben:

„Wichtig ... ist die Erkenntnis der Verletzlichkeit der Erde, besonders die
Erkenntnis, daß ein Teil dieser Einwirkungen offensichtlich irreversibel ist, das
heißt, daß irreparable Schäden entstehen bzw. entstehen können. Es gilt also,
diese zum Teil in hohem Maße vorhandene Verletzlichkeit auch des Systems
der unbelebten Natur zur Kenntnis zu nehmen und verbreitet bewußt zu machen, selbst wenn genaue Ausmaße, insbesondere hinsichtlich ihrer räumlichen
Verteilung oder Zuordnung, nicht immer völlig geklärt oder genügend abgesichert erscheinen.

Aus dieser Erkenntnis heraus wird beim Bemühen, irreparable Schäden zu
vermeiden, zu beachten sein, daß wir bei der Nutzung der Natur deren Schutz,
d. h. die Erhaltung ihrer natürlichen dynamischen Gleichgewichtszustände
nicht schon dadurch gewährleisten, daß wir menschliche Interessen gegen andere menschliche Interessen aufrechnen (z. B. den Verkehrsnutzungswert einer
Landschaft gegen ihren Erholungswert). Der Schutz kann nur gelingen, wenn
menschliche Interssen mit den ‚Interessen' der übrigen Natur in Einklang gebracht werden".

Diese Einsicht gab den Anstoß zu einer weitergehenden Beschäftigung mit
dem Thema „Naturraum Erde". Zu diesem Problemfeld gibt es bisher nur wenige zusammenfassende Darstellungen. Mit dem Eingehen auf diese Thematik
möchten wir auch den Blick auf einen neuen Zweig der Geowissenschaften lenken, der sich mit dem Naturraumpotential befaßt. Ihm wird künftig beim Umgang mit der Erde eine immer größere Bedeutung zukommen.

Die Auswirkungen der menschlichen Aktivitäten auf das Klima wurden bereits in unserem ersten Buch angesprochen, aber es fehlten wichtige Aspekte zu diesem Themenkreis. In diesem Buch haben wir diese Problematik deshalb noch einmal aufgenommen. Bereits erschienene Beiträge wurden z. T. völlig überarbeitet, und neue wurden ergänzt. Dabei galt unser besonderes Interesse vor allem den prognostischen Klimamodellen sowie der Betrachtung möglicher Anwendungen der Chaostheorie auf das Wetter und das Klimasystem.

Jedem der drei Abschnitte des Buches ist eine Einleitung vorangestellt, in der ein Einblick in die jeweilige Problematik gegeben wird sowie die Schwerpunkte der folgenden Beiträge kurz dargestellt und in den Gesamtzusammenhang eingeordnet werden.

Wir danken allen beteiligten Autoren für ihre Bereitschaft zur Mitarbeit und dem Springer-Verlag für die Anregungen und die Verwirklichung der Idee.

Berlin, Heidelberg, GÜNTER WARNECKE · MONIKA HUCH
im Januar 1991 KLAUS GERMANN

Inhaltsverzeichnis

Autorenverzeichnis

Dr. JENS DIETER BECKER-PLATEN
Niedersächsisches Landesamt für Bodenforschung, Alfred-Bentz-Haus,
Postfach 51 01 53, 3000 Hannover 51

Prof. Dr. PAUL J. CRUTZEN
Max-Planck-Institut für Chemie, Otto-Hahn-Institut,
Abt. Chemie der Atmosphäre, Postfach 3060, 6500 Mainz

Prof. Dr. Dr. hc. PETER FABIAN
Lehrstuhl für Bioklimatologie und Angewandte Meteorologie der
Ludwig-Maximilians-Universität, Amalienstr. 52, 8000 München 40

Prof. Dr. GÜNTER FISCHER
Meteorologisches Institut der Universität Hamburg, Bundesstr. 55,
2000 Hamburg 13

Prof. Dr. ULRICH FÖRSTNER
Technische Universität Hamburg-Harburg, Arbeitsbereich
Umweltschutztechnik, Eißendorfer Str. 40, 2100 Hamburg 90

Prof. Dr. HEINZ FORTAK
Edithstr. 14, 1000 Berlin 37

Prof. Dr. HANS-WALTER GEORGII
Universitätsinstitut für Meteorologie und Geophysik, Feldbergstr. 47,
6000 Frankfurt am Main

Dr. JOACHIM GERTH
Technische Universität Hamburg-Harburg, Arbeitsbereich
Umweltschutztechnik, Eißendorfer Str. 40, 2100 Hamburg 90

Prof. Dr. ALBERT G. HERRMANN
Institut für Mineralogie und Mineralische Rohstoffe,
Fachgebiet Salzlagerstätten und Untergrund-Deponien der TU Clausthal,
Adolph-Roemer-Straße 2 A, 3392 Clausthal-Zellerfeld

Prof. Dr. KARIN LABITZKE
Freie Universität Berlin, Institut für Meteorologie,
Dietrich-Schäfer-Weg 6–10, 1000 Berlin 41

Prof. Dr. HANS-JOACHIM LANGE
Holbeinstr. 12, 1000 Berlin 45

Prof. Dr. JÜRGEN SCHNEIDER
Institut für Geologie und Dynamik der Lithosphäre,
Georg-August-Universität, Goldschmidt-Str. 3, 3400 Göttingen

Prof. Dr. GÜNTER WARNECKE
Ribeckweg 18, 1000 Berlin 37

Dr. PETER WYCISK
Technische Universität Berlin, SFB 69, Ackerstr. 71–76, 1000 Berlin 65

Menschliche Eingriffe in den Naturraum Erde

Menschliche Eingriffe in den Naturraum Erde

Monika Huch

Das Erkennen der Verletzlichkeit

Der Blick aus dem Weltraum hat dem Menschen eine neue Sichtweise für seinen Heimatplaneten vermittelt. Die Erkenntnisse der Naturwissenschaften über Entstehung und Aufbau dieses Himmelskörpers wurden durch das Erkennen der Verletzlichkeit dieses Gebildes ergänzt. Vielleicht war erst dieser Blick von außen notwendig, um den Menschen ihre Verantwortung für ihren Planeten bewußt zu machen.

Die Einsicht, daß das zukünftige Leben auf der Erde inzwischen ganz entscheidend davon abhängt, ob die Menschen es schaffen, ihre umweltzerstörerischen Handlungen einzudämmen, setzt sich immer mehr durch (vgl. z. B. die Veröffentlichungen der Enquete-Kommission „Vorsorge zum Schutz der Erdatmosphäre" des Deutschen Bundestages). Weltweite interdisziplinäre Forschungsprogramme wurden ins Leben gerufen, um in dem letzten Jahrzehnt dieses Jahrhunderts eine Bestandsaufnahme der Vernetzungen zu erarbeiten, die das Ökosystem Erde regulieren, und um Antworten auf die drängenden Fragen über die zu erwartende Entwicklung auf der Erde zu erarbeiten (z. B. IGBP „Global Change", Natural Desaster Decade).

Jeder einzelne ist aufgerufen, die Schäden an der Umwelt zu verringern. Wir mögen zwar die Produktion von Fluorchlorkohlenwasserstoffen und den Ausstoß von Autoabgasen reduzieren, mit der Bahn fahren und „biologisch" angebaute Lebensmittel essen, doch ist jedem von uns auch bewußt, daß schon der Bau eines Hauses oder einer Straße nicht nur den Grund betrifft, auf dem dieses Bauwerk errichtet wird, sondern viel weitreichendere Auswirkungen auf die Umwelt hat? Jeder Sack Zement, jede Fuhre Kies, jede Tonne Teer bedeutet bereits einen Eingriff in den Naturhaushalt. Je dichter eine Region besiedelt ist, umso mehr mineralische Rohstoffe werden dort verwendet, die aus anderen Regionen herangeschafft werden müssen. Diese infrastrukturelle Kettenreaktion erscheint kaum vermeidlich und erfaßt jedes sich industriell entwickelnde Land. Die damit einhergehenden Belastungen für die Umwelt wurden aber — und werden nach wie vor — unterschätzt. Vorrang hatten bisher die wirtschaftliche Entwicklung einer Region und die technische Machbarkeit.

Das Erkennen der Vernetzungen

Die verzweigten Zusammenhänge zwischen dem Ausmaß der Umweltgefährdung, dem Bevölkerungswachstum und der technologischen Entwicklung, dem Wirtschaftswachstum und steigendem Wohlstand wurden zuerst in den Industrieländern erkannt, denn hier waren die Schäden unübersehbar geworden. Seit Anfang der 70er Jahre explodierte die Zahl der Veröffentlichungen zum Thema Umwelt, und die Zeit der Bürgerinitiativen begann. Diese Bewegung erreichte letztendlich, daß das Umwelt-Thema Eingang in die Politik und die Gesetze fand, ja sogar Verfassungsrang zu bekommen scheint. Das Umweltmanagement etablierte sich weltweit und umfaßt inzwischen alle Bereiche des öffentlichen Lebens von der Soziologie über die Medizin und Chemie bis hin zu den Geowissenschaften (vgl. z. B. Gernert 1990; Buckley 1991). Parallel zu einer mehr ökologischen Richtung der Umweltthematik entwickelte sich ein Zweig der Geowissenschaften, der sich, ausgehend von den natürlichen Ressourcen Luft, Wasser, Erde, mit dem Naturraumpotential an sich befaßt. Würden diese Ressourcen weiterhin planlos vergeudet, stünden sie den Menschen eines Tages nicht mehr in ausreichender Menge oder in gewohnter Qualität zur Verfügung.

Welche Probleme bei der Abwägung der Nutzungsinteressen entstehen, welche Lösungsmöglichkeiten sich anbieten, wird im folgenden Abschnitt behandelt. Dabei geht es gar nicht so sehr um spektakuläre Vorhaben wie Staudämme, die Folgen riesiger Braunkohlentagebaue oder anderer oberflächennaher Gewinnungsorte wie z. B. in Amazonien, in Westaustralien oder in der Kölner Bucht. Solche Projekte haben meist bereits eine breite Öffentlichkeit. Vielmehr soll hier von den wesentlich kleineren, aber unzähligen alltäglichen Eingriffen in den Naturraum die Rede sein, die sozusagen den steten Tropfen bilden und zusätzlich dazu beitragen, daß das Ökosystem Erde inzwischen empfindlich gestört ist. Es werden Themen angeschnitten, die (noch) nicht auf der ersten Seite in den Zeitungen stehen, deren Problematik mittlerweile aber unübersehbar geworden ist.

Die Beiträge dieses Abschnitts haben die Auswirkungen des ungehemmten Umgangs mit dem Naturraum in den alten Ländern der Bundesrepublik Deutschland zum Thema. Zum Zeitpunkt der Ausarbeitung der meisten Beiträge war die politische Entwicklung in den beiden deutschen Staaten nicht absehbar. Darüber hinaus waren verläßliche Daten aus dem Gebiet der ehemaligen DDR kaum verfügbar, wurden aber dennoch, soweit greifbar, in die Betrachtungen einbezogen. Erst in den Wochen vor Abschluß der Arbeiten für dieses Buch sickerten Zahlen und Tatsachen an die Öffentlichkeit, die gerade im Zusammenhang mit dem Naturraumpotential höchst brisant sind, was den rechtlichen Rahmen angeht. Der Tagesspiegel, Berlin, berichtete z. B. am 20.12.1990 unter der Überschrift „Bodenschätze an Treuhand vorbeigeschleust", wie sich „alte Seilschaften" Kiesgruben in der ehemaligen DDR für mehrere hundert Millionen DM zuschanzten. Dies muß vor dem Hintergrund der regionalplanerischen Neuordnung des Berliner Umlandes gesehen werden. Erste Vorschläge der Planungsgruppe Potsdam zu bisherigen Planungsansätzen für den Großraum Potsdam enthielten z. B. zwar Flächen für den Natur-

schutz und die Grundwassergewinnung, aber mögliche Abbaugebiete für oberflächennahe Rohstoffe fehlen bisher völlig (vgl. Planungsgruppe Potsdam
1990).

Die Nutzung des Naturraums I

Der Mensch ist Bestandteil des Ökosystems Erde. Seine Eingriffe in das System
haben dazu geführt, daß das Leben in vielen Regionen der Erde bereits erheblich gefährdet ist. Im Rahmen des gegebenen, nicht vermehrbaren Naturraumpotentials, z. B. an Boden, Wasser und mineralischen Rohstoffen, wird es in
dicht besiedelten Regionen immer zu konkurrierenden Nutzungsansprüchen
kommen. Daher muß das Naturraumpotential in größerem Zusammenhang
gesehen werden. Die vielfältigen Interessen einzelner müssen so zusammengefaßt werden, daß das Ergebnis im Interesse des Allgemeinwohls liegt, wie es
bei der Anwendung der Umweltverträglichkeitsprüfung gefordert ist. Das Instrument der Umweltverträglichkeitsprüfung wurde geschaffen, um eine
„Übernutzung" zu vermeiden. Es sieht vor, daß in einer ersten Phase alle in
Frage kommenden Nutzungsansprüche gleichrangig nebeneinander behandelt
werden. Erst danach werden Bewertungen der einzelnen Ansprüche vorgenommen und schließlich der umweltverträglichsten Lösung (nach dem aktuellen
Kenntnisstand) der Vorzug gegeben. Solch eine umfassende Handlungsweise
erfordert eine querschnittsorientierte, interdisziplinäre Betrachtung und eine
flexible, aber dennoch verantwortungsbewußte Lenkung.
Die methodische Vorgehensweise für diesen Prozeß schildert Peter Wycisk
ausführlich aus geowissenschaftlicher Sicht, ohne zu werten. Sein Beitrag steht
am Anfang dieses Abschnitts, um die mannigfaltigen Verknüpfungen zu verdeutlichen, die zwischen Gesetzgebung und Nutzungsansprüchen bestehen
und die bei der Abwägung einer ökologisch optimalen Nutzung berücksichtigt
werden müssen. Es genügt eben nicht, die geologischen Gegebenheiten zu kennen und sie für sich nutzen zu wollen. Es ist unerläßlich, erst den gesetzlichen
(= juristischen) Rahmen zu kennen, um dann unter Wahrung aller Ansprüche
den sinnvollsten, d. h. zugleich umweltverträglichsten Nutzen zuzulassen. Dazu
ist seinem Beitrag eine Übersicht über die wichtigsten Rechtsvorschriften zumindest auf Bundesebene angefügt.
Er diskutiert die Vielschichtigkeit der Nutzungsansprüche an den Beispielen
Naturschutz, Trinkwasser und mineralische Rohstoffe und verdeutlicht damit
das Ausmaß der Vernetzungen in einem dicht besiedelten Gebiet wie der Bundesrepublik Deutschland. Vor allem bei der Bereitstellung von Trinkwasser
zeigt sich das Dilemma konkurrierender Nutzungsansprüche an den Naturraum. Dabei kann die Anwendung der verschiedenen rechtlichen Grundlagen
zu unterschiedlichen Ergebnissen führen, die oft nur einen Kompromiß darstellen. Das rechtliche Instrumentarium ist vielfältig. Seine Anwendung wird
dadurch kompliziert, daß sie in Deutschland auf drei nachgeordneten Ebenen
mit verschiedenen Kompetenzen geschieht: durch den Bund, die Länder und
die Kommunen. Zusätzliche Unsicherheiten entstehen für den außenstehenden

Betrachter dadurch, daß die gesetzlichen Regelungen auf Länderebene, wo die meisten Aktivitäten entschieden werden, von Land zu Land unterschiedlich gehandhabt werden. Dabei hat Niedersachsen gewissermaßen eine Schlüsselposition, da dort die Planungsinstrumentarien für den geowissenschaftlichen Bereich relativ weit vorangeschritten sind. Sie können somit als Beispiel dienen, wie bei der Erfassung des Naturraumpotentials vorgegangen werden könnte. Auch Jens Dieter Becker-Platen bezieht sich in seinem Beitrag darauf.

Die Belastung des Naturraums

Eine Bestandsaufnahme der Schadstoffbelastungen der Böden stellen Joachim Gerth und Ulrich Förstner vor. Beide Autoren sind im Bereich Umweltschutztechnik tätig und zeigen eindrücklich, wie wichtig der Boden nicht nur als Nahrungsspender für den Menschen ist und wie weit die Eigendynamik des Ökosystems Boden durch die vielfältigen Belastungen bereits geschädigt ist.

Gerade bei der Betrachtung der Belastung von Böden wird der Einfluß der menschlichen Aktivitäten deutlich. Die technologische Entwicklung hat nicht nur dazu geführt, daß die Ressourcen der Erde immer schneller und in immer größeren Mengen verbraucht werden, sondern daß immer mehr auch solche Rohstoffe verwendet werden, die für den Menschen gefährliche Bestandteile enthalten. Durch die Verarbeitung von Erzen können in den „Abfällen" Konzentrationen erreicht werden, die die natürlichen Vorkommen um ein Vielfaches überschreiten. Dazu zählen vor allem die Schwermetalle Cadmium, Arsen und Quecksilber. Die toxische Wirkung dieser Elemente entfaltet sich bereits in geringsten Mengen, die mit bloßem Auge nicht wahrnehmbar sind. Für den Nachweis dieser Elemente im Wasser oder im Boden bedarf es empfindlicher Meßinstrumente. Hinzu kommt die leichte Bindungsfähigkeit dieser Metalle an organische Verbindungen, die vom tierischen und menschlichen Organismus ohne weiteres aufgenommen und angereichert werden. Der Eintrag dieser und anderer Schadstoffe in den Boden und in das Grundwasser geschieht u. a. über die Luft (Schornsteine), aber auch über Klärschlämme und andere Düngergaben, wie die Autoren herausstellen.

Der Natur wird eine gewisse Fähigkeit zur „Selbstheilung" oder „Selbstreinigung" zugesprochen, doch diese Ansicht muß relativiert werden. Zahlreiche Beispiele haben inzwischen gezeigt, daß bei Überschreitung gewisser Belastungsgrenzen die ökologische Selbstregulierung unwirksam wird und ein Ökosystem einfach kollabiert. Hier soll nur das „Umkippen" von eutrophierten oder versäuerten Gewässern erwähnt werden. Selbstheilungsprozesse, wie z. B. der mikrobielle Abbau von Ölteppichen, wirken nur, wenn ihnen dazu ungestört Zeit gelassen wird. Doch die wird heute dem Boden und den Gewässern durch ständige Produktionssteigerungen und dadurch steigende Belastungen nicht gewährt. Für die Reinigung von Böden macht sich der Mensch seit einiger Zeit biologische „Heilungsverfahren" zunutze. Bei der Reinigung chemisch schwer kontaminierter Böden werden Bakterien eingesetzt, die z. B. für den Menschen schädliche Verbindungen aufnehmen können und ungefährliche organische Verbindungen ausscheiden. Solche Bakterien kommen in jedem Boden vor, nur nicht in der Anzahl, wie sie zur Reinigung eigentlich erforderlich wären. Also wird der Bodenaushub in dafür besonders hergerichteten Anlagen mit den Bakterien „geimpft", und es wird einfach abgewartet, bis sie ihre „Arbeit" getan haben. Die Autoren gehen ausführlich auf die Sanierung kontaminierter Böden ein.

Ein Instrumentarium zur Erfassung des Naturraums

Am Beispiel mineralischer Rohstoffe erläutert dann Jens Dieter Becker-Platen das Instrumentarium zur Naturraum-Bestandsaufnahme in Niedersachsen in Form von Rohstoffsicherungskarten, das aber genausogut für jede Art geologischer, biologischer oder anderer Naturraumpotentiale eingesetzt werden kann. Auch in diesem Beitrag wird deutlich, was menschliche Eingriffe in die Umwelt und daraus resultierende Nutzungskonflikte bewirken können. Der Autor verweist darüber hinaus auf die Möglichkeiten, durch sinnvolle Planung z. B. die Erfassung heimischer Rohstoffe zu gewährleisten. Würde dieses Modell für alle anderen Bundesländer aufgegriffen, wäre die Bundesrepublik Deutschland wahrscheinlich das erste Land der Erde, das seine Rohstoffreserven und seinen Naturraum zukunftsweisend erfaßt hätte und entsprechend umweltrelevant planen könnte. Dieses Instrumentarium könnte dann auch in anderen Regionen der Erde planerisch eingesetzt werden.

Bei der Erstellung von Naturraumkarten wird deutlich, wie wichtig die vernetzte Aufnahme und Auswertung von Daten ist. Neben der Kartierung auszuweisender Flächen anhand von Katasterauszügen bietet sich die Verwendung von Satellitenbildern an, die auch zur Überwachung von Umweltschäden eingesetzt werden können. Auch Günter Warnecke geht in seinem Beitrag im dritten Abschnitt dieses Buches unter anderem darauf ein.

Die Nutzung des Naturraums II

Der völlig überarbeitete Beitrag von Albert G. Herrmann untersucht die Deponierungsmöglichkeiten für anthropogene Abfälle in der ehemaligen Bundesrepublik Deutschland aus der Sicht des Geowissenschaftlers. Sein Hauptaugenmerk gilt dabei den dynamischen Prozessen in und auf der Erde, die bei der Standortdiskussion bisher nicht genügend berücksichtigt wurden. Er bezieht in seine Betrachtungen neben den stark- und schwachstrahlenden radioaktiven Abfällen auch nichtradioaktive Substanzen ein, die inzwischen eine beachtliche Vielfalt erreicht haben. Diese Sonderabfälle machen zwar nur einen geringen Anteil am gesamten Abfallvolumen aus, sind aber gerade wegen ihrer Giftigkeit für Mensch und Umwelt besonders gefährlich.

Was bei den radioaktiven Abfällen inzwischen allgemein bekannt ist, ist für viele andere Schadstoffe nicht so offensichtlich: die Langzeitwirkung. Um die Auswirkungen radioaktiver Strahlung auf Menschen, Tiere und Pflanzen zu minimieren, wird nach Deponierungsmöglichkeiten außerhalb der Biosphäre gesucht. Wie bereits im Beitrag von Joachim Gerth und Ulrich Förstner deutlich wurde, kommen anthropogen erzeugte chemische Schadstoffe schon im Boden in gesundheitsgefährdenden Konzentrationen vor. Aber es gibt auch Abfälle mit noch weitaus höheren Anreicherungen, die in großen Mengen als Filterstäube oder Klärschlämme anfallen. Diese Abfälle müssen ebenfalls aus der Biosphäre entfernt und langfristig sicher deponiert werden. Denn, so der Autor, die Toxizität der radioaktiven Stoffe nimmt aufgrund des Zerfalls der Radionuklide im Laufe der Zeit ab, aber die Toxizität nichtradioaktiver Abfallstoffe bleibt über zum Teil sehr lange Zeit nahezu unverändert wirksam. Er fordert daher, daß auch bei der Deponierung nichtradioaktiver anthropogener Schadstoffe der Langzeitsicherheit mindestens die gleiche Aufmerksamkeit zugewendet werden muß wie bei den viel geringeren Mengen an radioaktiven Substanzen. Daher plädiert der Autor für die mittlerweile allgemein akzeptierte „Strategie der drei V": Verwertung, Verminderung und Vermeidung von Abfällen.

Die Nutzung des Naturraums III

Im letzten Beitrag dieses Abschnitts stellt Jürgen Schneider ein besonders verletzliches Ökosystem vor: die Ozeane, insbesondere die Tiefsee. Die Weltmeere können nicht nur als Transportwege und Nahrungslieferanten, sondern darüber hinaus auch als Rohstofflieferanten nutzbar gemacht werden. Über die bereits praktizierte Gewinnung von Erdöl und Erdgas sowie Sand und Kies aus den Schelfmeeren hinausgehend erschloß sich durch die Erforschung der Tiefsee eine völlig neue Nutzungsmöglichkeit des Naturraumpotentials der Erde. Der Buntmetallreichtum von Tiefseeschlämmen und von Manganknollen war eine Zeitlang im Gespräch, denn sie führen hohe Gehalte an Kupfer, Kobalt und Nickel. Aber um dieses Thema ist es still geworden. Neben dem Aspekt, daß ein rentabler Abbau nicht gewährleistet werden könnte, erkannten die mit der Untersuchung befaßten Wissenschaftler, zu denen auch der Autor gehört, schon früh die Gefährdung des Ökosystems Tiefseee durch einen möglichen Abbau. Von dieser Erkenntnis ausgehend stellt der Autor einige grundsätzliche Betrachtungen zum Ökosystem Erde und zur Rolle der Ozeane an und diskutiert die Umweltverträglichkeit – bzw. besser Umweltunverträglichkeit – von marinem Bergbau aus geoökologischer Sicht, indem er ein Szenario eines möglichen Meeresbergbaus mit seinen weitreichenden Folgen entwickelt.
Darüber hinaus verweist er auf die Problematik der Entropie eines Systems und kommt wie Albrecht G. Herrmann zu dem Ergebnis, daß dem Dilemma der schädlichen Entropiezunahme nur durch Einsparung und Nichtproduktion begegnet werden kann. Das würde bedeuten, daß nicht einmal Recycling etwas nützte, denn jeder technische Eingriff bedingt eine Energie- bzw. Materieumwandlung, was gemäß dem zweiten Hauptsatz der Thermodynamik, dem Entropiesatz, zu einer Vergrößerung der Entropie führt.
Mit einem kurzen Seitenblick auf die momentane Situation beim Seerecht kommt er zu der Schlußfolgerung, daß die globalen Umweltprobleme, mit de-

nen wir es bereits zu tun haben und noch zu tun bekommen, nur durch eine umfassende Ökosystemforschung voll erfaßt werden können. Daran sollten sich neben den entsprechenden naturwissenschaftlichen Disziplinen die Wirtschaft, die Politik und die Öffentlichkeit aktiv beteiligen.

Ausblick

Einsparung und Vermeidung in globalem Maßstab sind also gefordert, damit die Mittäterschaft jedes einzelnen nicht dazu führt, das Opfer, also das in seiner Eigendynamik gestörte Ökosystem Erde, in den Kollaps treiben zu lassen. In den folgenden Beiträgen werden wissenschaftlich begründete Argumente und Sachkenntnisse vermittelt, die in der notwendigen Auseinandersetzung über den „Tatort Erde" benötigt werden und die so zu Bewußtseinsbildung und Bewußtseinsänderungen beitragen mögen.

Literatur

Buckley R (1991) Perspectives in Environmental Management. Springer, Heidelberg, 220 S
Enquete-Kommission „Vorsorge zum Schutz der Erdatmosphäre" des Deutschen Bundestages (1990a) Schutz der Erdatmosphäre, 3. erw. Aufl. Economica Verlag, Bonn, 640 S
Enquete-Kommission „Vorsorge zum Schutz der Erdatmosphäre" des Deutschen Bundestages (1990b) Schutz der Erde. Eine Bestandsaufnahme mit Vorschlägen zu einer neuen Energiepolitik, 2 Bde. Economica Verlag, Bonn, 1800 S
Gernert (1990) Umweltökonomie. Investitionen, Standortentscheidungen und Arbeitsmärkte am Beispiel einzelner Industriegruppen Südwestdeutschlands. Springer, Heidelberg, 282 S
IGBP Global Change (1990) The International Geosphere-Biosphere Programme; A study of Global Change. IGBP. The Initial Core Projects. Stockholm, Report No. 12
National Research Council Report (o. J.) Confronting Natural Desasters. An International Decade for Natural Hazard Reduction. 2101 Constitution Avenue NW, Washington DC 20418, USA
Planungsgruppe Potsdam (1990) Grundlagen und Zielvorstellungen für die Entwicklung der Region Berlin – Provisorischer Regionalausschuß Planungsgruppe Potsdam. 1. Bericht 5/90, 125 S und Kartenteil

Naturraumpotential im Spannungsfeld konkurrierender Nutzungsansprüche

Peter Wycisk

„Noch nie zuvor waren die Nutzungsansprüche an die Erde so groß wie heute: Sie soll hergeben, was immer an Bodenschätzen gebraucht wird, sie soll wachsen lassen, was die zunehmende Bevölkerung ernährt, sie soll speichern, was zu späterem Gebrauch aufbewahrt wird, sie soll aufnehmen, was nicht mehr gebraucht wird und schädlich ist, sie wird überbaut und es wird in sie hineingebaut und natürlich möchte die Menschheit menschenwürdig, gesund und sicher auf ihr leben" (Bender 1985).

Nutzung geowissenschaftlichen Naturraumpotentials

Flächenverbrauch und Nutzungsdruck

Die Konkurrenz der Nutzungsansprüche an unsere Umwelt verschärft sich ständig. Da die Bewahrung eines ungestörten Naturhaushaltes zunehmend gleichrangig mit anderen Nutzungsansprüchen gesehen wird, bleibt die schwierige Aufgabe zu lösen, diese unterschiedlichen Ansprüche an den Naturraum umweltverträglich aufeinander abzustimmen. Zwei grundlegende Aspekte sind dabei zu bedenken. Insbesondere relativ dicht besiedelte Landschaften wie die Bundesrepublik Deutschland unterliegen einer vielgestaltigen Flächennutzung, die darüber hinaus unterschiedliche Nutzungsintensitäten aufweisen können. Ein Flächenstaat wie Niedersachsen zeigt z. B. eine völlig andere Nutzungsverteilung als Stadtstaaten wie Hamburg oder West-Berlin (s. Tabelle 1).

Demgegenüber treten die unterschiedlichen Ressourcen, wie z. B. Trinkwasser oder auch oberflächennahe Lagerstätten, aufgrund der jeweiligen geologischen Situation nur in bestimmten Gebieten in benötigter Menge und Qualität auf. Die Nutzung solcher Rohstoffe ist mit einem Flächenverbrauch verbunden oder kann mit einer Einschränkung für andere Nutzungen verknüpft sein.

Folgende Zahlen mögen diesen Nutzungsdruck verdeutlichen. Die Gebäude- und Freiflächen nehmen 6,2% der Fläche der ehemaligen Bundesrepublik Deutschland ein. Im Flächenstaat Niedersachsen entfallen auf diese Kategorie 5,8% und in den Stadtstaaten Hamburg 33,7% und West-Berlin 42,6% (s. Tabelle 1 und Abb. 1). Die Flächeninanspruchnahme durch den Straßenverkehr einschließlich der durch ihn belasteten Flächen des Randstreifens betrug 1971 10,5% und 1981 11,3% der Gesamtfläche der ehemaligen Bundesrepublik Deutschland. Für den Naturschutz beläuft sich der flächenmäßige Anteil von

Tabelle 1. Flächennutzung im Vergleich: ehemalige Bundesrepublik Deutschland, Niedersachsen, Hamburg und West-Berlin; in Prozentanteilen, z. T. aufgerundet

	Alt-BRD[a] %	Niedersachsen[a] %	Hamburg[a] %	West-Berlin[b] %
Gebäude- und Freiflächen	6,2	5,8	33,7	42,6
Betriebsfläche	0,3	0,6	1,0	0,9
Erholungsfläche	0,6	0,5	8,0	10,9
Verkehrsfläche	4,9	4,6	11,3	17,0
Landwirtschaftsfläche	54,5	64,1	30,6	3,8
Waldfläche	29,6	20,8	4,2	16,0
Wasserfläche	1,8	2,1	7,9	6,8
Flächen anderer Nutzung	1,7	1,5	3,3	2,1

[a] Statistisches Bundesamt 1986.
[b] Statistisches Landesamt Berlin 1989.

Naturschutzgebieten auf 1,2% (1987) und der von Landschaftsschutzgebieten auf 29,5% (1988) der Gesamtfläche (Abb. 2). Demgegenüber nehmen die Abbauflächen oberflächennaher Rohstoffe mit 0,28% einen statistisch gesehen verschwindend geringen Prozentsatz ein.

Der Flächenbedarf für Wasserschutzgebiete wird für die Alt-Bundesländer auf ca. 11% der Gesamtfläche geschätzt. Neben der Flächeninanspruchnahme durch konkurrierende Nutzungen bestehen für die Trinkwassergewinnung vielfältige Nutzungseinschränkungen. Dies sind zum Beispiel Altlast- bzw. Verdachtsflächen, die in Ballungsräumen einen wichtigen limitierenden Faktor darstellen. Auf dem Gebiet der ehemaligen Bundesrepublik wurden bisher ca. 42 000 Verdachtsflächen erfaßt und insgesamt 50 000 – 80 000 prognostiziert. In West-Berlin allein, mit einer Fläche von 480 km^2, wurden bis 1988 1600 Verdachtsflächen nachgewiesen und 4000 erwartet.

Die aufgeführten Beispiele machen die unterschiedlichen Ansprüche an eine Fläche deutlich, die nicht vermehrbar ist, sondern nur unterschiedlich genutzt werden kann und damit einem steten Nutzungsdruck ausgesetzt ist. Im Sinne einer ganzheitlichen und umweltverträglichen Betrachtung ist es aus geowissenschaftlicher Sicht notwendig, sowohl das Auffinden und Beurteilen von Ressourcen als auch deren planerische Sicherung intensiv zu betreiben. Dieser Ansatz bedeutet jedoch, daß die scheinbar rein geowissenschaftlichen Aspekte immer auch vor dem Hintergrund einer weitreichenden juristischen und planungsrechtlichen Lenkung zu sehen sein. Es geht also um eine Thema, das aus geowissenschaftlicher Sicht peripher zu sein scheint, aber entscheidende Bedeutung für unsere Umweltgestaltung hat.

Naturraumpotential: Ein Begriff wandelt sich

Der Begriff Naturraumpotential wurde bisher, ausgehend von den Bodenschätzen als Rohstoffressourcen, zunächst in der Geologie als Konzept für eine

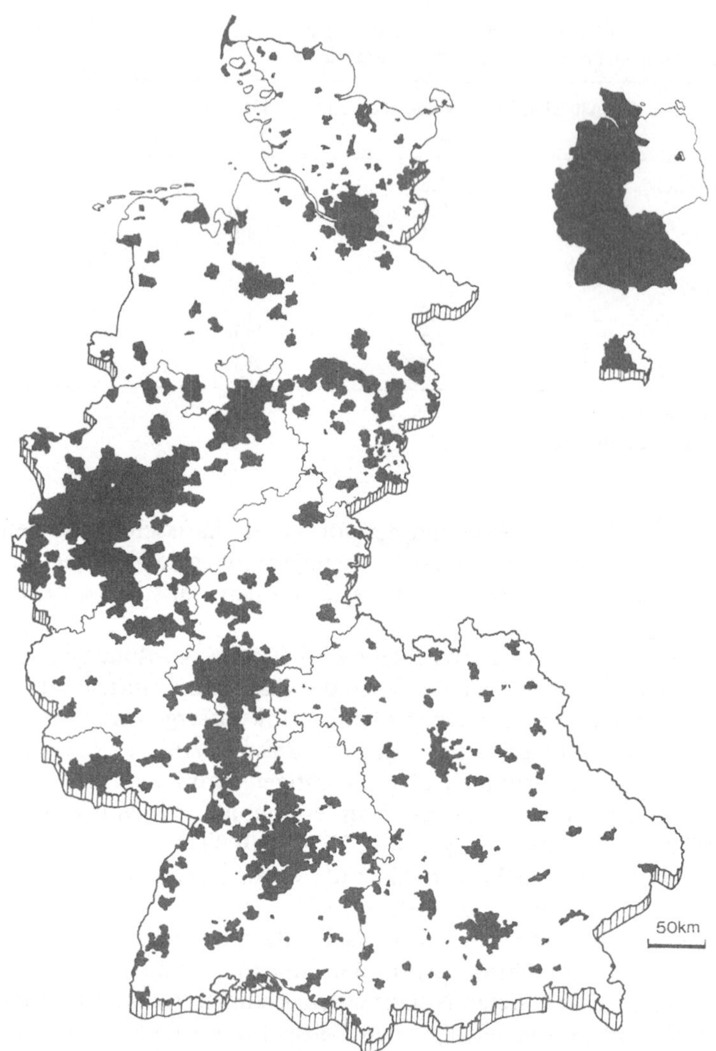

Abb. 1. Anteil der Siedlungs- und Verkehrsfläche > 15% an der Katasterfläche in den Alt-Bundesländern. Auf die Siedlungs- und Verkehrsfläche entfielen 1985 11,7% der Gesamtfläche des ehemaligen Bundesgebietes. (Vereinfacht nach: Umweltbundesamt 1989)

räumliche Inventarisierung durch standardisierte thematische Karten verwendet. Im Sinne einer ganzheitlichen Betrachtungsweise wurde darunter später. das Leistungsvermögen von Standorten und Raumeinheiten für unterschiedliche Nutzungen aufgrund natürlicher Landschaftsfaktoren verstanden. Im Rahmen der angewandten Landschaftsforschung ist eine Systematik der einzelnen Potentiale für unterschiedliche Nutzungskategorien entwickelt worden. Diese lassen sich in Teilpotentiale gliedern, die sogenannte Wohlfahrts-, Schadens- sowie Produktionsfunktionen umfassen können.

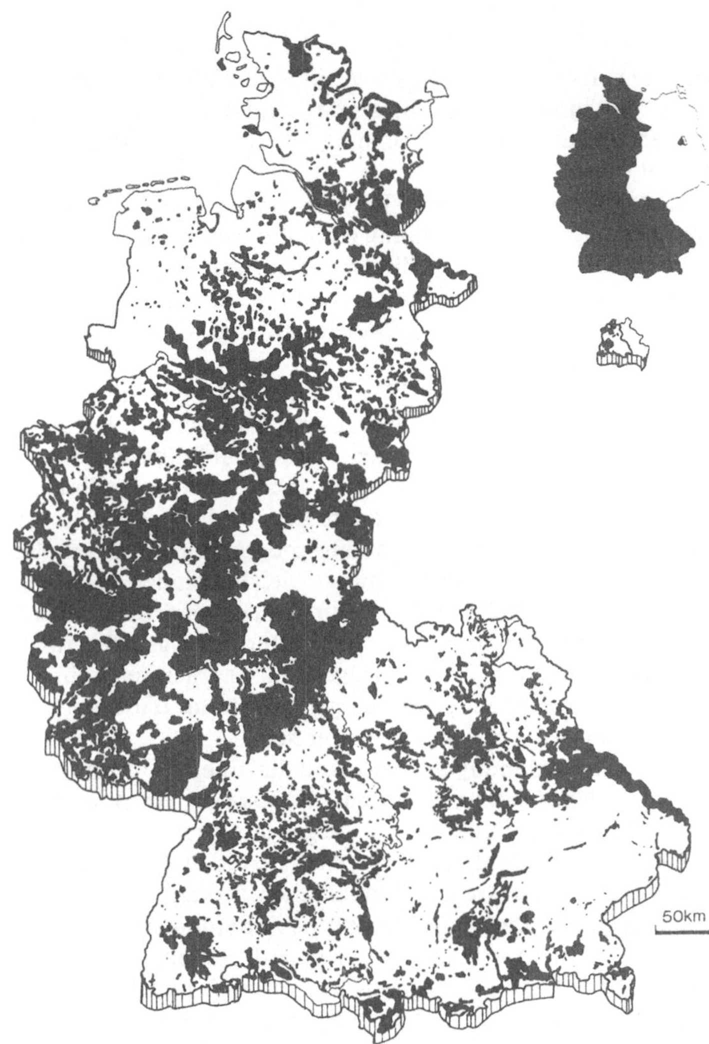

Abb. 2. Flächenverteilung von Landschaftsschutzgebieten in der ehemaligen Bundesrepublik Deutschland. (Vereinfacht nach: Umweltbundesamt 1989)

Dem in den letzten 20 Jahren verstärkt einsetzenden anthropogen bedingten Landschaftswandel trug das Bundesnaturschutzgesetz von 1976 Rechnung. Hier wurde durch eine Neuformulierung festgesetzt, daß es nicht mehr nur um eine Konservierung der Landschaft geht, sondern vielmehr um eine Erhaltung der Leistungsfähigkeit des Naturhaushaltes und der Nutzungsfähigkeit der Naturgüter. Diese Aussage enthält schon die wesentlichen Faktoren des Naturraumpotentials.

Leitlinien in der Raumplanung

Um die von der Natur dargebotenen Potentiale zu bewahren oder der bestmöglichen Nutzung zuzuführen, wurden eine Reihe von planerischen Instrumentarien entwickelt. Die Raumplanung gilt dabei als Oberbegriff für unterschiedliche Ebenen der Raumordnung (Landes-, Regional- und Bauleitplanung mit Flächennutzungsplan sowie Bebauungsplan). Sie umfaßt die Leitvorstellungen zur Ordnung und Entwicklung eines Raumes sowie die Mittel zu ihrer Verwirklichung. Die Ausführung dieser dreistufigen Planungsorganisation liegt beim Bund (Bundesraumordnungskonferenz), den Ländern (Landesentwicklungsplan) und den Gemeinden (Bauleitplan) (vgl. dazu auch Abb. 4 in dem Beitrag von Becker-Platen).

Die vorrangige und konfliktreiche Aufgabe der Raumplanung besteht darin, einerseits die Flächen für Natur und Landschaft, Bebauung, Verkehr, Rohstoffsicherung, Grundwassergewinnung, Abfallbeseitigung und Erholung gegenüber den Verdichtungsräumen abzugrenzen, sie ihnen andererseits aber auch in ihrer Nutzung zuzuordnen. Dies beginnt großräumig mittels landesweiter und regionaler Raumordnungsprogramme und mündet im Bereich der Kommunen in die Bauleitplanung. Die Gemeinden arbeiten, soweit dieses zur Unterstützung der Ziele des Naturschutzes und der Landschaftspflege erforderlich ist, Landschaftspläne oder Grünordnungspläne zur Vorbereitung ihrer Bauleitplanung aus. Ziel derartiger Maßnahmen muß eine sparsame Flächeninanspruchnahme bei gleichzeitiger Schonung ökologisch wertvoller Flächen und anderer schützenswerter Güter sein.

Landschaftsplanung auf kommunaler Ebene soll also die Ziele und Grundsätze von Naturschutz und Landschaftspflege konkretisieren, wie sie in den Landschaftsrahmenplänen der Regierungspräsidenten auf Länderebene, als Träger der Regionalplanung, erstellt werden. Die Landschaftspläne geben u. a. die Erfordernisse und Maßnahmen für den Biotop- und Artenschutz vor und sorgen für die freiraumbezogene Erholung sowie für die Funktionsfähigkeit des Naturhaushaltes in bezug auf Böden, Gewässer und Luft/Klima. Landschaftsplanung als querschnittsorientierte Planung überprüft die Nutzungsansprüche von Fachplanungen daraufhin, ob ökologische oder auch andere Beeinträchtigungen von ihnen ausgehen. Ziel ist eine beeinträchtigungsfreie, optimale Nutzungskombination unter ökologischen Gesichtspunkten. Da der Landschaftsplan als kleinräumige Planung den direkten Lebensraum des einzelnen berührt, sind seine Ziele von besonderer Bedeutung.

Die Unterziele des Landschaftsplans umfassen (nach Kiemstedt u. Wirz 1990) folgende Hauptpunkte:

1. den Arten- und Biotopschutz, verstanden als Regulation und Regeneration wildlebender Pflanzen und Tiere, ihrer Lebensgemeinschaften und ihrer Lebensstätten;
2. das Naturerlebnis und die Erholung, verstanden als Sicherung von Landschaft und Landschaftselementen für die Erholung in Natur und Landschaft sowie für das Erleben von Natur, die Sicherung von geologischen und

geomorphologischen Erscheinungen zur Dokumentation der Erdgeschichte;

3. die Regulation und Regeneration von Boden, Wasser, Luft mit den einzelnen Aufgabenfeldern Immissionsschutz, Klimaausgleich, Erosionsschutz, Wasserrückhaltung und Grundwasserneubildung;

4. die nachhaltige Nutzung von Naturgütern, verstanden als Sicherung einer sparsamen bzw. nachhaltigen Nutzung von sich erneuernden und sich nicht erneuernden Naturgütern mit den einzelnen Aufgabenfeldern:
   - Nutzungseignung für die Landwirtschaft
   - forstwirtschaftliche Nutzungsmöglichkeiten
   - abbauwürdige Lagerstätten
   - Grundwasservorkommen und deren Nutzung
   - Nutzung von Oberflächengewässern
   - Jagd

Die Handhabung der Landschaftspläne ist aufgrund der sehr verschiedenartigen Regelungen des Naturschutzrechts auf Länderebene uneinheitlich. Die Effektivität dieses Planungsinstrumentes wird durch diese Situation gemindert, weil in einem hoch organisierten Gesellschaftssystem mangelnde rechtliche und administrative Normierung oder auch ein Mangel an Eindeutigkeit solcher Regelungen eine generelle Schwächung der Position bedeutet. Diese Mängel betreffen sowohl die Verfahren als auch die Inhalte (s. Kiemstedt u. Wirz 1990).

Landschaftsplanung wird im wesentlichen auf die Flächennutzungsplanung im Rahmen der Bauleitplanung bezogen. In Hessen z. B. hat sich auf der Ebene der Flächennutzungsplanung die sogenannte Sekundärintegration entwickelt. Der Landschaftsplan wird als Gutachten erstellt und dann in den Flächennutzungsplan integriert. Die Flächennutzungsplanung, die man auch als Flächensicherungsplanung bezeichnen könnte, sichert grundsätzlich eine Reihe von Flächenarten (Wohnbauflächen, Gewerbebauflächen, landwirtschaftliche Flächen usw.). Aus der Flächennutzungsplanung entwickelt sich anschließend die endgültige Bebauungsplanung, deren Pläne verbindliche Rechtskraft haben. Der Flächennutzungsplan ist nur von vorbereitendem Charakter und gegenüber dem Bürger unverbindlich. Er entfaltet jedoch eine gewisse Verbindlichkeit gegenüber allen Planungsträgern und Behörden, die an seiner Planaufstellung beteiligt waren.

Konkurrierender Flächenbedarf in einem dicht besiedelten Lebensraum

In einem dicht besiedelten Land wie der Bundesrepublik Deutschland werden immer wieder neue und potentielle Nutzungsansprüche an die nur begrenzt verfügbaren Flächen gestellt. Den daraus entstehenden Konflikten um den Naturraum wird durch die Instrumentarien der Raumordnung, Landesplanung und Bauleitplanung entgegengewirkt. Die unterschiedlichen Nutzungsansprüche in den Bereichen Wasserwirtschaft, Rohstoffwirtschaft und Natur- und Landschaftsschutz werden von den jeweiligen Fachbehörden erhoben und dann im Rahmen der landesplanerischen Ausweisung als Vorranggebiete und Gebiete mit bestimmten Nutzungen festgeschrieben.

Flächen vorrangiger Nutzung: Hier beginnt der Konflikt

Im Bereich des Natur- und Landschaftsschutzes werden die Naturschutzgebiete und Nationalparks sowie Landschaftschutzgebiete und Naturparks durch Verordnung rechtsverbindlich ausgewiesen. Dadurch werden diese Gebiete als Vorranggebiete für Natur und Landschaft sowie als Gebiete mit besonderer Bedeutung für Natur und Landschaft gekennzeichnet.

Zur Sicherung der Trinkwassergewinnung (Grundwasser) werden von der wasserwirtschaftlichen Fachbehörde die Wasserschutzgebietszonen I, II und III ausgewiesen bzw. durch Verordnung rechtsverbindlich festgesetzt. Die landesplanerische Ausweisung gliedert diese Zonen in Vorranggebiete für die Wassergewinnung und in Gebiete mit besonderer Bedeutung für die Wassergewinnung.

Im Gegensatz zu den Bereichen Naturschutz und Wasserwirtschaft erfolgt die Ausweisung von Flächen für die Rohstoffgewinnung durch die jeweilige Landesfachbehörde für Geologie (z. B. die Landesämter für Bodenforschung) ohne rechtliche Verbindlichkeit. Diese ist bisher vom Gesetzgeber nicht vorgesehen und kann dadurch z. T. zu Lasten der Rohstoffsicherung gehen. Für die oberflächennahen mineralischen Rohstoffe, eine wichtige Rolle spielen hier die Massenrohstoffe Steine und Erden, unterscheidet die Landesfachbehörde Lagerstätten 1. und 2. Ordnung sowie Gebiete mit wertvollen Rohstoffvorkommen. Die landesplanerische Ausweisung unterteilt diese Flächen in Vorranggebiete für Rohstoffgewinnung und in Gebiete mit besonderer Bedeutung für die Rohstoffgewinnung. Eine eingehende Diskussion der Rohstoff- und Planungskategorisierung ist in dem Beitrag von Becker-Platen in diesem Buch enthalten.

Am Beispiel der Landnutzungskarte des Blattes Hessisch Oldendorf wurde vom Niedersächsischen Landesamt für Bodenforschung gezeigt, welcher Weg bei der Analyse der Verfügbarkeit von Flächen bei der Rohstoffsicherung beschritten werden kann (Becker-Platen et al. 1986). Dabei wurden die sich überlagernden Nutzungsansprüche für dieses Gebiet deutlich herausgestellt und erfaßt. Von der im Blattgebiet ausgewiesenen Gesamtrohstoffffläche von 1316 ha sind bereits 72 ha abgebaut, und lediglich 313 ha (24%) sind, allerdings nur scheinbar, uneingeschränkt zugänglich (s. Tabelle 2). Denn auch hier müssen die Abbauanträge für diese Flächen die entsprechenden Abbaugenehmigungsverfahren mit allen sich daraus ergebenden Auflagen und Einschränkungen bzw. Ablehnungen noch durchlaufen. Die unterschiedlichen Gewichtungen der Flächenansprüche zeigen für das Beispiel also nur die unterschiedlichen Schwierigkeiten in der Genehmigungsfähigkeit auf, nicht aber, ob eine Fläche tatsächlich zum Abbau freigegeben wird oder nicht. Man kann davon ausgehen, daß im Durchschnitt nur ein Drittel aller fachplanerisch ausgewiesenen

Tabelle 2. Einschränkungen der Rohstoffsicherungsfläche durch andere Nutzungen auf TK 25, 3821 Hessisch Oldendorf; gesamte Rohstoffsicherungsfläche 1316 ha $\triangleq$ 11% des Blattgebietes. (Becker-Platen et al. 1986)

Nutzungsart	Anteil an der Rohstoffsicherungsfläche	
	(ha)	(%)
uneingeschränkte Rohstoffsicherung	313	24
durch Bebauung nicht möglich	115	8
durch Landschaftsschutzgebiete eingeschränkt	120	9
durch Vorranggebiete für Natur und Landschaft stark eingeschränkt	400	31
durch Wasserschutzgebiete eingeschränkt	123	9
durch Vorranggebiete für Wassergewinnung stark eingeschränkt	15	1
durch Gebiete mit besonderer Bedeutung für Wassergewinnung eingeschränkt	230	18

Flächen mit mineralischen Rohstoffen auch tatsächlich für den Abbau zur Verfügung steht. In den verbleibenden zwei Dritteln ist aus den verschiedensten Gründen ein Abbau nicht möglich.

Trinkwasser

Das Trinkwasser wird in der Bundesrepublik Deutschland zu über 80% aus Grundwasser gewonnen. Dieser Anteil ist im Vergleich zu anderen Ländern groß und ergibt sich daraus, daß Grundwasser im Prinzip durch filternde und verschmutzungshemmende Deckschichten weitgehend geschützt und daher dem durch Schadstoffe zumeist stark belasteten Oberflächenwasser vorzuziehen ist. Die Grundwasservorkommen werden in Menge und Qualität vor allem von den hydrogeologischen Eigenschaften des Gesteinsuntergrundes bestimmt. Da die Bundesrepublik Deutschland einen sehr wechselnden Aufbau des geologischen Untergrundes aufweist, verfügen die einzelnen Landesteile jedoch in bezug auf die geochemische Qualität des vorhandenen Grundwasserdargebots über stark unterschiedlich nutzbare Grundwasservorkommen. Neben kristallinen Gesteinen, die insgesamt wenig Grundwasser enthalten, kommen ebenso großräumig geologisch jüngere grundwasserreiche Lockergesteinsablagerungen vor (Abb. 3). Eine Übersicht der Grundwasservorkommen in der ehemaligen Bundesrepublik Deutschland gaben Vierhuff et al. (1981).

Von dem verfügbaren Wasserdargebot in den Alt-Bundesländern werden derzeit etwa 42 Mrd. m^3 gewonnen und verwendet. Der größte Teil von 26 Mrd. m^3 wird von Wärmekraftwerken als Kühlwasser beansprucht. Die

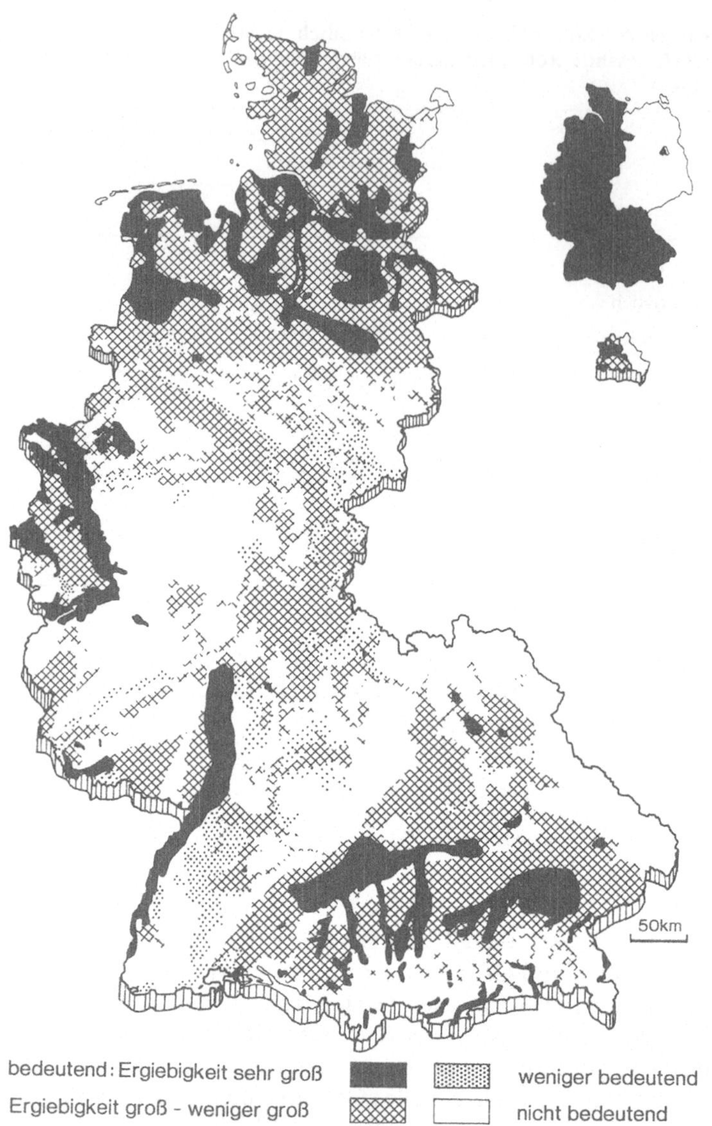

Abb. 3. Verteilung und Ergiebigkeit von Grundwasservorkommen in den Alt-Bundesländern. (Vereinfacht nach: Umweltbundesamt 1986)

Verwendung im verarbeitenden Gewerbe und im Bergbau liegt bei 11 Mrd. m^3. Auf die öffentliche Wasserversorgung entfallen ca. 5 Mrd. m^3. Die Aufteilung der Herkunft und des Verbrauchs in der Öffentlichen Trinkwasserversorgung zeigt Abb. 4.

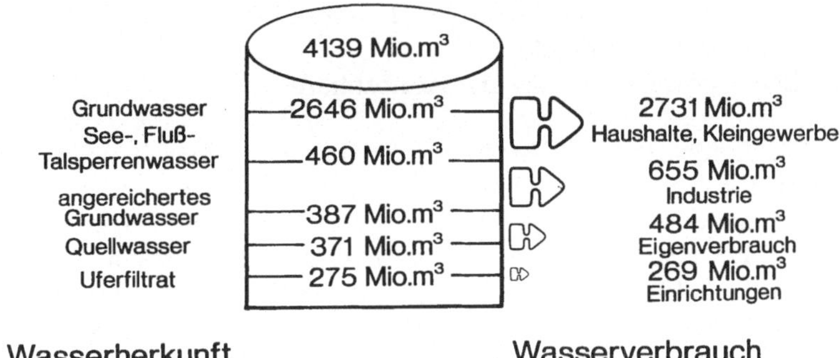

Abb. 4. Herkunft und Verbrauch des Wassers für die öffentliche Trinkwasserversorgung 1987 in der ehemaligen Bundesrepublik Deutschland. Nach Angaben des Bundesverbandes der Deutschen Gas- und Wasserwirtschaft

Grundwasserqualität: geogene und anthropogene Einflüsse

An die Trinkwasserbeschaffenheit werden hohe Anforderungen gestellt. Grundwasser bietet deshalb bei einer weitgehend intensiven Bodenpassage und bei einer relativ langen Verweilzeit im Untergrund, bedingt durch geringe Fließgeschwindigkeiten, eine sehr gute Voraussetzung für eine einwandfreie Trinkwasserversorgung, sofern die Böden nicht anthropogen verunreinigt sind.

Im Lösungsinhalt des Grundwassers können hinsichtlich seiner Herkunft folgende Anteile unterschieden werden:
— geogene, die aus den durchsickerten und durchflossenen grundwasserleitenden Schichten stammen und deren Konzentration von den Gesteinseigenschaften und den die Löslichkeit bestimmenden physikalisch-chemischen Eigenschaften des Wassers abhängen;
— anthropogene, wie sie von vielen menschlichen Tätigkeiten ausgehen und durch die die natürlichen physikalisch-chemischen Eigenschaften des Grundwassers verändert wurden.

Sowohl geogen als auch anthropogen bedingte Lösungsinhalte können das Trinkwasser in seiner Nutzung einschränken. Bei Grundwasservorkommen, die nicht von geringdurchlässigen Deckschichten gegen Verunreinigungen von der Erdoberfläche her geschützt sind, können sich anthropogen bedingte Schädigungen auswirken. Hier machen sich vor allem Langzeiteffekte in der Schadstoffbelastung bemerkbar, wodurch die Grundwasserqualität deutlich gemindert werden kann.

Gefahren für das Grundwasser entstehen vor allem durch
— unsachgemäßen Umgang mit wassergefährdenden Stoffen (z. B. chlorierte Kohlenwasserstoffe);
— punktförmige Belastungsherde (z. B. Altlasten oder undichte Kanalisationen);

- Auswirkungen der intensiven Landbewirtschaftung (Dünger, Gülle und Pflanzenschutzmittel);
- Schadstoffeintrag über die Atmosphäre.

Die landwirtschaftliche Bodennutzung stellt derzeit neben den Altlasten wohl das größte Gefährdungspotential für das Trinkwasser dar. Die akuten Auseinandersetzungen zwischen Landwirtschaft und Wasserwirtschaft sind durch die scharfen Grenzwerte der Trinkwasserverordnung ausgelöst worden, die ab 1.10.1989 nur noch 0,1 µg/l für das Einzelpestizid und 0,5 µg/l für die Summe aller Pestizide zuläßt. Der Einsatz von Pflanzenschutzmittelwirkstoffen (Biozide) auf die Kulturen nach Art und Menge entspricht den kulturspezifischen Problemen. Im Erntejahr 1987 war z. B. der Einsatz von Herbiziden bei Winterweizen und Wintergerste mit 2,8 kg/ha am höchsten. Der höchste Austrag von Fungiziden erfolgte beim Kartoffelanbau mit 7,45 kg/ha. Insektizide sind in diesem Zusammenhang nur von mengenmäßig geringer Bedeutung (Umweltbundesamt 1989). Für Pflanzenbehandlungsmittel wurden 1984 rund 32 000 t Wirkstoff in der ehemaligen Bundesrepublik Deutschland verkauft. Damit hat sich die abgesetzte Wirkstoffmenge seit Anfang der 50er Jahre nahezu verdreifacht. Um ein Vielfaches größer ist dieses Problem in dem Gebiet der ehemaligen DDR. Dort wurden in den letzten Jahren z. B. 18−27 kg/ha (!) Voraussaatherbizide (Bi 3411) eingesetzt. International sind 125−250 g/ha üblich (Institut für Umweltschutz 1990).

In den Alt-Bundesländern haben sich von 1950/51 bis 1986/87 die Aufwendungen an mineralischen Düngemitteln je ha landwirtschaftlicher Nutzfläche
- beim Stickstoff von 25,6 kg auf 131,5 kg mehr als verfünffacht,
- beim Kalk von 47,5 kg auf 123,1 kg um das Zweieinhalbfache erhöht, und
- der Einsatz von Phosphat und Kalium hat sich beinahe verdoppelt (Umweltbundesamt 1989).

Aufgrund der hohen Düngergaben ist mittelfristig ein „Durchsacken" der „Nitratwolke" vom bereits betroffenen oberen in das tiefere Grundwasserstockwerk zu befürchten. Die Nitratproblematik wird noch dadurch verschärft, daß Sickerprozesse sehr langsam verlaufen und die Wirkung der Überdüngung zum Teil erst nach 10 oder sogar 20 Jahren zeitlich verzögert eintritt. Dies ist deshalb so bedrohlich, weil zusätzlich ein Stickstoffeintrag von etwa 30 kg pro ha und Jahr über den Luftpfad erfolgt. Eine umfassende Darstellung der Grundwassergefährdungspotentiale sowie die erforderlichen Zielvorstellungen zu Schutzmaßnahmen wurden im Grundwasserschutzprogramm 1987 der Länderarbeitsgemeinschaft Wasser (LAWA) (1987) aufgestellt. Das Programm ist als gemeinsames Handlungskonzept der für die Wasserwirtschaft und das Wasserrecht zuständigen obersten Landesbehörden zum Schutz des Grundwassers zu verstehen und will bei maßgeblichen Stellen um breite Unterstützung werben.

Grundwasserschutz gesichert?

Damit Grundwasser weiterhin ausreichend und in guter Qualität verfügbar bleibt, bedarf es der Anwendung gesetzlicher Regelungen. Diese erfolgen durch das novellierte Wasserhaushaltsgesetz (WHG) und die entsprechenden Landeswassergesetze. Eine Reihe von weiteren Gesetzen enthält darüber hinaus Hinweise und Angaben über flankierende Maßnahmen, wie z. B. das Abfallbeseitigungsgesetz, das Bundes-Immissionsschutzgesetz, das Chemikaliengesetz, das Waschmittelgesetz und das Naturschutzgesetz.

Darüber hinaus werden Grundwassergewinnungsgebiete durch Wasserschutzgebietsausweisungen gegen mögliche Grundwasserverschmutzungen abgesichert. Dieses geschieht durch die Festlegung von Zonen um Brunnen und Wasserwerksanlagen, in denen u. a. bestimmte landwirtschaftliche Bewirtschaftungsauflagen, Rohstoffabgrabungsbegrenzungen und Verbote zu Lagerung und Transport wassergefährdender Stoffe gelten. Die Durchführung der Festsetzungsverfahren ist länderweise unterschiedlich geregelt, doch wird im allgemeinen den Richtlinien für Trinkwasserschutzgebiete gefolgt. Aufgrund der beschriebenen aktuellen Umwelt- und Nutzungsproblematik plant z. B. die Landesregierung von Niedersachsen die Festsetzung von neuen Wasserschutzgebieten. Bisher sind rund 2500 km^2 als Wasserschutzgebiete ausgewiesen worden, und für 1800 km^2 laufen die Verfahren. Insgesamt ist geplant, 6600 km^2 zu schützen, so daß der Anteil der Wasserschutzgebiete an der Landesfläche 14% beträgt.

Die Ausweisung von Wasserschutzgebieten sollte daher im öffentlichen Bewußtsein nicht nur als ein Katalog von Verboten und Einschränkungen empfunden werden. Entsprechend dem Besorgnisgrundsatz (§ 34) im Wasserhaushaltsgesetz, nach dem schon seit 1957 Verunreinigungen des Grundwassers nach menschlichem Ermessen vermieden werden müssen, sollten solche Gebiete stärker unter dem Gesichtspunkt eines aktiven „Trinkwasser-Schutzes" ins Bewußtsein rücken. Ausgehend von der Überlegung, daß die Gefährdung des genutzten Grundwassers im allgemeinen mit zunehmender Entfernung vom Gefahrenherd abnimmt, werden Trinkwasserschutzgebiete in Zonen gegliedert. Sie sind dem Wirkungsvermögen der Gefahrenherde angepaßt und hängen in ihrer Bemessung von der Beschaffenheit der grundwasserleitenden Schichten und ihrem Reinigungsvermögen ab.

Der Fassungsbereich (Zone I) soll den Schutz der unmittelbaren Umgebung der Fassungsanlage vor Verunreinigung und sonstigen Beeinträchtigungen gewährleisten.

Die engere Schutzzone (Zone II) soll den Schutz vor Verunreinigungen und sonstigen, vor allem bakteriellen Beeinträchtigungen gewährleisten. Die Zone II reicht von der Grenze der Zone I bis zu einer Linie, von der aus das Grundwasser etwa 50 Tage bis zum Eintreffen in der Fassungsanlage benötigt. Die für die engere Schutzzone geltenden Auflagen bedeuten z. T. erhebliche Nutzungseinschränkungen in den von ihr erfaßten Flächen und Grundstücken.

Die weitere Schutzzone (Zone III) soll den Schutz des Grundwassers von weitreichenden Beeinträchtigungen, insbesondere vor nicht oder schwer abbaubaren chemischen und radioaktiven Verunreinigungen gewährleisten.

Die Schutzgebiete I bis III nehmen bisher rund 25 000 km^2 und damit 11%
der Fläche der ehemaligen Bundesrepublik Deutschland ein (Umweltbundesamt 1986, 1988). Der aktuelle Stand der Festsetzung von Wasserschutzgebieten
gemäß § 19 WHG zeigt, daß bisher lediglich 60% der als notwendig erachteten
Schutzgebiete rechtlich ausgewiesen wurden.

Möglichkeiten der Einsparung: Recycling und Substitution

In der Bundesrepublik Deutschland befinden sich eine Reihe wasserwirtschaftlicher Problemräume, in denen das Wasserdargebot in Menge und Qualität zu
einem begrenzenden Faktor für eine weitere räumliche Entwicklung geworden
ist. Da die Gewässerverunreinigungen vielerorts zu einer Verdrängung der sied-
lungsnahen Trinkwassergewinnung geführt haben, bietet dieser Umstand zunehmend Anlaß, darüber nachzudenken, wie Wasservorkommen besser genutzt und auch Einsparungen vorgenommen werden können. So hat nach Angaben des Bundesverbandes der Deutschen Gas- und Wasserwirtschaft der
Wasserverbrauch der Haushalte einschließlich des Kleingewerbes je Einwohner
pro Tag bundesweit von 118 l (1970) auf 148 l (1983) zugenommen, ist aber seit
diesem Zeitpunkt mit 144 l (1987) rückläufig. In einem Ballungsraum wie
West-Berlin ist der durchschnittliche Verbrauch deutlich höher, zeigt aber ähnliche Tendenzen (171 l, 1983; 159 l, 1988; Statistisches Landesamt West-Berlin).
Konzepte einer möglichst rationellen Wasserbewirtschaftung wurden z. B. in
einer Studie für einen Modellraum am linken Niederrhein zwischen Xanten
und Krefeld exemplarisch durchgespielt (Held und Heinz 1987). Neben der
Versorgung der Bevölkerung mit qualitativ hochwertigem Trinkwasser besteht
dort vor allem im Bereich von Industriestandorten ein z. T. großer zusätzlicher
Bedarf an Betriebswasser. Die in der Studie entwickelten Szenarien beruhen
auf dem starken Nutzungsdruck unterschiedlicher Wassernutzer und zeigen
beispielhaft Alternativen der Wasserbewirtschaftung auf:
a) Umverteilung von Wasserrechten zugunsten anderer Wassernehmer;
b) Errichtung von Betriebswassernetzen zur Nutzung von Oberflächenwasser;
c) Errichtung von Betriebswassernetzen von Polder- und Sümpfungswässern;
d) Errichtung eines regionalen Transportleitungsnetzes mit Erschließung ver-
   brauchsferner Wasservorkommen.

Möglichkeiten der Intensivierung der innerbetrieblichen Kreislauf- und
Mehrfachwassernutzung sowie mögliche Wassereinsparpotentiale sind in den
unterschiedlichen Wirtschaftszweigen durchführbar und anzustreben. Dies
sollte vor allem im Hinblick auf die Ressourcenschonung und Reduzierung von
Abwassermengen und die damit einzusparenden Kosten geschehen.

Wasserrecht und planerische Lenkung

Zentrales Bundesgesetz in Wasserfragen ist das Wasserhaushaltsgesetz (WHG).
Da das Wasserrecht aber auch Sache der Länder ist, gibt es daneben in jedem
Bundesland ein eigenes Wassergesetz.

Das WHG gilt für alle oberirdischen Gewässer, Küstengewässer und das Grundwasser (§ 1). Alle Gewässer sind so zu bewirtschaften, daß sie dem Wohl der Allgemeinheit und im Einklang mit ihm auch dem Nutzen einzelner dienen und eine vermeidbare Beeinträchtigung unterbleibt.

Das Entnehmen und Zutagefördern von Grundwasser setzt das Vorliegen einer Erlaubnis bzw. einer Bewilligung voraus (§§ 7, 8 WHG). Dies schließt grundsätzlich Privateigentum an Grundwasservorkommen und die Grundwassernutzung ohne behördliche Genehmigung aus. Damit wird deutlich, daß aus dem Privateigentum an einem Grundstück nicht das Recht auf Nutzung des unter der Oberfläche befindlichen Wassers abgeleitet werden kann. Die Wassernutzungsrechte werden daher den einzelnen Benutzern durch die zuständige Behörde zugeteilt.

Genehmigungsbehörden sind in der Regel die sogenannte Obere Wasserbehörde oder die Untere Wasserbehörde. Die Obere Wasserbehörde ist den Bezirksregierungen bzw. den Regierungspräsidenten angegliedert, die Untere Wasserbehörde ist eine Abteilung der Verwaltung des Landkreises bzw. der Kreisfreien Städte.

Schließlich werden die Länder verpflichtet (§ 36 WHG), die zur Entwicklung der Lebens- und Wirtschaftsverhältnisse notwendigen wasserwirtschaftlichen Voraussetzungen durch Aufstellung von wasserwirtschaftlichen Rahmenplänen zu sichern. In diesen müssen der nutzbare Wasserschatz, die Erfordernisse des Hochwasserschutzes und die Reinhaltung der Gewässer berücksichtigt werden. Neben dem wasserrechtlichen Instrumentarium (Wasserhaushaltsgesetz, Landeswassergesetze) eröffnet das Planungsrecht zusätzliche Möglichkeiten, wasserwirtschaftliche Gesichtspunkte bei raumwirksamen Nutzungsansprüchen geltend zu machen.

Hier sind insbesondere das Raumordnungsgesetz des Bundes, das Bundesraumordnungsprogramm sowie die Planungsrechte der Länder zu nennen. Angesichts der zahlreichen konkurrierenden Nutzungsansprüche an den Raum ist eine wechselseitige Abstimmung von wasserwirtschaftlicher Planung und Raumordnung unabdingbar (Tabelle 3).

Die praktische Umsetzung der Grundsätze des Raumordnungsgesetzes (ROG) läßt sich am Beispiel des Landesplanungsgesetzes Nordrhein-Westfalen von 1975 aufzeigen. Danach sind die Grundsätze und Ziele der Raumordnung und Landesplanung im Landesentwicklungsprogramm, in Landesentwicklungsplänen sowie in Gebietsentwicklungsplänen darzustellen und zu konkretisieren. Die planerische Konzeption des Gebietsentwicklungsplans wird in der Bauleitplanung der Gemeinden konkretisiert und verwirklicht. Eine unmittelbare Einflußmöglichkeit der Landesplanung zum Schutz z. B. von Grundwasservorkommen bietet das Landesplanungsgesetz von Nordrhein-Westfalen (§ 22, 23). Es sieht vor, daß die Durchführung raumordnungswidriger Planungen und Maßnahmen für höchstens 2 Jahre untersagt werden kann, wenn die Einhaltung von raumordnerischen Zielen gefährdet wird. Dieses Instrument eignet sich, ebenso wie die Rückstellung von Bauvorhaben, als Zwangsmittel gegen Planungsvorhaben der Gemeinden, bei denen eine Abstimmung mit wasserwirtschaftlichen Belangen nicht in ausreichendem Maß erfolgte (vgl. Held u. Heinz 1987).

Tabelle 3. Rechtliche und planerische Grundlagen und Möglichkeiten in der Wasserwirtschaft am Beispiel Nordrhein-Westfalens

---

Wassernutzung
- Behördliche Zulassung als Voraussetzung für die Nutzung
- Eingriffe in die bestehenden Wassernutzungsrechte

Wasserwirtschaftliche Planung
- Rahmenpläne
- Bewirtschaftungspläne

Vorbeugende Schutzplanung
- Schutzgebietsverordnung
- Veränderungssperre
- Reinhalteverordnung

Raumordnung und Landesplanung
- Landesentwicklungsprogramm NW
- Landesentwicklungsplan III NW
- Gebietsentwicklungsplan NW
- Bauleitplanung
- Landschaftsplanung

Nutzungskonflikte: Trinkwasser hat Vorrang

Die konkurrierenden Nutzungsansprüche der Wasserwirtschaft und eine auf Ertragssteigerung ausgerichtete Landwirtschaft treffen in der Problematik der Grundwasserqualität aufeinander. Für die Landwirtschaft als einer der bedeutendsten landschaftsgestaltenden und bodenbeanspruchenden Wirtschaftszweige (54,5% der Fläche der ehemaligen Bundesrepublik) erwächst hieraus eine besondere Bedeutung und Verantwortung. In diesem Nutzungskonflikt sind daher die wasserwirtschaftlichen Randbedingungen für eine umweltverträgliche Landwirtschaft mit den entsprechenden Vermeidungsstrategien von der Länderarbeitsgemeinschaft Wasser aktuell zusammengestellt worden (Länderarbeitsgemeinschaft Wasser 1989).

Zusätzliche Probleme können sich durch die Grundwasserentnahme zum Ausgleich von Ertragsminderungen in der Landwirtschaft oder durch Störung des ökologischen Gleichgewichts im Hinblick auf Naturschutzbelange ergeben. Maßgebend für die Beurteilung solcher Schäden sind die Grundwasserflurabstände und die maximale Wurzeltiefe der Kulturpflanzen. Ferner ist der Kapillarsaum über der Grundwasseroberfläche zu berücksichtigen, der je nach Bodenart 30–60 cm mächtig ist. Bei einem Grundwasserflurabstand von mehr als ca. 2,50 m entnehmen die Wurzeln das Wasser der wasserungesättigten Zone. In dieser Situation hängt der Wasserhaushalt der Pflanzen von den Bodenkenngrößen, insbesondere von der nutzbaren Feldkapazität ab. Grundlagen für die Beurteilung der Grundwasserabhängigkeit unterschiedlicher Vegetationstypen wurden z. B. im Großraum Hannover im Sinne einer landschaftsökologischen Bewertung von Grundwasservorkommen erarbeitet (Langer et al. 1985). Neben der deskriptiven Klassifizierung wurden in diesem Zusammenhang auch Grundwassermodelle erstellt, die das Wirkungssystem Grundwasserentnahme und mögliche ökologische Folgen abschätzen sollten (Euler 1987).

Ein weiterer Nutzungskonflikt kann gegenüber dem Abbau von oberflächennahen Rohstoffen, wie z. B. bei der Naßbaggerung von Kies, entstehen. Zur Entschädigungsfrage bei Nutzungsbeschränkungen durch eine Festsetzung von Wasserschutzgebieten hat das Bundesverfassungsgericht eine wichtige Entscheidung getroffen. Nach diesem sogenannten „Kiesgrubenurteil" (vom 28. 1. 1982, Az. 1 BVR 77/78) ist ein aus wasserrechtlichen Gründen erlassenes Verbot, Kies im Grundwasserbereich abzubauen, keine Enteignung und muß deshalb nicht entschädigt werden.

Oberflächennahe mineralische Rohstoffe: Steine und Erden

Angebot und Nachfrage

Sand und Kies sowie gebrochene Natursteine sind unter den oberflächennahen mineralischen Rohstoffen die mengenmäßig wichtigsten Massenrohstoffe, wie das Beispiel aus Bayern zeigt (s. Abb. 5). Obwohl Sand und Kies in der Bundesrepublik Deutschland weit verbreitet sind, treten Qualitäten, die den heutigen technisch-wirtschaftlichen Anforderungen genügen, nur in begrenzten Arealen auf (vgl. Abb. 6). Insgesamt wird eine Vielzahl sehr unterschiedlicher Lagerstätten genutzt, deren genaue Untersuchung hinsichtlich Erstreckung, Vorräten und qualitativer Ausbildung meist noch aussteht. Die Zahl der in Betrieb befindlichen Gewinnungsstellen liegt in den Alt-Bundesländern nach Schätzungen der Deutschen Kies- und Sandindustrie bei etwa 2900. Die Produktion betrug nach Verbandsschätzungen beispielsweise für 1980 390 Mio. t und reduzierte sich 1982 aufgrund schwacher Baukonjunktur auf ca. 310 Mio. t. Für 1987 werden nur noch knapp 300 Mio. t angegeben. Produktionsschwerpunkte liegen in Nordrhein-Westfalen, Bayern, Baden-Württemberg und Niedersachsen. Der Vergleich der Sand- und Kiesproduktion mit dem Bauvolumen als Verbrauchsindikator nach Bundesländern ergibt ausgeprägte Versorgungsdefizite nur noch für die Stadtstaaten. Allerdings erfordert die unterschiedliche Lage von Produktionszentren und Verbrauchsschwerpunkten in Ballungsgebieten innerhalb der Flächenstaaten einen erheblichen intraregionalen Versorgungsausgleich. Obwohl im Bundesdurchschnitt auf absehbare Zeit ausreichende Sand- und Kiesvorkommen vorhanden sind, zeigt sich die Problematik der Versorgung bereits heute in steigenden Transportentfernungen, da verbrauchernahe Lagerstätten entweder weitgehend erschöpft oder mangels Abbaugenehmigung vielfach nicht nutzbar sind. Übrigens werden größere Mengen auch in Nachbarländer geliefert, insbesondere in die Niederlande, in die Schweiz und nach Österreich, oder von ihnen bezogen z. B. aus Frankreich und der ehemaligen DDR (Eggert et al. 1986).

Im Unterschied zu Sand und Kies können Festgesteine, z. B. gebrochener Naturstein für den Tiefbau oder auch Kalk- und Kalkmergelstein für die Zementindustrie, aufgrund der geologischen Gegebenheiten nicht in allen Bundesländern gewonnen werden. In dem Gebiet der ehemaligen Bundesrepublik Deutschland werden derzeit für die genannten Einsatzbereiche rund 1300

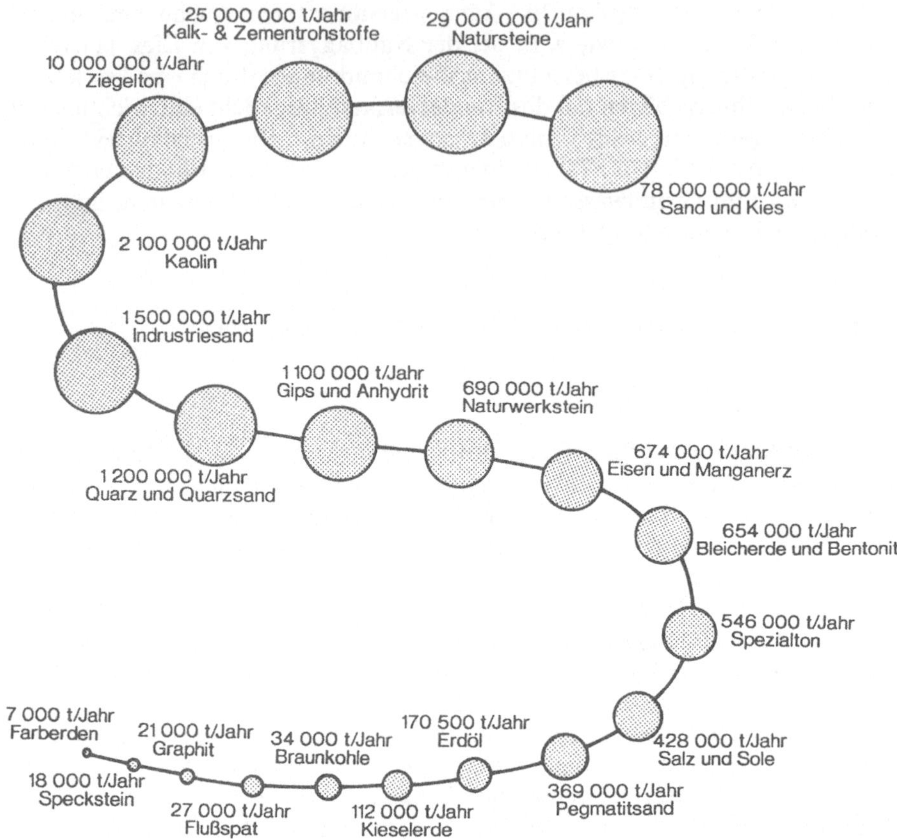

Abb. 5. Rohförderung mineralischer Rohstoffe in Bayern. Nach Angaben des Bayerischen StMLU 1986

Steinbrüche betrieben, von denen etwas mehr als 500 „qualifiziertes Material" nach den „Richtlinien für die Güteüberwachung von Mineralstoffen im Straßenbau" für den Tiefbau liefern. Die wichtigsten Lagerstätten von Naturstein für den Straßen-, Bahn- und Wasserbau aus dem oben genannten Bereich sind für den Westteil der Bundesrepublik Deutschland in Abb. 6 schwerpunktartig dargestellt.

Auch bei Naturstein erfaßt die amtliche Statistik die Produktion nur teilweise. Die Kenntnisse über die tatsächliche Höhe von Produktion und Verbrauch insbesondere der Massenrohstoffe sind begrenzt. Die amtlichen Zahlen geben nur ein unvollständiges Bild, da sie die Produktion in Kleinbetrieben unter 10 Beschäftigten nicht erfassen. Offizielle Verbrauchsstatistiken fehlen fast völlig. Die amtliche Produktionsstatistik für Sand und Kies weist nur etwa die Hälfte der tatsächlich erbrachten Menge aus. Aus diesem Grunde hat das Deutsche Institut für Wirtschaftsforschung im Jahre 1985 erstmalig eine umfassende Versorgungsbilanz für das gesamte ehemalige Bundesgebiet aufgestellt und ver-

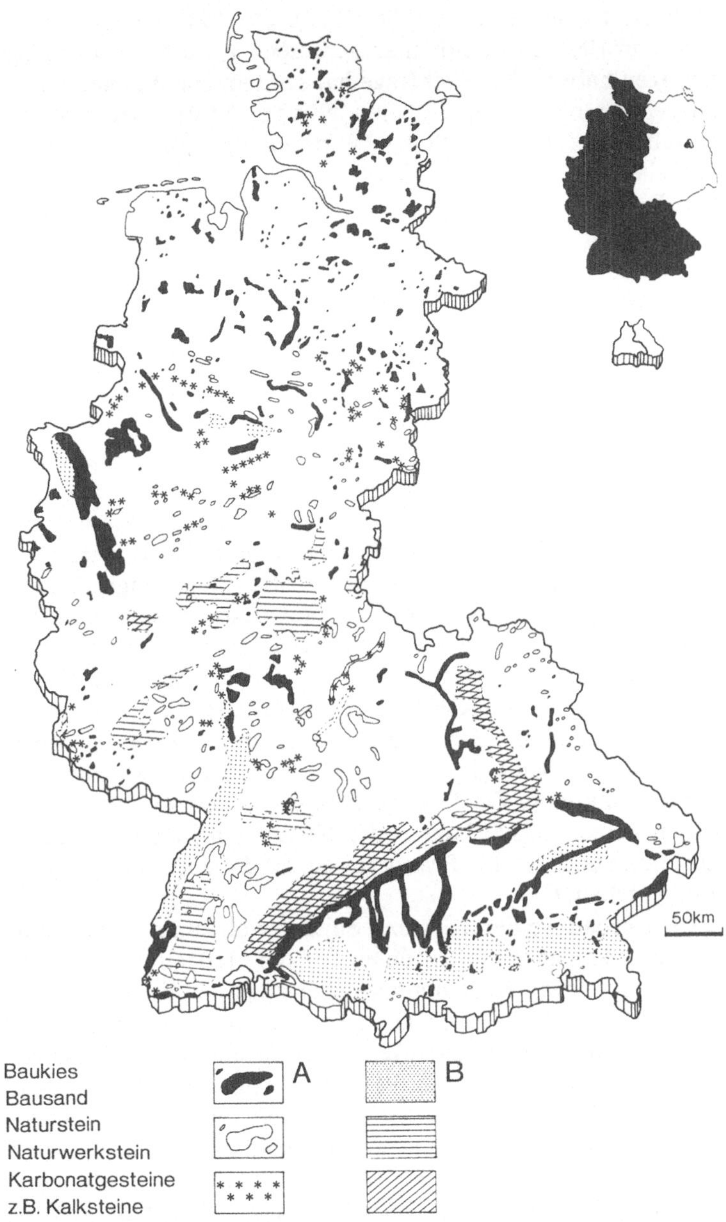

Abb. 6. Gebiete mit oberflächennahen mineralischen Rohstoffen von Baukies, untergeordnet Bausand, Naturstein und Karbonatgestein in den Alt-Bundesländern. *A* Schwerpunktgebiete mit wichtigen Rohstoffen; *B* Gebiete mit bedeutendem Rohstoffpotential; innerhalb der dargestellten Flächen liegen unterschiedlich große abbauwürdige Teilgebiete; *Kreuzschraffur:* sich überlagernde Gebiete aus B. (Vereinfacht nach: Bundesminister für Raumordnung 1986)

öffentlicht (Eggert et al. 1986, 1988). Für 1982 wurde eine Absatzproduktion von rund 106 Mio. t amtlich ausgewiesen, sie dürfte jedoch insgesamt 125 Mio. t betragen haben. Die Nachfrage hat seitdem leicht zugenommen, verharrt aber auf einem nur wenig höheren Niveau. Etwa zwei Drittel der Produktion entfallen auf Bayern, Baden-Württemberg und Nordrhein-Westfalen. Einen aktuellen Überblick über das Gebiet der ehemaligen DDR geben Jung et al. (1990).

Einsatzgebiete der Massenrohstoffe

Der überwiegende Teil der oberflächennahen mineralischen Rohstoffe wird direkt oder indirekt in der Bauwirtschaft verbraucht. Sie sind aber auch für eine Reihe wichtiger Industriezweige unverzichtbar, z. B. für die Glas- und Keramikindustrie, die Feuerfestindustrie, die Eisen- und Stahlindustrie, die chemische Industrie sowie für Maßnahmen des Umweltschutzes, z. B. bei der Rauchgasentschwefelung. Da insbesondere die Versorgung mit Sand und Kies sowie Naturstein für den Tiefbau immer schwieriger wird, wird auf diese auch mengenmäßig bedeutsamen Massenrohstoffe näher eingegangen.

Die nahezu vollständig von der Bauwirtschaft verarbeiteten Kies- und Sandmengen werden zu drei Vierteln vom Hochbau beansprucht, Kies inbesondere als Betonzuschlag (rund 60%) und Sand als Zuschlag für Mörtel und Kalksandsteine. Sand und Kies treten in natürlichen Vorkommen etwa im Verhältnis 60:40 auf. Für die Herstellung von Beton aber werden 40% Sand und 60% Kies benötigt. Sand gibt es z. B. in Niedersachsen im Überfluß, Kies aber wird allmählich knapp. Zur Lösung dieses Problems wird im Rahmen eines gemeinsamen Forschungsvorhabens des Niedersächsischen Landesamtes für Bodenforschung und der TU Braunschweig an der Entwicklung grobsandreicher Betone gearbeitet.

Im Tiefbau werden Kies und Sand vor allem im Straßenbau verwendet. Die größten Mengen entfallen dabei auf die Herstellung der unteren Tragschicht (Frostschutzkies). Bedeutend ist aber auch der Verbrauch für gebundene und ungebundene obere Tragschichten sowie von Kiessplitt für Straßendecken. Außerdem werden erhebliche Mengen als Füllmaterial für Dämme, Brücken und Böschungen benötigt. Am Verbrauch von gebrochenem Naturstein für den Tiefbau hat wiederum der Straßenbau den größten Anteil. Lediglich 4% entfallen auf Gleisbettungsschotter und etwa 2% auf Ufer- und Wasserbausteine sowie Schüttmaterial (Eggert et al. 1987). Im Straßenbau wird Naturstein insbesondere für die oberen Tragschichten benötigt, und zwar in ungebundener Form als hochwertige Splitt- und Schottergemische sowie – zusammen mit anderen Zuschlägen – als bituminöses Mischgut. Auch die Deckschichten und die darunter befindlichen Binderschichten enthalten bis zu 80% Natursteinsplitt sowie Füller aus Naturstein.

Aus den aufgeführten Zahlen wird deutlich, daß erhebliche Rohstoffmengen auch in Form von Frischbeton oder Betonwaren verbraucht wurden. Allein der Straßenbau ist dabei mit rund einem Drittel an sämtlichen in der ehemaligen

Bundesrepublik Deutschland verbrauchten oberflächennahen Rohstoffen beteiligt. Dabei werden immer größere Mengen für die Unterhaltung des Straßennetzes benötigt.

Mineralische Rohstoffe im Umweltschutz

Die Rauchgasentschwefelung in Kraftwerken ist der klassische Fall des Einsatzes von Kalkstein und Kalkprodukten im Umweltschutz. Der Verbrauch von 107000 t (1987) in Niedersachsen wurde zu rund 60% der Gesamttonnage durch Lieferungen aus Nordrhein-Westfalen und der ehemaligen DDR gedeckt. Nur ca. 40% kamen aus niedersächsischen Kalkwerken bzw. Kalksteinbrüchen. Über diesen Einsatzbereich hinaus finden zunehmend Kalkstein und Kalkprodukte Anwendung in weiteren Bereichen des Umweltschutzes. Wichtige Bereiche sind die Waldkalkung, die Behandlung kontaminierter Abwässer und Klärschlämme, die Neutralisation von Abwässern der chemischen Industrie sowie die Rauchgasreinigung von Kraftwerken. Der Verbrauch von Kalkstein insgesamt hat sich z. B. in Niedersachsen in den letzten 5 Jahren verfünffacht und erreichte 1987 eine Gesamtmenge von ca. 450 000 t (Abb. 7).

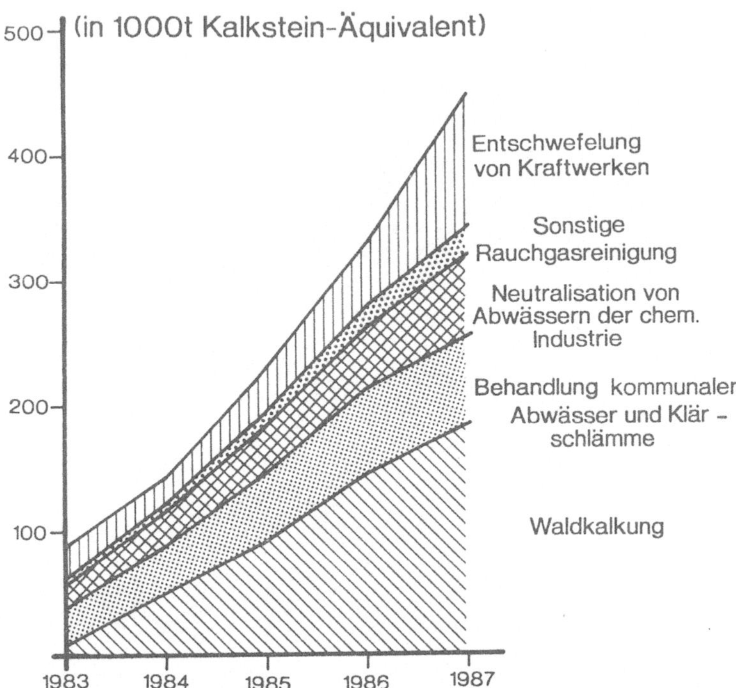

Abb. 7. Entwicklung des Verbrauchs von Kalkstein und Kalkprodukten im Umweltschutz in Niedersachsen. (Niedersächsisches Landesamt für Bodenforschung 1989)

Transportentfernungen: Schlüsselwort für Wirtschaftlichkeit und Umweltbelastungen

Steine und Erden haben als billige Massengüter einen bedeutenden Anteil am gesamten Güterverkehrsaufkommen in den Alt-Bundesländern. Dabei ragen der Straßengüternahverkehr und die Binnenschiffahrt mit Anteilen der Steine und Erden von 61% bzw. 30% am jeweiligen Gesamtverkehr heraus (1982). Am gesamten Transportaufkommen von Steinen und Erden von mehr als 1,3 Mrd. t im Jahre 1982 ist der Straßengüternahverkehr mit fast 90% (1,2 Mrd. t) beteiligt (Eggert et al. 1986). Das erhebliche Transportvolumen von Steinen und Erden, einschließlich der in dieser Güterabteilung nicht erfaßten rund 100 Mio. t Transportbeton, verursacht nicht nur Kosten, sondern trägt auch zu einer deutlichen Belastung des Straßennetzes bei. Schwierigkeiten bei der Rohstoffversorgung aus heimischen, verbrauchsnahen Vorkommen würden den erkennbaren Trend zu größeren Transportentfernungen und auch damit verbundenen Umweltbelastungen noch verstärken.

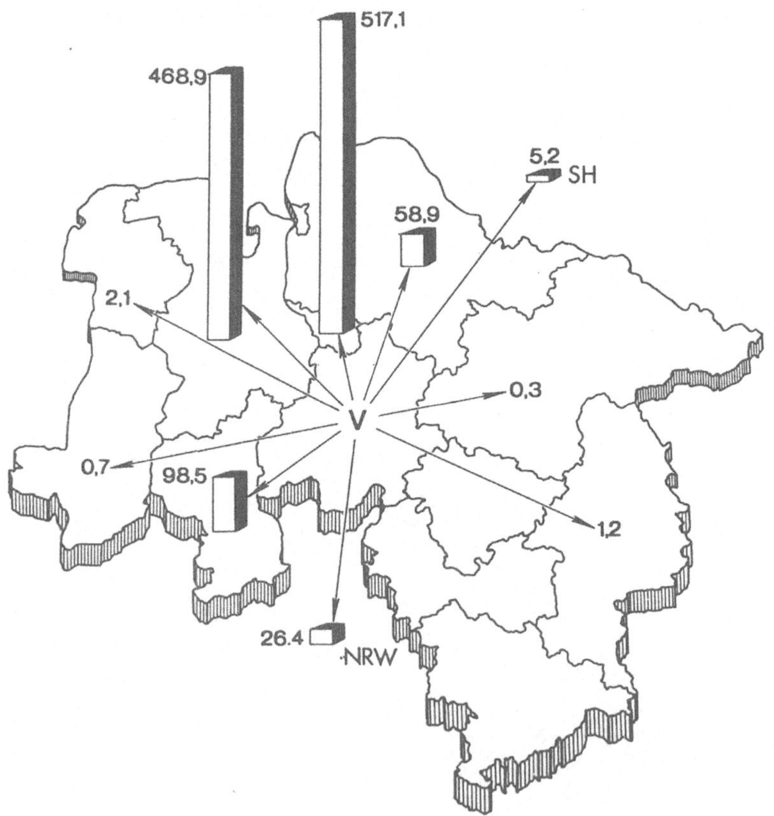

Abb. 8. Versand von Kies und Sand im Güterfernverkehr aus dem Verkehrsbezirk Verden (*V*) im Jahre 1985; *Ziffern*: Mengen in 1000 t. (Niedersächsisches Landesamt für Bodenforschung 1989)

Wie der Rohstoffsicherungsbericht 1989 für Niedersachsen zeigt, befinden sich die *Versandschwerpunkte* für Sand und Kies im Güterfernverkehr dieses Flächenstaates in den Verkehrsbezirken Verden, Braunschweig, Göttingen und Hildesheim. Diese vier Verkehrsbezirke haben am Kies- und Sandgesamtversand Niedersachsens einen Anteil von ca. 85%. Abbildung 8 zeigt z. B. das Versandvolumen an Kies und Sand aus dem Verkehrsbezirk Verden. Daraus wird deutlich, welche Bedeutung bestimmte Lagerstätten gerade bei Massenrohstoffen haben.

Empfangsschwerpunkte sind, bedingt durch das Fehlen von Kies, die Verkehrsbezirke Oldenburg, Emden, Emsland und Stade/Hamburg. Diese vier Verkehrsbezirke stellen rund 64% der Gesamtempfangsmenge an Sand und Kies in Niedersachsen dar. Abbildung 9 verdeutlicht z. B. das Empfangsvolumen an Kies und Sand des Verkehrsbezirkes Oldenburg. Betrachtet man alle Lieferungen im Fernverkehr mit Sand und Kies, dann ist Niedersachsen trotz der großen eigenen Lagerstätten ein Empfängerland mit einem Fehlbedarf von ca. 635000 t (1985). Dieser Fehlbedarf wird praktisch aus Nordrhein-Westfalen und aus Importen gedeckt (Abb. 8, 9).

Der Stadtstaat Hamburg beispielsweise übt als Großverbraucher von Baustoffen einen beträchtlichen Einfluß auf den niedersächsischen Markt von

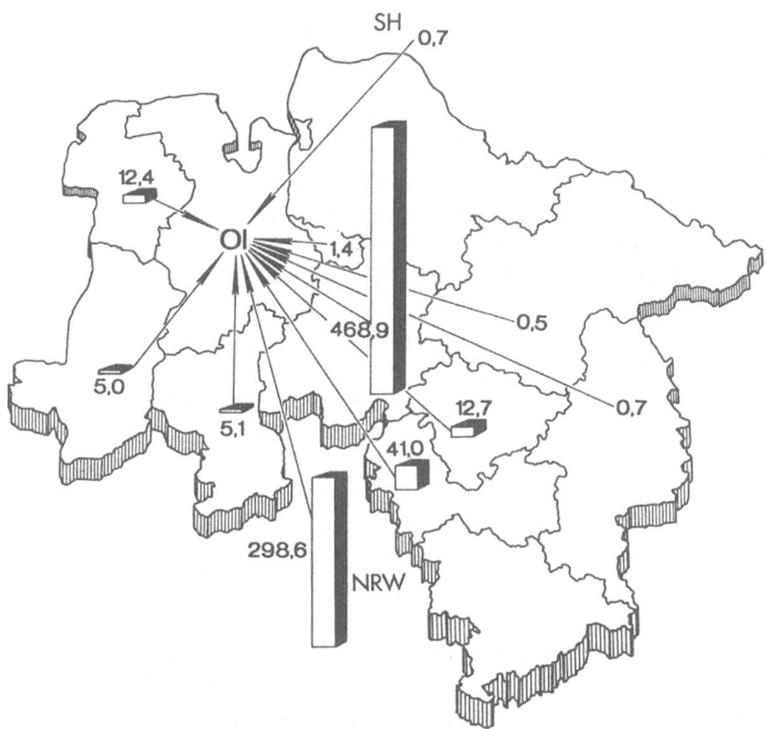

Abb. 9. Empfang von Kies und Sand im Güterfernverkehr im Verkehrsbezirk Oldenburg (*Ol*) im Jahre 1985; *Ziffern:* Mengen in 1000 t. (Niedersächsisches Landesamt für Bodenforschung 1989)

Steinen und Erden aus. So bezog Hamburg 1985 im Fernverkehr etwa 56% der Kiese und z. T. auch Sande aus Niedersachsen, etwa 31% aus Schleswig-Holstein und 6,5% aus der ehemaligen DDR. Die Tendenz bei gebrochenem Naturstein war umgekehrt. Hier wurde der Bedarf zu ca. 49% aus Importen, etwa 23% aus der ehemaligen DDR und etwa 21% aus Niedersachsen gedeckt (Niedersächsisches Landesamt für Bodenforschung 1989).

Schonender Umgang mit Rohstoffvorkommen: Recycling und Substitution

Selbst wenn der Abbau von oberflächennahen Massenrohstoffen in Zukunft im wesentlichen zur Erhaltung des Niveaus der Infrastruktur dient und allenfalls nur wenig zunehmen dürfte, wird insbesondere aus Gründen des Umweltschutzes und zur Schonung der heimischen Lagerstätten die Nutzung weiterer Ressourcen diskutiert.

Mittel- bis langfristig dürfte es daher aussichtsreicher sein, einen Teil des Verbrauchs von oberflächennahen Primärrohstoffen durch materialsparende Bauweise, durch einen optimalen Gesamtabbau der Lagerstätte sowie durch den Einsatz von Recyclingmaterial oder anderen Sekundärrohstoffen zu decken. Der Einsatz solcher Materialien spielt zur Einsparung hochwertiger Primärrohstoffe insbesondere im Straßenbau eine größere Rolle. Nach Angaben des Statistischen Bundesamtes fielen 1982 im Bauhauptgewerbe rund 13 Mio. t Bauschutt und 10 Mio. t Straßenaufbruch an. Dieses Material wurde in den vergangenen Jahren zu fast 90% deponiert, eine Vergeudung bei gleichzeitiger Umweltbelastung durch die Deponierung.

Nach Schätzungen des Statistischen Bundesamtes vom 1.3.1990 entfielen im Jahre 1989 etwa 220 Mio. t — das sind über 70% des gesamten Abfallaufkommens — auf Abfälle aus der Bauwirtschaft. Diese Abfallmenge setzt sich zusammen aus Erdaushub (168 Mio. t), Bauschutt (23 Mio. t), Baustellenabfällen (10 Mio. t) und aus Straßenaufbruch (20 Mio. t). Die Bauwirtschaft hat zwar schon erhebliche Anstrengungen zur Verwertung ihres Abfallaufkommens gemacht, aber in Anbetracht der immer knapper werdenden Deponieräume und der Bestrebungen, vorhandene Rohstoffressourcen zu schonen, ist es dringend geboten, den Verwertungsanteil bei Baureststoffen deutlich zu steigern. In diesem Zusammenhang ist der Entwurf von Zielfestlegungen zur Verwertung von Baureststoffen durch den Bundesumweltminister vom 3.1.1990 zu sehen. Die angestrebten Verwertungsziele für die erste Hälfte der 90er Jahre sind in Tabelle 4 dargestellt. Weiterhin ist vom 1.1.1991 an sicherzustellen, daß die nach § 3 Abs. 2 Satz 3 Abfallgesetz verwertbaren Bestandteile von Bauschutt, Baustellenabfällen, Erdaushub und Straßenaufbruch nicht vermischt mit nicht verwertbaren Bestandteilen auf Bauschutt- oder Hausmülldeponien abgelagert werden dürfen. Rechtsgrundlage für die Zielfestlegung der Bundesregierung ist § 14 Abs. 2 Satz 1 Abfallgesetz. Die Zielfestlegungen haben keinen normativen Charakter, sondern sollen die Wirtschaft rechtzeitig über die abfallwirtschaftlichen Vorstellungen der Bundesregierung informieren und Gelegenheit zu freiwilligen Lösungen geben. Nach Ablauf der vorgegebenen Fristen wird die Bundesregierung entscheiden, welche Maßnahmen durch Rechtsverordnung zu treffen sind.

Tabelle 4. Verwertungsziele für Bauschutt, Baustellenabfälle, Erdaushub und Straßenaufbruch

	Aufkommen 1989[a] Mio. t	Verwertung 1989[a] Mio. t	%	Verwertungsziele[b] %
Bauschutt	22,6	3,7	16	60
Baustellenabfälle	10,0	–	–	40
Erdaushub	167,9	53,3	32	70
Straßenaufbruch	20,4	11,2	55	90

[a] Schätzungen des Statistischen Bundesamtes vom 1. März 1990.
[b] Vom Bundesumweltministerium angestrebte Verwertungsziele für die erste Hälfte der 90er Jahre.

Primärrohstoffe wie Naturstein wurden von jeher durch qualifizierte Hochofenschlacke substituiert. Deren Anfall betrug in den 80er Jahren in der ehemaligen Bundesrepublik Deutschland 9–10 Mio. t. Rund zwei Drittel davon werden in Form von gebrochener Hochofenschlacke als hochwertiges Straßenbaumaterial verwendet. Mit rund 5 Mio. t ersetzen auch Rückstände aus Steinkohlenkraftwerken Primärrohstoffe. Über die bereits etablierten Substitute für Steine-und-Erden-Rohstoffe hinaus wird der Einsatz weiterer Abfallstoffe oder Nebenprodukte – insbesondere im Straßenbau – diskutiert bzw. in unterschiedlichem Umfang praktisch durchgeführt. In vielen Fällen ist die Entsorgung der übergeordnete Aspekt.

Einem vermehrten Einsatz von Substituten im Straßenbau steht allerdings eine große Zahl von Normen, technischen Vorschriften und Richtlinien entgegen, die an der hohen Qualität der Primärrohstoffe orientiert sind. Da die Bundesrepublik hinsichtlich der Qualitätsanforderungen an Straßenbaustoffe im internationalen Vergleich eine Spitzenstellung einnimmt, wird verschiedentlich gefordert, für die Güteüberwachung von Recyclingmaterialien spezielle Richtlinien zu entwerfen. Eine Senkung der Anforderungen sollte auch die Verwendung von Natursteinprodukten minderer Güte ermöglichen, was ebenfalls zur Schonung der natürlichen Vorkommen beitragen könnte. Es darf jedoch nicht übersehen werden, daß Abfallstoffe hinsichtlich Qualität und Schadstoffgehalt problematische Baumaterialien sein können und Grundwassergefährdungen in jedem Fall vermieden werden müssen. Dies gilt aber auch für die Deponierung von Abbruchmaterial.

Kies kann in vielen Anwendungsbereichen durch Natursteinsplitt ersetzt werden, sofern dieser verbrauchernah und preisgünstig zur Verfügung steht. Die Substitution durch mineralische Abfallstoffe hat dort Chancen, wo an die Qualität der Kiese und Sande mindere Anforderungen gestellt werden. In Niedersachsen ist z. B. das Aufkommen an geeigneten Abfallstoffen relativ gering, so daß selbst bei einer vollständigen Verwendung dieser Stoffe keine nennenswerten Markteinflüsse entstehen dürften. Die Recyclingquote übersteigt zumindest für Bauschutt und Altasphalt in Niedersachsen regional schon 50–70%. Ebenso ist in West-Berlin der Recyclinganteil in dieser Gruppe zwischen 1983 und 1988 um 33% von 2,6 Mio. t auf 3,4 Mio. t gestiegen.

Neben den Einsparungsmöglichkeiten bei mineralischen Rohstoffen durch Recycling und Substitution ist der optimale Gesamtabbau von Lagerstätten ein wichtiger Punkt bei der flächensparenden Rohstoffgewinnung. Um Abbauverluste möglichst gering zu halten, sollten in großen Lagerstätten, in denen mehrere Abbauunternehmer tätig sind, übergreifende Abbau- und Folgenutzungspläne aufgestellt werden. Eine sinnvolle Ordnung des Einzelabbaus, durch die der Neigungswinkel der Böschungen und die Breite oder der Wegfall der Grenzdämme und Sicherheitsstreifen durch gemeinsamen Grenzabbau verringert werden, führt infolge besserer Ausnutzung der Lagerstätte u. a. zu merklich geringeren Flächenansprüchen. Bei gleicher Abbautiefe liegen die entsprechenden Abbauverluste bei einer 5 ha großen Fläche zwischen 23% und 36% und bei einer 50 ha großen Fläche immerhin noch zwischen 8 und 12%. Allein für die Sand- und Kiesindustrie der Alt-Bundesländer könnten Fortschritte auf diesem Gebiet zu einer Verringerung der jährlich neu benötigten Abbaufläche um $1-3$ km^2 führen (Becker-Platen 1987). Ein optimaler Gesamtabbau der Lagerstätten sollte daher angestrebt werden, wie schon im Niedersächsischen Naturschutzgesetz gefordert wird (vgl. § 22 NNatG). Nicht selten werden Lagerstätten aufgrund der technischen Abbaumöglichkeiten nur bis zu einer Tiefe von $10-12$ m abgebaut. Verbleibende Restmengen bis zu mehreren Metern sind verloren, da ein wirtschaftlicher Abbau später kaum mehr möglich ist.

Nutzungskonflikte bei Abbauvorhaben

Insbesondere beim Abbau von Kies- und Sandvorkommen können vielfältige Nutzungskonflikte bzw. Abbaueinschränkungen auftreten. Neben konkurrierenden Flächennutzungen und Einsprüchen der Kommunen aus unterschiedlichen Gründen können starke Einschränkungen durch den Nutzungskonflikt mit dem Grundwasser entstehen. So darf in manchen Gebieten aus Gründen des Grundwasserschutzes nur bis zu einer gewissen Höhe oberhalb der Grundwasseroberfläche, in anderen Gebieten innerhalb bestimmter Bereiche eines Grundwasserschutzgebietes überhaupt nicht abgebaut werden.

Vor allem bei der Naßbaggerung sind folgende Punkte von Bedeutung. Bei ihr werden schützende Deckschichten abgetragen und das Grundwasser möglicherweise auf Dauer freigelegt. Das erhöht die Verdunstungsrate und beeinflußt langfristig die Grundwasserverhältnisse sowie die Hydrochemie und -biologie. Dadurch entsteht die Gefahr einer Verschmutzung des Grundwassers auf Dauer.

Da die Trinkwasserversorgung für die Gesamtheit der Bevölkerung lebenswichtig und gleichzeitig sehr störanfällig ist, wird ihr in der Regel vorrangige Bedeutung eingeräumt. Eine zusammenfassende Übersicht zu diesem Thema gab Eichhorn (1989). Bei Hauptrohstoffen für die Ziegelindustrie (Tone und Tonsteine) sind Nutzungskonflikte wegen des in der Regel geringen Flächenbedarfs der einzelnen Werke für die Tongewinnung selten.

Im Bereich der Natursteingewinnung bestehen bei der Genehmigung neuer Steinbrüche generell erhebliche Schwierigkeiten, vor allem aus landschaftsästhetischen Gründen (Niedersächsisches Landesamt für Bodenforschung 1989). Bei Kalksteinbrüchen können Nutzungskonflikte mit dem Grundwasserschutz hinzukommen.

Abbaugenehmigungen werden heute in der Regel nur noch nach Festlegung einer sinnvollen Folgenutzung erteilt. Diese wird naturgemäß von der Art des Abbaus, den anfallenden Abraummengen sowie der Form der Lagerstätte in erheblichem Maße beeinflußt. Die Renaturierung ehemaliger Abbaustellen kann im Rahmen einer naturnahen Folgenutzung eine wünschenswerte Vernetzung von Biotopen fördern und auch ihre Vielfalt bereichern (s. dazu Beitrag Becker-Platen).

Aspekte der Planung

Aufbereiten von planungsrelevanten Daten

Zur Sicherung des definierten Nutzungsvorranges von Gebieten sowie zur Abwehr und Einschränkung von kaum rückgängig zu machenden Schäden an Natur und Umwelt sind bereits im Vorfeld von Planungen lenkende Maßnahmen nötig. Diese werden u. a. auf Landes- und Kreisebene vorbereitet und entfalten sich häufig im kommunalen Bereich. Sie müssen dabei den vom Gesetzgeber vorgezeichneten Rahmen ausfüllen. Vielfach werden bereits in der Planungsphase Nutzungsansprüche an den Naturraum gestellt. Planer müssen dann an Hand von Statistiken, Bedarfszahlen, Datenerhebungen und Kartierungen zu ersten umweltrelevanten Übersichten gelangen. Die entsprechenden Vorhaben sind gemäß den Leitlinien der Raumordnung und Landesplanung auf ihre ökologischen und ökonomischen Erfordernisse hin zu prüfen.

Die Datensammlung ist nach wie vor aufwendig, und sehr häufig sind verfügbare Datensätze nicht planungsgerecht aufbereitet. Ansätze zu systematisierten Datenabrufbanken, die in „Geographische Informations-Systeme" (GIS) eingebunden sind, finden zunehmend Eingang in die Planungsarbeit. Geographische Informations-Systeme nutzen Flächen-, Linien- und Punktdaten primär im Vektorformat sowie digitale Fernerkundungsdaten im Rasterformat, die in der Bildverarbeitung Bildpunkt für Bildpunkt behandelt werden. Durch die Nutzung einzelner Informationsebenen können für die jeweiligen Planungsbereiche durch entsprechende Auswahl, Überlagerung oder Verschneidung von Informationsebenen Auswertungskarten hergestellt werden. So wurde z. B. zur Erstellung unterschiedlicher geowissenschaftlicher Planungskarten während der letzten Jahre am Niedersächsischen Landesamt für Bodenforschung ein „Graphisch Interaktives Raster-Orientiertes System" (GIROS) entwickelt und eingesetzt.

Geowissenschaftliche Karten für die Raumplanung

In der ehemaligen Bundesrepublik Deutschland sind seit Anfang der 70er Jahre verstärkt planungsbezogene geowissenschaftliche Aktivitäten zu verzeichnen. Einen guten Überblick gibt das geowissenschaftliche Naturraumpoten-

Tabelle 5. Gliederung des Geowissenschaftlichen Naturraumpotential-Kartenwerks Niedersachsen 1:200000

Bodenkundliche Standortkarte	– Trockengefährdung – Landwirtschaftliches Ertragspotential
Baugrund	
Grundwasser	– Grundlagen – Nutzung
Oberflächennahe Rohstoffe	– Lagerstätten und Vorkommen – Rohstoffsicherungsgebiete
Tiefliegende Rohstoffe	– Erze, Steinkohle, Industrieminerale – Salze – Erdöl, Erdgas
Schutzwürdige geowissenschaftliche Objekte	
Synthesekarte: Vorrangige Nutzung(en) aus geowissenschaftlicher Sicht	

tial-Kartenwerk von Niedersachsen (Tabelle 5). Hier wurden in 11 Teilpotentialkarten und einer Synthesekarte zwar landesspezifische Gegebenheiten zugrunde gelegt, zugleich aber die Konzeption so entwickelt, daß sie nach entsprechenden Ergänzungen oder Abänderungen auch in anderen Bundesländern mit unterschiedlichen geologischen, politischen und planerischen Vorgaben anwendbar ist. Der Maßstab 1:200000 erlaubt Übersichtsdarstellungen mit hinreichender Genauigkeit für die Landesplanung.

Im Gegensatz zu diesen relativ kleinmaßstäblichen Naturraumpotentialkarten wurde in den letzten Jahren vom „Arbeitskreis Geoökologische Raumgliederung und Naturraumpotential" (Zentralverband Deutscher Geographen) eine umfassende Kartieranleitung zur Geoökologischen Karte 1:25000 entwickelt. Diese Karten haben die Erfassung des Leistungsvermögens des Landschaftshaushaltes im Sinne des ökologischen Raumpotentials zum Ziel. Das komplexe Wirkungsgefüge der einzelnen Ökofaktoren wird in dieser Aufnahme erfaßt durch Relief, Boden, Bodenwasser, Oberflächenwasser, geologischen Untergrund, Klima, anthropogene Einflüsse sowie die Vegetation. Die ableitbaren Aussagen der abzugrenzenden geoökologischen Raumeinheiten lassen sich als planungsvorbereitende Bewertung im Hinblick auf Landschaftspläne nutzen.

Themen- und Synthesekarten als Planungsgrundlagen

Neben den geowissenschaftlichen Karten, die schon weitgehend auf Planungsaspekte hin entwickelt wurden, steht eine Reihe von Themenkarten zur Verfügung. Diese bieten eine themenorientierte Darstellung geowissenschaftlicher Sachverhalte in unterschiedlichen Maßstäben und stellen wichtige Basisinformationen für einzelne Regionen oder Blattgebiete dar. Der weitgesteckte Themenbereich reicht von Darstellungen der Geologie, Bodenkunde, Geomorphologie, Hydrogeologie bis hin zur Baugrundgeologie. Interpretierte Karten in

Form von Risiko- und Konfliktkarten als planungsrelevante Darstellung aus den geowissenschaftlichen Basiskarten wurden zunehmend in den letzten Jahren entwickelt. Als Beispiele hierfür sind Naturgefahrenkarten aus dem Alpenraum oder auch Karten der Grundwasserverschmutzungsempfindlichkeit zu nennen.

Ziel von Synthesekarten hinsichtlich der Landnutzung kann z. B. die Darstellung sein, welche Flächennutzungen mit den Ansprüchen der Rohstoffwirtschaft konkurrieren, oder anders ausgedrückt, welche Flächen einer Region wegen anderer Nutzungszuweisung nicht oder nur eingeschränkt für die Rohstoffsicherung zur Verfügung stehen. Sich überlagernde Nutzungseinschränkungen ergeben sich u. a. durch den Flächenbedarf für Bebauung, Natur- und Landschaftsschutz, Wasserwirtschaft und Rohstoffsicherung. Für den Fall der Rohstoffsicherung auf Blatt „Hessisch Oldendorf" (vgl. Tabelle 2) wurde gezeigt, nach welchen Gesichtspunkten Flächen zur weiteren Erkundung oberflächennaher Rohstoffe ausgewählt werden können. In diesem Zusammenhang ist zu erwähnen, daß allen geologischen Landesämtern die Aufgabe zugewiesen wurde, landesweit u. a. auch Rohstoffinventuren durchzuführen, um daraus Rohstoffsicherungskarten zu erarbeiten. Dieser Aufgabe wird bzw. wurde bei den einzelnen Landesämtern bisher unterschiedlich intensiv nachgegangen. Eine ausführliche Darstellung zu diesem Thema erfolgte im Rohstoffsicherungsbericht Niedersachsen (Niedersächsisches Landesamt für Bodenforschung 1989).

Zusammenhänge in der planungsrechtlichen Lenkung: Beispiel oberflächennahe mineralische Rohstoffe

Flächensicherung auf Landesebene

Im Rahmen des Landesraumordnungsprogramms (LROP) Niedersachsen wurde 1982 erstmals für ein ganzes Bundesland ausgeführt, daß mineralische Rohstoffe planerisch zu sichern sind und daß die Regionalplanung sie gleichrangig mit anderen Nutzungsansprüchen zu berücksichtigen hat (Niedersächsischer Minister des Innern 1982a, b). Im Rahmen der Aufstellung der LROP erhielt das Niedersächsische Ministerium des Innern als planaufstellende Behörde von verschiedenen Fachbehörden Kartenunterlagen mit Flächenansprüchen aus der jeweiligen fachlichen Sicht. Das Niedersächsische Landesamt für Bodenforschung reichte die Rohstoffsicherungskarten ein und empfahl, folgende Kategorien zu berücksichtigen (s. auch Beitrag Becker-Platen):

Lagerstätten 1. Ordnung: 823 km^2 ≙ ca. 1,7% der Landesfläche
Lagerstätten 2. Ordnung: 722 km^2 ≙ ca. 1,5% der Landesfläche

Folgende Flächen wurden daraufhin von der planaufstellenden Behörde übernommen:

— als *Vorranggebiete für Rohstoffgewinnung*: 694 km^2 ≙ ca. 1,4% der Landesfläche und

– *Gebiete mit besonderer Bedeutung für Rohstoffgewinnung*: 843 km^2 ≙ ca.
1,8% der Landesfläche.

Die konkurrierende Flächennutzung durch Rohstoff- und Naturschutzflä-
chen im Rahmen dieser Planung wird durch folgende Flächenverhältnisse
deutlich. Die Flächenausweisungen im LROP für die Bereiche Naturschutz
bzw. Rohstoffe in ihrer höchstwertigen Kategorie (Naturschutzgebiete bzw. Lagerstätten 1. Ordnung) liegen in der gleichen Größenordnung. Die Natur-
schutzgebietsfläche in Niedersachsen betrug 1987 2% der Landesfläche und
soll in den nächsten Jahren auf zunächst 2,4% steigen.

Anders ist die Situation bei den Landschaftsschutzgebieten (LSG) mit
19,3% der Landesfläche (Dez. 87). Diesen stehen nur 1,8% der Fläche mit besonderer Bedeutung für die Rohstoffgewinnung gegenüber. Problematisch für
die Rohstoffsicherung kann hierbei sein, daß in manchen Landkreisen die
LSG-Flächen große Bereiche, z. T. bis zu 50% der Kreisflächen einnehmen und
daß die Genehmigung zum Bodenabbau in Landschaftsschutzgebieten zunehmend restriktiver gehandhabt wird. Darüber hinaus sind die Landkreise nicht
verpflichtet, die Rohstoffsicherung und den Abbau im einzelnen untereinander
abzustimmen. Zum Beispiel kann dies durchaus zu zusätzlichen Umweltbelastungen aufgrund zunehmender Transportentfernungen bei der Versorgung
von Massenrohstoffen führen.

Die planerischen Vorgaben der LROP müssen innerhalb bestimmter Fristen
von den Landkreisen und Planungsverbänden in ihre regionalen Raumordnungsprogramme übernommen und konkretisiert werden. Diese wiederum enthalten die Vorgaben für die Ebene der Bauleitplanung (Flächennutzungs- und
Bebauungsplan). Die Umsetzung der Rohstoffsicherungsvorhaben aus dem
LROP in diese unteren Planungsebenen ist teilweise mit erheblichen Schwierigkeiten verbunden.

Die Festlegung eines Vorranggebietes für Rohstoffsicherung im Raumord-
nungsprogramm bedeutet, daß dieses nicht nachträglich ohne weiteres von
anderen Interessenten streitig gemacht werden kann. Im Kartenmaßstab kann
allerdings eine Problematik begründet sein. Erst auf der Ebene der Regionalplanung im Kartenmaßstab 1:50000 können sich die jeweiligen Raum-
ordnungsziele im Detail auswirken, weil erst dann das Planungsziel hinreichend konkret dargestellt ist. So erklärt sich auch, daß es im LROP mit
einem Maßstab von 1:300000 noch zahlreiche Überdeckungen von wider-
sprüchlichen Flächensicherungen gibt, die sich alleine aus der Generalisierung
der ursprünglich differenzierten Grundlagenkarte ergeben. Ungeachtet der
Bedeutung einer generalisierten Festlegung im Landesraumordnungspro-
gramm ist neuerdings die Forderung erhoben worden, die Flächen zur Rohstoffsicherung im LROP z. B. in einem Maßstab 1:100000 festzulegen (Bahlburg 1989; Masuhr 1989). Eine solche einseitige Regelung würde mit Recht die
Forderung hervorrufen, daß auch andere Flächensicherungen, wie die zum
Schutz der Landschaft oder zur Wassergewinnung, im Sinne einer gleichbe-
rechtigten Umweltplanung im gleichgroßen Maßstab auf Landesebene vorgenommen werden müßten.

Die planerische Rohstoffsicherung allein garantiert jedoch nicht, daß in einem planerisch ausgewiesenen Rohstoffgebiet auch tatsächlich ein Bodenabbau genehmigt wird. Hierfür sind wiederum unterschiedliche spezialgesetzliche Verfahren zu durchlaufen. Im Laufe dieser Genehmigungsprozesse werden alle konkurrierenden Nutzungsansprüche noch einmal gegenüber dem Abbauverlangen abgewogen. Die in Abhängigkeit vom jeweiligen Gewinnungsvorhaben berührten Rechtsvorschriften bestimmen, inwieweit die jeweiligen Zulassungsverfahren z. B. nach dem Baurecht, Wasserrecht, Immissionschutzrecht, Bergrecht, Naturschutz- und Landschaftsrecht oder sonstigem Recht durchgeführt werden. Da die jeweilige Ländergesetzgebung in den einzelnen Teilbereichen unterschiedlich ist, wird in diesem Zusammenhang auf Günnewig (1987) verwiesen.

Auch sind nach Art, Lage und Verarbeitung der Rohstoffe für das Genehmigungsverfahren unterschiedliche Behörden zuständig. Wird z. B. Gestein durch Sprengung abgebaut, ist die Immissionsschutzbehörde für das Genehmigungsverfahren zuständig, wird nicht gesprengt, liegt die Zuständigkeit meist bei den Naturschutzbehörden. Die rechtliche Behandlung ist wegen jeweils anderer Rechtsgrundlagen entsprechend unterschiedlich. Aus der Sicht des Antragstellers kann sich dies als problematisch erweisen, da etwa für zwei Drittel der Abbauvorhaben in Niedersachsen die Naturschutzbehörde Genehmigungsbehörde ist, denn sie ist im Rahmen ihrer Hauptaufgabe auf die *Verhinderung von Eingriffen* in die Landschaft ausgerichtet.

Als Fazit ergibt sich, daß im allgemeinen nur ein Drittel der natürlich vorhandenen und wirtschaftlich gewinnbaren Rohstoffe (Lagerstätten) tatsächlich auch zu einem Abbau genutzt werden kann. Zwei Drittel stehen aus den unterschiedlichsten Gründen nicht zur Verfügung (Naturschutz, Grundwasserschutz, fehlende Verkaufsbereitschaft der Flächeneigentümer, fehlende Einverständniserklärung der Gemeinden und andere Gründe).

Geltendes Recht im Bergbau

Im Regelfall ist die Genehmigungsbehörde nicht zu einer Abwägung zwischen den Beeinträchtigungen für bzw. Eingriffen in die Umwelt im weitesten Sinne und dem volkswirtschaftlichen Anliegen, z. B. Bereitstellung preiswerter Rohstoffe, gezwungen. Im Gegenteil, nach geltendem Recht darf der Bereitstellung von oberflächennahen Rohstoffen (Steine und Erden) ein absoluter Vorrang nicht eingeräumt werden. Das gilt sowohl hinsichtlich ihrer volkswirtschaftlichen Bedeutung, ihrer ökonomischen Verwertbarkeit als auch hinsichtlich der Begrenztheit der Vorräte, des raumbeanspruchenden Abbaus, der gegenläufigen Konkurrenz mit anderen raumbeanspruchenden Belangen wie beispielsweise des Städtebaus, der Landwirtschaft und der umweltbelastenden Wirkung dieses Abbaus.

Der äußere Rahmen der gegebenen Rechtslage wird durch folgende Merkmale gekennzeichnet. Die geltende Rechtsordnung differenziert nach der Art der Bodenschätze. Das Bundesberggesetz (BBergG) von 1980 gilt für alle mineralischen Rohstoffe in festem oder flüssigem Zustand und für Gase im deutschen Hoheitsgebiet, die in Vorkommen und Lagerstätten in oder auf der Erde, auf dem Meeresgrund, im Meeresuntergrund und im Meerwasser auftreten. Es wird rohstoffbezogen ein Unterschied gemacht zwischen

- bergfreien Bodenschätzen, d. h. mineralischen Rohstoffen in der Verfügungsgewalt des Staates, der Nutzungsberechtigungen erteilen kann, und
- grundeigenen Bodenschätzen, d. h. mineralischen Rohstoffen im Eigentum des Grundeigentümers.

Die bergfreien Bodenschätze umfassen praktisch alle Energieträger und metallischen Rohstoffe sowie zahlreiche Industrieminerale. Als grundeigene Bodenschätze bleiben dann vor allem Steine und Erden und einige Industrieminerale (z. B. Glimmer, Bentonit, Quarz und Feldspat) übrig.

Das BBergG ist mit seinen Genehmigungs-, Konzessions- und Zulassungsverfahren in erster Linie auf den Rohstoffabbau hin wirksam, ohne seinerseits raumplanerische Zielsetzungen zu verfolgen. Das Gesetz enthält also keine geeignete Grundlage, um der Frage der planungsrechtlichen Lenkung nachzugehen. Obwohl aus volkswirtschaftlichen Gründen eine Ordnung und Sicherung von grundeigenen Bodenschätzen wünschenswert wäre, sind Maßnahmen dazu bislang in ein bereichsspezifisches Fachplanungsgesetz nicht aufgenommen worden. Dieser Befund defizitärer Fachplanung ist umso bemerkenswerter, als in den für Wirtschaftspolitik zuständigen Fachressorts durchaus Vorstellungen über eine derartige Gestaltung bestehen (Brohm 1980; Bahlburg 1989; Berkemann 1989).

Die Rolle der kommunalen Bauleitplanung

Eine gezielte Ordnung und Sicherung von Bodenschätzen und ihrer Gewinnung läßt sich nur im Rahmen anderer Planungen verwirklichen. Im Vordergrund steht hierbei die kommunale Bauleitplanung. Sie ist nach dem Konzept des Baugesetzbuchs (BauGB) insoweit Gesamtplanung, als sie auf dem Gemeindegebiet das jeweilige planerische und raumbeanspruchende Ziel zu konkretisieren hat. Auch die überörtliche Raumordnung und Landesplanung ist in ihrer rechtlichen Verbindlichkeit auf der Ebene der kommunalen Ortsplanung umzusetzen.

Das Bauplanungsrecht gilt darüber hinaus für Aufschüttungen und Abgrabungen größeren Umfangs sowie für Aufschüttungen und Ablagerungen einschließlich Lagerstätten. Wer also Bodenschätze obertägig abbauen will, findet sich zunächst in die bauplanerischen Vorgaben des BauGB eingebunden. Als zentrale ökologische Kategorie der Bauleitplanung bestimmt § 1 Abs. 5 Satz 3 BauGB, daß mit Grund und Boden sparsam und schonend umgegangen werden solle. Auch für den Außenbereich hat der Gesetzgeber nunmehr diesen Planungsleitsatz aufgenommen (§ 35 Abs. 5 BauGB).

Flächenfestsetzung und Negativplanung

Der Bebauungsplan einer Gemeinde kann planerische Festsetzungen treffen, die Abgrabungen oder die Gewinnung von Steinen und Erden oder anderer Bodenschätze zum Gegenstand haben (§ 9 Abs. 1 Nr. 17 BauGB). Diese Möglichkeit entspricht der Darstellung des Flächennutzungsplanes, aus dem der Bebauungslan zu entwickeln ist (vgl. § 5 Abs. 2 Nr. 8 BauGB). Es ist zulässig, in einen Bebauungsplan die Festsetzung, z. B. Abgrabungsfläche für Kies- und Sandgewinnung, aufzunehmen. Bereits im Flächennutzungsplan können also Flächen so dargestellt werden, daß mit ihnen zugleich das Ziel verfolgt wird, für das übrige Gemeindegebiet bestimmte Abgrabungen oder auch Aufschüttungen von Abraum auszuschließen.

Die Festsetzung von Flächen im Bebauungsplan hat den Zweck, sie für Abgrabungen, für die Gewinnung von Bodenschätzen und vor allem gegen die Inanspruchnahme konkurrierender Nutzungen bauplanerisch abzusichern. Dazu genügt im allgemeinen ein sogenannter einfacher Bebauungsplan. Die Gemeinden sind damit ermächtigt, auch für den Außenbereich, d. h. außerhalb der im Zusammenhang bebauten Ortsteile, Festsetzungen über Abgrabungen oder die Gewinnung von Bodenschätzen zu treffen. In diesem Sinne gibt es den „beplanten" Außenbereich. Eine derartige Festsetzung schließt entgegenstehende Nutzungen aus und trifft gleichzeitig Regelungen über das Auffüllen und Begrünen nach Beendigung des obertägigen Abbaus im Sinne geordneter Rekultivierung. Diese Ausschlußfunktion der bauplanerischen Festsetzung ist rechtlich eine äußerst wirksame Möglichkeit, den oberflächigen Abbau von Bodenschätzen planungsrechtlich zu lenken.

Allerdings können die planerischen Möglichkeiten im Rahmen der Bauleitplanung auch gegen den Abbau von Bodenschätzen eingesetzt werden. Nach dem derzeitigen entwicklungspolitischen Verständnis vieler Gemeinden gilt der oberflächennahe Abbau von Bodenschätzen als städtebaulich hinderlich und störend. Es dürfte bezeichnend sein, wenn den Entscheidungen der Verwaltungsgerichte, die sich mit dem Abbau von Kies und Sand beschäftigen, regelmäßig die Gemeinden dem Vorhaben entgegengetreten sind. Die Gemeinden befürchten vor allem die Verkraterung der sie umgebenden Landschaft sowie nicht geplante Folgenutzungen, z. B. die Bildung von Baggerseen. Sie versuchen daher zum Teil, im Wege einer sogenannten Negativplanung bauplanerische Festsetzungen allein darüber zu treffen, wie eine Fläche *nicht* genutzt werden darf. Eine derartige Negativplanung liegt auch vor, wenn eine bestimmte Nutzung konzentrierend auf eine Fläche beschränkt wird und dem Willen des Plangebers zu entnehmen ist, die Nutzung nur auf der bezeichneten Fläche, aber nicht auf anderen Flächen zuzulassen. Folgendes Beispiel veranschaulicht die Situation einer möglichen Negativplanung. Bei der Erstellung eines Landschaftsplanes, der anschließend in einen Flächennutzungsplan überführt werden soll, versucht die Gemeinde, auf die Darstellung der abbauwürdigen Sand- und Kiesvorkommen Einfluß zu nehmen. Es sollten nur in den Bereichen abbauwürdige Vorkommen in den Landschaftsplan aufgenommen werden, die bei nachfolgendem Abbau mit der bestehenden Planung für eine künftige Segel- und Ruderstrecke in Einklang stehen. Im Sinne einer langfristigen Rohstoffsicherung muß jedoch darauf geachtet werden, daß unabhängig von aktuellen Vorhaben eine dem Kenntnisstand entsprechende Dokumentation in die Planung eingeht. Nur so sind Alternativen und ein umweltverträglicher Planungsansatz möglich.

Einfluß überörtlicher Planung

Beharrt die Gemeinde auf ihrer Entscheidung, den Abbau von Bodenschätzen auf ihrem Gemeindegebiet möglichst zu verhindern, stellt sich die Frage, ob eine überörtliche Planung auf den kommunalen Planungswillen bestimmenden Einfluß nehmen kann. Nach der Gesetzeslage bestehen zwei Möglichkeiten, dem planerischen Willen der Gemeinde entgegenzutreten. Es handelt sich zum einen um den Vorrang der teilweise aktualisierbaren Fachplanung und zum anderen um die Pflicht der Gemeinde, ihre Bauleitplanung gemäß § 1 Abs. 4 BauGB den Zielen der Raumordnung und der Landesplanung anzupassen (vgl. Berkemann 1989).

Die Gemeinde hat bei der Aufstellung von Flächennutzungsplan und Bebauungsplan neben einer Fülle anderer Belange insbesondere auch die Belange des Bodens einschließlich seiner Rohstoffvorkommen und deren Sicherung zu berücksichtigen und darüber hinaus sich den Zielen der Raumordnung und Landesplanung anzupassen (§ 1 Abs. 4 BauGB; § 5 Abs. 4 Satz 1, § 4 Abs. 5 Satz 1 ROG). Die bauleitplanerische Anpassungspflicht und die raumordnerische Beachtungspflicht sind materiellrechtlich verbindliche Pflichten. Ihre Erfüllbarkeit und ihre administrative und gerichtliche Durchsetzbarkeit sind allerdings sowohl generell als auch im einzelnen stark umstritten.

Die Ziele der Raumordnung und Landesplanung werden in Raumordnungs- und Landesentwicklungsprogrammen und in Regionalplänen festgelegt. Gegen raumordnerisch oder landesplanerisch festgelegte Ziele ist im „Außenbereich" weder ein privilegiertes noch ein nichtprivilegiertes Vorhaben durchzusetzen. Die überörtlichen Programme entwickeln also eine deutliche Sperrfunktion (Berkemann 1989). Hier stellt sich die Frage, ob die Gemeinden durch einfache Bebauungspläne einen Abbau oberflächennaher Bodenschätze außerhalb bebauter Ortsteile überhaupt noch verhindern können, wenn es eine gegenläufige raumordnerische Ausweisung gibt. Beispiele der Rohstoffgewinnung für die Ziegel- und Gipsindustrie aus dem Rohstoffsicherungsbericht Niedersachsen (Niedersächsisches Landesamt für Bodenforschung 1989) weisen auf diesen Konflikt hin.

Ansätze im Rahmen der Umweltverträglichkeitsprüfung (UVP)

Mit dem Gesetz zur Umsetzung der Richtlinie des Rates der EG vom 27. Juli 1985 über die Umweltverträglichkeitsprüfung (UVP) bei bestimmten öffentlichen und privaten Projekten wurde erstmals eine umweltmedien- und fachgebietsübergreifende Umweltverträglichkeitsprüfung gesetzlich festgelegt. Das UVP-Gesetz ist am 16. November 1989 verabschiedet worden und am 1. August 1990 in Kraft getreten (Gesetz zur Umsetzung der EG-Richtlinie über die Umweltverträglichkeitsprüfung vom 12. Februar 1990, BGBl. I, S. 205)

Die Umweltverträglichkeitsprüfung sieht die Ermittlung, Beschreibung und Bewertung von Umweltauswirkungen in einzelnen Verfahrensschritten unter Einbeziehung der Öffentlichkeit vor. Ziel ist eine zusammenfassende Darstellung der Umweltauswirkungen eines Vorhabens, die eine Gesamtabschätzung ermöglicht und Grundlage für eine Gesamtbewertung aller Umweltauswirkungen ist. Sie soll somit die Auswirkungen abschätzen, die ein Vorhaben auf die im einzelnen genannten materiellen Schutzgüter der UVP haben kann: Menschen, Tiere, Pflanzen, Boden, Wasser, Luft, Klima und Landschaft sowie Kultur- und sonstige Sachgüter. Sie muß darüber hinaus eine Bewertung dieser Schutzgüter unter Einbeziehung auch der Wechselwirkungen vornehmen.

Ohne hier im einzelnen auf die komplexe Situation des UVP-Gesetzes und seine Auswirkungen, die z.T. auch noch kontrovers diskutiert werden, einge-

Tabelle 6. Darstellung des Abwägungsprinzips zur regionalen Sicherung oberflächennaher Rohstoffe (Kies) unter Einbeziehung einer Umweltverträglichkeitsprüfung (Plan-UVP). (Zusammengestellt und vereinfacht nach Ottersbach 1989)

---

(1) Bewertung von Kiesvorkommen
 – Qualität
 – Mächtigkeit und Überdeckung
 – Ermittlung der Abbauwürdigkeit

(2) Reduktion der abbauwürdigen Flächen um Tabuflächen
 – Naturschutzgebiete und Naturdenkmale
 – Wasserschutzgebiete und Vorranggebiete
 – Bannwälder

(3a) Reduktion der aus (2) verbleibenden abbauwürdigen Flächen um die Flächen mit zu schützender Landschaftsfunktion
 – Biotopen
 – Flächen für die Erholung
 – landwirtschaftliche Flächen
 – forstwirtschaftliche Flächen
 – Grundwasservorkommen (langfristige Sicherung)

(3b) Reduktion der aus (2) verbleibenden abbauwürdigen Flächen um die Flächen mit zu schützenden landschaftlichen Vorbehaltsgebieten
 – Bereiche natürlicher und naturnaher Lebensgemeinschaften
 – Bereiche mit überwiegend kleinräumiger und überlagernder Nutzungsstruktur
 – Bereiche mit intensiver Landnutzung
 – Bereiche mit städtisch-industrieller Nutzung

(4) Reduktion der aus (3) verbleibenden abbauwürdigen Flächen um die Flächen für Siedlungs- und Infrastruktur, z.B.:
 – Wohnbau-, Gewerbeflächen
 – Kulturdenkmale
 – Straßen, Eisenbahnstrecken
 – Fernleitungen
 – Speicheranlagen

(5a) Prüfung der aus (4) verbleibenden abbauwürdigen Flächen hinsichtlich:
 – Bedarf
 – Mindestgröße der Positivflächen
 – ausgewogene Verteilung der Flächen

(5b) Korrekturmöglichkeiten
 – Stellt sich bei der Abwägung im Planungsschritt 5a heraus, daß die verbleibenden abbauwürdigen Flächen aus Planungsschritt 4 zu knapp oder unausgewogen sind, besteht die Möglichkeit, die in den Planungsschritten 2, 3 und 4 vorgenommenen Reduktionen in umgekehrter Reihenfolge zu korrigieren.

(6) Abstimmung mit Gemeinden, Landkreisen, Fachbehörden

(7) Abgrenzungsvorschläge für die Ausweisung von Vorrang- und Vorbehaltsflächen im Regionalplan

---

Tabelle 7. Schematischer Ablauf der Planung eines Lagerstättenabbauvorhabens unter Gesichtspunkten der Umweltverträglichkeit (Objekt-UVP). (Zusammengestellt und vereinfacht nach Günnewig 1987)

(1) Erfassung des geplanten Vorhabens
 – Beschreibung des gesamten Gewinnungsbetriebes
 – Begründung und Notwendigkeit der Abbaumaßnahme
 – Kontext zur regionalen Lagerstättensituation
 – mögliche Alternativen

(2) Erfassung der möglichen Auswirkungen des Vorhabens
 – den Abbau vorbereitende Maßnahmen
 – die Rohstoffgewinnung
 – Transportbewegungen (innerhalb/außerhalb des Betriebes)
 – Aufbereitung und evtl. Weiterverarbeitung
 – Lagerflächenbedarf

(3) Bestandsaufnahme des betroffenen Eingriffsraumes

(3 a) Erfassung der natürlichen Grundlagen und ihrer Wechselwirkungen
 – Naturraum und Landschaftsbild (Relief)
 – geologische und hydrogeologische Verhältnisse
 – Boden
 – Grund- und Oberflächengewässer
 – Vegetationsverhältnisse (aktuell und potentiell-natürlich, Schutzwürdigkeit)
 – Biotopstruktur
 – evtl. klimatische Auswirkungen

(3 b) Erfassung der Nutzungen und Funktionen
 – Betroffenheit von Gebieten und Flächen mit besonderen Schutzfunktionen im unmittelbaren und weiteren Eingriffsraum
 – z. B. Naturschutzgebiete, Naturdenkmale, Landschaftsschutzgebiete
 – Wasserschutzgebiete, Überschwemmungsgebiete
 – Schutz-, Bann- und Erholungswälder
 – umweltbezogene Vorsorgeplanungen
 – z. B. Wasserwirtschaftliche Vorranggebiete
 – Entfernung und Lage zu Wohnsiedlungen

(4) Bewertung des Raumes hinsichtlich seiner Empfindlichkeit und Schutzwürdigkeit

(5) Bestimmung der zu erwartenden Belastungen unter Einbeziehung weiterer umweltbeanspruchender Maßnahmen und Planungen

(6) Erarbeitung von Konfliktlösungen und -minderungen aus ökologischer Sicht durch
 – Folgenutzungsbestimmung
 – Herrichtungsmaßnahmen
 – Schutzvorkehrungen

(7) Gesamtbewertung der Auswirkungen der Abbaumaßnahme und der Wirkungen von Herrichtung und Folgenutzung aus ökologischer Sicht

hen zu können, werden an zwei Beispielen aus dem Bereich Rohstoffsicherung und -abbau die Möglichkeiten einer umweltverträglichen Planung aufgezeigt.

Am Beispiel der Sicherung von Kieslagerstätten in der Region Donau-Iller wurde von Ottersbach (1989) ein methodischer Weg zur Durchführung einer Umweltverträglichkeitsprüfung bei der regionalplanerischen Sicherung oberflächennaher Rohstoffe diskutiert. Zur flächendeckenden Abwägung im Rahmen der regionalen Rohstoffsicherung wurde eine Methode zur visuell darstellbaren Bestimmung von Abgrenzungen möglicher Positivflächen im Sinne einer Flächenoptimierung entwickelt (vgl. Tabelle 6). Im regionalplanerischen Zusammenhang soll sich die Vorgehensweise der regionalen Rohstoffsicherung also bei der Ermittlung der Auswirkungen des Kiesabbaus auf folgende Landschaftsfunktionen beziehen: Biotope, Erholung, Landwirtschaft, Forstwirtschaft und Grundwasser. Der methodische Aufbau der Bewertung dieser Landschaftsfunktionen soll sich eng am Leitbild der UVP orientieren und in die Planungsschritte Eignung, Belastung, Knappheit und Schutzwürdigkeit gliedern.

Im Hinblick auf die erforderliche Akzeptanz dieser regionalplanerischen Vorgaben insbesondere bei den Gemeinden ist sowohl die Nachvollziehbarkeit des planerischen Vorgehens als auch das Auswahlverfahren wesentlich. Sind die erforderlichen geologischen Daten verfügbar, ist eine Auswahl in Form einer flächendeckenden Abwägung aller Abbauvarianten möglich. Die jeweiligen Planungsschritte sind in Tabelle 6 zusammengefaßt wiedergegeben und machen den Interessenkonflikt zwischen dem Kiesabbau und der Vielzahl möglicher raumbeanspruchender Belange deutlich.

Im Hinblick auf den konkreten Abbau von Kieslagerstätten zeigte Günnewig (1987) Planungsschritte zur UVP bereits abgegrenzter potentieller Abbauflächen auf. In dieser Studie wurden die bisherigen UVP-Aktivitäten in den Altbundesländern hinsichtlich Abgrabung von Steinen und Erden zusammengestellt. Die Analyse der Rechtsgrundlagen und der Genehmigungspraxis macht die unterschiedliche Handhabung auf Länderebene deutlich. Gleichzeitig werden Vorschläge und Empfehlungen für die verfahrensmäßige Umsetzung entwickelt. Der vorgestellte Leitfaden für eine umweltverträgliche Abbau- und Rekultivierungsplanung im Rahmen dieser Objekt-UVP ist in Tabelle 7 zusammengefaßt.

Die flächendeckende und differenzierte Bewertung im Rahmen einer vorgeschalteten „Plan-UVP" mit nachvollziehbaren Abgrenzungsvorschlägen von Abbauflächen könnte zu einer wesentlichen Hilfe bei einer nachfolgenden „Objekt-UVP" werden, da sie den ersten Planungsschritt ersetzen kann und die Planungsziele der Raumordnung deutlicher voneinander abgrenzt.

Ausblick: Möglichkeiten einer Synthese

Ausgangspunkt dieser Betrachtung waren die Bereitstellung von Rohstoffen und die damit verbundenen Interessenkonflikte in einer dicht besiedelten Landschaft. Es ist dabei deutlich geworden, daß aus geowissenschaftlicher Sicht die umfassende Bewertung von Lagerstätten oder Grundwasservorkommen nicht nur wesentliche Voraussetzung für deren Verfügbarkeit ist, sondern die immer wichtiger werdende Grundlage für eine flächenhafte umweltverträgliche Gesamtplanung darstellt. Dieser Zusammenhang macht auch die vielfältigen juristischen und planungsrechtlichen Vorgaben deutlich. Der Handlungsrahmen umfaßt daher sowohl die Arbeit des Geowissenschaftlers vor Ort als auch steuernde gesetzgeberische Maßnahmen auf der politischen Seite.

In einem aktuellen Gutachten zur Effektivierung der Landschaftsplanung, das die fachlich-inhaltlichen, methodischen und technisch-organisatorischen

Erfordernisse der Landschaftsplanung nach dem Bundesnaturschutzgesetz aufarbeitet, werden diese Aspekte von Kiemstedt und Wirz (1990) aufgegriffen. Entsprechend dieser Neuerung ist hiernach die Landschaftsplanung als Leitplanung des raumbezogenen Umweltschutzes zu entwickeln. Der § 6a des zweiten Gesetzes zur Änderung des Bundesnaturschutzgesetzes (Entwurf vom 17.10.1988) beschreibt die Inhalte der Landschaftsplanung wie folgt:

Die Ergebnisse der Landschaftsplanung sind in Landschaftsprogrammen, Landschaftsrahmenplänen und Landschaftsplänen in Text und Karte mit Begründung zusammenhängend für den Planungsraum darzustellen, und zwar
1. der vorhandene und der zu erwartende Zustand von Natur und Landschaft einschließlich der Auswirkungen der vergangenen, gegenwärtigen und voraussehbaren Raumnutzungen,
2. die Konkretisierung der Ziele und Grundsätze des Naturschutzes und der Landschaftspflege,
3. die Beurteilung des Zustandes (Nr. 1) nach Maßgabe dieser Ziele, einschließlich der sich daraus ergebenden Konflikte,
4. die Erfordernisse und Maßnahmen, insbesondere
   a) zur Vermeidung, Minderung oder Beseitigung von Beeinträchtigungen von Natur und Landschaft,
   b) zum Schutz, zur Pflege und zur Entwicklung bestimmter Teile von Natur und Landschaft im Sinne des § 12,
   c) zum Schutz, zur Pflege und zur Entwicklung der Biotope und Lebensgemeinschaften der Tiere und Pflanzen wildlebender Arten, insbesondere der in ihrem Bestand gefährdeten Arten und der in § 20c genannten Biotope,
   d) zum Schutz, zur Verbesserung der Qualität und zur Regeneration von Boden, Gewässer, Luft und Klima,
   e) zur Erhaltung und Entwicklung von Vielfalt, Eigenart und Schönheit der Landschaft.

In diesem Sinne wäre die Landschaftsplanung zur Bündelung und Integration zahlreicher Einzelaktivitäten des Natur- und Umweltschutzes einzusetzen. Dies gilt z. B. für die Aufbereitung der Informationen und Bewertungsmaßstäbe für die Umweltverträglichkeitsprüfung sowie für die Umsetzung der auf Länderebene entwickelten Bodenschutzkonzeptionen.

Zum Thema Bodenschutz werden daher als vordringliche Maßnahmen der Bundesregierung für den angesprochenen Themenkreis u. a. folgende Themen genannt (s. BT-Drucksache 11/1625 in: Bundesminister für Umwelt, Naturschutz und Reaktorsicherheit 1978):

– Ergänzung des § 1 BBergG um die Verpflichtung zum sparsamen und schonenden Umgang mit dem Boden;
– Prüfung einer Änderung des Bundesberggesetzes mit dem Ziel der Ergänzung des bergrechtlichen Betriebsplanverfahrens durch ein Planfeststellungsverfahren mit UVP;
– Überprüfung, Entwicklung und ggf. Zusammenfassung von technischen Richtlinien über den Abbau von Bodenschätzen bzw. Abgrabungen und Gesichtspunkte des Bodenschutzes (Renaturierung und/oder Rekultivierung);
– Überprüfung der technischen Qualitätsanforderungen an Baumaterialien zur Erhöhung des Ausnutzungsgrades von Rohstoffen;
– Bestandsaufnahme der Bodenschätze und rohstoffwirtschaftliche Bewertung nach länderübergreifenden einheitlichen Kriterien;

- Erweiterung der Kenntnisse über den künftigen Bedarf an Bodenschätzen;
- Ergänzung der Vorschriften der Gefahrenstoffverordnung über Inverkehrbringen und Umgang mit Gefahrstoffen im Hinblick auf Belange des Boden- und Grundwasserschutzes;
- weitere und zügige Festlegung von Wasserschutzgebieten und Ausweisung von Wasservorranggebieten auch im Interesse der zukünftigen Wasserversorgung (§ 19 WHG) auf Länderebene.

Daß eine weiterführende Gesetzgebung notwendig ist, läßt sich am Beispiel des Grundwasserschutzes verdeutlichen. Gerade hier galten schon seit langem die schärfsten Regelungen. Der Wortlaut des § 34 Wasserhaushaltsgesetz gilt unverändert seit 1957:

(1) Eine Erlaubnis für das Einleiten von Stoffen in das Grundwasser darf nur erteilt werden, wenn eine schädliche Verunreinigung des Grundwassers oder eine sonstige nachteilige Veränderung seiner Eigenschaften nicht zu besorgen ist. (2) Stoffe dürfen nur so gelagert oder abgelagert werden, daß eine schädliche Verunreinigung des Grundwassers oder eine sonstige nachteilige Veränderung seiner Eigenschaften nicht zu besorgen ist. Das gleiche gilt für die Beförderung von Flüssigkeiten und Gasen durch Rohrleitungen.

Der Begriff der „Besorgnis" ist im deutschen Wasserrecht die weitestgehende Forderung. Es darf dabei nach menschlichem Ermessen nicht wahrscheinlich sein, daß eine Gefahr besteht. Die aktuellen Probleme im Bereich des Trinkwasserschutzes sprechen für sich selbst. Fortschreitende wissenschaftliche Erkenntnisse und neue Möglichkeiten in der analytischen Meßtechnik sind nicht zuletzt im Zusammenhang mit einem immer kritischer werdenden Umweltbewußtsein in bestehende Rechtsgrundlagen aufzunehmen.

Dieses gilt auch für die Belange der Sicherung und Versorgung mit oberflächennahen Rohstoffen. Der zukünftige Abbau oberflächennaher Rohstoffe unter umweltverträglichen Gesichtspunkten setzt voraus, daß einerseits Verständnis für unabwendbare Eingriffe in Natur und Landschaft im Interesse der Sicherstellung des Rohstoffbedarfs besteht, zum anderen, daß ein Abbau unter Beachtung der schon vorhandenen Zielvorstellungen des Bundesnaturschutzgesetzes (§ 2 Ziff. 5) erfolgt:

Beim Abbau von Bodenschätzen ist die Vernichtung wertvoller Landschaftsteile oder Landschaftsbestandteile zu vermeiden; dauernde Schäden des Naturhaushalts sind zu verhüten. Unvermeidbare Beeinträchtigungen von Natur und Landschaft durch die Aufsuchung und Gewinnung von Bodenschätzen und durch Aufschüttung sind durch Rekultivierung oder naturnahe Gestaltung auszugleichen.

Rechtsvorschriften

Die wichtigsten Umweltgesetze und Rechtsvorschriften auf Bundesebene, auf die im Text Bezug genommen wurde, sind nachfolgend mit ihren Quellen angegeben. Ein aktueller zusammenfassender Überblick der Grundzüge des Umweltschutzrechts mit den jeweiligen bundes- und landesrechtlichen Regelungen ist in Bender u. Sparwasser (1990) enthalten.

AbfG	Gesetz über die Vermeidung und Entsorgung von Abfällen (**Abfallgesetz**) v. 27.8.1986 (BGBl. I 1410; ber. BGBl I 1501), geändert durch Gesetz v. 12.2.1990 (BGBl I 211)
AbwAG	Gesetz über Abgaben für das Einleiten von Abwasser in Gewässer (**Abwasserabgabengesetz**) in der Fassung der Bek. (3. Novelle) v. 10.11.1990 (BGBl I 2432)
BauGB	**Baugesetzbuch** v. 8.12.1986 (BGBl I 2253), geändert durch Gesetz v. 25.7.1988 (BGBl I 1093)
BBergG	**Bundesberggesetz** v. 20.8.1980 (BGBl I 1310), zuletzt geändert durch Gesetz vom 12.2.1990 (BGBl I 215)
BImSchG	Gesetz zum Schutz vor schädlichen Umweltwirkungen durch Luftverunreinigungen, Geräusche, Erschütterungen und ähnliche Vorgänge (**Bundes-Immissionsschutzgesetz**) v. 15.3.1974 (BGBl I 721; ber. 1193), zuletzt geändert durch Gesetz v. 12.2.1990 (BGBl I 212); Novellierung am 15.3.1990 vom Bundestag verabschiedet
4. BImSchV	4. Verordnung zur Durchführung des BImSchG (**VO über genehmigungsbedürftige Anlagen**) v. 24.7.1985 (BGBl I 1586), zuletzt geändert durch VO v. 15.7.1988 (BGBl I 1059)
9. BImSchV	9. Verordnung zur Durchführung des BImSchG (**Grundsätze des Genehmigungsverfahrens**) v. 18.2.1977 (BGBl I 274), zuletzt geändert durch Art. 4 der VO v. 19.5.1988 (BGBl I 608)
BNatSchG	Gesetz über Naturschutz und Landschaftspflege (**Bundesnaturschutzgesetz**) in der Fassung der Bek. v. 12.3.1987 (BGBl I 889); zweites Gesetz zur Änderung des BNatSchG (Entwurf v. 17.10.1989)
BWaldG	Gesetz zur Erhaltung des Waldes und zur Förderung der Forstwirtschaft (**Bundeswaldgesetz**) v. 2.5.1975 (BGBl I 1037), geändert durch Gesetz v. 27.7.1984 (BGBl I 1034)
ChemG	Gesetz zum Schutz vor gefährlichen Stoffen (**Chemikaliengesetz**) v. 16.9.1980 (BGBl I 1718), zuletzt geändert durch Gesetz v. 15.9.1986 (BGBl I 1505); der Erlaß eines 1. Änderungsgesetzes steht bevor
PHmV	Verordnung über Höchstmengen an Pflanzenschutz- und sonstigen Mitteln sowie anderen Schädlingsbekämpfungsmitteln in oder auf Lebensmitteln und Tabakerzeugnissen (**Pflanzenschutzmittel-Höchstmengenverordnung**) in der Fassung der Bek. v. 18.10.1989 (BGBl I 1861)
ROG	**Raumordnungsgesetz** v. 8.4.1965 (BGBl I 306), geändert durch Gesetz vom 19.12.1986 (BGBl I 2669)
TrinkwV	Verordnung über Trinkwasser und über Wasser für Lebensmittelbetriebe (**Trinkwasserverordnung**) v. 22.5.1986 (BGBl I 760), zuletzt geändert durch Gesetz vom 12.12.1990 (BGBl I 2613)
UVPG	Gesetz über die Umweltverträglichkeitsprüfung (**UVP-Gesetz**) v. 12.2.1990 (BGBl I 205)

UVP-V	Verordnung über die Umweltverträglichkeitsprüfung bergbaulicher Vorhaben (**UVP-V Bergbau**) v. 13.7.1990 (BGBl I 1420)
WHG	Gesetz zur Ordnung des Wasserhaushalts (**Wasserhaushaltsgesetz**) in der Fassung der Bek. (5. Novelle) v. 23.9.1986 (BGBl I 1529; ber. 1654), zuletzt geändert durch Gesetz v. 12.2.1990 (BGBl I 212)

Literatur

Aust H, Becker-Platen JD unt. Mitarb. von Beiersdorf H, Bender F, Grüneberg F, Jaritz W, Kemper B, Kreysing K, Preuss H (1985) Angewandte Geowissenschaften in Raumplanung und Umweltschutz. Sonderausgabe aus Bender F (Hrsg) Angewandte Geowissenschaften III. Enke, Stuttgart, 136 S

Aust H, Becker-Platen JD (1987) Umweltschutz, Sicherung der natürlichen Lebensgrundlagen in Niedersachsen. Niedersachen, Politische Landeskunde. Nds Landeszentr f politische Bildung, Hannover, 104–117 S

Bahlburg M (1989) Die wirtschaftliche Bedeutung der Rohstoffindustrie in Niedersachsen. Nds Akad Geowiss Veröff 3:12–14

Becker-Platen JD (1983) Geowissenschaften in der Raumplanung. In: Bender F (Hrsg) Angewandte Geowissenschaften III. Enke, Stuttgart, 521–567 S

Becker-Platen JD (1987) Kies in Niedersachsen. N Arch Nds 36/3:268–284

Becker-Platen JD, Hofmeister E, Klemz B, Stein V (1986) Landnutzungskarten – Ein Versuch zur Darstellung der Flächenbeanspruchung. Raumforsch Raumordnung 44 Jg 6:217–234

Bender B, Sparwasser R (1990) Umweltrecht: Grundzüge des öffentlichen Umweltschutzrechts. C.F. Müller, Heidelberg, 447 S

Bender F (1985) Einleitung. 1. In: Aust H, Becker-Platen JD Angewandte Geowissenschaften in Raumplanung und Umweltschutz. Enke, Stuttgart, 136 S

Berkemann J (1989) Planerische Lenkung des Abbaus von oberflächennahen Bodenschätzen – Zulässigkeit und Grenzen. Dtsch Verwaltungsblatt 13:625–633

Braun R-R (1987) Umweltverträglichkeitsprüfung – UVP in der Bauleitplanung. Dt. Gemeindeverlag/Kohlhammer, Köln, 246 S

Brom L (1980) Verfassungsrechtliche Probleme der Planungsinstrumente und Planungsorganisation zur Lenkung des Kiesabbaus. Akademie für Raumforschung und Landesplanung 35:75

Bundesminister für Raumordnung, Bauwesen und Städtbau (1986) Raumordnungsbericht 1986. Schriftenreihe Raumordnung 06.061 BT-Drucksache 10/6027, 201 S

Bundesminister für Umwelt, Naturschutz und Reaktorsicherheit (1987) Maßnahmen zum Bodenschutz. BT-Drucksache 11/1625, 29 S

Eichhorn G (1989) Erfahrungen aus der Rechtspraxis bei der Lösung von Interessenkonflikten bei der Rohstoffgewinnung. Nds Akad Geowiss Veröff 3:25–32

Eggert P, Hübener JA, Priem J, Stein V, Vossen K, Wettig E (1986) Steine und Erden in der Bundesrepublik Deutschland – Lagerstätten, Produktion und Verbrauch. Geol Jahrb D 82, 879 S

Eggert P, Priem J, Wettig E (1987) Versorgung mit oberflächennahen Massenrohstoffen. BDG Mitt 4:17–20; 5:15–18

Eggert P, Priem J, Wettig E (1988) Unzureichende Statistik erschwert Rohstoffsicherung. BDG Mitt 4:10–14

Euler G (1987) Grundwassermodelle als Entscheidungshilfe für die Raumplanung. Schriftenreihe 06 Raumordnung 06063:160. (Bundesminister für Raumordnung, Bauwesen und Städtebau)

Günnewig D (1987) Zur Umweltverträglichkeitsprüfung von Vorhaben der Abgrabung von Steinen und Erden auf der Grundlage der EG-Richtlinie. UBA-Texte 10/87, 170 S

Held M, Heinz I (1987) Handlungsspielräume zur besseren Nutzung lokaler und regionaler Wasservorkommen. Schriftenreihe 06, Raumordnung Heft 06060, 199 S (Bundesminister für Raumordnung, Bauwesen und Städtebau)

Institut für Umweltschutz (Hrsg) (1990) Umweltbericht der DDR. „visuell" Berlin, 86 S

Jung W, Rauer H, Fuhrmann L (1990) Zur Situation der nichtmetallischen Rohstoffe in der DDR. Erzmetall 43; 6:237–247

Kiemstedt H, Wirz H (1990) Effektivierung der Landschaftsplanung. Texte 11/90; Umweltbundesamt, 140 S

Länderarbeitsgemeinschaft Wasser (Hrsg) (1987) LAWA-Grundwasserschutzprogramm 1987. E. Schmidt, Berlin, 61 S

Länderarbeitsgemeinschaft Wasser (Hrsg) (1989) Wasserwirtschaftliche Randbedingungen für eine umweltverträgliche Landwirtschaft. E. Schmidt, Berlin, 32 S

Langer H, Brahms M, Friße T, Stolpe H, Hucke J, Hoppenstedt A (1986) Landschaftsökologische Bewertung von Grundwasservorkommen als Entscheidungshilfe für die Raumplanung. Schriftenreihe 06 Raumordnung Heft 06559, 97 S (Bundesminister für Raumordnung, Bauwesen und Städtebau)

Masuhr J (1989) Landesplanerische Sicherung oberflächennaher Lagerstätten. Nds Akad Geowiss Veröff 3:23–24

Niedersächsisches Landesamt für Bodenforschung (1987) Rohstoffsicherungsbericht 1987, 49 S

Niedersächsisches Landesamt für Bodenforschung (1989) Rohstoffsicherungsbericht 1989, 61 S

Niedersächsischer Minister des Innern (1982a): Landes-Raumordnungsprogramm Niedersachsen Teil II. Nds. Ministerialblatt Nr. 30/1982, 717–724

Niedersächsischer Minister des Innern (1982b) Raumordnungsbericht Niedersachsen 1982, 121 S

Ottersbach U (1989) UVP in der Regionalplanung. Die Sicherung oberflächennaher Rohstoffe am Beispiel Kies in der Region Donau-Iller. Beiträge zur Umweltgestaltung A 111. E. Schmidt, Berlin, 300 S

Petschow U, Meyerhoff J, Thomasberger C (1990) Umweltreport DDR. Fischer, Stuttgart, 189 S

Richtlinien für Trinkwasserschutzgebiete (1975) Teil I, Schutzgebiete für Grundwasser. Deutscher Verein von Gas- und Wasserfachmännern e.V., Eschborn, Wasserversorgung Grundwasser DK 628, 112, Technische Regeln Arbeitsblatt W 101

Statistisches Bundesamt (1986) Statistisches Jahrbuch 1986 für die Bundesrepublik Deutschland. Kohlhammer, Wiesbaden, 772 S

Statistisches Landesamt Berlin (1989) Faltblatt Umweltdaten

Stein V (1985) Anleitung zur Rekultivierung von Steinbrüchen und Gruben der Steine- und Erden-Industrie. Deutscher Institutsverlag, Köln, 127 S

Storm P-C (1987) Umweltrecht, Einführung in ein neues Rechtsgebiet. E. Schmidt, Berlin, 128 S

Umweltbundesamt (1986) Daten zur Umwelt 1986/87. E. Schmidt, Berlin, 547 S

Umweltbundesamt (1988) Jahresbericht 1988, 186 S

Umweltbundesamt (1989) Daten zur Umwelt 1988/89. E. Schmidt, Berlin, 612 S

Vierhuff H, Wagner W, Aust H (1981) Die Grundwasservorkommen in der Bundesrepublik Deutschland. Geol Jahrb C30:3–110

Vinken R (1989) Digitale geowissenschaftliche Kartenwerke – Halbzeit eines Schwerpunktprogramms. Mitteilungen Senatskom Geowiss Gemeinschaftsforschung XVII:47–61. VCH-Verlag, Weinheim

Die Belastung von Böden

JOACHIM GERTH und ULRICH FÖRSTNER

Was ist Boden?

Im Laufe seiner Entwicklungsgeschichte hat der Mensch ein sehr enges Verhältnis zum Boden entwickelt, der ihm als Nahrungsquelle und Lebensraum dient und damit die – im wahrsten Sinne des Wortes – Grundlage seiner Existenz darstellt. Diese enge Verknüpfung des menschlichen Seins mit dem Boden drückt sich u. a. auch in Wortverwandtschaften aus: so haben die lateinische Bezeichnung des Menschen homo sapiens, das althochdeutsche Wort gomo (Mensch, Mann) und das lateinische Wort humus (Erdboden) dieselbe indogermanische Sprachwurzel; das hebräische Wort adam (Mensch) ist ähnlich dem Wort für Ackerboden adamah (Schroeder 1984). Die Identität des Menschen ist damit sehr eng mit dem Boden verknüpft. Diese Grundhaltung ist nur noch bei Naturvölkern verbreitet und ging bei uns durch Industrialisierung und Verstädterung weitgehend verloren. Die Abhängigkeit der menschlichen Existenz vom Naturkörper „Boden" besteht aber nach wie vor und wird angesichts der „Belastung" von Böden durch den Eintrag von Schadstoffen, durch Flächenversiegelung, fehlerhafte Bewirtschaftung und Klimaveränderungen mit der Folge von Bodenverlust durch Erosion und Ausbreitung von Wüsten immer deutlicher. „Belastungen" von Böden durch den Menschen beeinträchtigen oder gefährden nicht nur das menschliche, sondern auch das tierische und pflanzliche Leben auf der Erde und lassen sich damit nicht nur über die Gefährdung des Menschen definieren.

Böden bilden zusammen mit den Meeren und den erdnahen Luftschichten den Lebensraum auf der Erde, die Ökosphäre. Böden sind ein poröses Gemenge aus Mineralien und organischen Stoffen, dem Humus. Zu den Prozessen der Bodenbildung gehören die Verwitterung von Gestein und die Neubildung von Mineralien, die Zersetzung organischer Streustoffe und Umbildung zu Huminstoffen sowie die Ausbildung eines Bodengefüges und die Verlagerung von Stoffen. Dabei kommt es je nach Ausgangsgestein, Klima, Vegetation und dem Einfluß des Menschen zur Ausbildung unterschiedlicher Bodentypen.

Böden werden an ihrer Oberfläche durch Pflanzenreste und nach unten hin durch festes oder lockeres Gestein begrenzt. Dazwischen ist eine Gliederung in mehrere verschiedenartig ausgeprägte „Horizonte" erkennbar (Abb. 1). Der Oberboden (A-Horizont) ist durch einen relativ hohen Anteil an organischer Substanz meist dunkelbraun bis schwarz gefärbt und stellt den ökologisch wertvollsten Teil des Bodens dar. Durch die ständige Zufuhr organischen Streu-

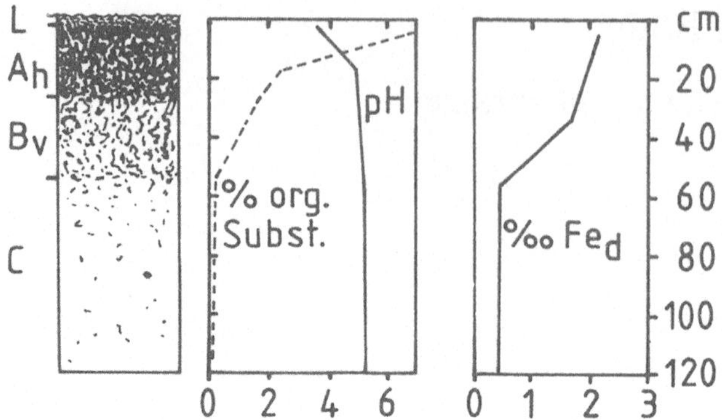

Abb. 1. Schematisches Profil einer Braunerde mit Tiefenverlauf des pH-Wertes sowie des Gehaltes an organischer Substanz (%) und des Dithionit-löslichen, d. h. des durch Verwitterungsprozesse freigesetzten Eisens (‰ Fe_d); L Streuauflage; A_h huminstoffangereicherter Oberboden; B_v durch Eisenverbindungen verbraunter Unterboden; C Ausgangsmaterial. (Mod. nach Blume; z.T. aus Scheffer und Schachtschabel 1989)

materials herrscht in diesem Horizont bei entsprechenden Reaktionsbedingungen eine hohe biologische Aktivität, die eine intensive Freisetzung von Nährstoffen sowie die Bildung eines durchlässigen und für das Eindringen von Pflanzenwurzeln günstigen Gefüges bewirkt. Dabei können durch Verkleben von Tonmineralen und Huminstoffen die für die Bodenstruktur und Nährstoffspeicherung so wertvollen Ton-Humus-Komplexe entstehen. Die Mächtigkeit des Oberbodens beträgt je nach Bodentyp zwischen wenigen Zentimetern bis zu etwa einem halben Meter (wie z. B. bei Schwarzerden) und bestimmt wesentlich die Fruchtbarkeit eines Bodens.

Die tiefer liegenden Horizonte sind farblich häufig durch meist rostbraune Eisenoxyhydroxide geprägt. Das Eisen wird bei der Verwitterung eisenhaltiger Silikate freigesetzt. Aufgrund der stark farbgebenden Wirkung der Eisenverbindungen ist leicht erkennbar, ob das freigesetzte Eisen gleichmäßig verteilt ist wie im Bv-Horizont einer Braunerde (Abb. 1) oder ob Anreicherungs- und Verarmungszonen vorliegen. Das Verteilungsmuster des Eisens spiegelt viele der in Böden ablaufenden Prozesse wider (Scheffer und Schachtschabel 1989).

Als Boden wird die 1–2 m mächtige und damit sehr dünne Deckschicht der obersten Erdkruste verstanden. Ihre Bildung vollzieht sich im Laufe von Jahrtausenden. So sind z. B. zur Umwandlung einer 1 m mächtigen Lößdecke in einen ebenso mächtigen Lößboden 2000–4000 Jahre erforderlich. Die daraus ableitbare theoretische Bodenbildungsrate beträgt 0,5–0,25 mm/Jahr (Kuntze et al. 1988). Böden sind damit als ein äußerst knapper und kostbarer Teil der Ökosphäre anzusehen. Im Vergleich zu den Meeren ist ihr Substanzvolumen um mehrere Größenordnungen geringer. Böden reagieren daher, ähnlich wie die Atmosphäre, auf eine Belastung mit Schadstoffen sehr empfindlich.

Für die Bindung von Schadstoffen in Böden sind vor allem die feinen Bodenbestandteile wie die Huminstoffe, die Eisenoxyhydroxide und die Tonminerale von Bedeutung. Huminstoffe liegen als Partikel kolloidaler Größe vor und weisen bei einer großen Oberfläche von bis zu 900 m^2/g (Bohn et al. 1979) eine hohe Dichte an funktionellen Gruppen, insbesondere phenolische OH- und Carboxylgruppen, auf. Durch Abspaltung von Protonen sind Huminstoffe Träger von stark pH-abhängigen negativen Ladungen. Bei höheren pH-Werten im Boden liegen also relativ viele negative Ladungen vor, die als Bindungspositionen für positiv geladene Metallionen (wie z. B. die meisten Schwermetalle) fungieren. Neben polaren und geladenen funktionellen Gruppen weisen Huminstoffmoleküle unpolare Bereiche und damit einen teilweise hydrophoben Charakter auf. An diese Bereiche lagern sich vorzugsweise organische Schadstoffe an, von denen die meisten ebenfalls hydrophobe Eigenschaften besitzen.

An den Oberflächen der oxidischen Bodenkomponenten (Oxyhydroxide und Oxide) bilden sich ebenfalls pH-abhängige Ladungen aus, indem randständige OH-Gruppen durch Aufnahme oder Abgabe eines Protons positiv bzw. negativ geladen werden. So wird die Gruppe -MOH bei niedrigem pH im Boden zu -MOH$_2^+$ und bei hohem zu -MO$^-$. Dabei steht M für Eisen, Aluminium, Mangan und auch Silicium. Die bedeutendsten Vertreter dieser Stoffgruppe sind die Eisenoxyhydroxide. Eine wichtige Kenngröße für derartige Oberflächen ist derjenige pH-Wert, bei dem die Anzahl der negativen und positiven Ladungen gleich ist. Dieser sogenannte Ladungsnullpunkt liegt meist unterhalb des in der Bodenlösung vorliegenden pH, so daß die negativen Ladungen überwiegen. Auch bei diesen Stoffen steigt die Bindungskapazität für Schwermetallkationen mit dem pH-Wert stark an. Dabei wird die Bindung nicht nur durch elektrostatische Effekte, sondern vor allem durch spezifische Mechanismen (d. h. kovalente Bindungen) hervorgerufen. Schwermetall und Oberfläche gehen also eine sehr starke Verbindung ein, die sogar zu einer teilweisen Immobilisierung des Schadstoffs führen kann.

Von den silikatischen Bodenkomponenten sind die Dreischicht-Tonminerale von besonderer Bedeutung für Sorptionsprozesse. Diese Minerale bestehen aus einzelnen Schichtpaketen, die sich ihrerseits aus zwei Tetraederschichten mit Si^{4+} und einer dazwischenliegenden Oktaederschicht mit Al^{3+} als Zentralion zusammensetzen (2:1-Silikatschicht). Zum Teil ist in den Tetraedern Si^{4+} durch Al^{3+} und in den Oktaedern Al^{3+} durch Mg^{2+} ersetzt. Dadurch kommt es zur Ausbildung einer permanenten, d. h. in die Struktur des Minerals eingebauten, negativen Ladung. Ladungsausgleich erfolgt durch Einlagerung von Kationen in die aufweitbaren Zwischenschichten bzw. durch Kationenadsorption an den Oberflächen. Der Einfluß des pH-Wertes auf die Anzahl der Ladungen ist bei diesen Bodenkomponenten relativ gering.

Jede Bodennutzung führt zu Belastungen

Böden können durch „Nutzung" auf unterschiedliche Weise „belastet" werden. Als Folge treten Funktionsstörungen oder gar Substanzverluste auf. Letztere werden z. T. bewußt herbeigeführt, um Boden als Verkehrs- und Siedlungsfläche zu nutzen. In dicht besiedelten Gebieten ist der Bodenverlust durch Flächenversiegelung signifikant. So nahmen auf dem Gebiet der ehemaligen Bundesrepublik 1985 die Verkehrsflächen 4,9% und die Gebäudeflächen 6,2% der Gesamtfläche ein (Cordsen 1990). Erhebliche Substanzverluste ergeben sich durch Bodenerosion, die an vielen Stellen der Erde ein natürlicher Prozeß ist, weltweit aber durch Fehler bei der landwirtschaftlichen Nutzung der Böden verstärkt oder oft sogar erst ausgelöst wurde (Scheffer und Schachtschabel 1989). Von Erosion sind insbesondere Böden der Tropen und Subtropen betroffen, bei deren Nutzung nach Entfernen der natürlichen Vegetation kein ausreichender Schutz vor den meist intensiven Niederschlägen mehr besteht. Von Erosion durch Wind sind hauptsächlich Böden in flachen Landschaften betroffen wie z. B. in den Ebenen Nordamerikas oder Australiens. Abspülungen und Auswehungen von Böden werden jedoch auch in Mitteleuropa beobachtet und stellen sogar in der Bundesrepublik eine relativ starke Gefährdung von Böden dar (Auerswald und Schmidt 1986; Hassenpflug 1990; Kretzschmar 1990).

Die Funktionsfähigkeit von Böden im Sinne von Bodenfruchtbarkeit kann durch den Eintrag von Fremd- oder Schadstoffen stark gemindert werden oder sogar völlig verlorengehen. Als belebte chemisch-physikalische Systeme sind Böden in verschiedene natürliche Stoffkreisläufe eingebunden und fungieren dabei als Speicher, Umsetzer (Transformator), Puffer und Filterkörper sowie bei Überladung als Quelle (Kuntze et al. 1988). Ein Vorgang von extremer Überladung ist z. B. die Versalzung, von der große Flächen ehemaliger oder noch fruchtbarer Kulturböden in ariden Gebieten betroffen sind. Mit dem Bewässerungswasser findet eine ständige Anlieferung von Salzen statt, die aufgrund der starken Verdunstung nicht vollständig abgeführt werden und sich so langsam im Boden anreichern. Auf diese Weise sind seit Einführung der Bewässerungswirtschaft in der zweiten Hälfte des 19. Jahrhunderts weite Gebiete z. B. in Indien, im Irak, in Ägypten und in den USA durch Versalzung völlig unproduktiv geworden (Scheffer und Schachtschabel 1989). Versalzung wird auch durch Anstieg des Grundwasserspiegels verursacht, wenn aufgrund starker Saugspannungsgradienten salzhaltiges Wasser durch feine Poren bis an die Oberfläche gelangt und dort verdunstet. Dies kann entweder durch Bewässerung hervorgerufen werden oder auch durch Abholzen tiefwurzelnder Bäume, die aufgrund ihrer starken Verdunstung einem Anstieg des Grundwassers entgegenwirken.

In den Industrieländern werden Böden vor allem durch den Eintrag anorganischer und organischer Schadstoffe belastet. Zu den anorganischen Schadstoffen zählen Schwermetalle und Radionuklide, aber auch Nährstoffe wie das Nitrat, das vom Boden kaum festgehalten wird und daher sehr leicht in das Grundwasser gelangt (Obermann 1988; Bach 1990). Der Eintrag von Säure durch saure Niederschläge hat nachhaltige Effekte auf biochemische Prozesse sowie auf die Mobilisierung von Nähr- und Schadstoffen. Durch Versauerung nimmt die Fruchtbarkeit von Böden stark ab (Schimming und Blume 1990). Die bedeutendsten organischen Schadstoffe gehören zur Stoffgruppe der polychlorierten Biphenyle (PCB), der polyzyklischen aromatischen Kohlenwasserstoffe (PAK), der chlorierten Kohlenwasserstoffe (CKW) sowie der Dioxine und Furane. Dabei hängt es vom Puffer-, Filter- und Transformationsvermögen sowie vom Belastungsgrad der Böden und den Eigenschaften der Schadstoffe ab, zu welchen Anteilen sie in die Bodenlösung übergehen und damit in das Grundwasser gelangen, von den Kulturpflanzen aufgenommen oder biologisch abgebaut werden können.

Schadstoffe beeinflussen das sensible Gleichgewicht von physikalischen, chemischen und biologischen Vorgängen, auf denen die Fruchtbarkeit eines Bodens beruht. Die Verschmutzung von Böden mit Schwermetallen und Organochlorverbindungen hemmt die mikrobielle Aktivität und verringert die Artenvielfalt der Bodenflora und -fauna. Entscheidend ist aber, daß solche Verunreinigungen in die Nahrungskette gelangen können. Der Übergang von Schadstoffen zum Menschen erfolgt entweder durch direkte Aufnahme von kontaminiertem Bodenmaterial (häufiger Kontaminationspfad bei Kleinkindern), durch direkten Verzehr von pflanzlicher Nahrung oder über die Milch oder das Fleisch von Tieren, die sich von kontaminierten Pflanzen ernährt bzw. verschmutzten Boden aufgenommen haben. Besondere Sorge macht die Ablagerung von kontaminierten Stoffen in Böden wegen der Belastung von Grund- und Oberflächenwässern durch giftige organische Verbindungen und Schwermetalle, wegen der Übertragung pathogener Keime mit Nahrungsmitteln, die auf klärschlammbehandelten Böden wachsen, und wegen des unbeabsichtigten Austrags von Nährstoffen aus dem Boden in andere Ökosysteme (Anonym 1985 a).

Die Gruppe der persistenten, d. h. im Boden nur in langen Zeiträumen abbaubaren, problematischen Stoffe bildet ein wachsendes Gefahrenpotential, weil sich diese Schadstoffe mit fortschreitendem Eintrag kontinuierlich anreichern. Diese Anreicherung kann zu latenten, bei Überschreiten bestimmter Belastungsgrenzen zu deutlichen Beeinträchtigungen von Bodenflora und Bodenfauna bis hin zu akuten Gefährdungen auch des Menschen durch Eingang in die Nahrungskette und das Grundwasser führen. Die Daten der Tabelle 1 zeigen, daß bei den Schwermetallen die durchschnittliche Aufnahme beispielsweise von Cadmium bereits sehr nahe an die tolerierbaren Grenzkonzentrationen heranreicht.

Hinsichtlich einer möglichen direkten oralen Aufnahme von Schadstoffen aus belasteten Böden durch spielende Kinder hat die Länderarbeitsgemeinschaft Abfall (LAGA) vorläufige Schwellenwerte vorgeschlagen: Blei 35 mg/kg Boden; Cadmium 10 mg/kg; Quecksilber 7 mg/kg; Arsen 20 mg/kg. Bei den organischen Schadstoffen gilt die Aufmerksamkeit vor allem den Dioxinen und Benzofuranen, die in Stoffen wie 2,4,5-Trichlorphenoxyessigsäure (2,4,5-T), polychlorierten Biphenylen (PCB) und Pentachlorphenol (PCP) enthalten sein und sich beim Verbrennen von chlorierten Verbindungen bilden können. Als Nebenprodukt bei der Herstellung von 2,4,5-T entsteht Tetrachlordibenzodioxin (TCDD). Die in der Tabelle 1 verzeichneten wöchentlichen Aufnahmearten von TCDD-Äquivalenten gelten für einen Erwachsenen mit 70 kg Körpergewicht bei einem Bodengrenzwert von 5 ng/kg (Kimbrough et al. 1984; Greim et al. 1990).

Die Nuklearkatastrophe von Tschernobyl hat das Gefahrenpotential von künstlichen Radionukliden, insbesondere aus atmosphärischen Einträgen, ge-

Tabelle 1. Prioritätsliste für bodenrelevante Schadstoffe und Gefahrenpotential für den Menschen durch Nahrungsmittel. (Nach Anonym 1985 b; TCDD: s. Schlatter und Poiger 1989; Greim et al. 1990)

Schadstoff	Aufnahme mit der Nahrung (Durchschnitt pro Woche)	Vorläufig zulässige wöchentliche Aufnahme[a]	Wirkungen (Besonderheiten)
Blei	0,91 mg	3,5 mg	Resorption bei Kindern erhöht
Cadmium	0,284 mg	0,525 mg	zus. mit Eisen-, Vitamin D- und Ca-Mangel
Kupfer	bis 700 mg	15 mg[a]	letale Dosis von Kupfersulfat: >8 g/Person
Nickel	2 – 4 mg	n.b.	orale anorg. Intoxikation nicht bekannt
Quecksilber	0,063 mg	0,35 mg	für Methyl-Quecksilber: 0,23 mg
Thallium	n.b.	0,1 mg[a]	letale Dosis: 8 mg/kg Körpergewicht
Arsen	0,2 – 0,3 mg	1 mg	letale Dosis: 100 – 300 mg; cancerogen
PCB	ca. 0,04 mg	0,5 mg	Speicherung im Fettgewebe, Milch, Leber
TCDD-Äquiv.	140 – 1400 pg	500 pg	Hand-zu-Mund-Kontakt bei Kindern
Para/Deiquat	n.b.	0,5 mg[a]	(Paraquat); für Deiquat: 4 mg[a]
γ-HCH[b]	2,6 µg	4,2 mg	schwere Vergiftung: ab 10 – 20 mg/kg KG
HCB[c]	0,2 µg	0,25 mg	Aufnahme mit Muttermilch

[a] Berechnet aus den Werten für „Accepted Daily Intake" (ADI).
[b] γ-Hexachlorcyclohexan
[c] Hexachlorbenzol
n.b. = nicht bestimmt.

zeigt. Während die natürliche Radioaktivität von Böden (vor allem auch ^{40}K, ^{87}Rb und ^{222}Rn) bei ca. 1 – 30 Bq/m^2 (Bq = Bequerel; 1 Bq = 1 radioaktiver Zerfall pro Sekunde) liegt und durch Einträge aus Phosphatdüngemitteln (u. a. ^{226}Ra), durch Staubniederschläge aus Kohlekraftwerken (^{235}U/^{238}U, ^{232}Th) und durch Kernwaffen-Fallout (^{137}Cs, ^{90}Sr) jährlich einige 10 Bq/m^2 hinzukommen (Mattigod und Page 1983), wurden nach der Katastrophe von Tschernobyl z. B. in Böden von Südostbayern Spitzenwerte von über 100000 Bq/m^2 ^{131}J bzw. ^{137}Cs gemessen. Bedenklich ist vor allem der Eintrag von ^{137}Cs wegen der relativ langen Halbwertzeit von 33 Jahren und der guten Pflanzenverfügbarkeit dieses Radionuklids.

Art und Ausmaß von Stoffeinträgen: Schwermetalle

Hinsichtlich der Gehalte an Schwermetallen auf landwirtschaftlich genutzten Flächen gibt es eine große Zahl von Bestandsaufnahmen sowohl über die Art der Einträge als auch zu deren Übergang in terrestrische Nahrungsketten. Aus einer Untersuchung von Böden im Ruhrgebiet (ca. 1800 Proben von einer Fläche von etwa 1800 km^2) ergaben sich Überschreitungen der Grenzwerte der Klärschlammverordnung beim Blei (zulässiger Gehalt im Klärschlamm maximal 100 mg/kg) bei ca. 45%, beim Zink (300 mg/kg) bei ca. 35% und beim

Kupfer (100 mg/kg) bei ca. 8% der Proben; die Cadmiumgehalte überstiegen bei etwa 4–10% der Bodenproben den für den Anbau von Cd-akkumulierenden Pflanzen kritischen Wert von 1 mg/kg Boden (Scheffer und Schachtschabel 1989).

Auch in zahlreichen Messungen an städtischen Gärten und industriebeeinflußten Böden wurden beträchtliche Anreicherungen von Metallen festgestellt. Vor allem aus englischen Untersuchungen ist bekannt geworden, daß nicht nur auf Schrottplätzen, Deponie- und Abwasserverrieselungsflächen, sondern auch in den oft jahrhundertelang genutzten städtischen Hausgärten die Grenzkonzentrationen, wie sie beispielsweise in der EG-Richtlinie von 1986 (Council Directive 1986) festgelegt sind, z. T. deutlich überschritten sind. Übliche Maßnahmen zur Gefahrenabwehr sind Nutzungsalternativen bzw. Anbaubeschränkungen.

Die Beurteilung von Verschmutzungsproblemen, insbesondere durch Schwermetalle, setzt zunächst die Kenntnis der natürlichen Konzentrationen voraus. Zusätzlich muß das Verhalten der Stoffe im Boden bekannt sein. Außer durch natürliche Einträge können Spurenmetalle durch Bodenverbesserungsmittel wie Kalk, Stallmist, Düngemittel, durch Bewässerung oder durch Pflanzenschutzmittel in den Boden gelangen; daneben finden sich im Boden Einträge aus Abfallstoffen wie Klärschlamm, Müllkompost, Grubenabfällen, Baggerschlämmen, Flugaschen und aus atmosphärischen Niederschlägen. In Tabelle 2 sind die Einflüsse von Düngemitteln, Flugaschen und atmosphärischen Niederschlägen auf die Metallgehalte in landwirtschaftlich genutzten Böden

Tabelle 2. Gehalte an Spurenelementen in unbelasteten Böden und in Materialien, die zu einer Verschmutzung führen (in mg/kg Trockensubstanz); kritische Werte sind in *kursiver* Schrift verzeichnet. (Berrow 1986)

	Typischer Bodenwert		EG-Richtlinie (1986)	Dünger[b]	Klär-schlamm	Häuslicher Kompost	Flug-asche	Nieder-schläge[c]
B	10	(0,9…1000)[a]	–	P(30)	50	–	*200*	5,5
Be	6	(0,5…30)	–	gering	3	15	23	–
Cd	0,4	(<0,01…8)	1…3	P(*50*)	*12*	*10*	*10*	*0,25*
Co	8	(0,3…200)	–	gering	12	30	–	1,6
Cr	50	(0,9…1500)	–	P(200)	250	120	280	1,4
Cu	12	(<1…390)	0…140	StM(20)	*800*	*800*	320	*8,8*
Hg	0,06	(>0,01…5)	1…1,5	gering	*4,4*	–	–	*0,05*
Mn	450	(<1…18300)	–	K(500)	400	500	640	4,9
Mo	1,5	(0,1…28)	–	P(4)	5	8	60	0,14
Ni	25	(0,1…1520)	30…75	gering	80	120	270	7,3
Pb	15	(<1…890)	50…300	P(100)	*700*	*1200*	330	*11,0*
V	90	(0,8…1000)	–	P(40)	60	100	360	2,3
Zn	40	(1,5…2000)	150…300	P(150)	*3000*	*2000*	360	*29*

[a] Normale Gehalte in Klammern.
[b] Düngemitteltypisch mit höchsten Gehalten; *P*, Phosphatdünger; *StM*, Stallmist etc.; *K*, Kalkstein oder Dolomit.
[c] Eintrag durch atmosphärische Niederschläge in mg/kg Oberboden bis 20 cm Tiefe, geschätzt auf 100 Jahre einer Metallanreicherung.

verzeichnet. Dabei geht vom Cadmium in allen aufgeführten Materialien das weitaus größte Gefährdungspotential aus.

Backgroundkonzentrationen von Spurenelementen

Die Spurenmetallzusammensetzung der Böden variiert stark in Abhängigkeit vom Ausgangsgestein. Bedingt durch die selektive Aufnahme von Elementen in bestimmten Mineralien während der magmatischen Kristallisation, durch unterschiedliche Verwitterungsraten und verschiedenartige Bildungsbedingungen von Sedimentgesteinen können Variationsbreiten von zwei bis drei Größenordnungen festgestellt werden (Ure und Berrow 1982). Die normalen Schwankungsbereiche für eine Reihe von Richtwerten in der EG-Richtlinie von 1986 (Council Directive 1986) sind geringer als die der Normalwerte in Tabelle 2; dies gilt vor allem für Chrom, Kobalt, Kupfer, Blei und Nickel. Die Mittelwerte bzw. typischen Gehalte von Chrom und Nickel liegen im oberen Bereich der Normalwerte, die in der Richtlinie genannt sind, oder gehen sogar darüber hinaus.

„Bodenverbesserungsmittel"

Die meisten Materialien, die dem Boden als „Verbesserungsmittel" zugesetzt werden, z. B. Kalk, anorganische Stickstoff- und Kaliumdünger und Stallmist, enthalten geringe Spurenelementkonzentrationen und sollten bei normalen Aufbringungsraten keinen signifikanten Effekt auf die Spurenmetallgehalte in Böden und die darauf wachsenden Nahrungsmittel haben. Demgegenüber enthalten Phosphate häufig beträchtliche Spurenelementkonzentrationen; hohe Cadmiumgehalte in Phosphatdüngern, zuweilen um 100 mg/kg, bewirken eine Anreicherung im Boden und in den Pflanzen (Sauerbeck 1984). Die technischen Möglichkeiten zur Eliminierung von Cadmium aus Düngemittelphosphaten sind begrenzt oder zumindest sehr teuer (Smith und Bierman 1980).

Klärschlamm und Müllkompost

Die Ablagerung von Klärschlamm auf landwirtschaftlichen Flächen ist zunächst wegen der Düngewirkung und zur Verbesserung der Bodentextur gefördert worden. Später haben die zunehmenden Einschränkungen der Klärschlammbeseitigung in anderen Bereichen, z. B. bei der Verklappung im Meer und bei der Ablagerung auf Landdeponien, vor allem die wirtschaftlichen Aspekte dieser Beseitigungsform in den Vordergrund gerückt. Die Auswertung einer Arbeitsgruppe der Weltgesundheitsorganisation hinsichtlich der Gesundheitsrisiken aus Chemikalien in Klärschlämmen ergaben in erster Linie nachteilige Effekte durch Cadmium, das aus kontaminierten Böden relativ leicht in die Nahrungskette übergeht. Bei den anderen Metallen sollten keine Probleme entstehen, solange der Stickstoffbedarf der Pflanzen nicht unterschritten wird (Dean und Suess 1985). In Gebieten mit einer hohen Industrieabwasserkomponente können in den Klärschlämmen relativ hohe Gehalte an synthetischen organischen Substanzen auftreten; teilweise stammen die Einträge auch aus städtischen Regenwasserabflüssen (Lester 1983; Hahn und Xanthopoulos 1990). Ähnliche und meist noch größere Probleme als bei Klärschlämmen, und wiederum vor allem durch Cadmium verursacht, finden sich bei der Anwendung von Müllkompost in der Landwirtschaft (Harms und Sauerbeck 1983). Insgesamt wird der „landwirtschaftlichen Unterbringung" dieser Abfälle keine Zukunft vorhergesagt (Schenkel und Butzkamm-Erker 1990).

Atmosphärische Einträge

Am nachhaltigsten wird das Zusammenwirken von erhöhten Schadstoffeinträgen mit mobilisierenden Umweltfaktoren am Beispiel der sauren Niederschläge sichtbar. Neben den großräumigen Waldschäden sind vor allem die Gewässer und Böden in Regionen betroffen, die durch den Mangel an karbonatischen Gesteinen eine geringe Pufferkapazität für den Säureeintrag besitzen: In Gewässern sind vielfach biologisches Wachstum und Vermehrung eingeschränkt oder unmöglich geworden; aus den Böden werden Nährstoffe ausgelaugt und abtransportiert, während toxische Metalle mobiler und leichter verfügbar sind.

In Tabelle 3 sind die Durchschnittsgehalte von Spurenmetallen angegeben, die im Boden über einen Zeitraum von 100 Jahren durch den Eintrag aus Niederschlägen angereichert werden könnten. Diese Schätzwerte beruhen auf einer Extrapolation von Meßdaten an acht verschiedenen Lokalitäten in Großbritannien. Dabei ist angenommen worden, daß eine Elementablagerung von 2,5 kg/ha einem Anstieg von 1 mg/kg in den oberen 20 cm des Bodens ent-

Tabelle 3. Zeiträume in Jahren für die Zunahme von Cadmium durch Einträge aus Staub und Regen, Anwendung von Phosphatdünger und Klärschlamm. (Mod. nach Sauerbeck 1984)

Konzentrationsänderung	0,1 ppm	1,0 ppm	3,0 ppm
Staub und Regen, Durchschnitt	250	2500	7500
Staub in Stadtgebieten[a]	25	250	750
P-Düngemittelanwendung	70	700	2100
P-Dünger, doppelte Menge[b]	35	350	1050
Max. zulässige Klärschlamm-Menge[c]	10	100	300

[a] In der BRD z. Z. geschätzt 30 t Cd/Jahr (1,2 g Cd/ha/Jahr); Stadtgebiete: 10 × Durchschnitts-Cd-Gehalte (12 g Cd/ha/Jahr).

[b] Gleichmäßige Verteilung ergäbe ungefähr 4,5 g Cd/ha/Jahr; doppelte Menge: Nutzung oder erhöhte Gehalte im Rohphosphat.

[c] Zulässiger Klärschlammeinsatz von 5 t/ha ergibt in 3 Jahren bei max. 20 ppm Cd(TS) eine Kontamination von 33 g Cd/ha/Jahr.

spricht. Der Beitrag des Ferntransports von Schadstoffen ist lange unterschätzt worden, doch gibt es jetzt Daten aus Norwegen (Steinnes 1986), die eine überregionale Verbreitung von Schadstoffen (Blei, Cadmium und Arsen) aus Hochtemperaturprozessen zeigen.

Im Hinblick auf die Verhältnisse in der Bundesrepublik Deutschland gibt die Tabelle 3 eine Schätzung über eine mögliche Anreicherung von Cadmium im Boden in Abhängigkeit von der Art des Eintrags. Um den Gehalt von Cadmium im Boden allein durch Niederschläge um 1 ppm zu erhöhen, müßte die aktuelle Niederschlagsrate in den mittleren Breiten etwa 2000 Jahre konstant bleiben. Bei einer bisher üblichen Anwendung von Phosphatdünger, der z. T. erhöhte Cadmiumgehalte aufweist, würde dieser Wert in ca. 350 bis 700 Jahren erreicht sein. Beim Einsatz von Klärschlamm in z. Z. zulässiger Menge und einem Cd-Gehalt von 20 mg/kg würde diese Grenze bereits nach 100 Jahren überschritten sein und damit der Boden für bestimmte Nutzungsarten unbrauchbar werden.

Perspektiven für landwirtschaftlich genutzte Böden

Dieser Abschnitt bezieht sich im wesentlichen auf einen Beitrag von Sauerbeck (1985). Bei einer Gesamtbetrachtung der anthropogenen Einträge und Mobilität von Schwermetallen kommt der Belastung mit Cadmium eine hohe Priorität zu. Die mittlere Cadmiumbelastung der Bevölkerung von Industrieländern hat inzwischen ungefähr ein Drittel der von der Weltgesundheitsorganisation bisher als bedenklich angesehenen Menge erreicht, und der größte Teil dieses Cadmiums stammt aus der pflanzlichen Nahrung. Der durchschnittliche Cadmiumgehalt deutscher Böden darf danach höchstens noch auf das Dreifache des jetzigen Wertes steigen. Dabei ist jedoch zu beachten, daß niedrige pH-Werte bzw. Ton- und Humusgehalte regional einen wesentlich höheren Cadmiumübergang aus dem Boden in die Pflanzen bewirken können, also eine weitere Steigerung bereits bedenklich ist.

Die von der Landwirtschaft selbst bewirkten Schwermetalleinträge beschränken sich — von den Siedlungsabfällen und einigen Pflanzenschutzmitteln abgesehen — vor allem auf das Cadmium in Phosphatdüngemitteln und lokal auf die Kupfergehalte von Schweinegülle. Eine meßbare Anreicherung um 0,1 ppm im Boden ist theoretisch frühestens nach ca. 100 Jahren zu erwarten. Da es sich bei angemessen dosierter Phosphatdüngung um eine zur Erhaltung der Bodenfruchtbarkeit notwendige Maßnahme handelt, muß der hiermit verbundene geringe Cadmiumeintrag einstweilen in Kauf genommen werden und das Hauptaugenmerk auf die Verstopfung der übrigen Cadmiumquellen gerichtet werden.

Zur Gefahrenabwehr stehen bei schwach- bis mittelkontaminierten Böden Maßnahmen zur Verringerung weiterer Schwermetalleinträge sowie Anstrengungen zur Verminderung des Schwermetalltransfers vom Boden in Nutzpflanzen im Vordergrund. Ein wesentlicher Aspekt ist dabei die Einstellung eines optimalen Boden-pH-Wertes, des für die Mobilität von Schwermetallen dominierenden Faktors. Mit abnehmendem pH nimmt die Löslichkeit und damit die Aufnahme von Schwermetallen durch Kulturpflanzen stark zu. So liegt z. B. der Schwellenwert für einen stärkeren Übertritt von Cadmium aus seiner Bindung am Feststoff in die Lösungsphase bei pH 6,5 (Scheffer und Schachtschabel 1989). Mit Cadmium belastete Böden sollten daher stets einen pH-Wert von mindestens 6,5 aufweisen. Der für die Bodenfruchtbarkeit optimale pH-Wert kann jedoch auch tiefer liegen und hängt sehr stark von der Korngrößenzusammensetzung ab. Bei humosen Sandböden z. B. liegt das Optimum bei pH-Werten unter 5, bei lehmigen Sanden um 6 und nur bei Lehmböden oberhalb pH 6,5. Durch den Entzug basisch wirkender Nährstoffe durch Pflanzen sowie durch den Eintrag von Säure mit den Niederschlägen sinkt der Boden-pH-Wert leicht unter den Optimalwert ab und muß ständig durch Kalkung auf dem gewünschten Niveau gehalten werden. Nur die „schweren" Böden lassen sich im Falle einer Belastung so einstellen, daß Cadmium vollständig gebunden wird. Würde man den pH-Wert von „leichteren" Böden ebenfalls auf 6,5 anheben, so hätte dies eine starke Verminderung der Bodenfruchtbarkeit zur Folge. Sandige Böden sind daher nicht mit Cadmium belastbar, ohne daß hohe Konzentrationen in der Bodenlösung auftreten und Cadmium stark von Kulturpflanzen aufgenommen wird. Solche Böden sind daher z. B. für die Aufnahme von Siedlungsabfällen (Klärschlamm und Müllkompost) nicht geeignet. Im Falle einer Belastung sind Nutzungsalternativen zu einer acker- oder gartenbaulichen Nutzung zu erwägen.

Art und Ausmaß von Schadstoffeinträgen: Organische Schadstoffe

Aus der Vielzahl potentiell schädlicher organischer Verbindungen wird den Chlorkohlenwasserstoffen (CKW), den polychlorierten Biphenylen (PCB) und den polyzyklischen aromatischen Kohlenwasserstoffen (PAK) ihrer hohen Stabilität wegen besondere Relevanz bei der Belastung von Böden beigemessen. Da ihr Abbau bei der biologischen Klärschlammausfaulung nur begrenzt bzw. äußerst langsam erfolgt, muß bei landwirtschaftlicher Verwendung derartiger Schlämme mit einem Übergang in den Boden gerechnet werden. Dies zwingt dazu, neben den Schwermetallen auch die organischen Schadstoffgehalte in Schlämmen und Siedlungsabfällen sorgfältig zu überwachen (Sauerbeck 1985).

Verbrennungsabgase und Industrie- bzw. Siedlungsabfälle haben zu einer gewissen Anreicherung von polychlorierten aromatischen Kohlenwasserstoffen in Böden geführt. Ihre Verweilzeit bzw. Beständigkeit im Boden ist eine Frage des Kondensationsgrades dieser Stoffe und ihrer Konzentration. Wegen der starken Bindung an die Humusstoffe des Bodens ist die Aufnahme von polyzyklischen aromatischen Kohlenwasserstoffen durch Pflanzenwurzeln relativ gering, und ihre ausgeprägte Lipophilie (Neigung zur Löslichkeit in Fetten) minimiert außerdem ihre Weiterleitung in das Wurzelinnere, geschweige denn in die oberirdischen Pflanzenteile. Bislang ist weder allgemein noch aus mit Siedlungsabfall behandelten Böden mit ernstlichen Problemen durch polyzyklische aromatische Kohlenwasserstoffe zu rechnen. Ähnliches gilt für die polychlorierten Biphenyle (PCB), deren Vorkommen in landwirtschaftlich genutzten Böden im Durchschnitt noch sehr gering ist. Die bisherige Erfahrung zeigt, daß Pflanzen polyzyklische aromatische Kohlenwasserstoffe und polychlorierte Biphenyle nur in geringem Umfang aufnehmen und dies im wesentlichen auf die niederchlorierten Biphenyle beschränkt ist. Allerdings wurden in der Milch und im Fett von Weidetieren, die auf mit PCB-haltigen Schlämmen behandelten Weiden grasten, höhere Konzentrationen dieser Stoffe nachgewiesen. Aus diesem Grunde wird in den USA bereits seit längerem ein Grenzwert von 10 ppm polychlorierte Biphenyle für landwirtschaftlich verwendbare Schlämmen erwogen. Grundsätzlich ist darauf hinzuwirken, daß schwer zersetzbare organische Fremdstoffe, wie hochkondensierte und hochchlorierte, insbesondere aromatische Kohlenwasserstoffe, künftig nicht mehr in nennenswerten Konzentrationen in den Boden gelangen (Sauerbeck 1985).

Für die organischen Substanzen sind die Bedingungen, die zu einer Mobilisierung im Boden führen können, weit weniger genau bekannt. Es wird vermutet, daß aus den organischen Pestiziden, die an die Bodenkolloide, insbesondere Humuskomponenten, gebunden werden, z. B. aromatische Abbauprodukte freigesetzt werden können (Ebing 1985), doch gibt es andererseits auch Anzeichen für natürliche „Entgiftungsprozesse" wie z. B. Polymerisation und nachfolgenden Abbau zu weniger schädlichen Produkten. Die Beständigkeit (Persistenz) von organischen Pestiziden hängt von einer Reihe chemischer, bodenbedingter und klimatischer Faktoren ab; die chemischen Faktoren wiederum beruhen weitgehend auf dem Chemismus des Pestizidmoleküls. Hochchlorierte Verbindungen mit geringer Wasserlöslichkeit, z. B. die chlorierten Insektizide, gehören zu den beständigsten Pestiziden; demgegenüber sind wasserlösliche Pestizide, die leicht abbaubare oder hydrolisierbare chemische Verknüpfungen enthalten, weniger beständig in Böden. Diese Gruppe von Verbindungen enthält z. B. die Methylcarbamat- und Organophosphor-Insektizide sowie die meisten organischen Herbizide und Fungizide. Die anderen Faktoren, welche die Persistenz von Pestiziden in Böden beeinflussen, sind u. a. die Art der landwirtschaftlichen Nutzung, der Bodentyp, die Windgeschwindigkeit, die Niederschlagsmenge und -form, die Bodenfeuchtigkeit und -temperatur sowie die Lichteinstrahlung (Anonym 1978; Diercks 1984). Stoffe mit Säurecharakter wie z. B. Pichloram sind in Wasser relativ gut löslich; Phenylharnstoffe und s-Triazine sind mäßig mobil; chlorierte Kohlenwasserstoffe und Phosphorsäure-Ester (z. B. Parathion) sind relativ fest gebunden. Einige Biozide gehen bei Verdünnung der Bodenlösung, z. B. durch Starkregen, in Lösung und können insbesondere in humusarmen, sandigen Böden ins Grundwasser ausgewaschen werden. In Tabelle 4 sind die Eigenschaften und das Verhalten gebräuchlicher Biozide zusammengefaßt. Die Angaben gelten für mäßig saure bis neutrale Ackerböden der gemäßigten Breiten.

Tabelle 4. Verhalten organischer Biozide in Böden. (Aus Scheffer und Schachtschabel 1989)

Kurzbezeichnung	Chemische Bezeichnung	Chem. Charakter in Böden	Flüchtig-keit	Löslich-keit	Bindung durch		Abbau	
					Humus	Ton-oxide	aerob	anaerob
Herbizide								
2,4-D	2,4-Dichlorphenoxyessigsäure	Anion	1	4	1	0	4	2
2,4,5-T	2,4,5-Trichlorphenoxyessigsäure	Anion	1	3	1 − 2	0	3 − 4	2
Picloram	4-Amino-3,5,6-trichlorpicolinsäure	Anion	1	3	1	0	2 − 3	−
Dicamba	3,6-Dichlor-0-anisinsäure	Anion	2	4	1	0	3	−
Deiquat	1,1-Äthylen-2,2-bipyridylium	Kation	1	4	4	3	3	−
Paraquat	1,1-Dimethyl-4,4-bipyridylium	Kation	1	4	4	3	4	−
Atrazin	4-Äthylamino-2-chlor-6-isopropylamino-s-triazin	Kation	1	2 − 3	1 − 2	1	3	3 − 4
Simazin	2-Chloro-4,6-bis(äthylamino)-s-triazin	Kation	1	2	1 − 2	1	3 − 4	−
Amitrol	3-Amino-1,2,4-triazol	Kation	2	4	2	1	4	−
Chloridazon	2-Phenyl-4-amino-5-chlor-pyridazon-6	Kation	2	3	2	0 − 1	3	−
Linuron	3-(3,4-Dichlorphenyl)1-methoxy-1-methylharnstoff	neutral	2	3	2 − 3	1	2 − 3	−
Diuron	N-(3,4-Dichlorphenyl)-N,N-Dimethylharnstoff	neutral	1	2	2	1	3	−
Methabenzthiazoron	-N-(Benzthiazol-2-yl)-N,N-Dimethylharnstoff	neutral	2	3	2	1	4	−
Monolinuron	N-(4-Chlorphenyl)-N-methoxy-N-Methylharnstoff	neutral	2	3	2	1	3 − 4	−
Insektizide, z.T. auch *Acarizide, Nematodizide*								
PCP	Pentachlorphenol	Anion	2	2	3	0	1 − 2	2
DDT	1,1,1-Trichlor-2,2-bis-(p-chlorphenyl)äthan	neutral	1	1	4	3	1	2
Lindan	γ-1,2,3,4,5,6-Hexachlorcyclohexan	neutral	2	2	4	2	1	2
Heptachlor	1,4,5,6,7,8-Heptachlor-3a,4,7,7a-tetrahydro-4,7(endo)-methano-inden	neutral	2	1	4	2	1	2
Carbofuran	2,3-Dihydro-2,2-dimethyl-7-benzofuranylmethylcarbamat	neutral	2	3	2	−	3	3 − 4
Parathion	0,0-Diäthyl-0-(p-nitrophenyl)-phosphothioat	neutral	2	2	3 − 4	1 − 2	4	4
Fungizide								
Benomyl	1-(N-Butylcarbamoyl)-2-(methoxycarboxamido)-benzimidazol	neutral	1	2	4	2	3	2
Carboxin	5,6-Dihydro-2-methyl-1,4-oxathiin-3-carboxanilid	neutral	1	3	4	2	3	2

Flüchtigkeit (in hPa bei 25 °C): $1 = <10^{-5}$; $2 = 10^{-5} − 1$; $3 = 1 − 50$; $4 = >50$.
Löslichkeit (mg/l H_2O bei 25 °C): $1 = <1$; $2 = 1 − 50$; $3 = 50 − 500$; $4 = >500$.
Bindung (K_{oc} bzw. K_{Ton}): $0 = <1$; $1 = 1 − 300$; $2 = 300 − 1000$; $3 = 10^3 − 10^4$; $4 = >10^4$.
Abbau: $1 = >3$ Jahre; $2 = 1 − 3$ Jahre; $3 = 18$ Wochen − 1 Jahr; $4 = <18$ Wochen.

Besondere Probleme durch Pflanzenschutzmittel

Rachel Carsons Buch von 1963 über den verantwortungslosen Umgang mit Pflanzenschutzmitteln hat in vielen Bereichen — Landwirtschaft, Naturwissenschaft, Recht, Ökonomie, Soziologie — als einer der ersten Versuche zur „ganzheitlichen" Behandlung eines modernen Umweltproblems seine Spuren hinterlassen (Marco et al. 1987). Wie berechtigt die Alarmierung der Öffentlichkeit war, beweist die am 15. Mai 1963 von der US-Regierung im Auftrag Präsident Kennedys herausgegebene Schrift über den Gebrauch von Pestiziden. J. B. Wiesner, der wissenschaftliche Berater des Präsidenten, erklärte, daß der unkontrollierte Einsatz giftiger Chemikalien eine potentiell größere Gefahr darstelle als der radioaktive fallout und verlangte, ihren Gebrauch einzuschränken, solange niemand genau wisse, was sie anrichteten (Löbsack 1968). Auch nach mehrfachen Verbesserungen des „Federal Insecticide, Fungicide and Rodenticide Act" und etwa 30 weiteren Gesetzen bzw. Verordnungen in den USA werden nur 10% der bekannten Pestizide „angemessen" getestet, d. h. auf ihre Produkt- und Residualchemie, auf ihren Verbleib in der Umwelt, auf ihren Einfluß auf Wildorganismen sowie ihre Toxikologie. Über 38% der im Handel erhältlichen Pestizide liegen überhaupt keine Informationen vor (Anonym 1984a). Beschränkungen und Verbote wurden u. a. gegen DDT, Aldrin, Endrin, Dieldrin und Heptachlor ausgesprochen. Dadurch nahm der Anteil an Chlorpestiziden von 1962 bis 1983 um etwa 2/3 ab. Pestizide sind nach Sauerstoffmangel die zweithäufigste Ursache für Fischsterben in US-Gewässern. Über die Wirkung auf Vogelpopulationen ist weniger bekannt, doch kann in den vergangenen Jahren immerhin ein Rückgang der Konzentrationen an persistenten Pflanzenschutzmitteln in den Organen festgestellt werden. Auch die Dicke der Eierschalen typischer Vogelarten wie dem braunen Pelikan hat seit 1970 wieder zugenommen. Im humantoxikologischen Bereich errechnete die Weltgesundheitsorganisation etwa 500000 Krankheitsfälle und etwa 20000 Todesfälle pro Jahr, die durch Pestizide — überwiegend durch Unachtsamkeit oder infolge Suizidabsicht — ausgelöst wurden (Copplestone 1977). Die krebsauslösende Wirkung dieser Chemikalien wird noch kontrovers diskutiert. Ein erhöhtes Krebsrisiko kann bei einem berufsbedingten Umgang mit arsenhaltigen Pflanzenschutzmitteln festgestellt werden.

Der Einsatz von Pestiziden hat entscheidend zur weltweiten Steigerung der Nahrungsmittelproduktion beigetragen. Die heute eingesetzten Mittel sind gegenüber den früher gebräuchlichen Stoffen hochwirksam (z. B. sind die gegen Insekten eingesetzten Pyrethroidverbindungen der 80er Jahre 10- bis 500mal wirksamer als dieselben Dosen von DDT). Dennoch steigt der durch Schädlinge vernichtete Anteil der produzierten Nahrungsmittel noch immer an (durch Insekten trotz 10fach höheren Pestizideinsatzes von 7% in den 40er auf 13% in den 80er Jahren). Das zeigt die Notwendigkeit des „anderen Wegs", wie er bereits von Rachel Carson aufgezeigt wurde, z. B. die Bekämpfung der Schädlinge durch gezielte Infektion, Sterilisierung der Männchen, Vernichtung durch artspezifische Lockstoffe usw. mit standortgerechtem Anbau und sinnvoller Fruchtfolge.

Die Pestizidproblematik wurde in den vergangenen 30 Jahren aus dem Bereich „Boden/Lebensmittel" in das Grundwasser verlagert. Die neuen Pflanzenbehandlungs- und Schädlingsbekämpfungsmittel sind leichter löslich, nur schwach adsorbierbar und insgesamt viel mobiler als die alten Chlorpestizide. Vor allem die „flacheren Grundwasserleiter" in landwirtschaftlich intensiv genutzten Gebieten sind gefährdet.

Eine große Bedeutung kommt heute den stickstoffhaltigen Pflanzenschutzmitteln zu, denn von den knapp 300 in der Bundesrepublik zugelassenen Wirkstoffen zählen 194 zu dieser Gruppe. Der größte Teil dieser Verbindungen wird zur Unkrautbekämpfung eingesetzt. Für die Wasserversorgung sind die stickstoffhaltigen Herbizide von besonderer Bedeutung, da es sich hierbei um relativ mobile und langlebige Verbindungen handelt (Normann et al. 1987). Die Untersuchungsergebnisse aus mehreren Bundesländern zeigen, daß diese Pflanzenschutzmittel auch bei „normaler" Anwendung häufig in das Grundwasser gelangen, so daß der für Trinkwasser vorgesehene Grenzwert von 0,1 µg/l bereits in vielen Fällen beträchtlich überschritten wird. Die meisten Meßdaten von stickstoffhaltigen Wirkstoffen liegen über die Herbizide Atrazin und Simazin vor. Die höchsten Atrazinkonzentrationen (Spitzenwert > 10 µg/l) wurden in karstwassergespeisten Grundwasservorkommen der Schwäbischen Alb und in Geestgebieten Schleswig-Holsteins gefunden (Stock et al. 1987). Der Maisanbau spielt eine dominierende Rolle; dies zeigt sich auch in dem jahreszeitlichen Gang der Herbizidkonzentrationen, die nach dem Spritztermin für Mais im Mai besonders stark ansteigen. Neben Atrazin wurden zwei seiner Umwandlungsprodukte (Metabolite) nachgewiesen, das Desethyl-Atrazin sogar in der gleichen Größenordnung wie das Atrazin selbst (Werner 1986). Generell muß man jedoch feststellen, daß angesichts der Vielfalt der Wirkstoffe sowie ihrer Metabolite und der im allgemeinen niedrigen Konzentrationen eine umfassende Überwachung der Grundwasservorkommen nicht möglich ist.

Biologische Vorgänge im Boden

Ein Gramm Boden enthält nicht selten 25 Milliarden Keime, welche etwa 1 mg Trockengewicht ausmachen. Diese Bakterien, Pilze oder Aktinomyceten (Strahlenpilze oder Fadenbakterien) bauen organische Wasserinhaltsstoffe des Sickerwassers ab und verbrauchen Sauerstoff (Anonym 1984b). Alle Grundwässer enthalten gelösten organischen Kohlenstoff, normalerweise bis zu 2 mg/l, durch ein Herauslösen der organischen Komponenten aus den Sedimentgesteinen sowie durch Zufuhr neuen organischen Materials von der Oberfläche. In der Regel sind mikrobielle Aktivitäten im Untergrund weniger durch die Konzentration als durch die spezifische Zusammensetzung des organischen Materials limitiert. Ein großer Teil des organischen Kohlenstoffs kann z. B. aus Huminstoffen bestehen, die auch unter optimalen Bedingungen nur sehr langsam verwertbar sind (Anonym 1988). Bei den durch Mikroorganismen katalysierten Reaktionen im Untergrund unterscheidet man zwischen direkten Stoffumsätzen, Mineralisation und

Stoffumwandlungen bei den Kohlenstoffverbindungen, Denitrifikation, Nitrifikation und Ammonifikation bei den Stickstoffverbindungen sowie Reduktion und Oxidation bei den Schwefelverbindungen und Milieuveränderungen
(pH-Wert, Redoxpotential, Biotensidproduktion, Huminstoffbildung), die indirekt ebenfalls den Stoffumsatz beeinflussen können (Dott 1989). Bei der Beurteilung mikrobieller Abbauvorgänge sind auch die Wechselwirkungen der
Stoffe untereinander wichtig.

Sanierung organisch kontaminierter Grundwässer

Für die technischen Verfahren zur Sanierung organisch kontaminierter Grundwässer kommen vorzugsweise aerobe Abbauprozesse in Frage (Dott 1989). Unter diesen Bedingungen sind viele Mikroorganismen in der Lage, organische
Verunreinigungen zu Kohlendioxid abzubauen (es können sich allerdings auch
beispielsweise chlorierte Abbauprodukte bilden, die toxischer wirken als die
Ausgangsstoffe; Vogel und McCarthy 1985). Es ist deshalb das Ziel, Sauerstoff
in verschiedenen Formen – gelöster Sauerstoff, Wasserstoffperoxid, Ozon –
an die organischen Belastungskomponenten heranzubringen. Bei den In-situ-
Verfahren im Untergrund kann dies Schwierigkeiten mit sich bringen, wenn die
Bildung mikrobieller Biomasse und Huminstoffe den Aquifer (Grundwasser-
horizont) weniger durchlässig machen; auf der anderen Seite kann die Biotensidproduktion der Mikroorganismen den Übergang der Schadstoffe in die
wäßrige Phase erleichtern und somit deren Transport und Verteilung im Aquifer begünstigen. Es besteht eine enge Korrelation zwischen Wasserlöslichkeit
und biologischer Abbaubarkeit einer Verbindung. Generell ist festzustellen,
daß die Entfernung von Kohlenwasserstoffen aus kontaminierten Böden durch
die Adsorption der Schadstoffe an den Bodenpartikeln limitiert ist; die Suche
nach geeigneten Lösungsmitteln bzw. Emulgatoren ist deshalb einer der
Schwerpunkte in der chemischen Altlastenforschung (Werner und Brauch
1988).

Sanierung kontaminierter Böden

Der Begriff „kontaminierter Boden" umfaßt sowohl die erhöhte Schadstoffbelastung landwirtschaftlich genutzter Böden als auch Verschmutzungen, die auf
das Grundwasser einwirken, u. a. durch die sog. „Altlasten". Der technische
Bodenschutz hat sich innerhalb weniger Jahre, z. B. durch die NATO/CCMS-
Studie „On Contaminated Land" (Smith 1985) und mit den Beiträgen zu den
drei TNO/BMFT-Kongressen „Contaminated Soil" (Assink und van den Brink
1986; Wolf et al. 1988; Arendt et al. 1990) als interdisziplinäres Fachgebiet eta-
bliert, in dem Chemiker, Mikrobiologen, Geologen, Bau-, Maschinen- und
Verfahrensingenieure gemeinsam nach Problemlösungen suchen.
    Die Belastung von „Altstandorten" durch organische Schadstoffe entsteht
häufig durch Unfälle von Tanklastzügen, auslaufende Ölbehälter, unzurei-

chend gesicherte Öl- und Chemikalienleitungen sowie Unachtsamkeit beim Betanken von Fahrzeugen. Eine häufige Form der Untergrundverunreinigung von Industriegelände fand im Bereich von Kokereien statt, wo nicht verwertbare Rückstände aus der Produktion (Teerrückstände, Säuren, Laugen, Schlämme) meist unmittelbar auf dem Betriebsgelände in Gruben oder angelegten Erdbecken ohne besondere Dichtungsmaßnahmen verbracht wurden. Gleichzeitig finden sich in diesen Böden häufig erhöhte Konzentrationen von Kokereiprodukten wie Benzol, Toluol, Xylol, Naphthalin, Phenol, Öl- und Teerfraktionen sowie Ammoniak (Selenka 1986). Andere typische Standorte mit organischen und teilweise auch anorganischen Bodenverunreinigungen sind die Produktionsstätten für Pflanzenschutzmittel und vor allem die Betriebe, in denen Lösungsmittel verwendet werden. Für den Eintrag von anorganischen Schadstoffen in den Untergrund sind vor allem metallverarbeitende Betriebe verantwortlich. Härtesalze und Galvanikabfälle sowie staubförmige Abluftemissionen sind charakteristische Begleitkontaminanten dieser Produktionszweige (Anonym 1990). In einzelnen Bereichen der industriellen Abfallbeseitigung, besonders bei der Aufarbeitung von Rückständen in der Chemie- und Ölindustrie, sowie in Bergbau- und Hüttenbetrieben, wurden Erfahrungen gewonnen, die sich auf Bodensanierungsprojekte anwenden lassen. Die Übertragung dieser Verfahren von der „Deaktivierung" von Abfallstoffen (Tucker und Carson 1985) in der industriellen Produktion auf die Sanierung kontaminierter Böden ist normalerweise mit einem Kostensprung verbunden, da es sich hierbei um vergleichsweise „verdünnte Medien" handelt. Vor allem bei größeren Bodenmassen mit mäßig hohen Schadstoffanteilen sollte deshalb das TNO-Prinzip (Van Gemert et al. 1988) eingesetzt werden. Dabei wird mit relativ geringen Kosten eine Voranreicherung der schadstoffhaltigen Komponenten durchgeführt, die dann mit aufwendigen Methoden weiterbehandelt oder in kleinen Volumina sicher „endgelagert" werden können.

Bei den Sanierungsstrategien unterscheidet man die „Vor-Ort-Behandlung", bei der die Boden- und Abfallmaterialien ausgegraben und je nach Menge und Zusammensetzung vorsortiert und/oder zwischengelagert werden. Bei der „In-situ-Behandlung" werden die belasteten Bereiche im Untergrund mit den Reagenzien in Kontakt gebracht. Dazu ist ggf. eine Vorbehandlung, z. B. durch mechanische Auflockerung, erforderlich (Rulkens et al. 1985).

Thermische Verfahren werden im allgemeinen dort eingesetzt, wo Böden in relativ geringem Umfang mit verdampfbaren und/oder verbrennbaren Substanzen verunreinigt sind. Eine Hochtemperaturbehandlung ist nur bei Böden mit besonders problematischen organischen Komponenten (in entsprechend hoher Konzentration) angebracht, da diese Verfahren sehr aufwendig sind. Die In-situ-Behandlung mit thermischen Verfahren ist problematisch, weil die Prozesse schwierig zu überwachen sind. Außerdem sind Vorrichtungen für die Aufnahme und Behandlung der austretenden leichtflüchtigen Substanzen erforderlich. Bei nahezu allen eingesetzten Verfahren folgt auf eine Reinigung des Bodens eine nachgeschaltete „Vernichtung" der Verunreinigung (Reintjes 1986; Beitinger und Gläser 1987).

In der Öffentlichkeit werden nach ersten positiven Äußerungen von Wissenschaftlern große Hoffnungen auf den Einsatz von Mikroben beim Abbau von

Tabelle 5. Chemische Umwandlungsprozesse für Schadstoffe im Boden. (Nach Tucker und Carson 1985)

Umwandlungsprozeß	Abfalltyp
Nasse Oxidation	Viele organische Verbindungen
Ozonierung	Phenole, Cyanide sowie organische Bleiverbindungen im Abwasser
Verbrennung mit Salz-Schmelze ($NaCO_3/Na_2SO_4$)	Viele organische Verbindungen (z. B. DDT, Malathion, Chlordan, Senfgas) werden bis 99,9% zerstört
Elektrochemische Oxidation	Cyanate, Thiocyanate, Acetate, Phenole, Kresole
Katalytische Reduktion mit Metallpulver	Chlorierte organische Verbindungen in Abwässern
Katalytische Hydrierung	Polychlorierte Kohlenwasserstoffe
Dechlorinierung	Polychlorierte organische Verbindungen
Zersetzung mit Mikrowellenplasma	Pestizide, Polychlorierte Biphenyle
Hydrolyse	Organophosphor-Pestizide, Carbamat-Pestizide
Neutralisation	Starke Säuren und Laugen

hochproblematischen Substanzen in Sonderabfällen gesetzt. Hierzu liegen im Labormaßstab eine Reihe von Erfahrungen mit einfachen und z. T. auch komplexeren organischen Verbindungen vor. Bei diesen Experimenten hat sich gezeigt, daß bestimmte Voraussetzungen an das Milieu gestellt werden müssen, z. B. ein hinreichend hoher Sauerstoffdruck bei aeroben Prozessen, ein vollständiger Sauerstoffausschluß bei anaeroben Prozessen, genügend Nährstoffe wie Phosphor und Stickstoff, ausreichend Wasser und wenig Schadstoffe. Inzwischen stehen verschiedene Mikroorganismen für den Abbau von Heizöl, Dieselöl, Benzin, Kerosin, Phenolen, Formaldehyd und Alkoholen zur Verfügung. Während bei unmittelbarem, kontrolliertem Kontakt der verunreinigten Böden mit den Mikroorganismen, z. B. auf einem sog. „Bio-Beet", für diese Verunreinigung zufriedenstellende Resultate nachgewiesen werden können, ist eine „Fernsteuerung" über die „Tiefgrund-" und „Grundwasserverfahren" in der Praxis schwer zu überwachen (Weber 1990).

Bei den Waschverfahren wird der Laugungsprozeß in einem Mischer durchgeführt (Binder 1989). Anschließend sind Lösung und entgiftete Feststoffe zu trennen. Während der Nachbehandlung wird die anfallende Lösung aufgearbeitet, z. B. durch Fällung von anorganischen Bestandteilen, Verdunstung oder Verbrennung organischer Komponenten, und ggf. Rückgewinnung des Extraktionsmittels (Rulkens et al. 1985). Einige wichtige chemische Umwandlungsprozesse für die Aufbereitung von Sonderabfällen, die auch bei Bodenreinigungen eingesetzt werden können, sind in Tabelle 5 zusammengestellt. Kohlenwasserstoffverbindungen können durch wäßrige Lösungen von Salzsäure, Natronlauge oder Soda extrahiert werden. Diese Chemikalien lösen die Humussubstanzen im Boden und geben die gebundenen Schadstoffe frei. Die Aufbereitung von Abwässern aus der Behandlung von kontaminierten Bodenproben verläuft weitgehend parallel zu den aus der Industrieabwasserreinigung bekannten Techniken, z. B. Adsorption an Aktivkohle, Entnahme über Ionenaustauscher, Fällung und Zementation an Eisenschrott, Flüssig-flüssig-Extraktion, Ultrafiltration, Umkehrosmose und Elektrolyse (Rulkens et al. 1985; Tucker und Carson 1985).

Die Verfahren der Verfestigung und Stabilisierung (Anonym 1986) haben das Ziel, durch eine verstärkte Einbindung die Abgaberate von Schadstoffen an die Biosphäre zu verringern bzw. die Austauschprozesse zu verzögern. Einige Verfahren dienen lediglich dazu, die Transport- und Lagerfähigkeit zu verbessern. In anderen Fällen wird dagegen das weitgesteckte Ziel einer Materialverwertung (Recycling) angestrebt, insbesondere für großvolumige Abfallstoffe wie Baggerschlämme und Kraftwerksflugaschen, die in Baumaterialien eingesetzt werden können. Während bei den anorganischen Schadstoffen, z. B. Schwermetallen, mit einigen Zusatzstoffen bzw. Ablagerungsmethoden eine völlig andere Form der Schadstoffeinbindung erreicht wurde, konnte man früher bei der Verfestigung von organischen Komponenten nur eine „Verdünnungsstrategie" unterstellen, da eine signifikante Änderung der Bindungsform kritischer Schadstoffe nicht erkennbar war (Wiedemann 1982; Förstner 1986).

Inzwischen haben Versuche mit organischen Zuschlagstoffen, z. B. Braunkohlestäuben und Bitumen, gezeigt, daß eine chemische Bindung kritischer Umweltchemikalien möglich ist (Wienberg et al. 1989). Diese Produkte würden auf einer Deponie zwischengelagert und nach Bereitstellung umweltverträglicher Verbrennungstechniken endgültig beseitigt.

In der Tabelle 6 sind die Vor- und Nachteile der hier beschriebenen Verfahren zusammengefaßt und mit den Kostenschätzungen nach Jessberger (1986) versehen. Dabei ist zu berücksichtigen, daß im Einzelfall juristische Aspekte sowie der öffentliche und politische Druck die Art, den Umfang, den zeitlichen Ablauf und damit auch die Kosten der Sanierung entscheidend beeinflussen können (Stegmann 1986). Bei problematischen Schadstoffgemischen ist eine „Vor-Ort-Behandlung" den In-situ-Anwendungen vorzuziehen, weil die Reinigungsprozesse besser gesteuert und der Sanierungserfolg eindeutig ermittelt

Tabelle 6. Kosten von „Vor-Ort-" und „In-situ-Techniken" bei der Sanierung kontaminierter Böden. (Nach Jessberger 1986)

Methode	Vor- und Nachteile des Sanierungsverfahrens	Kostenschätzung (DM/t)	
		„Vor-Ort"	„In-situ"
Thermische Behandlung	Wirksam bei leichtflüchtigen Komponenten; hoher Energie- und Zeitaufwand	80 – 450	300 – 800
Chemische Behandlung	Schnelle und schadstoffspezifische Reaktion; Probleme bei heterogenen Schadstoffmischungen; Nachbehandlung notwendig	20 – 200	250 – 350
Mikrobielle Behandlung	„Natürlicher" Prozeß; Toxizität von Pestiziden gegenüber Mikroorganismen	50 – 100	100 – 200
Stabilisierung/ Einkapselung	Gute Kontrollierbarkeit; Eluierbarkeit (vor Ort), Verteilung im Untergrund problematisch (in situ)	50 – 1000	160 – 300

werden kann. Ein Vorteil der mikrobiologischen Methoden besteht darin, daß der gereinigte Boden anschließend wieder − mit Einschränkungen − seine Funktion als Ökosystem übernehmen kann, während bei den anderen Verfahren im allgemeinen nur ein technisch verwertbares Material übrigbleibt.

Literatur

Anonym (1978) Cleaning our environment − a chemical perspective. American Chemical Society, Washington, DC

Anonym (1984a) Toxicity testing − strategies to determine needs and priorities. National Academy of Sciences Press, Washington, DC

Anonym (1984b) Künstliche Grundwasseranreicherung. Stand der Technik und des Wissens in der Bundesrepublik Deutschland. BMI-Fachausschuß „Wasserversorgung und Uferfiltrat". Bundesministerium des Innern, Bonn

Anonym (1985a) Wald- und Bodenschutz in der Bundesrepublik Deutschland. Umwelt − Information des Bundesministers des Innern 5/85, Bonn S 5−12

Anonym (1985b) Bodenschutzkonzeption der Bundesregierung vom 6. Febr. 1985. Bundesminister des Innern, Bonn, 122 S

Anonym (1986) Handbook for stabilisation/solidification of hazardous waste. US Environmental Protection Agency, EPA/540/2-86/001, Cincinnati

Anonym (1988) Bedeutung biologischer Vorgänge für die Beschaffenheit des Grundwassers. Schriftenreihe des Deutschen Verbandes für Wasserwirtschaft und Kulturbau e.V. Heft 80. Paul Parey, Hamburg

Anonym (1990) Sondergutachten „Altlasten" vom Dezember 1989. Der Rat von Sachverständigen für Umweltfragen. Metzler-Poeschel, Stuttgart

Arendt F, Hinsenveld M, van den Brink WJ (Hrsg) (1990) Altlastensanierung '90. Proc 3rd KfK/TNO Conf on Contaminated Soil, 10−14 Dez 1990, Karlsruhe. Kluwer Academic, Dordrecht

Assink JW, van den Brink WJ (eds) (1986) Contaminated Soil. Martinus Nijhoff, Dordrecht

Auerswald K, Schmidt F (1986) Atlas der Erosionsgefährdung in Bayern − Karten zum flächenhaften Bodenabtrag durch Regen. GLA Fachberichte 1, Bayerisches Geologisches Landesamt, München

Bach M (1990) Ausmaß und Bilanz der Nitratbelastung durch die Landwirtschaft. In: Rosenkranz D, Einsele G, Harreß H-M (Hrsg) Bodenschutz, Kap 4300. Erich Schmidt, Berlin

Barkowski D, Günther P, Hinz E, Röchert R (1990) Altlasten − Handbuch zur Ermittlung und Abwehr von Gefahren durch kontaminierte Standorte. Alternative Konzepte 56, 2. Aufl. CF Müller, Karlsruhe

Beitinger E, Gläser E (1987) Thermische Reinigung kontaminierter Böden. In: Franzius V (Hrsg) Sanierung kontaminierter Standorte 1986 − Abfallwirtschaft in Forschung und Praxis, Bd 8. Erich Schmidt, Berlin, S 27−34

Berrow ML (1986) An overview of soil contamination problems. In: Lester JN, Perry R, Sterritt RM (eds) Proc Int Conf Chemicals in the Environment. Selper, London, pp 543−552

Binder H (1989) Extraktions- und Spülverfahren zur Bodensanierung. In: Franzius V, Stegmann R, Wolf K (Hrsg) Handbuch der Altlastensanierung, Kap 5.4.1.3.0. R.v. Decker's, Heidelberg

Bohn HL, McNeal BL, O'Connor GA (1979) Soil Chemistry. John Wiley, New York

Carson R (1963) Silent Spring. Hamish Hamilton, London

Copplestone JF (1977) Pesticide management and pesticide resistance. In: Watson DL, Brown AWA (eds) Global View of Pesticides. Academic Press, New York, pp 147−157

Cordsen E (1990) Bodenüberformung und -versiegelung. In: Blume HP (Hrsg) Handbuch des Bodenschutzes. ecomed, Landsberg/Lech, S 115−137

Council Directive of 12 June 1986 "On the protection of the environment, and in particular of the soil, when sewage sludge is used in agriculture" ("EG-Bodenrichtlinie") (1986) Official Journal of the European Communities No. L 181/6−12, 4.7.1986. Brüssel

Dean RB, Suess MJ (1985) The risk to health of chemicals in sewage sludge applied to land. Waste Manage Res 3:251–278

Diercks R (1984) Einsatz von Pflanzenbehandlungsmitteln und die dabei auftretenden Umweltprobleme. Kohlhammer, Stuttgart

Dott W (1989) Mikrobiologische Verfahren zur Altlastensanierung – Grenzen und Möglichkeiten. In: Thomé-Kozmiensky KJ (Hrsg) Altlasten 3. EF-Verlag für Energie- und Umwelttechnik, Berlin, S 403–422

Ebing W (1985) Das Rückstandsverhalten von Insektiziden und Fungiziden im Boden. Ber Landwirtsch 198:35–69

Förstner U (1986) Schadstoffaustausch zwischen Boden und Grundwasser – Problemlösungen für kontaminierte Standorte. Chemiker-Zeitung 110:345–355

Greim H, Mangelsdorf I, Sterzl H (1990) Toxikologische Bewertung der Emissionen aus Sonderabfallverbrennung. AbfallwirtschaftsJournal 2:515–523

Hahn HH, Xanthopoulos C (1990) Gewässerbelastung durch niederschlagsbedingte Einleitungen. Korrespondenz Abwasser 37:1215–1222

Harms H, Sauerbeck D (1983) Toxic organic compounds in town waste materials: their origin, concentration and turnover in waste composts, soils and plants. In: Davis RD, Hucker G (eds) Environmental effects of organic and inorganic contaminants in sewage sludge. D Reidel, Dordrecht, pp 38–51

Hassenpflug W (1990) Winderosion. In: Blume HP (Hrsg) Handbuch des Bodenschutzes. ecomed, Landsberg/Lech, S 183–197

Jessberger HL (1986) Techniques for remedial action at waste disposal sites. In: Assink JW, van den Brink WJ (eds) Contaminated soil. Martinus Nijhoff, Dordrecht, pp 587–599

Kimbrough RD, Falk H, Stehr P, Fries G (1984) Health implications of 2,3,7,8-tetrachlorodibenzodioxin (TCDD) contamination of residential soil. J Toxicol Environ Health 14:47–93

Kretzschmar R (1990) Wassererosion. In: Blume HP (Hrsg) Handbuch des Bodenschutzes. ecomed, Landsberg/Lech, S 165–183

Kuntze H, Roeschmann G, Schwerdtfeger G (1988) Bodenkunde. Eugen Ulmer, Stuttgart

Lester JN (1983) Occurrence, behaviour and fate of organic micropollutants during waste water and sludge treatment. In: Davis RD, Hucker G (eds) Environmental effects of organic and inorganic contaminants in sewage sludge. D Reidel, Dordrecht, pp 3–18

Löbsack T (1968) Vorwort zu: Carson R: Der stumme Frühling (deutschsprachige Taschenbuchausgabe). Deutscher Taschenbuch Verlag, dtv 476, München, S 7–12

Marco GJ, Hollingworth RM, Durham W (eds) (1987) Silent spring revisited. American Chemical Society, Washington DC

Mattigod SV, Page AL (1983) Assessment of metal pollution in soils. In: Thornton I (ed) Applied environmental geochemistry. Academic Press, London, pp 355–394

Normann S, Haberer K, Oehmichen U (1987) Verhalten von stickstoffhaltigen Pflanzenschutzmitteln bei der Trinkwasseraufbereitung. Vom Wasser 69:233–249

Obermann P (1988) Ursachen und Folgen der Nitratbelastung des Grundwassers. In: Rosenkranz D, Einsele G, Harreß H-M (Hrsg) Bodenschutz, Kap 4380. Erich Schmidt, Berlin

Reintjes RC (1986) Thermische Behandlung kontaminierter Böden in der Praxis. In: Jessberger HL (Hrsg) Altlasten und kontaminierte Standorte – Erkundung und Sanierung. Seminar an der Ruhr-Universität Bochum, 2. April 1986, S 265–278

Rulkens WH, Assink JW, Van Gemert WJTh (1985) On-site processing of contaminated soil. In: Smith MA (ed) Contaminated land – reclamation and treatment. Plenum, New York, pp 37–90

Sauerbeck D (1984) The environmental significance of the cadmium content in phosphorous fertilizers. Plant Res Dev 19:24–34

Sauerbeck D (1985) Funktionen, Güte und Belastbarkeit des Bodens aus agrikulturchemischer Sicht. In: Rat von Sachverständigen für Umweltfragen (Hrsg) Materialien zur Umweltforschung, Bd 10. Kohlhammer, Stuttgart, S 259

Scheffer F, Schachtschabel P (1989) Lehrbuch der Bodenkunde, 12. Aufl.: Schachtschabel P, Blume H-P, Brümmer G, Hartge K-H, Schwertmann U (Bearbeiter). Enke, Stuttgart

Schenkel W, Butzkamm-Erker R (1990) Klärschlammentsorgung, die neuen Rahmenbedingungen und künftige Entsorgungswege. Korrespondenz Abwasser 37:1037–1053

Schimming CG, Blume HP (1990) Belastung mit Säuren. In: Blume HP (Hrsg) Handbuch des Bodenschutzes. ecomed, Landsberg/Lech, S 247–258

Schlatter C, Poiger H (1989) Chlorierte Dibenzodioxine und Dibenzofurane (PCDDs/PCDFs) – Belastung und gesundheitliche Beurteilung. Z Umweltchem Ökotoxikol 1 (2):11–17

Schroeder D (1984) Bodenkunde in Stichworten. Ferdinand Hirt, Unterägeri

Selenka F (1986) Typische Industriestandorte und ihre Altlastenprobleme. In: Jessberger HL (Hrsg) Altlasten und kontaminierte Standorte: Erkundung und Sanierung. Seminar an der Ruhr-Universität Bochum, 2. April 1986, S 37–38

Smith JL, Bierman LW (1980) Possible means for controlling cadmium levels in phosphate fertilizers. Cadmium Seminar, Rosslyn/Va 20./21. Nov 1980. The Fertilizer Institute, Washington, DC, pp 153–173

Smith MA (ed) (1985) Contaminated land – reclamation and treatment. Plenum, New York

Stegmann R (1986) Einführung in das Altlastenproblem aus naturwissenschaftlich-technischer Sicht. Umwelt- und Technikrecht, Bd 1: Altlasten und Umweltrecht, Werner, Düsseldorf, S 1–15

Steinnes E (1986) Heavy metal pollution of natural surface soils from long-range atmospheric transport. In: Transactions XIII. Congr Int Soc Soil Science, Hamburg, August 1986, Band II, pp 504–505

Stock R, Friesel P, Milde G (1987) Grundwasserkontaminationen durch Pflanzenbehandlungsmittel in der Niederen Geest Schleswig-Holsteins und im Emsland. Schriftenreihe des Vereins für Wasser-, Boden- und Lufthygiene 68:209–223

Tucker SP, Carson GA (1985) Deactivation of hazardous chemical wastes. Environ Sci Technol 19:215–220

Ure AM, Berrow ML (1982) The chemical constituents in soils. In: Bowen HL (ed) (1982) Environmental chemistry. Royal Chemical Society, London

Van Gemert WJTh, Quakernaat J, van Veen HJ (1988) Methods for the treatment of contaminated dredged sediments. In: Salomons W, Förstner U (eds) Management of mine tailings and dredged materials. Springer Berlin Heidelberg New York Tokyo, pp 44–64

Vogel TM, McCarthy PL (1985) Biotransformation of tetrachloroethylene, dichloroethylene, vinyl chloride, and carbon dioxide under methanogenic conditions. Appl Environ Microbiol 49:1080–1083

Weber HH (1990) (Hrsg) Altlasten – Erkennen, Bewerten, Sanieren. Springer, Berlin Heidelberg New York Tokyo

Werner G (1986) Untersuchungen zur Analytik und zum Vorkommen von Triazinen in Grund- und Oberflächenwässern. LW-Schriftenreihe Heft 6/86, Zweckverband Landeswasserversorgung Baden-Württemberg, Stuttgart

Werner P, Brauch H-J (1988) Der Abbau von Kohlenwasserstoffen in kontaminierten Standorten durch In-Situ- und On-Site-Maßnahmen. In: Wolf K, van den Brink WJ, Colon FJ (Hrsg) Altlastensanierung '88. Kluwer Academic, Dordrecht, S 707–720

Wiedemann HU (1982) Verfahren zur Verfestigung von Sonderabfällen und Stabilisierung von verunreinigten Böden. Berichte des Umweltbundesamtes 1/82, Erich Schmidt, Berlin, 148 S

Wienberg R, Khorasani R, Schweer C, Förstner U (1989) Verfestigung, Stabilisierung und Einbindung organischer Schadstoffe aus Deponien. In: Thomé-Kozmiensky KJ (Hrsg) Altlasten 3. EF-Verlag für Energie- und Umwelttechnik, Berlin, S 227–259

Wolf K, van den Brink WJ, Colon FJ (eds) (1988) Altlastensanierung '88. Proc 2nd TNO/BMFT Conf Contaminated soil, 11–15 April 1988, Hamburg. Kluwer Academic, Dordrecht

Naturraumplanung: Bestandsaufnahme und Instrumentarium am Beispiel mineralischer Rohstoffe

Jens Dieter Becker-Platen

Rohstoffnutzung früher und heute

Rohstoffgewinnung ist nicht neu

Seit Jahrtausenden sind Gewinnung und Nutzung von Rohstoffen eng mit der Entwicklung der Zivilisation verbunden. So erhielt z. B. in vorgeschichtlicher Zeit das Leben in Stein-, Bronze- und Eisenzeit durch die Nutzung bestimmter Gesteine und Metalle eine ganz besondere Prägung. Der Besitz von wertvollen und daher begehrten Rohstoffen war immer mit Reichtum, Einfluß und Macht verbunden. Es ist noch nicht so lange her, daß die Verwendung von Salz ein Privileg war. So diente der Abbau von Rohstoffen nicht nur bei den Römern, Griechen und im spanischen Kolonialreich, sondern bereits bei Babyloniern und Ägyptern auch der Machterhaltung, blieb aber, den damaligen Verhältnissen entsprechend, relativ bescheiden.

Waren es früher vor allem die edleren Metalle und Gesteine, denen das Interesse galt, so verlagerte es sich seit dem Beginn der Industrialisierung zunehmend auf massenhaft vorkommende Rohstoffe wie beispielsweise Eisenerze oder Sulfiderze zur Kupfer- und Schwefelherstellung. Am Beispiel der Gewinnung und Nutzung des Erdöls als Massenrohstoff wird eine Verlagerung der Wertigkeit deutlich. Nicht allein das Land, das über die Vorräte an Erdöl verfügt, kann dies zum Einsatz von Einfluß und Machtausübung nutzen. Auch der Transport oder Nichttransport des Rohstoffes selbst kann als Machtmittel eingesetzt werden. Denn heute liegt zwischen dem Abbau und der Verwendung eines Rohstoffes eine ganze Kette von Zwischennutzern bis der Rohstoff, schon gar nicht mehr als eigentlicher Rohstoff, sondern bereits in veredelten Formen, beim Nutzer ankommt. Hier übt der Besitz des Rohstoffes dann nur noch bedingt Macht aus; vielmehr trägt er eher zur Erhaltung oder Steigerung von Lebensqualität bei. Auch für das Ausmaß der Verwendung der mineralischen Massenrohstoffe, auf die hier näher eingegangen werden soll, ist der Aspekt der Lebensqualität entscheidend.

Die jahrhundertelange und in den letzten Jahrzehnten immer intensiver werdende Ausbeutung der Natur hat weltweit zu schwerwiegenden Schäden geführt. Riesige Tagebaue reißen Wunden in die Erde, die ganze Regionen verwüsten können. Mancherorts läßt die Verseuchung des Bodens um Bergwerke und Chemiefabriken dort alles Leben ersterben. Die bei der Weiterverarbeitung einiger Rohstoffe entstehende Luftverschmutzung kann zu irreparablen Klimaveränderungen führen.

Zwar ist die Rohstoffgewinnung nicht neu, aber die heutige intensive Nutzung geht vielerorts weit über das für die Erde verträgliche Maß hinaus. Die Eingriffe in unsere Umwelt müssen daher auf ein erträgliches, kontrollierbares Maß reduziert werden (Aust und Becker-Platen 1987). In der Bundesrepublik Deutschland wurde ein Instrumentarium entwickelt (Becker-Platen und Pauly 1984; Becker-Platen 1986b), das hinsichtlich der verschiedenen Nutzungsansprüche umweltverträglich eingreifen soll und das nachfolgend im einzelnen dargestellt wird.

Rohstoffabbau ist notwendig

Industrieländer sind aufgrund ihres hohen Industrialisierungsgrades und wegen ihrer großen Bevölkerungsdichte bedeutende Verbraucher mineralischer Rohstoffe; so ist z. B. die Bundesrepublik Deutschland der Welt zweitgrößter und Europas größter Kiesverbraucher. Dies ist dadurch bedingt, daß durch die Lebens- und Verbrauchsgewohnheiten jedes einzelnen die Nachfrage nach Rohstoffen und damit selbstverständlich auch der Abbau entsprechend wächst (vgl. Abb. 1 und 2 sowie Tabelle 1). Die Nutzung von Bodenschätzen ist für eine Industriegesellschaft somit unentbehrlich und gesellschaftspolitisch unabdingbar, also kein privatwirtschaftliches Anliegen. Der Abbau von Bodenschätzen unterliegt strengen gesetzlichen Regelungen.

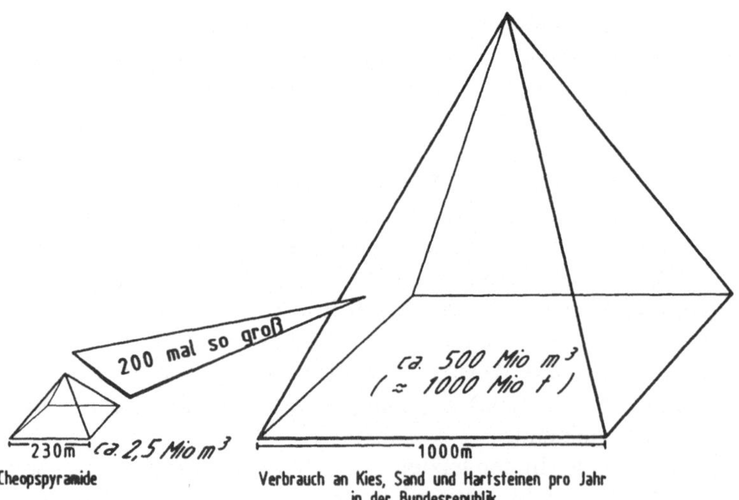

Abb. 1. Der jährliche Verbrauch von Kies, Sand und Hartstein im Westteil der Bundesrepublik Deutschland kann in sehr guten Konjunkturzeiten bis zu 1 Mrd. t betragen. Diese Menge entspricht der 200fachen Größe der Cheopspyramide
Ca. 80% davon verbraucht die „öffentliche Hand" großenteils für den Verkehrswegebau, dies wird also durch den Steuerzahler finanziert, deshalb müssen wir alle starkes Interesse an einer kostengünstigen Versorgung mit diesen Rohstoffen haben

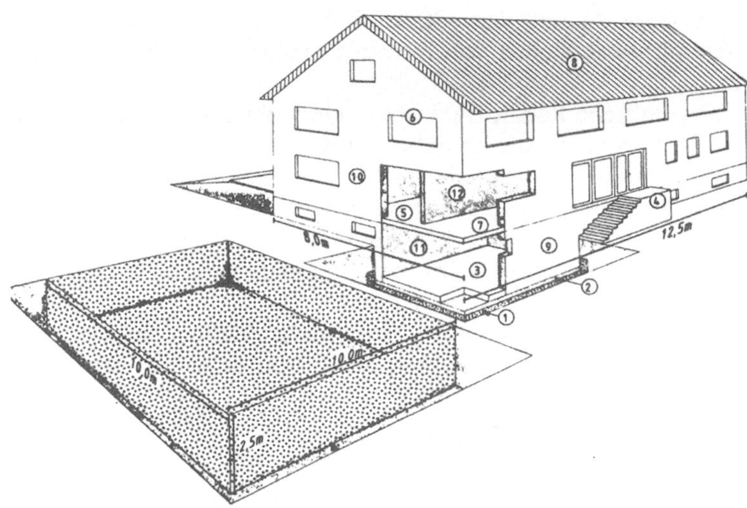

Abb. 2. Rohstoffverbrauch für ein Einfamilienhaus (Quelle: Deutsche Gesellschaft für Mauerwerksbau e.V.).

In einem Einfamilienhaus üblicher Größe (100 m^2 Grundfläche) werden ca. 250 m^3, was etwa 440 t entspricht, mineralischer Rohstoffe verbaut. Zur Gewinnung dieser Rohstoffe würde im eigenen Garten eine Grube von 100 m × 10 m × 2,5 m benötigt.

1	Kiesfilter	11,0 m^3
2	Sauberkeitsschicht	5,5 m^3
3	Bodenplatte	27,5 m^3
4	Treppe (Lauf, Stufen, Podest)	5,5 m^3
5	Decken über KG, EG, OG	47,0 m^3
6	Stürze	3,0 m^3
7	Estrich	10,0 m^3
8	Ziegeldach	6,0 m^3
9	Wände Keller	32,0 m^3
10	Wände EG, OG, Giebel	80,0 m^3
11	Zwischenwände Keller	11,5 m^3
12	Zwischenwände sonst.	10,5 m^3
	ca.	250,0 m^3

Tabelle 1. Rohstoffbedarf eines Menschen in einem Industrieland in ca. 70 Jahren

Rohstoff	Menge (t)	Rohstoff	Menge (t)
Erdöl	166	Braunkohle	45
Steinkohle	83	Erdgas	60 840 m^3
Sand und Kies	427	Hartsteine	146
Kalkstein	99	Stahl	39
Tone	29	Industriesande	23
Steinsalz	13	Gipssteine	6,0
Dolomitstein	3,5	Rohphosphate	3,4
Schwefel	1,9	Torf	1,8
Naturwerksteine	1,8	Kalisalz	1,6
Aluminium	1,4	Kaolin	1,2
Stahlveredler	1,0	Kupfer	1,0

Im Gegensatz zu den edleren Rohstoffen hängt bei Massenrohstoffen der Wert im wesentlichen von ihrer regionalen Verfügbarkeit bzw. Verknappung ab.

Mineralische Rohstoffe, insbesondere die oberflächennahen Steine-und-Erden-Rohstoffe, werden in naher Zukunft zu wirtschaftlich vertretbaren Bedingungen nur in seltenen Fällen durch andere Stoffe zu ersetzen sein. Stattdessen werden sie zunehmend selbst als Ersatzmaterial verwendet, z. B. in der Keramik- und Halbleiterindustrie. Ihr Wert und das öffentliche Interesse an ihrer Nutzung werden daher, selbst bei nicht mehr wesentlich steigendem Verbrauch, künftig noch weiter wachsen.

Verstärkte Bemühungen, Recyclingmaterialien einzusetzen, werden auch künftig nur partiell Entlastung beim Rohstoffbedarf bringen, z. B. Recycling von Bauschutt und Glas.

Somit ist auch in Zukunft die Bereitstellung großer Rohstoffmengen unerläßlich (Eggert et al. 1986), u. a. für einen verstärkten Wohnungsbau und -ausbau, zur Entwicklung und Erhaltung der Verkehrsinfrastruktur, für verstärkte Dorf- und Stadtsanierung, für die Erneuerung des vielerorts veralteten Kanalnetzes, für Bauvorhaben im Rahmen von Umweltschutzmaßnahmen wie Kläranlagen, Abfallbehandlungs- und -beseitigungsanlagen und vieles andere mehr. Da lange Transportwege für die hierfür benötigten Massenrohstoffe aber Kosten und Umweltbelastungen erhöhen, muß die Nachfrage möglichst aus nahegelegenen Lagerstätten gedeckt werden. Diese Lagerstätten sind jedoch nicht unerschöpflich. Regional zeigen sich bereits heute Verknappungstendenzen, die zum einen auf den Abbau der vorhandenen Rohstoffflächen, zum anderen aber auch auf die sich verengenden Möglichkeiten der Erschließung neu-

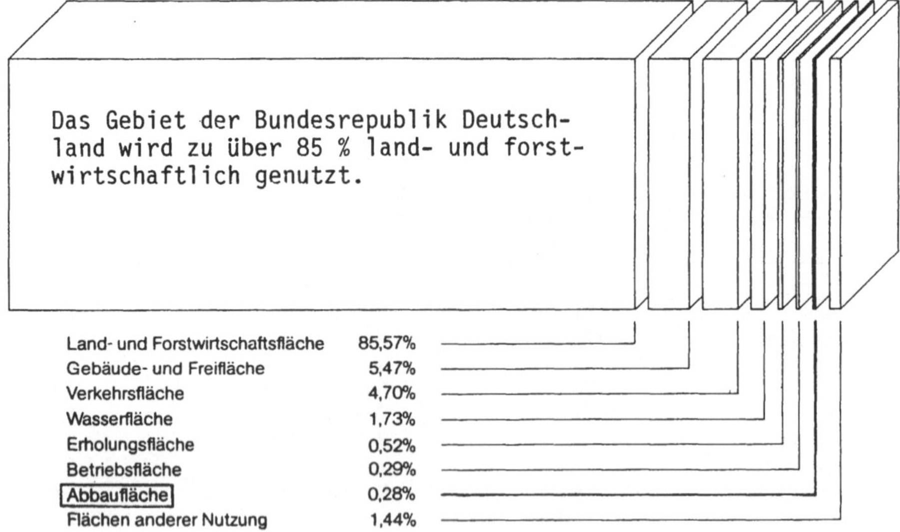

Abb. 3. Bodennutzung im Westteil der Bundesrepublik Deutschland

er Flächen zurückzuführen sind. Die Bereitstellung neuer Abbauflächen führt in zunehmendem Maße zu erheblichen Schwierigkeiten und dies, obwohl der Bodenabbau nur sehr wenig Fläche in Anspruch nimmt. So beträgt er in Niedersachsen nur rund 0,45% der Landesfläche, im Westteil der Bundesrepublik Deutschland insgesamt sogar nur etwa 0,28% der Gesamtfläche (Abb. 3).

Die Probleme liegen zum einen in dem hohen Rohstoffbedarf begründet. Zum anderen konkurriert die Rohstoffgewinnung in zunehmendem Maße mit anderen Nutzungsansprüchen, insbesondere mit dem Anspruch unserer Gesellschaft auf einen verstärkten Natur- und Umweltschutz (Becker-Platten et al. 1986; vgl. hierzu auch den Beitrag von Wycisk). Eine wesentliche Verminderung des volkswirtschaftlichen Bedarfs an oberflächennahen Massenrohstoffen ist nicht zu erwarten und kann weder durch Abbauverweigerung noch durch die Entwicklung von Recyclingverfahren erreicht werden. Daher müssen Rahmenbedingungen geschaffen werden, die sowohl den Anspruch auf Abbau und Produktion gewährleisten und dennoch eine umweltgerechte Lösung der Nutzungskonflikte erlauben. Auf der Grundlage einer Bestandsaufnahme der verfügbaren Rohstoffe (Kartierung) wird ein Instrumentarium zur Kategorisierung der Rohstoffe und der daraus folgenden Planung entwickelt.

Rohstoffsicherung: Bestandsaufnahme und Instrumentarium

Planerischer Rohstoffschutz

Die Abhängigkeit von Massenrohstoffen gebietet eine besondere Aufmerksamkeit und einen verstärkten Schutz für die heimischen Ressourcen, nicht nur für die Sicherung unseres eigenen Bedarfs, sondern auch zur Sicherstellung der Versorgung nachfolgender Generationen. Eine langfristig angelegte und nicht nur wahlpolitisch-kurzsichtig begründete Wirtschafts- und Rohstoffpolitik sollte daher darauf Wert legen, daß die im eigenen Lande von Natur aus nur an bestimmten Stellen vorhandenen Rohstoffe gegenüber anderen konkurrierenden Flächennutzungen (Naturschutz, Erholung, Wasserwirtschaft, Land- und Forstwirtschaft usw.) so gesichert werden, daß ihre spätere Nutzung nicht unnötig erschwert oder gar verhindert wird. Dabei ist Wert auf eine möglichst konstante, preisgünstige und langfristige Versorgung eines ganzen Landes bzw. der entsprechenden Versorgungsräume zu legen. Mineralische Rohstoffe müssen daher lagerstättenkundlich untersucht und erfaßt sowie rohstoffwirtschaftlich bewertet werden, um für künftige Nutzungsansprüche planerisch gesichert werden zu können.

Die folgenden Darlegungen beschäftigen sich mit der planerischen Sicherung *oberflächennaher* mineralischer Rohstoffe (Steine und Erden) auf Landes- und Regionalebene (Becker-Platen 1983b). Den im Tagebau, in Steinbrüchen und in Gruben gewinnbaren Bodenschätzen gebührt hier das Hauptinteresse, da ihre Gewinnung naturgemäß vielerorts mit anderen Flächennutzungen wie z. B. Bebauung, Grundwassergewinnung bzw. -schutz und Naturschutz in Konkurrenz steht. In der Tabelle 2 sind Gewinnung und Verbrauch von ausge-

Tabelle 2. Gewinnung und Verbrauch ausgewählter oberflächennaher mineralischer Rohstoffe (Mio. t) in den Alt-Bundesländern im Jahre 1988[a] (Bundesverband Steine und Erden e.V., Frankfurt 1990)

Rohstoffart	Gewinnung		Inlandsverbrauch	
	1	2	1	2
Natursteine (einschl. Kalk-, Gips- und Bimsstein) davon:	*180,9* *	*234 – 243*	*181,7* *	*235 – 244*
Natursteine für den Tiefbau	132,5	155 – 164[b]	132,1	155 – 164
Naturwerksteine (Rohblöcke)	(60 – 165 m³)	0,1[c]	–	–
Kalkstein, Rohdolomit	45,4**	45,4*[d] ca. 45	46,4**	46,4* ca. 45
Kalkmergelsteine für die Zementherstellung	–	32,5	–	32,5
Natur-Rohgips und -Anhydrit	2,7	–	3,1	–
Bims (Roh- und Waschbims)	0,3	0,6[b]	0,1	0,4
Sand, Kies davon:	*152,4*	*300,0[b]*	*144,5*	*292,1*
Bausand, Baukies, Kies für Wegebau	146,3	287,0[b]	138,0	278,7
Industriesand (Quarzsand, Formsand, Klebsand)	6,1	13,0[b]	6,5	13,4
Feuerfeste und keramische Rohstoffe davon:	*4,7*	*32,4*	*3,8*	*31,6*
Bentonit	–	0,60	–	0,46
Feldspat	0,27	0,35	0,31	0,39
Feuerfester und keramischer Ton	3,5	6,1	1,83	4,43
Kaolin				
– Rohförderung	–	2,6	–	2,6
– verwertbare Förderung	0,61	0,79	1,36	1,54
Tone und tonige Massen f. d. Zeigelindustrie	–	21,7	–	21,7
Quarzit (einschl. Quarzschiefer)	0,30	0,26	0,30	0,26
Insgesamt	*338,0*	*567 – 576*	*330*	*559 – 568*

1: Amtliche Zahlen (Produktionsstatistik bzw. Außenhandelsstatistik).
2: Verbandsangaben bzw. amtliche Zahlen.
* Ohne Naturwerkstein, ** ohne Kalksteinmenge für den Tiefbau.
Erläuterungen zu den Abweichungen gegenüber der amtlichen Statistik bei der Erfassung mineralischer Rohstoffe:
[a] Die sog. Seitenentnahmen sind in diesen Verbrauchszahlen nicht enthalten.
[b] Naturstein, Bims, Kies und Sand: Diskrepanz vor allem aufgrund der Abschneidegrenze.
[c] Naturwerkstein: Umrechnungsfaktor 2,7 (1 m³ Rohblöcke $\widehat{=}$ 2,7 t).
[d] Kalkstein: Diese Kalksteinmenge ist bei den Natursteinen für den Tiefbau enthalten.

wählten oberflächennahen mineralischen Rohstoffen in den Altbundesländern gegenübergestellt.

In der Bundesrepublik Deutschland ist der planerische Schutz oberflächennaher Lagerstätten Aufgabe der Länder. Im Rahmen von Raumordnung und Landesplanung haben die Behörden auf verschiedenen Planungsebenen die Möglichkeit der verbindlichen Ausweisung von „Rohstoffsicherungsgebieten" (Tabelle 3). Die Rohstoffsicherungsaktivitäten der geologischen und der Planungsfachbehörden in den einzelnen Bundesländern sind jedoch nicht einheit-

Tabelle 3. Planungsebenen im Westteil der Bundesrepublik Deutschland

Zunehmende Detaillierung	Pläne und Programme von Bund, Ländern und Kommunen	Entsprechende Pläne und Programme der Fachbehörden, z. B. Naturschutz-Landespflege in Niedersachsen
Planung des Bundes Bund	Bundesraumordnungsprogramm	
Landesplanung Land	Landesraumordnungsprogramme und -pläne bzw. Landesentwicklungsprogramme und -pläne (Bundesländer ohne Stadtstaaten)	Landschaftsprogramm
Bezirk	Regionale Raumordnungsprogramme und -pläne (Regierungsbezirke; Landkreise; größere, zu Planungsräumen zusammengefaßte Regionen eines Landes)	Landschaftsrahmenpläne
Kommunale Planung Gemeinde	Flächenutzungspläne (Stadtstaaten, Städte und Gemeinden)	Landschaftspläne
	Bebauungspläne (für Teilbereiche der Flächennutzungspläne)	Grünordnungspläne
	Pläne von Fachbehörden (z. B. Straßenbau, Wasserwirtschaft, Naturschutz)	Landespflegerische Begleitpläne

lich geregelt. Wesentliche Voraussetzungen für einen erfolgreichen Rohstoffschutz ist eine sinnvolle und – insbesondere für Geowissenschaftler und Planer – vergleichbare Einteilung der planungsbezogenen Rohstoffkategorien (Becker-Platen und Pauly 1984; Becker-Platen 1986b).

Als Rohstoffkategorisierung wird die Einteilung mineralischer Rohstoffe durch den Geowissenschaftler in verschiedene planungsbezogene (Rohstoff-)Kategorien bezeichnet. In die Zuordnung der Bodenschätze zu einzelnen Kategorien gehen Flächengröße, Untersuchungsgenauigkeit, Vorräte, Produktion, Verbrauch und andere lagerstättenkundliche sowie wirtschaftsgeologische Daten der einzelnen Rohstoffe ein, ebenso wie die volkswirtschaftliche Bedeutung.

Unter Planungskategorisierung wird die Einteilung mineralischer Rohstoffe durch den Planer nach verschiedenen planungsrechtlichen Verbindlichkeiten verstanden. Die Zuordnung der Rohstoffkategorien zu Planungskategorien richtet sich nach landesplanerischen Gesichtspunkten, die alle konkurrierenden Flächenansprüche berücksichtigen müssen und primär der Prioritätensetzung im Rahmen der Landes- und Bauleitplanung unterliegen. An dieser Stelle zeigt sich die Brisanz der Bewertung der Vorgaben des Geowissenschaftlers durch die Landesplanung, denn die verschiedenen Planungskategorien decken sich nicht unbedingt mit den geowissenschaftlichen Kategorien.

Rohstoffkategorisierung

Bei der Kategorisierung mineralischer Rohstoffe wird zwischen Lagerstätten und Rohstoffvorkommen unterschieden (Stein und Hofmeister 1978).

Unter Lagerstätten werden Anhäufungen mineralischer Rohstoffe verstanden, die nach Quantität, Qualität, Stand der Gewinnungs- und Weiterverarbeitungstechnik, nach infrastrukturellen Gegebenheiten und unter Berücksichtigung der mittel- bis langfristigen Bedarfsentwicklung eine wirtschaftliche Gewinnung zulassen (Stein 1981). Hierbei sind nach Möglichkeit Zeiträume zu beachten, die Mindestzeiten für Amortisierung und Abschreibung betrieblicher Investitionen berücksichtigen. Lagerstätten können bereits in Abbau stehen oder noch unverritzt vorliegen, d. h. mit einem Abbau wurde noch nicht begonnen, wobei es unerheblich ist, ob bzw. wann ein Abbau zu erwarten ist. Innerhalb der Lagerstätten wird eine Ausweisung von zwei Kategorien gefordert; eine mit solchen von landesweiter, überregionaler Bedeutung und eine zweite mit solchen von regionaler bis lokaler Bedeutung.

Mit Rohstoffvorkommen werden Anhäufungen mineralischer Rohstoffe bezeichnet, die bisher nicht ausreichend genau erkundet sind. Für diese Gebiete sind weitere rohstoffwirtschaftliche Untersuchungen notwendig, bevor entschieden werden kann, welcher Lagerstättenkategorie die Flächen oder Teile davon zuzuordnen sind oder ob sie, da wirtschaftlich verwertbare Rohstoffe nicht nachgewiesen werden können, planerisch nicht weiter zu beachten sind (Abb. 4). Solche Rohstoffvorkommen werden ausgewiesen, wenn mittel- bis langfristig mit einem Bedarf zu rechnen ist, der aus bisher bekannten Lagerstätten nicht gedeckt werden kann.

Obwohl das Gebiet der Bundesrepublik Deutschland flächendeckend geologisch kartiert ist, sind die Kenntnisse über Verbreitung und Qualität oberflächennaher mineralischer Rohstoffe teilweise noch lückenhaft und von unterschiedlicher Genauigkeit. Für ihre landesweite, flächendeckende Bewertung und Darstellung ist daher noch viel Arbeit aufzuwenden. Denn erst wenn Lagerstätten und Rohstoffvorkommen hinreichend genau abgegrenzt und bewer-

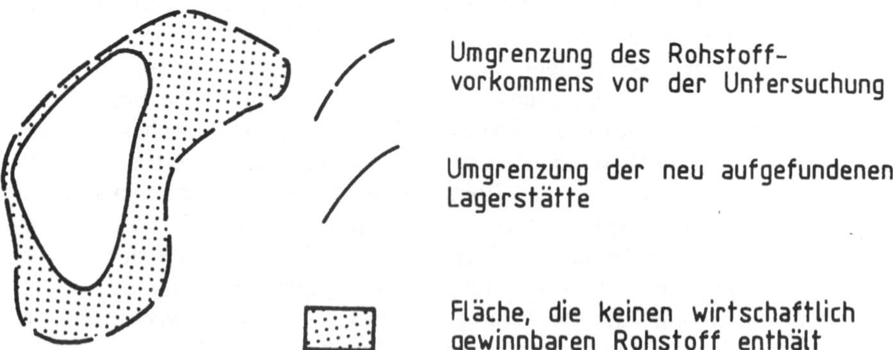

Abb. 4. Lagerstättenkundliche Untersuchung eines Rohstoffvorkommens

tet sind, kann der Planer sie durch Zuordnung zu bestimmten Planungskategorien vorsorgend schützen. Bei der angespannten Situation – insbesondere bei den Massenrohstoffen – muß das Risiko der Fehlbewertung von Lagerstätten oder Rohstoffvorkommen möglichst gering gehalten werden.

Allen geologischen Landesämtern wird daher heute verstärkt die Aufgabe zugewiesen, Rohstoffinventuren vorzunehmen, um Lagerstätten und Rohstoffvorkommen landesweit zu erfassen und in Rohstoffsicherungskarten umzusetzen. Als Kartengrundlage aller Rohstoffsicherungsaussagen bietet sich zweckmäßigerweise der Maßstab 1 : 25 000 (Stein und Hofmeister 1978; Becker-Platen 1986a) an, da auch die geologische Grundkarte in allen Ländern der Bundesrepublik in diesem Maßstab erarbeitet wird. Der Maßstab 1 : 50 000 ist zu tolerieren, kleinere Maßstäbe für die Erarbeitung von Rohstoffsicherungskarten erscheinen nicht sinnvoll. Gleichwohl können sie für Übersichtsdarstellungen und für einen ersten Einstieg in die Problematik nützlich sein, wie z. B. die Rohstoffsicherungskarte 1 : 200 000 des niedersächsischen Naturraumpotential-Kartenwerkes auf Landesebene (Becker-Platen 1983a, b) oder die von den geologischen Landesämtern und der Bundesanstalt für Geowissenschaften und Rohstoffe herausgegebene Karte 1 : 1 000 000 der „Gebiete mit oberflächennahen mineralischen Rohstoffen" auf Bundesebene (Bosse et al. 1982).

Die lagerstättenkundlichen Untersuchungen und Darstellungen und die daraus ermittelten Rohstoffkategorisierungen werden in den einzelnen Bundesländern sehr unterschiedlich gehandhabt. Das liegt u. a. an den unterschiedlichen Arbeitsweisen der geologischen Landesämter, aber auch an abweichenden Zielvorgaben der jeweiligen Planungsbehörden. Dies erschwert eine notwendige Vereinheitlichung z. B. einer verbindlichen Nomenklatur der Rohstoffkategorien.

Für landesplanerische Zwecke ist die Einteilung der mineralischen Rohstoffe durch den Geowissenschaftler in drei Rohstoffkategorien zweckmäßig: zwei „Lagerstätten"-Kategorien mit regionaler bzw. überregionaler Bewertung und eine Kategorie für „Rohstoffvorkommen". Dies würde dem unterschiedlichen Zeitaspekt und dem unterschiedlichen Untersuchungsstand bei der Rohstoffsicherung gerecht werden. Wünschenswert sind entsprechende Absprachen und Angleichungen unter den einzelnen geologischen Landesämtern, um grenzüberschreitende Vergleiche und Anpassungen zu erleichtern.

Planungskategorisierung

Aufgabe der Planer ist es, auf den verschiedenen Ebenen und unter Berücksichtigung unterschiedlicher Fachbereiche die von den geologischen Landesämtern erarbeiteten Rohstoffkategorien planerisch umzusetzen. Sie entscheiden, ob die entsprechenden Flächen nach einer Abwägung mit konkurrierenden Ansprüchen an die gleiche Fläche entweder ganz, teilweise oder auch gar nicht in Raumordnungs- und andere Pläne übernommen werden. Das geschieht durch Zuweisung zu unterschiedlichen Planungskategorien. Die Einbeziehung der konkurrierenden Nutzungsansprüche führt dazu, daß die Planungskriterien sich nicht unbedingt mit denen der lagerstättenkundlichen Kategorien decken. Höherwertige Rohstoffkategorien werden vom Planer nicht zwangsläufig gleich hoch bewertet. Je nach der Bewertung aller zu berücksichtigenden Ansprüche können sich Rohstoff- und Planungskategorien entsprechen, aber es können auch mehrere Rohstoffkategorien zusammengefaßt oder Gebiete einer Rohstoffkategorie verschiedenen Planungskategorien zugeordnet werden.

Bisher werden in Planungskarten meist nur die volkswirtschaftlich bedeutenderen, d. h. die „besseren", Lagerstättenkategorien mit höchsten Wertigkeiten aufgenommen, sog. „Vorranggebiete", „Vorrangflächen", „Lagerstätten 1. und 2. Ordnung". Mineralische Rohstoffe, die sich im Hinblick auf ihre volkswirtschaftliche Bedeutung heute noch nicht genauer bewerten lassen (sog. „Nachrangige Rohstoffflächen", „Gebiete mit wertvollen Rohstoffvorkommen" und „Geologische Vorratsbasis für Rohstoffe"), werden von Planern hingegen häufig nicht dargestellt. Dies muß wegen der oft unzureichenden Kenntnisse der mineralischen Rohstoffe in diesen Flächen akzeptiert werden. Solche Gebiete sollten in Zusatzkarten zum jeweiligen Planungswerk erfaßt werden, um so bei raumbedeutsamen Planungen in diesen Bereichen eine lagerstättenkundliche Untersuchung der betroffenen Flächen anzuregen. Anschließend kann eine ausreichend genaue Bewertung der rohstoffwirtschaftlichen Bedeutung des jeweiligen Gebietes vorgenommen werden, die dann darüber Auskunft gibt, inwieweit die betreffenden Flächen Lagerstätten einer bestimmten Qualität und Menge enthalten. Oder es stellt sich heraus, daß die Gebiete oder auch nur Teile der Gesamtfläche als lagerstättenkundlich uninteressante Areale keines planerischen Schutzes mehr bedürfen (s. auch Abb. 4).

Kann ein Planer einer Rohstoffkategorisierung durch den Geowissenschaftler aufgrund der Bewertung aller konkurrierenden Nutzungsansprüche nicht folgen, ist es ratsam, eine detaillierte, mit Daten belegbare und nachvollziehbare Bewertung der entsprechenden Flächen durch die einzelnen, konkurrierenden Fachplanungen zu veranlassen. Zumeist wird dies z. B. für Lagerstättenkundler mit den vorhandenen Unterlagen (Bohrungen, Analysen usw.) ohne größere Probleme möglich sein. Dieses Vorgehen verhilft letztendlich zu einem hohen Maß an planerischer Objektivität und sichert die endgültige Entscheidung auf breiter Basis ab.

Rohstoffabbau gesichert?

Eine planerische Rohstoffsicherung allein gibt aber keine Gewähr dafür, daß zu irgendeinem Zeitpunkt in einem planerisch ausgewiesenen Rohstoffgebiet dann auch tatsächlich ein Abbau genehmigt wird. Entsprechende Anträge werden in den einzelnen Bundesländern bisher noch in unterschiedlichen Verfahren aufgrund von speziellen Gesetzen zusätzlich geprüft. Im Laufe dieser Genehmigungsverfahren werden noch einmal alle konkurrierenden Nutzungsansprüche gegenüber dem Abbauverlangen abgewogen. Da das Instrumentarium der Rohstoffsicherungskarten noch unzureichend entwickelt ist, erhält der Rohstoffschutz hierbei oft nicht die ihm hinsichtlich des steigenden Rohstoffbedarfs angemessene Wertigkeit.

In der Bundesrepublik Deutschland wird im allgemeinen nur ein Drittel der natürlich vorhandenen und wirtschaftlich gewinnbaren Rohstoffe (= Lagerstätten) tatsächlich auch dem Abbau zugeführt. Zwei Drittel stehen aus den unterschiedlichsten Gründen nicht zur Verfügung: Naturschutz, Grundwasserschutz, fehlende Verkaufsbereitschaft der Flächeneigentümer, fehlende Einverständniserklärung der Gemeinden stehen den Rohstoffsicherungsinteressen gegenüber. Dies wird dazu führen, daß voraussichtlich noch in diesem Jahrhundert die gewinnbaren Kiesvorräte z. B. in den Wirtschaftsräumen Hannover und Braunschweig zur Neige gehen, wenn nicht weitere, an und für sich noch ausreichend vorhandene natürliche Kiesreserven verfügbar gemacht werden. Die veränderte politische Situation in der Bundesrepublik Deutschland kann z. B. eine Gewinnung von Kies im „Grenzbereich" zwischen den alten und neuen Bundesländern ermöglichen.

Um diese nicht naturbedingte, sondern künstlich erzeugte Rohstoffverknappung zu beheben, ist eine Verbesserung des bisher noch unzureichenden Rechtsinstrumentariums sowohl bei der Landes- und Regionalplanung als auch bei den Abbaugenehmigungsverfahren dringend erforderlich (vgl. hierzu den Beitrag von Wycisk).

Renaturierung von Bodenabbaustellen

Durch die Gewinnung vieler mineralischer Rohstoffe wird das Landschaftsbild meist tiefgreifend verändert. Im Umkreis einer im Abbau befindlichen Lagerstätte entstehen neben Hohlräumen in Form von Stollen oder offenen Gruben auch Abraumhalden und weitere Betriebseinrichtungen. Nach Schließung eines Bodenabbaus, auch wenn es sich nur um einen Teilbereich einer Lagerstätte handelte, blieben in der Vergangenheit oft diese künstlich erzeugten Landschaftsformen zurück.

Seit dem 24. 12. 1976 ist das Bundesnaturschutzgesetz (Bundesminister für Umwelt, Naturschutz und Reaktorsicherheit 1987) als Rahmengesetz in Kraft und seitdem mehrfach novelliert worden. Die einzelnen Längerregierungen haben auf dieser Grundlage eigene gesetzliche Regelungen getroffen. Diese Gesetze schreiben erforderliche Maßnahmen zu einer Rekultivierung abgebauter Lagerstätten vor. Durch solche Rekultivierungsmaßnahmen wird versucht, die Eingriffe in die Landschaft zu minimieren oder auszugleichen. Dies geschieht meist im Hinblick auf eine mögliche Folgenutzung auch unter wirtschaftlichen Aspekten, z. B. als Badesee, Deponie, forst- oder landwirtschaftliche Nutzfläche u. ä.

Früher wurden ehemalige Bodenabbaustellen als Landschaftsschäden angesehen und wurden zumeist verfüllt, um annähernd den vormaligen Zustand wieder herzustellen. Die Verfüllung geschah vielerorts mit Müll jeder Art, was heute oft als sogenannte Altlast erkannt wird.

Zahlreiche alte Abbaugruben, die nie rekultiviert wurden, waren im Laufe vieler Jahre zu „Biotopen aus 2. Hand" geworden (Becker-Platen und Stein 1985), die es eigentlich zu schützen galt. Doch durch die falsch verstandenen Rekultivierungsbestrebungen wurden gerade diese schutzwürdigen Faunen- und Florengemeinschaften häufig durch die angeordneten Verfüllungsmaßnahmen unwiderbringlich zerstört.

Inzwischen setzte sich jedoch die Erkenntnis durch, daß der ausgeprägte Rekultivierungs- und Ordnungssinn, wie er zunächst aus den Gesetzen abgeleitet worden war, der Natur u. U. mehr schadete als half. Im Zuge eines gestiegenen Umwelt- und Naturschutzbewußtseins werden heute in zunehmendem Maße stillgelegte Bodenabbaustellen sich selbst überlassen, um so die natürlichen Kräfte, den „Selbstheilungsprozeß", der Natur zu aktivieren (Stein 1985).

Gerade die ehemaligen Gewinnungsstellen der Steine-und-Erden-Industrie befinden sich z. T. in landschaftlich reizvollen, aber abgelegenen Gegenden. Ihre Renaturierung bietet ausgezeichnete Möglichkeiten, für extrem gefährdete Arten aus Flora und Fauna geeignete Standorte zu schaffen. Gut geplante Renaturierung kann zu Biotopvielfalt und Biotopvernetzung beitragen und so ein hervorragendes Hilfsmittel eines modernen, in die Zukunft gerichteten Naturschutzdenkens sein.

Ziel einer sinnvollen Natur- und Umweltpolitik kann es daher heute nur sein, in dazu geeigneten Bodenabbaustellen eine möglichst große biologische Vielfalt zu fördern. Für die abbautreibende Industrie heißt das, mehr Renaturierung in abgebauten Gruben zuzulassen und weniger Rekultivierung zu betreiben.

Literatur

Aust H, Becker-Platen JD (1987) Umweltschutz, Sicherung der natürlichen Lebensgrundlagen in Niedersachsen. In: Niedersachsen − Politische Landeskunde. Nds. Landeszentr. f. polit. Bildung, Hannover, S 104−117

Becker-Platen JD (1983a) Geowissenschaftliche Karten des Naturraumpotentials. Forschungen zur deutschen Landeskunde 220:119−163

Becker-Platen JD (1983b) Geowissenschaften in der Raumplanung. In: Bender F (Hrsg) Angewandte Geowissenschaften, Bd III. Enke, Stuttgart, S 521−567

Becker-Platen JD (1986a) Die Rohstoffsicherungskarte. Praxis Geographie 12/1986:40−42

Becker-Platen JD (1986b) Protection and categorization of near-surface mineral resources in the Federal Republic of Germany, especially in Lower Saxony. Geo-Resources and Environment (Proc 4th Int Symp 16−18 Oct 1985, Hannover). Schweizerbart, Stuttgart, pp 125−144

Becker-Platen JD (1988) Neue Aufgaben von Geowissenschaftlern bei der Erkundung und Bewertung oberflächennaher Rohstoffe. Mitt-Bl TU Clausthal 66:32−37

Becker-Platen JD, Pauly E (1984) Rohstoffsicherung und Kategorisierung oberflächennaher Rohstoffe in den Ländern der Bundesrepublik Deutschland. Geol Jahrb A 75:525−531

Becker-Platen JD, Stein V (1985) Eine Chance für die Natur: Renaturierung von Bodenabbaustellen. Niedersachsenbuch '85 Verden (Aller). CW Niemeyer, Hameln, S 80−98

Becker-Platen JD, Hofmeister E, Klemz B, Stein V (1986) Landnutzungskarten − Ein Versuch zur Darstellung der Flächenbeanspruchung. Raumforschung u Raumordnung, 44, 6:217−234

Bosse HR, Brinkmann K, Lorenz W, Roth W (1982) Karte der Bundesrepublik Deutschland 1 : 1 000 000. Gebiete mit oberflächennahen mineralischen Rohstoffen. Bundesanstalt für Geowissenschaften und Rohstoffe, Hannover, 19 S

Bundesminister für Umwelt, Naturschutz und Reaktorsicherheit (1987) Bundesnaturschutzgesetz in der Fassung vom 12. März 1987. BGBl I:889–905, Bonn
Eggert P, Hübener JA, Priem J, Stein V, Vossen E, Wettig E (1986) Steine und Erden in der Bundesrepublik Deutschland. Lagerstätten, Produktion und Verbrauch. Geol Jahrb D 82:3–879
Stein V (1981) Wirtschaftsgeologische Bewertung von Nichtmetallrohstoffen. In: Bender F (Hrsg) Angewandte Geowissenschaften, Bd. I. Enke, Stuttgart S 585–594
Stein V (1985) Anleitung zur Rekultivierung von Steinbrüchen und Gruben der Steine und Erden-Industrie. Deutscher Instituts-Verlag, Köln, 127 S
Stein V, Hofmeister E (1978) Die Darstellung oberflächennaher Rohstoffvorkommen in Rohstoffsicherungs-Karten. Geol Jahrb D 27:121–132

Dynamische Prozesse in der Natur als Kriterien für die langfristig sichere Deponierung anthropogener Abfälle[a]

ALBERT G. HERRMANN

Das Abfallproblem ist anthropogen

Die Betrachtung der Natur darf nicht aufgelöst werden in Einzelbilder aus der Vergangenheit und Gegenwart. Die Natur ist das Ergebnis von Milliarden Jahre dauernden dynamischen Entwicklungen im Sonnensystem und auf der Erde. In diese bisher unabhängig vom Menschen abgelaufenen Prozesse hat inzwischen der Homo sapiens in den Auswirkungen meßbar eingegriffen. Die Natur ist daher nicht länger nur aus der Geschichte zu verstehen, sondern sie muß mit Blick auf die weitere Existenz des Menschen vordringlich auch unter den Aspekten möglicher Zukunftsentwicklungen verstanden werden.

Mit den folgenden Ausführungen wird ein Arbeitsgebiet vorgestellt, welches die langfristig sichere Isolierung anthropogener Schadstoffe von der Biosphäre zum Inhalt hat und dessen Bedeutung für die Gegenwart und die Zukunft erst in Ansätzen erkennbar ist. Die ausgewählten Aspekte betreffen vor allem die Geowissenschaften und berücksichtigen gleichermaßen gegenwärtige Entwicklungen sowie zukünftige Notwendigkeiten. Zum Verständnis der Problemstellung muß zunächst an einige kausale Zusammenhänge erinnert werden.

Kausale Zusammenhänge

Über Jahrhunderte beschäftigte sich die naturwissenschaftliche Forschung vor allem mit der Erfassung des Ist-Zustandes der Natur und der Erkennung von Naturgesetzen. Die zunehmende Wahrnehmung von Auswirkungen menschlicher Tätigkeiten und Verhaltensweisen auf die Natur ist dagegen eine der jüngsten und herausragendsten Entwicklungen in der naturwissenschaftlichen Forschung der zweiten Hälfte des 20. Jahrhunderts. Der Umschlag von der Quantität in die Qualität neuer Erkenntnisse in der naturwissenschaftlichen Forschung wurde unter anderem ausgelöst durch die Industrialisierung sowie den raschen Anstieg der Erdbevölkerung, die damit verstärkte Nutzung natürlicher Rohstoffressourcen und die daraus resultierenden Auswirkungen fester, flüssiger und gasförmiger Abfallstoffe anthropogenen Ursprungs in unserer Um-

---

[a] Für den vorliegenden Aufsatz wurden Teile des Berichtes „Die Untergrund-Deponie anthropogener Abfälle in marinen Evaporiten" verwendet, welcher 1989 für den Rat von Sachverständigen für Umweltfragen in Wiesbaden vom Autor angefertigt worden ist.

welt. Viele der bisher gewonnenen Erkenntnisse sind heute und in der Zukunft für große Bereiche der Biosphäre von existentieller Bedeutung. Sie haben daher immer größer werdende Rückwirkungen auf praktisch alle Bereiche menschlichen Denkens und Handelns, wie aus den entsprechenden Aktivitäten gesellschaftlicher Gruppen und von Entscheidungsträgern sowie den vielfältigen Informationen der Medien ersichtlich ist.

Inzwischen ist die Gesamtproblematik für den einzelnen Menschen kaum noch überschaubar. Aber einige Themen werden immer wieder in das Bewußtsein gerückt, weil sie gleichermaßen von lebenswichtiger Bedeutung für Einzelpersonen und für große Teile der Erdbevölkerung sind. Dazu zählen das Waldsterben, die Vernichtung der Regenwälder, die Veränderungen in der Ozonschicht, die Dezimierung und das Aussterben von Tier- und Pflanzenarten sowie die Zerstörung von Böden. Mit Sicherheit gehören dazu auch alle Probleme, die mit dem Eintrag von Schadstoffen in die Atmosphäre, Hydrosphäre und Lithosphäre sowie mit dem Verbleib anthropogener Abfallstoffe in unserer Umwelt verbunden sind.

Was tun?

Unter den genannten Themen gibt es ein zentrales Problem, mit welchem alle anderen direkt oder indirekt zusammenhängen. Es handelt sich hierbei um die Fragen „was tun" und „wohin" mit den ständig größer werdenden Mengen an Abfällen aus den Tätigkeiten und Lebensgewohnheiten der Menschen. Besonders aktuell sind die Fragen nicht nur in dicht besiedelten und flächenmäßig kleinen Industrieländern, sondern auch für Länder, welche Abfallimporte in großem Umfang zulassen sowie für den Schutz der gesamten Atmosphäre und Hydrosphäre der Erde. Die Komplexität dieser Thematik übersteigt die Möglichkeiten der mit dem Verbleib von Abfällen befaßten Erzeuger, Kommunen und Länder. Notwendig sind in verstärktem Ausmaß Aktivitäten auf internationaler Ebene zur Erforschung, Planung und Realisierung aller mit anthropogenen Abfällen zusammenhängenden Probleme und Maßnahmen.

Die Antworten auf „was tun" und „wohin" mit den ständig größer werdenden Abfallmengen betreffen Maßnahmen, die sich in zwei Gruppen zusammenfassen lassen:
1. Vermeidung, Verminderung und Verwertung von Abfällen.
2. Deponierung von Abfällen.

Zu den drei „V" der ersten Gruppe gibt es weder mittel- noch langfristige Alternativen. Auf gar keinen Fall ist die Deponierung auf Dauer ein geeignetes Mittel zur Bewältigung des Abfallproblems. Denn langfristig sichere Deponieflächen und -hohlräume lassen sich für große Abfallmengen in kleinen und dicht besiedelten Ländern weder ober- noch unterirdisch unbegrenzt bereitstellen. Die derzeitigen Versuche und Praktiken zur Abfallbeseitigung durch Exporte in das Ausland oder in internationale Bereiche der Erde (z. B. Ozeane) verlagern nur das Problem in unzulässiger Weise in andere Regionen der Natur, ohne es zu vermeiden. Zum gegenwärtigen Zeitpunkt ist jedoch zu bedenken, daß wir mit der Entwicklung und Anwendung von Technologien zur Reduzierung der Abfallströme erst an einem Anfang stehen. Das heißt, auch in den kommenden Jahrzehnten müssen alle noch nicht vermeidbaren und verwertbaren anthropogenen Abfallstoffe deponiert werden. Von Wissenschaftlern müssen in Zusammenarbeit mit Entscheidungsträgern und der Öffentlichkeit verstärkt Konzepte für den langfristig sicheren Verbleib dieser Abfälle erarbeitet werden. Dazu gehören auch alle Schadstoffkonzentrate, welche bei der thermischen Behandlung von Abfällen entstehen.

Abfallarten und Abfallmengen

Am Beispiel der Bundesrepublik Deutschland soll die Abfallsituation mit einigen aktuellen Zahlen erläutert werden. Dabei ist es sinnvoll, zwischen radioaktiven und nichtradioaktiven Abfällen zu unterscheiden.

Bei den verwendeten Zahlen handelt es sich um einen sicherlich noch mit Fehlern behafteten Versuch, aus geowissenschaftlicher Sicht die Möglichkeiten zur langfristig sicheren Isolierung gefährlicher Schadstoffe von der Biosphäre einmal zu quantifizieren.

Die in dem vorliegenden Aufsatz enthaltenen Zahlen und Fakten beziehen sich auf das Gebiet der Bundesrepublik Deutschland vor Oktober 1990. Für die neuen Bundesländer der Bundesrepublik Deutschland existieren zur Zeit noch keine zuverlässigen Daten über Abfallmengen, Abfallarten und potentielle Untergrunddeponien. Aber auch bei einer Verfügbarkeit entsprechender Unterlagen würde sich an den Schlußfolgerungen nichts ändern. Im Gegenteil! Die Situation müßte noch wesentlich problematischer dargestellt werden.

Radioaktive Abfälle

Im Jahr 2000 ist im Bereich der Bundesrepublik Deutschland in den Grenzen vor Oktober 1990 bei einer prognostizierten Kernkraftwerksleistung von ca. 24 GW jährlich mit etwa $14000\,m^3$ an radioaktiven Abfällen mit vernachlässigbarer Wärmeentwicklung zu rechnen (Brennecke und Schumacher 1990). Dazu kommen noch einige hundert Kubikmeter an konditionierten radioaktiven Abfällen mit starker Wärmeentwicklung.

Für sämtliche radioaktiven Abfälle ist in der Bundesrepublik Deutschland eine Endlagerung in mehreren hundert Metern Tiefe der Lithosphäre vorgesehen.

Nichtradioaktive Abfälle

1984 entstanden in den Altbundesländern etwa 250 Mio. t an festen Abfällen, unter denen Bauschutt und Bodenaushub mit 45,2%, Abfälle aus der Produk-

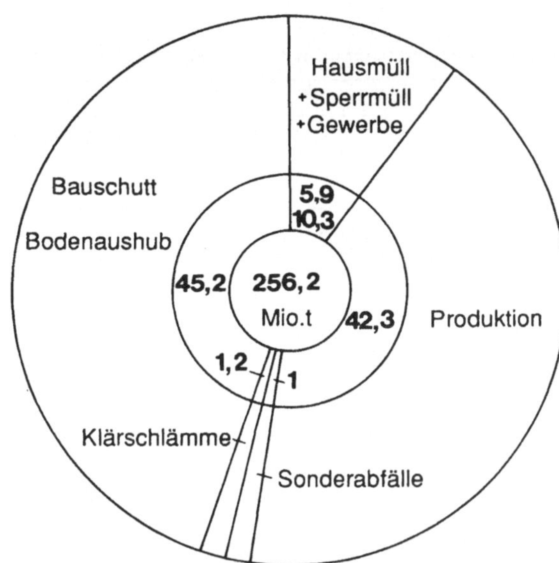

Abb. 1. Mengen (%) an festen Abfällen in der Bundesrepublik Deutschland für das Jahr 1984. (Nach Spies 1985, 1987)

tion mit 42,3% und Hausmüll sowie hausmüllähnliche Gewerbeabfälle mit 10,3% dominierten. Hinzu kommen rund 1,2% an Klärschlämmen (Trockensubstanz) und 1% Sonderabfälle aus der Produktion (Abb. 1).

In Anlagen der öffentlichen Abfallbeseitigung wurden 1984 rund 86 Mio. t wie folgt behandelt: 89,9% Deponie, 8,7% Verbrennung, 0,8% Kompostierung, 0,6% sonstige Beseitigung wie chemisch-physikalische Verfahren und Sonderdeponie (Statistisches Bundesamt 1987).

Nach der „Pressemitteilung Riesenhuber 1989" fielen in der bisherigen Bundesrepublik Deutschland jährlich etwa 285 Mio. t Abfälle an. Davon sind ca. 5 Mio. t Sonderabfälle, die zum größten Teil auf Oberflächendeponien gelagert werden.

Unter den genannten Abfallgruppen bilden die nichtradioaktiven Sonderabfälle hinsichtlich ihrer Abgrenzung und Toxizität ein besonderes Problem. Der Begriff „Sonderabfälle" wurde bisher unterschiedlich angewendet. In der Praxis sind in den verschiedenen Bundesländern bestimmte Abfälle nachweispflichtig (Sonderabfälle), in anderen hingegen nicht. Dadurch ergeben sich für die Mengen an Sonderabfällen unterschiedliche Zahlenwerte auf Bundesebene und nach Länderrecht. Für 1983 wurden vom Umweltbundesamt 4,9 Mio. t an nachweispflichten Sonderabfällen ausgewiesen (z. B. Sutter 1987, S. 18; s. auch Tabelle 1). Hierzu gehören schwefelhaltige Abfälle, Verbrennungsrückstände, Lack- und Farbabfälle und viele andere Substanzen.

Nach der neuen und im Entwurf vorliegenden Sonderabfall- und Reststoffbestimmungs-Verordnung (1989) betrug die Menge an Sonderabfällen im produzierenden Gewerbe und in Krankenhäusern für das Bezugsjahr 1984 sogar 15,6 Mio. t. Davon müßten jährlich 7,2 Mio. t (46,3%) in Sonderdeponien an der Erdoberfläche und 1 Mio. t (6,6%) in Untergrunddeponien (mehrere hundert Meter Tiefe) eingebracht werden.

Tabelle 1. In der Bundesrepublik Deutschland jährlich anfallende Mengen an nachweispflichtigen Sonderabfällen, getrennt nach Abfallarten. (Aus Sutter 1987; mit Umrechnungen von Herrmann)

Nr.	Abfallart	Jahr 1983 (fest und flüssig)		Jahr 2000 (fest und flüssig)		Jahr 2000 (fest)
		1000 t	%	1000 t	%	1000 t
1	Schwefelhaltige Abfälle	2160	44,4	432	19,6	432
2	Ölhaltige Abfälle	490	10,1	245	11,1	–
3	Verbrennungsrückstände	260	5,4	260	11,8	260
4	Lack- und Farbabfälle	250	5,1	75	3,4	75
5	Organische Lösungsmittel (halogenhaltig)	233	4,8	46,6	2,1	–
6	Galvanikabfälle	192	4,0	58	2,6	58
7	Verunreinigte Böden	166	3,4	166	7,5	166
8	Salzschlacken und Krätze	125	2,6	–	–	–
9	Filtermassen (Kieselgur, Aktivkohle)	108	2,2	108	4,9	108
10	Gichtgasschlamm	108	2,2	108	4,9	108
11	Organische Lösungsmittel (halogenfrei)	90	1,9	27	1,2	15
12	Bariumsulfatschlamm	45	0,9	45	2,1	45
13	Rest (geschätzt)	633	13,0	633	28,8	300
	Gesamtmenge	4860	100	2203,6	100	1567

Es gibt Prognosen über die Reduzierung der Sonderabfallmengen bis zum Jahr 2000. Beispielsweise sollen sich die für 1983 vom Umweltbundesamt ausgewiesenen 4,9 Mio. t an Sonderabfällen durch Vermeidung und Verwertung um 50–60% verringern lassen (Tabelle 1; Sutter 1987, S. 26; hierzu auch Herrmann 1988b, c).

Trotz dieser Reduzierung würden statt 4,9 Mio. t noch etwa 2,2 Mio. t an nachweispflichtigen Sonderabfällen pro Jahr entstehen. Davon entfallen etwa 1,5 Mio. t auf feste und 0,7 Mio. t auf flüssige nachweispflichtige Sonderabfälle. Für die flüssigen Sonderabfälle (z. B. Ölprodukte, organische Lösungsmittel, Anstrichmittel) ist unter anderem eine thermische Behandlung vorgesehen, vor allem in Hochtemperaturverbrennungsanlagen.

Nicht nur die Angaben für die Sonderabfallmengen sind unterschiedlich in den verschiedenen Quellen und Publikationen. Auch über deren Verbleib gibt es voneinander abweichende Prognosen. Beispielsweise müssen aus dem in Nordrhein-Westfalen zu entsorgenden Sonderabfallaufkommen des Jahres 1984 rund 165000 t in Untergrunddeponien eingebracht werden. Für das gleiche Bundesland werden im Jahr 2000 noch 135000 t für eine Endlagerung in Untergrunddeponien prognostiziert. Eine auf diesen Zahlen beruhende Hochrechnung für das gesamte Bundesgebiet würde rund 300000 t pro Jahr zur Endlagerung im Untergrund ergeben (MURL, S. 7; s. hierzu auch Herrmann 1988c). Wahrscheinlich ist die letztgenannte Zahl aber eher zu niedrig als zu hoch im Vergleich zu der 1 Mio. t, welche nach den aktuellen Berechnungen auf der Basis des Sonderabfallaufkommen für 1984 jährlich in Untergrunddeponien eingelagert werden muß (Sonderabfall- und Reststoffbestimmungs-Verordnung 1989).

In der „Pressemitteilung Riesenhuber 1989" wird neuerdings ca. 1 Mio. t Sonderabfälle pro Jahr genannt, die allein für die Endlagerung in Salzkavernen, also eine spezielle Form der Untergrunddeponie, geeignet sein sollen.

Über die für eine Untergrunddeponie in Frage kommenden Sonderabfälle informiert beispielsweise Wiedemann (1988). Die Zusammenstellung enthält aber keine Angaben über die jährlich anfallenden Mengen für die verschiedenen Abfallarten.

Unabhängig von den zwangsläufig bestehenden Unsicherheiten bei der Berechnung des Aufkommens an Sonderabfällen wird folgende Tatsache deutlich. Die Menge an festen hochtoxischen Sonderabfällen und/oder Substanzen mit leicht mobilisierbaren Komponenten wie beispielsweise Aschen, Schlacken, Schlämme, Metallabfälle, Salze, Sonderabfallarten (s. Sonderabfallarten-Katalog 1989; Sutter 1987; Herrmann 1988 b, c) bleibt über viele Jahre 100- bis 1000 mal größer als die der radioaktiven Abfälle. Und die jährlich in Untergrunddeponien zu verbringenden Mengen an nichtradioaktiven Schadstoffen zwecks langfristig sicherer Abschirmung von der Biosphäre sind bis 1000mal größer als die an radioaktiven Abfällen.

An dieser Stelle ist zu fragen, ob die Toxizität und die Langzeitwirkung nichtradioaktiver Sonderabfälle und Schadstoffe ebenso beurteilt werden muß wie die der radioaktiven Substanzen.

Langzeitwirkung anthropogener Schadstoffe

Anthropogene Abfälle enthalten häufig Schadstoffe in Konzentrationen, die um ein Vielfaches über den vergleichbaren Anteilen in der Atmosphäre, Hydrosphäre und Lithosphäre liegen. Beispielsweise entstehen bei der Verbrennung von Hausmüll Filterstäube, in denen Elemente wie Bi, Cd, Pb, Sn und Zn um das 100- bis 1000fache angereichert sind gegenüber anthropogen nicht beeinflußten Böden und Gesteinen wie Tonschiefer (z. B. Brumsack und Heinrichs 1984; Herrmann et al. 1985; s. auch Tabelle 2). Dieser Vergleich wird unter anderem deshalb angestellt, weil die Zwischen- und die Endlagerung von Abfällen grundsätzlich nur in geologischen Systemen erfolgen kann und weil Böden und Tonschiefer in ihrem durchschnittlichen Stoffbestand vielerorts dem natürlichen Untergrund im oberen Bereich der Erdkruste ähnlich sind.

Mit Schadstoffen, die in ihrer Zusammensetzung stark von ihrer natürlichen Umgebung abweichen, müssen die Menschen jetzt und in der Zukunft zwangsläufig koexistieren. Es handelt sich hierbei um Substanzen, die sich in ihren Eigenschaften, in ihrem Verhalten und ihren Auswirkungen auf die Umwelt grundsätzlich von den Abfällen unterscheiden, welche in vorangegangenen Jahrhunderten und Jahrtausenden von Menschen erzeugt worden sind. Für die Beurteilung der Langzeitsicherheit von Deponien ist es daher notwendig zu wissen, wie lange Schadstoffe eine für die Biosphäre schädliche Wirkungsweise behalten. Das damit verbundene Problem läßt sich anschaulich quantifizieren durch einen Vergleich der Chemo- bzw. Radiotoxizität nichtradioaktiver Abfälle aus der Steinkohlenverbrennung und radioaktiver Abfallstoffe aus dem

Tabelle 2. Mittlere chemische Zusammensetzung der Filterstäube aus Steinkohlekraftwerken, städtischen Müllverbrennungsanlagen und kommunalen Klärschlämmen in µg Element/g Abfall (= ppm). Die Werte in ( ) informieren über die Größe der Metallanreicherungen in den Filterstäuben und Klärschlämmen gegenüber der mittleren Zusammensetzung natürlicher und vom Menschen unbeeinflußter Böden und Tonschiefer. (Brumsack et al. 1984; Heinrichs et al. 1984; Brumsack und Heinrichs 1984; Herrmann et al. 1985)

Element	Filterstaub Steinkohle				Filterstaub Müllverbrennung		Kommunale Klärschlämme, Durchschnitt 9 Städte	
	Schmelzfeuerung		Trockenfeuerung					
As	447	(60)	155	(21)	59	(8)	5,4	(1)
Bi	5,4	(42)	1,8	(14)	25	(192)	5	(38)
Cd	34	(262)	21	(162)	184	(1 415)	12	(92)
Cr	233	(3)	182	(2)	589	(7)	215	(2)
Cu	442	(11)	238	(6)	882	(23)	610	(16)
Hg	0,2	(2)	0,33	(3)	1,2	(12)	8,8	(88)
Ni	272	(4)	348	(5)	177	(3)	200	(3)
Pb	966	(44)	309	(14)	650	(297)	290	(13)
Sb	43	(43)	12	(12)	207	(207)	80	(80)
Se	36	(360)	19	(190)	11	(110)	1,3	(13)
Sn	18	(3)	38	(6)	2070	(345)	27	(5)
Tl	29	(43)	6,8	(10)	2,1	(3)	0,2	(1)
Zn	1 400	(12)	756	(7)	17 300	(150)	2 100	(18)

nuklearen Brennstoff von Kernkraftwerken (Ehrlich et al. 1986, 1987; Röthemeyer 1988; s. auch Abb. 2).

In Abb. 2 ist an Hand von Toxizitätsindizes die Langzeitwirkung für wiederaufgearbeiteten Kernbrennstoff und für abgebrannte Brennelemente gegenüber Rückständen aus der Steinkohleverbrennung dargestellt. Die Toxizitätsindizes sind bezogen auf das in Flußwässern und oberflächennahen Grundwässern gemessene natürliche Vorkommen von Radionukliden und Schwermetallen (Röthemeyer 1988). Aus der Abb. 2 geht hervor, daß die Toxizität radioaktiver Abfälle aus dem Bereich der Kerntechnik aufgrund des Zerfalls der Radionuklide im Laufe der Zeit abnimmt. Im Gegensatz dazu bleibt die Toxizität für nichtradioaktive Abfallstoffe (Rückstände aus der Kohleverbrennung sind hier nur als repräsentatives Beispiel zu verstehen) über zum Teil sehr lange Zeiträume nahezu unverändert wirksam. Beispielsweise sinkt die Radiotoxizität für Abfälle aus wiederaufgearbeitetem Kernbrennstoff nach etwa 400 Jahren unter das praktisch gleichbleibende Niveau der Chemotoxizität nichtradioaktiver Filterstäube und Aschen aus der Steinkohleverbrennung. Bei abgebrannten Brennelementen (direkte Endlagerung des verbrauchten Kernbrennstoffs) liegt der Schnittpunkt mit der Toxizität der Rückstände aus der Steinkohleverbrennung bei etwa 2000 Jahren (Abb. 2; Ehrlich et al. 1986, 1987; Röthemeyer 1988).

Zur Vermeidung von Mißverständnissen sei hervorgehoben, daß mit der Abb. 2 die spezifischen Eigenschaften radioaktiver Abfälle nicht mit denen nichtradioaktiver Schadstoffe gleichgesetzt werden sollen. Es ist auch nicht be-

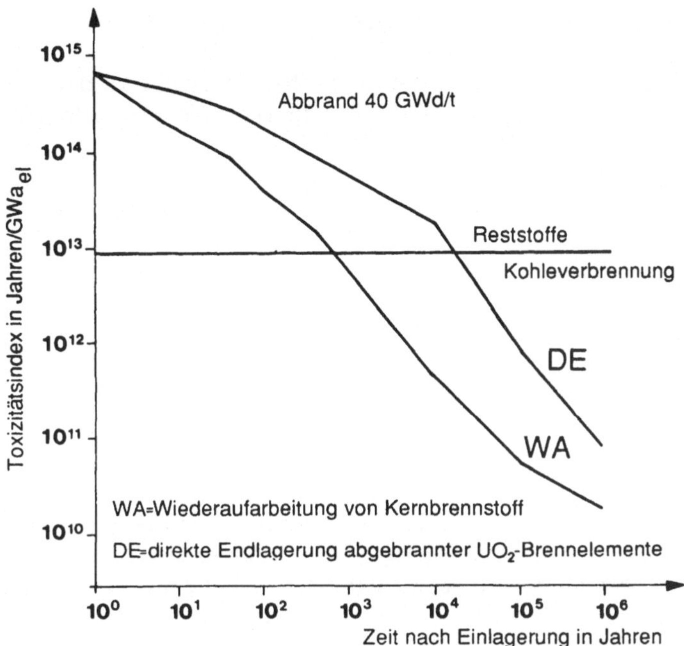

Abb. 2. Langzeitwirkung nichtradioaktiver und radioaktiver Rückstände bzw. Abfälle aus der Steinkohleverbrennung und dem Kernbrennstoff. Die Toxizität der Abfälle ist bezogen auf eine erzeugte elektrische Energie von einem GWa, als Basis dienen Meßwerte für die natürliche Radioaktivität und für Schwermetallanteile in Flußwässern und oberflächennahen Grundwässern. (Aus Röthemeyer 1988; s. auch Ehrlich et al. 1986, 1987)

absichtigt, eine Aussage über die Vor- und Nachteile von Kohle- und Kernkraftwerken zur Energieerzeugung abzuleiten. Mit dem Vergleich soll auf die folgende Tatsache hingewiesen werden, welche für die langfristig sichere Deponie von Schadstoffen von zentraler Bedeutung ist:

Den pro Jahr 100- bis 1000fach größeren Mengen an nichtradioaktiven Schadstoffen muß hinsichtlich ihrer Langzeitwirkung und somit auch der Langzeitsicherheit ihrer Deponie mindestens die gleiche Aufmerksamkeit zugewendet werden wie den viel geringeren Volumina an radioaktiven Substanzen.

Die mit dieser Aussage verbundenen Konsequenzen sind bisher weder von den Entscheidungsträgern noch von der Öffentlichkeit in ihrer vollen Tragweite erkannt worden. Daher muß immer wieder mit Nachdruck auf die Notwendigkeit hingewiesen werden, die Langzeitsicherheit von Endlagern für nichtradioaktive Sonderabfälle mit der gleichen Sorgfalt zu prüfen wie die für radioaktive Abfallstoffe aller Kategorien.

Stofftransporte und Stoffkreisläufe auf der Erde

Folgende Feststellung, die in gleicher Weise alle zu deponierenden Arten und Mengen anthropogener Abfälle betrifft, ist allgemeingültig und von grundsätzlicher Bedeutung.

Die Deponierung von Abfallstoffen ist nur in geologischen Systemen an der Erdoberfläche und/oder im Untergrund (untertage) möglich.

Es gibt aus verschiedenen Gründen zur Zeit und auch in naher Zukunft keine Möglichkeit, anthropogene Schadstoffe in Räume außerhalb der Erde zu verbringen. Da die Startphase von Raumfahrzeugen mit einem Risiko verbunden ist, verbietet sich die Beladung von Weltraumprojektilen mit radioaktiven oder nichtradioaktiven Schadstoffkonzentraten. Außerdem sind die Mengen an nichtradioaktiven Giftstoffen so groß, daß jeder Transport in den Weltraum auch aus finanziellen Gründen indiskutabel ist. Nicht zuletzt ist zu bedenken, daß der Weltraum und unser Planetensystem interessante Objekte für naturwissenschaftliche Studien im nächsten Jahrtausend sein werden.

Mit der Begrenzung der Deponierung anthropogener Abfallstoffe auf geologische Systeme ist festgelegt, daß vor allem die Arbeitsrichtungen der Geowissenschaften (Geologie, Mineralogie, Geochemie, Geophysik, Geographie) eine vorrangige Bedeutung haben bei allen Maßnahmen zur langfristig sicheren Endlagerung von Abfallstoffen auf der Erde.

Für jede Deponierung anthropogener Abfälle sind die folgenden und in zwei Punkten zusammengefaßten Tatsachen von grundsätzlicher Bedeutung:

1. Geologische Systeme befinden sich nicht in einem statischen, sondern in einem dynamischen Zustand. Das heißt, daß in und zwischen Atmosphäre, Hydrosphäre und Lithosphäre Stofftransporte und geochemische Stoffkreisläufe stattfinden (Abb. 3). Daher nehmen auch alle Abfallsubstanzen, welche in geologische Systeme eingebracht werden, in der Zukunft ebenfalls an diesen natürlichen und von Menschen nicht beeinflußbaren Prozessen teil. Von dieser Tatsache muß bei sämtlichen Deponieprojekten für anthropogene Abfälle sowohl an der Erdoberfläche als auch im Untergrund (untertage) ausgegangen werden.

2. Prognosen über die Langzeitsicherheit von Deponien (speziell Untergrunddeponien) erfordern Langzeitbeobachtungen und -experimente. Die Natur ist das einzige Laboratorium für solche Studien. Hier werden gleichermaßen die Ergebnisse schnell und langsam vor sich gehender Mineralreaktionen und Stofftransporte dokumentiert (konserviert). In den Laboratorien der Menschen können dagegen nur Kurzzeitexperimente ausgeführt werden, deren Ergebnisse auf längere Zeitabschnitte extrapoliert werden müssen. Aussagen zur Langzeitsicherheit müssen daher neben den Ergebnissen der Laborexperimente vor allem Naturbeobachtungen berücksichtigen.

Folgende Naturbeobachtungen liefern wichtige Informationen für die Projektierung und Realisierung von Abfalldeponien an der Erdoberfläche und im Untergrund: Der Transport, der Austausch und die Vermischung fester, flüssiger und gasförmiger Komponenten erfolgt an der Erdoberfläche, in der Atmo-

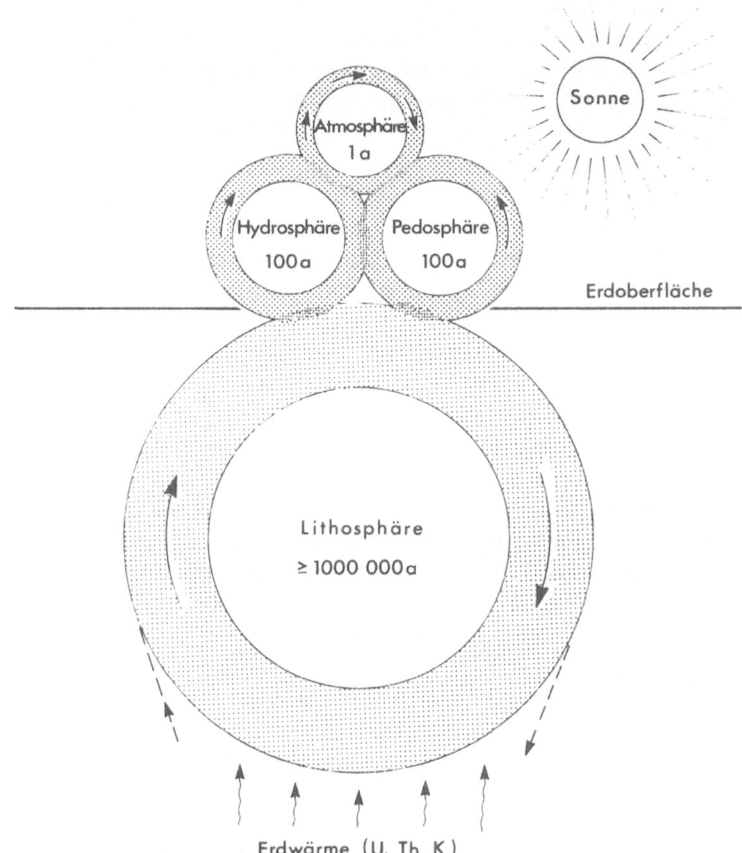

Abb. 3. Unterschiedliche Dauer von Stoffkreisläufen sowie Aufenthaltsdauer von Elementen und Verbindungen in und zwischen Atmosphäre, Hydrosphäre, Pedosphäre und Lithosphäre (Größenordnungen). (Kreislaufsysteme modifiziert nach Golubič et al. 1979, S. 37; Zeitangaben nach Herrmann 1988 b, c)

sphäre und in der Hydrosphäre in viel kürzeren Zeitabschnitten als in der Lithosphäre in Tiefen von mehreren hundert und tausend Metern. Eine Vorstellung über die Schnelligkeit solcher Stoffkreisläufe in den verschiedenen Bereichen der Erde vermittelt die Abb. 3. Bei den dort genannten Zeiträumen handelt es sich um Größenordnungen, welche für die verschiedenen Elemente sowohl nach oben als auch nach unten abweichen können.

In der Atmosphäre liegen die Verweilzeiten vieler Komponenten in der Größenordnung von Jahren. Für die Hydrosphäre und Pedosphäre müssen zwei bis drei Größenordnungen mehr veranschlagt werden, also hunderte und tausende von Jahren. Zwischen diesen drei Bereichen an der Erdoberfläche und den in tieferen Gesteinsschichten der Lithosphäre stattfindenden Stoffkreisläufen besteht zeitlich ein großer Sprung, welcher mehrere Größenordnungen beträgt.

Mit zunehmender Tiefe dauern die Stoffkreisläufe im Untergrund für die verschiedenen Gesteine Millionen Jahre und länger als an der Erdoberfläche.

Schlußfolgerung: Oberflächendeponien befinden sich immer im Bereich vergleichsweise schnell ablaufender Stofftransporte, auch wenn diese in verschiedenen Klimabereichen unterschiedlich lange dauern. An der Erdoberfläche ist somit eine langfristig wirksame Abschirmung von Schadstoffen gegenüber der Biosphäre für Jahrhunderte und Jahrtausende nicht gewährleistet. Die sich häufenden Berichte über die bereits nach wenigen Jahren oder Jahrzehnten von Altlasten ausgehenden Gefährdungen des Grundwassers und der Böden finden ihre Erklärung in den natürlichen Stofftransporten und Kreislaufprozessen im Bereich der Erdoberfläche. Beispielsweise wird in der „Pressemitteilung Riesenhuber 1989" darauf hingewiesen, daß in der Bundesrepublik Deutschland aus den 95 bekannten Sondermüllstandorten jährlich 1–3 Mio. m^3 Sickerwässer austreten, deren Rückhaltung und Behandlung erhebliche technische Schwierigkeiten bereitet. Mit Blick auf die oben diskutierten Stoffkreisläufe in unseren Klimabereichen muß davon ausgegangen werden, daß auch alle mit Millionen- und Milliardenbeträgen durchgeführten Sanierungsmaßnahmen für Oberflächendeponien nur zeitlich befristete Sicherheiten bringen. Eine Langzeitsicherheit für die nachfolgenden Generationen läßt sich auf diese Weise nicht erreichen. Es werden lediglich Probleme in die Zukunft verlagert, deren Behebung dann wieder mit einem hohen Kostenaufwand verbunden ist.

Aus den bisherigen Ausführungen über natürliche Stofftransporte und Stoffkreisläufe wird verständlich, daß eine Langzeitisolierung fester Schadstoffe gegenüber der Biosphäre und damit eine Langzeitsicherheit für Abfallendlager nur in den mehrere hundert und tausend Meter tiefen Gesteinsschichten der Lithosphäre zu erreichen ist. Langzeitisolierung und Langzeitsicherheit bedeuten, daß in der Zukunft (beispielsweise für Tausende und Zehntausende von Jahren) aus einem im Gesteinsuntergrund befindlichen Endlager keine toxischen Stoffe in schädlichen Konzentrationen zurück in die Biosphäre gelangen dürfen.

Die aus den natürlichen Stoffkreisläufen zu ziehenden Schlußfolgerungen hinsichtlich der Deponie von Abfallstoffen in geologischen Systemen gelten vor allem für Feststoffe und sind von zentraler Bedeutung für Entscheidungen, welche die sichere Endlagerung toxischer Substanzen (nichtradioaktiv, radioaktiv) betreffen. Zur langfristig sicheren Untergrunddeponierung in der Lithosphäre gibt es an der Erdoberfläche keine Alternative.

Möglichkeiten zur langfristig sicheren Deponierung anthropogener Schadstoffe

Für die Einrichtung von Untergrund(Untertage)-Deponien werden verschiedene Möglichkeiten diskutiert und zum Teil auch bereits praktiziert. In Tiefen von mehreren hundert und tausend Metern lassen sich Deponiehohlräume durch Bergwerke und als Kavernen herstellen (Abb. 4). Die Anlage von Kaver-

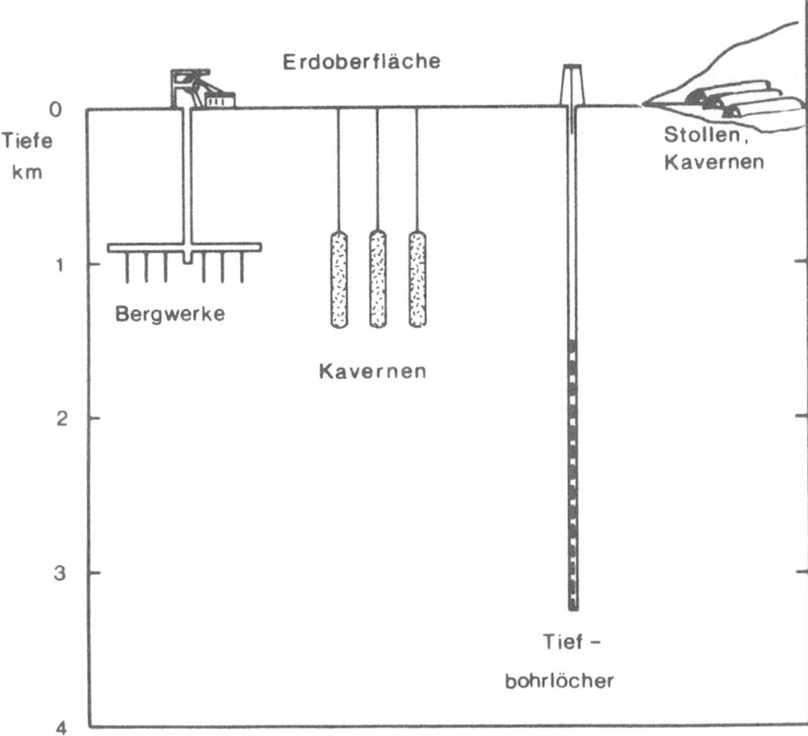

Abb. 4. Herstellung von Hohlräumen in Gesteinskörpern für die langfristig sichere Endlagerung anthropogener Schadstoffe in Untergrunddeponien. (Aus Herrmann 1987)

nen in Salzstöcken erfolgt vor allem durch die Auflösung von Steinsalz mit Wasser. Eine weitere Möglichkeit besteht darin, von der Erdoberfläche aus in den Untergrund oder in Gebirgsmassive hinein Strecken (Stollen) aufzufahren und davon ausgehend Kavernen (Hohlräume) über dem Grundwasserspiegel zur Aufnahme der Abfälle herzustellen (Abb. 4). Bevorzugte Gesteine zur Anlage solcher Kavernen sind Silicatgesteine wie Granit und kristalline Schiefer. Schließlich wird noch die Herstellung von mehreren tausend Meter tiefen Bohrlöchern in Erwägung gezogen. Dort könnten beispielsweise die vergleichsweise kleinen Volumina an stark wärmeentwickelnden (hochradioaktiven) Abfällen aus der Wiederaufarbeitung verbrauchter Brennelemente gelagert werden (z. B. Ringwood 1980; s. auch Abb. 4).

Auch Subduktionszonen (Unterschiebungszonen) werden als mögliche Deponieorte für anthropogene Abfälle vorgeschlagen (z. B. Fyfe et al. 1984; s. auch Abb. 5). Dieses Konzept beruht auf der Beobachtung, daß sich vor bestimmten Kontinenträndern (z. B. vor der Westküste von Südamerika) die ozeanische Kruste um 2–10 cm pro Jahr unter die kontinentale Erdkruste schiebt. In entsprechende Gesteinsschichten eingebrachte Schadstoffe müßten dann ebenfalls in tiefere Teile der Erdkruste abtauchen. Für dieses geologische

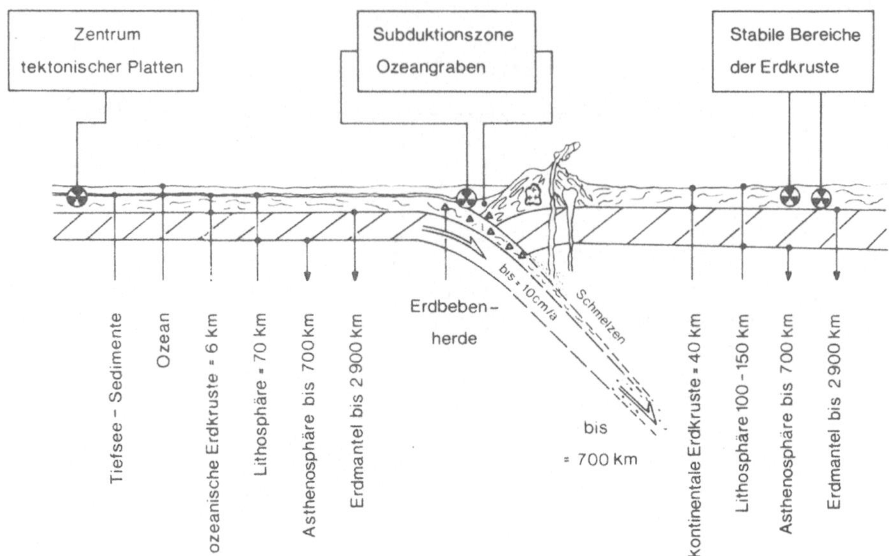

Abb. 5. Bereiche der kontinentalen und ozeanischen Erdkruste, welche für die Untergrunddeponie von Schadstoffen in Erwägung gezogen werden (nicht maßstäblich). (Aus Herrmann 1987)

Modell der Schadstoffbeseitigung sind aber bisher noch nicht die wissenschaftlichen Grundlagen erforscht worden.

Es besteht Übereinstimmung darüber, daß Untergrunddeponien vor allem in den stabilen Bereichen der kontinentalen Erdkruste eingerichtet werden können. Darüber hinaus sind auch Bereiche der ozeanischen Erdkruste und der Tiefseesedimente für die Deponie anthropogener Abfälle in Erwägung gezogen worden (Abb. 5). Allerdings sind hier die Untersuchungen noch nicht so weit fortgeschritten wie an verschiedenen Standorten auf den Kontinenten (z. B. Herrmann 1983, 1987, 1988a).

In die Ozeane werden bereits seit Jahrzehnten radioaktive und nichtradioaktive Schadstoffe eingebracht. Aus verschiedenen Untersuchungen ist jedoch bekannt, daß sich im Ozean Schadstoffe durch Meeresströmungen über große Wasserflächen ausbreiten können (z. B. Kautsky 1982). Daher muß darauf verzichtet werden, feste und flüssige Abfallsubstanzen weiterhin in das Meerwasser einzubringen.

Wirtsgesteine für Untergrunddeponien

International werden gleichermaßen magmatische, metamorphe und sedimentäre Gesteine auf ihre Eignung zur Einrichtung von Untergrunddeponien untersucht. Hierzu gehören Granit, Basalt, kristalline Schiefer, Tuffe, Tongesteine und Evaporite. Bei den letzteren handelt es sich vor allem um Steinsalz (Tabelle 3).

Tabelle 3. Gesteinsarten, welche in verschiedenen Ländern auf ihre Eignung für die Untergrunddeponie radioaktiver Abfälle untersucht werden. ( ) = für das Land zweitrangig. (Aus Röthemeyer 1981, S. 779; Röthemeyer und Closs 1981, S. 170; Chapman et al. 1987, S. 232ff; Nagra aktuell 1987; Kühn 1988; unter Berücksichtigung neuerer Entwicklungen)

Land	Gestein
Argentinien	Granit
Belgien	Tongesteine
Bundesrepublik Deutschland	Steinsalz, sedimentäre Eisenerze (beide für radioaktive und nichtradioaktive Abflälle), Steinkohlegruben (nichtradioaktive Abfälle)
Dänemark	Steinsalz
Deutsche Demokratische Republik	Steinsalz
England	Granit (Tongesteine, Evaporite)
Finnland	Granit
Frankreich	Granit, Tongesteine, Schiefergesteine, Evaporite
Indien	Granit
Italien	Tongesteine
Japan	Granit (Tonschiefer, Tuffe)
Kanada	Kristalline Gesteine (Steinsalz)
Niederlande	Steinsalz
Polen	Steinsalz
Schweden	Kristalline Gesteine
Schweiz	Kristalline Gesteine (Tongesteine)
Spanien	Steinsalz
UdSSR	Granit, Steinsalz (möglicherweise noch andere Gesteine)
USA	Tuffe, Granit, Basalt, Tonschiefer, Steinsalz

Jede Gesteinsart hat bestimmte Vor- und Nachteile hinsichtlich des geologischen Vorkommens, der mineralogischen Zusammensetzung und der physikalischen sowie chemischen Eigenschaften. Die bevorzugte Wahl eines für Untergrunddeponien geeigneten Gesteins hängt vor allem von den geologischen Verhältnissen in den Ländern ab, welche Abfallstoffe außerhalb der Biosphäre deponieren müssen. Darüber hinaus spielen häufig auch gesellschaftliche Konstellationen eine nicht zu unterschätzende Rolle.

Wodurch kann die Langzeitsicherheit von Untergrunddeponien beeinflußt werden? Bei der Beantwortung dieser Frage ist zwischen standortunabhängigen und standortabhängigen Faktoren zu unterscheiden. Lediglich ein Aspekt soll hervorgehoben werden: Die Langzeitsicherheit jeder Untergrunddeponie ist im wesentlichen davon abhängig, ob auf die Abfallsubstanzen Wasser oder wäßrige Lösungen einwirken können, in welchem Umfang dadurch Schadstoffe mobilisiert werden und ob eine Ausbreitung derselben in der näheren und weiteren Umgebung des Endlagers möglich ist. Andere Faktoren, welche die Langzeitsicherheit eventuell noch beeinträchtigen können (z. B. Erdbeben) sind im Vergleich dazu von untergeordneter Bedeutung.

Daher sind entsprechende Untersuchungen für jedes Wirtsgestein und an jedem Standort anzustellen. Grundsätzlich sind von allen magmatischen, sedimentären und metamorphen Gesteinen Wechselwirkungen zwischen fluiden

Bestandteilen (zumeist in Form wäßriger Lösungen) und den Gesteinsbestandteilen bekannt. Daher gibt es auch kein „bestes" oder „ideales" Wirtsgestein für die langfristig sichere Endlagerung von Schadstoffen. Das gleiche gilt für Standorte. Die Entscheidung, ob und in welchem Umfang ein Gestein und ein Standort die Langzeitsicherheit eines Endlagers gewährleistet, muß von Fall zu Fall gesondert untersucht und geprüft werden.

In Nutzung und Planung befindliche Untergrunddeponien in der Bundesrepublik Deutschland

In der Bundesrepublik Deutschland befinden sich Untergrunddeponien für die Endlagerung anthropogener Schadstoffe in Nutzung und in Planung. Deponiert werden zur Zeit nur nichtradioaktive Abfälle. Die zwischen 1967 bis Ende 1978 erfolgte Endlagerung schwach- und mittelradioaktiver Abfälle im Salzbergwerk Asse II bei Wolfenbüttel ist bisher weder dort noch an einem anderen Standort fortgesetzt worden. Anders ist die Situation zur Zeit im ehemaligen Salzbergwerk Morsleben (Abb. 6), wo seit Ende der 70er Jahre aus dem Bereich der neuen Bundesländer etwa 13 000 m^3 schwach- und mittelradioaktive Abfälle in rund 500 m Tiefe eingelagert worden sind. Die Untergrunddeponie weiterer radioaktiver Substanzen kann in Morsleben gegenwärtig noch fortgesetzt werden.

Für die Untergrunddeponie werden fast ausschließlich ehemalige oder noch in Betrieb befindliche Bergwerke genutzt bzw. untersucht. Auch ehemalige Tagebaue werden für die Deponie von Kraftwerkreststoffen und Hausmüll genutzt. Planungen und Untersuchungen für ein spezielles Endlagerbergwerk gibt es bisher nur für eine Anlage im Salzstock Gorleben (radioaktive Abfälle) und für gesolte Kavernen im Salzstock Jemgum (nichtradioaktive Abfälle, s. Abb. 6). Die zunehmende Berücksichtigung von Rohstoffgewinnungsbergwerken bei der Erschließung neuer Deponiemöglichkeiten für nichtradioaktive Abfälle liegt auf der Hand, wobei die bereits existierenden Hohlräume als Stauraum für die Substanzen und die damit verbundenen Kostenersparnisse offensichtlich von ausschlaggebender Bedeutung sind. Diese Vorteile sind jedoch ausschließlich gegenwartsbezogen. Viel wichtiger sind geowissenschaftliche Kriterien, welche die Langzeitsicherheit von Endlagern in ehemaligen Bergwerken bestimmen. Unter diesem Gesichtspunkt sind nicht alle Hohlräume in den verschiedenen Bergwerken gleichermaßen für die langfristig sichere Abschirmung von Schadstoffen gegenüber der Biosphäre geeignet. Auf diesen Tatbestand muß immer wieder mit Nachdruck hingewiesen werden. Die *vor* der möglichen Endlagerung radioaktiver Abfälle in Gorleben und der Grube Konrad bisher durchgeführten und noch geplanten Untersuchungen zur Langzeitsicherheit der Deponiestandorte sind vorbildlich und sollten auch als Maßstäbe für die Beurteilung der Langzeitsicherheit von Untergrunddeponien für nichtradioaktive Abfälle gefordert werden.

In der Bundesrepublik Deutschland ist die Einrichtung von Untergrunddeponien für anthropogene Schadstoffe in folgenden Gesteinen bzw. Rohstoff-

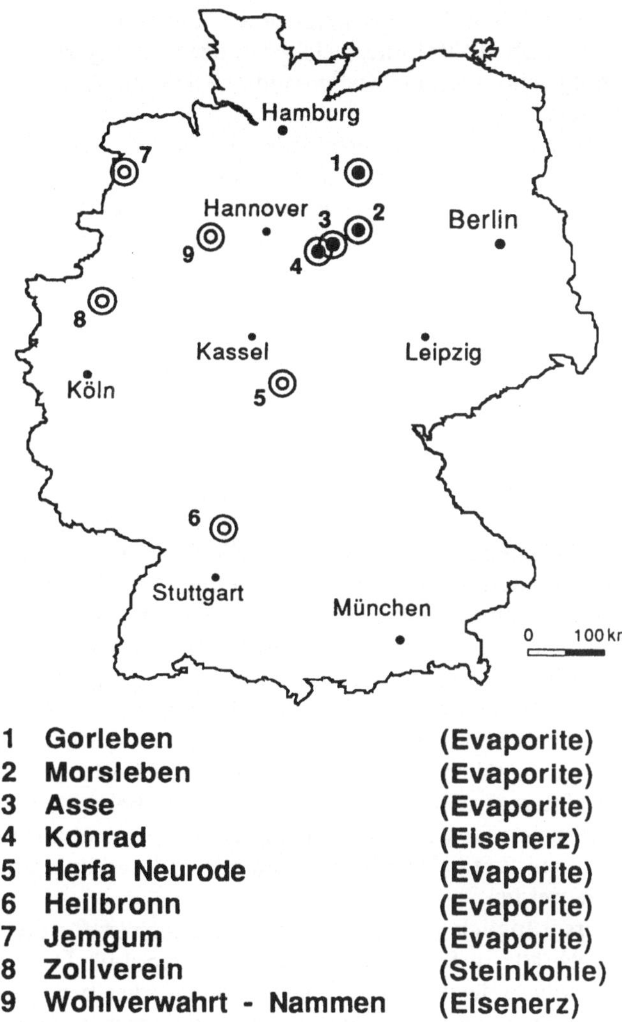

1	Gorleben	(Evaporite)
2	Morsleben	(Evaporite)
3	Asse	(Evaporite)
4	Konrad	(Eisenerz)
5	Herfa Neurode	(Evaporite)
6	Heilbronn	(Evaporite)
7	Jemgum	(Evaporite)
8	Zollverein	(Steinkohle)
9	Wohlverwahrt - Nammen	(Eisenerz)

Abb. 6. Früher genutzte, in Nutzung, in Erkundung und Planung befindliche Untergrunddeponien in der Bundesrepublik Deutschland (neue Grenzen). Bei den in Erkundung und Planung befindlichen Werken handelt es sich um eine Auswahl an Standorten; *gefüllte Kreise* = radioaktive Abfälle, *offene Kreise* = nichtradioaktive Abfälle

gewinnungsbergwerken bereits vollzogen bzw. geplant: Evaporite, Steinkohle, Eisenerz, Nichteisenerze, Kalkstein und Dolomit. Nachdem die Untergrunddeponie anthropogener Schadstoffe ursprünglich auf die Nutzung von Evaporitkörpern konzentriert war, werden seit einigen Jahren zunehmend auch ehemalige Steinkohlebergwerke zur Endlagerung vor allem von Reststoffen aus dem Kraftwerkbetrieb (z. B. Filterstäube) genutzt und untersucht (z. B. Plate 1988). Eine ähnliche Entwicklung zeichnet sich bei den ehemaligen Erzbergwerken ab, wobei zwischen Eisenerz- und Nichteisenerzgruben unterschieden werden muß. Auch Hohlräume, welche bei der untertägigen Gips-, Kalkstein- und Dolomitgewinnung entstanden sind, dienen zur Endlagerung von Kernwerkreststoffen.

Trotz der Nutzung verschiedener Wirtsgesteine zur Untergrunddeponie anthropogener Schadstoffe in der Bundesrepublik Deutschland werden auch in Zukunft die Evaporite eine wichtige Rolle bei der Endlagerung toxischer Abfallstoffe spielen. Das gilt gleichermaßen für nichtradioaktive Sonderabfälle und für radioaktive Substanzen aller Kategorien.

Langzeitsicherheit von Untergrunddeponien

Geowissenschaftliches Grundprinzip

Geowissenschaftlich fundierte Studien zur Langzeitsicherheit von Untergrunddeponien für anthropogene Abfälle wurden bisher in einer der Öffentlichkeit zugänglichen Form vor allem für die Endlagerung radioaktiver Abfälle vorgelegt. Die damit verbundene Forschung ist noch nicht abgeschlossen. Über die Langzeitsicherheit von Untergrunddeponien für nichtradioaktive Sonderabfälle ist viel weniger bekannt und wahrscheinlich auch weniger gearbeitet worden. Auch in der breiten Öffentlichkeit ist die Frage nach der langfristig sicheren Isolierung nichtradioaktiver Schadstoffe von der Biosphäre niemals mit einer vergleichbaren Intensität und Gründlichkeit gestellt worden wie bei den radioaktiven Abfällen. Das gilt in ähnlicher Weise für alle Länder, welche sich mit der Untergrunddeponie von Abfallstoffen beschäftigen. Die mit der Langzeitsicherheit von Untergrunddeponien zusammenhängenden Probleme können daher zur Zeit beispielhaft nur an der Endlagerung radioaktiver Abfälle dargestellt werden.

Ursprünglich waren die Sicherheitsanalysen für die Endlagerung radioaktiver Abfälle in Salzstöcken der Bundesrepublik Deutschland nur auf die Betriebsphase des jeweiligen Deponiebergwerkes begrenzt. Für die Zeit nach der Verfüllung und Verschließung eines Endlagerbergwerkes wurden Störfälle ausgeschlossen. Diese Sicherheitsphilosophie war und ist jedoch nach geowissenschaftlichen Kriterien nicht haltbar, denn geologische Endlagersysteme befinden sich nicht in einem statischen, sondern in einem dynamischen Zustand. Somit nehmen alle in die Geosphäre eingebrachten Abfallsubstanzen in der Zukunft ebenfalls an natürlichen und von Menschen nicht beeinflußbaren Stoffkreisläufen teil. Aussagen über die Langzeitsicherheit von Untergrunddeponien für anthropogene Schadstoffe müssen sich daher auf einen begrenzten Zeitabschnitt nach der Verschließung eines Deponiebergwerkes oder einer Kaverne beziehen. In dieser Zeit dürfen keine toxischen Stoffe in schädlichen Konzentrationen zurück in die Biosphäre gelangen.

Vor der Einrichtung von Untergrunddeponien für anthropogene Sonderabfälle (nichtradioaktiv, radioaktiv) in unterirdischen Gesteinskörpern (geologischen Systemen) ist bei jedem potentiellen Standort die Frage zu stellen, welche Störfälle die langfristig sichere Endlagerung der Abfälle beeinträchtigen können. Es handelt sich hierbei um Zeitabschnitte, welche tausend bis über eine Million Jahre in die geologische Zukunft reichen.

Die Bewertung der Langzeitsicherheit von Untergrunddeponien für anthropogene Schadstoffe erfordert komplexe wissenschaftliche Untersuchungen an geologischen Systemen, welche bereits viele Millionen Jahre alt sind. In dieser Zeit haben sich die ursprüngliche räumliche Anordnung und der Stoffbestand der Systeme vielfach stark verändert. Durch die Rekonstruktion dieser Veränderungen können Prognosen über die wahrscheinliche Entwicklung der Deponiegesteinskörper in der geologischen Zukunft abgeleitet werden.

Die Langzeitsicherheit eines geologischen Endlagersystems kann vor allem durch natürliche Vorgänge und unabhängig vom Menschen beeinflußt werden. Hierzu gehören geologische Ereignisse wie die Hebung und Senkung von Gesteinsschichten sowie vulkanische Aktivität, welche häufig von Erdbeben begleitet wird. Der Einfluß der genannten Vorgänge auf die Integrität von Untergrunddeponien für anthropogene Sonderabfälle ist jedoch während der näheren geologischen Zukunft sicherlich auszuschließen. Anders sind dagegen chemische und physikalische Prozesse zu bewerten, welche seit der Entstehung der Erdkruste im Untergrund wirksam sind und lokal oder großräumig den Stoffbestand der Gesteine verändern. Gemeint sind hiermit alle Wechselwirkungen zwischen mobilen Komponenten oder Bestandteilen (Fluide) und dem festen Mineralbestand der Gesteine.

Die fluiden Komponenten bestehen aus Verbindungen und Elementen wie Wasser, Chlorwasserstoff, Kohlendioxid, Schwefeldioxid, Wasserstoff, Stickstoff, Sauerstoff, Schwefel und andere, die sich in einem flüssigen und/oder gasförmigen Zustand befinden. Die Herkunft der fluiden Komponenten ist unterschiedlich. In Frage kommen magmatische Prozesse, Formationswässer (Porenlösungen), Grund- und Oberflächenwässer.

Grundsätzlich sind von allen magmatischen, sedimentären und metamorphen Gesteinen Wechselwirkungen zwischen fluiden Bestandteilen (zumeist in Form wäßriger Lösungen) und den festen Phasen bekannt. Sie sind nachweisbar an spezifischen Mineralreaktionen und der teilweisen Auflösung von Mineralen, d. h. an Veränderungen des ursprünglichen mineralogischen und chemischen Stoffbestandes der Gesteine. Für alle Untersuchungen zur Langzeitsicherheit von Untergrunddeponien ist es wichtig zu wissen, daß die im Untergrund gelösten (mobilisierten) Substanzen bis in die Biosphäre gelangen können. Häufig besteht ein Zusammenhang zwischen der Hebung oder Senkung von Gesteinsschichten im Untergrund und der Intensität von Wechselwirkungen zwischen fluiden Komponenten und Gesteinen.

Zur Zeit ist die Beeinflussung der Gesteinszusammensetzung durch Fluide Gegenstand intensiver Forschungsarbeiten im Bereich der Geowissenschaften. Die Fluide sind aber auch für die Endlagerthematik von großem Interesse. Denn in der näheren geologischen Zukunft kann die Funktion natürlicher und technischer Barrieren zwischen einer Untergrunddeponie und der Erdoberfläche nur durch die Wirkung fluider Komponenten so stark beeinträchtigt werden, daß Auswirkungen in der Biosphäre denkbar sind. Die verschiedentlich diskutierten Möglichkeiten chemischer Reaktionen nichtradioaktiver Abfälle (bei entsprechender Kombination!) und radioaktiver Substanzen untereinander oder mit dem Nebengestein spielen in diesem Zusammenhang ebensowenig eine Rolle wie die bereits oben erwähnten Erdbeben und magmatischen Prozesse. In den Vordergrund gestellt werden müssen die Zusammenhänge zwischen der Wirkung fluider Komponenten in geologischen Systemen, der dadurch ausgelösten Stofftransporte und der Langzeitsicherheit von Untergrunddeponien für anthropogene Sonderabfälle.

Eine theoretische Grundlagenstudie zu dem Thema „Stoffbestand von Salzstöcken und Langzeitsicherheit für Endlager radioaktiver Abfälle" ist im Rahmen einer Untersuchung von Herrmann und Knipping (1989) angefertigt worden. Es handelt sich dabei um ein Projekt, welches wissenschaftliches Neuland betritt und die dynamische Entwicklung von Evaporitablagerungen berücksichtigt.

Wie lassen sich die verschiedenen natürlichen Vorgänge, welche bisher das geologische Deponiesystem in der Vergangenheit beeinflußt haben, in Aussagen zur Langzeitsicherheit von Endlagern für anthropogene Abfallstoffe in Evaporitkörpern umsetzen? Die von Herrmann und Knipping (1989) am Salzstock Gorleben in Erprobung befindliche Vorgehensweise (übertragbar auf andere Salzstöcke in Niedersachsen und auf nichtradioaktive Schadstoffe sowie auf Evaporitkörper in flacher Lagerung) ist durch die Abb. 7 dargestellt (nach Herrmann und Knipping 1988a, S. 26, 1988b, S. 373).

Das Prinzip beruht auf der Quantifizierung aller bisherigen und mit mobilen Komponenten zusammenhängenden Veränderungen des ursprünglichen Stoffbestandes der Evaporite. Dabei geht es vor allem darum, die an den Mine-

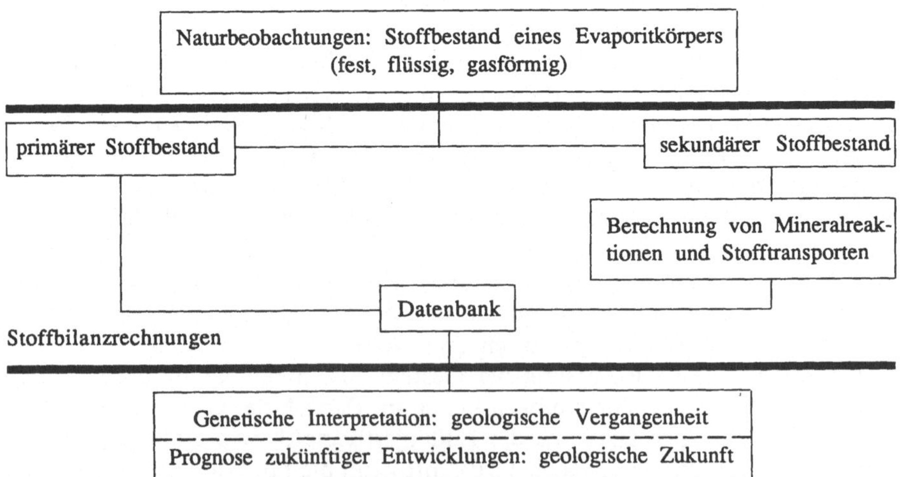

Abb. 7. Methodisches Konzept zur Quantifizierung von Mineralreaktionen und Stofftransporten in Salzgesteinskörpern für Aussagen über die Langzeitsicherheit von Endlagern für anthropogene Schadstoffe. (Aus Herrmann und Knipping 1989)

ralreaktionen und Stofftransporten beteiligten Lösungsmengen abzuschätzen. Mittels komplizierter geochemischer Kriterien ist dies möglich. In diesem Zusammenhang wird es vielleicht gelingen, innerhalb eines Salzstocks die Bereiche abzugrenzen, welche seit ihrer Bildung aus dem Meerwasser vor etwa 250 Mio. Jahren offensichtlich nicht wieder mit fluiden Bestandteilen in Berührung gekommen sind.

Zweck des in Abb. 7 vorgestellten Konzeptes zur Beurteilung der Langzeitsicherheit von Untergrunddeponien ist es, in einem ersten Schritt die bisher in Salzgesteinskörpern stattgefundenen Änderungen des ursprünglichen Stoffbestandes zu quantifizieren. Daraus ergeben sich nicht nur Hinweise auf das bisherige Ausmaß der stofflichen Veränderungen im Evaporitkörper, sondern auch über mögliche Wegsamkeiten für wäßrige Lösungen in der Vergangenheit. Der Wert solcher Informationen für die Beurteilung der geologischen Barrierenwirkung eines Endlagerbergwerkes liegt auf der Hand. Erst in einem zweiten Schritt wird dann der Versuch unternommen, aus Befunden über die bisherige Entwicklung eines geologischen Endlagersystems Hinweise auf mögliche Vorgänge in der Zukunft abzuleiten.

Multibarrierenkonzept

Die Deponierung anthropogener Schadstoffe in unterirdischen Gesteinskörpern hat zum Ziel, die Rückkehr toxischer Stoffe in die Biosphäre für einen möglichst langen Zeitraum zu erschweren bzw. weitgehend zu verhindern. Das setzt aber voraus, daß zwischen dem unterirdischen Endlager für die Abfälle und der Biosphäre Hindernisse existieren, deren Überwindung durch die Schadstoffe lange Zeiten in Anspruch nimmt. In der Deponie-Fachsprache werden diese Hindernisse allgemein als Barrieren bezeichnet. Entsprechend dem Ursprung der Barrieren unterscheidet man zwischen natürlichen (geologischen) und technischen (künstlichen) Barrieren.

Das Barrierenkonzept zur Schadstoffrückhaltung ist für alle mit der Untergrunddeponierung anthropogener Schadstoffe und ihrer langfristig sicheren Isolierung zusammenhängenden Fragen von zentraler Bedeutung. Eine Vielzahl von Publikationen beschäftigt sich mit dem Thema Barrieren. Für Oberflächendeponien sei auf den Aufsatz von Appel (1989) verwiesen. Über Barrieren und Untergrunddeponien ist beispielsweise eine Übersicht in Herrmann (1983, S. 89 ff.) und Herrmann et al. (1985) enthalten. Aus der letztgenannten Publikation sind die folgenden Angaben entnommen worden:

Die natürlichen Barrieren werden durch die Gesteinsschichten gebildet. Hierzu gehören die Wirtsgesteine für anthropogene Abfälle und die bis zur Erdoberfläche reichenden Gesteinsschichten (Nebengestein, Deckgebirge) in gleicher Weise.

Die Wirksamkeit geologischer Barrieren beruht auf der räumlichen Anordnung der Gesteinsschichten und auf deren physikalischen und chemischen Eigenschaften bei Druck-, Temperatur- und Lösungseinwirkungen. Beispielsweise wirken Tongesteine in ungestörter Lagerung zwischen Untergrunddeponie und Biosphäre als Sperren gegenüber der Einwirkung von Wasser und Lösungen auf das Schadstofflager. Wichtig sind außerdem Minerale mit Sorptionseigenschaften.

Trotz natürlicher Barrieren läßt sich niemals völlig ausschließen, daß im Endlager Schadstoffe zu einem unbekannten Zeitpunkt durch Wasser oder Lösungen mobilisiert werden und im Gestein zu migrieren beginnen. Aus diesem Grund beschäftigt man sich eingehend mit der Frage, ob die über große Distanzen wirksamen natürlichen Barrieren durch technische Barrieren ergänzt werden müssen. Technische Barrieren sollen die anthropogenen Schadstoffe ebenfalls vor der Einwirkung von Wasser oder Lösungen schützen, und zwar über kurze Entfernungen. Falls es doch einmal zur Mobilisierung von Schadstoffen kommt, sollen die technischen Barrieren die Ausbreitung schädlicher Komponenten im Gestein zumindest verzögern.

Technische Barrieren lassen sich herstellen durch das Einbetten der Abfallstoffe in eine gegenüber Lösungen widerstandsfähige Grundmasse, durch Verpacken der Schadstoffe in korrosionsbeständigen Containern, durch den Bau von Dämmen zwischen den Schächten und Deponiekammern sowie durch das Abdichten von Schächten und Tiefbohrlöchern gegen die Erdoberfläche.

Bei der Wahl geeigneter Einbettungs- und Containermaterialien empfiehlt es sich, neben Beton, Gläsern, Kunststoffen und ähnlichen Substanzen für spezielle Fälle die in der Natur vorkommenden Minerale zum Vorbild zu nehmen. Diese liefern zuverlässige Informationen über die Langzeitbeständigkeit chemischer Verbindungen unter natürlichen Bedingungen. Beispielsweise sind bestimmte kristalline Verbindungen und die in ihren Strukturen fixierten Spurenelemente gegen wäßrige Lösungen beständiger als Gläser. Nach diesem Prinzip wurde von Ringwood (1980) und Ringwood et al. (1981) eine aus den Titanverbindungen $BaAl_2Ti_6O_{16}$ (Hollandit-Struktur), $CaZrTi_2O_7$ (Zirkonolit), $CaTiO_3$ (Perowskit) und TiO_2 (Rutil) bestehende Mineralassoziation (SYNROC) entwickelt, in welcher Radionuklide in einer gegenüber Lösungen beständigen Form fixiert werden können.

In den Diskussionen über das Barrierensystem spielt das Multibarrierenkonzept als Kombination von natürlichen und technischen Barrieren eine große Rolle. Durch das Vorhandensein mehrerer geologischer Barrieren und die Schaffung technischer Barrieren im Bereich einer Untergrunddeponie soll beim teilweisen oder vollständigen Ausfall einer Barriere durch die restlichen, noch intakten die Abschirmung der Schadstoffe gegenüber der Biosphäre erhalten bleiben. Dabei werden die Einzelfunktionen der natürlichen und technischen Barrieren teilweise unterschiedlich bewertet. Es gibt Tendenzen, den technischen Barrieren eine relativ hohe Schutzwirkung beizumessen im Vergleich zu den natürlichen Barrieren. Es werden aber auch Untersuchungen vorgelegt, welche beweisen sollen, daß die natürlichen Barrieren die Hauptfunktion haben.

Bei jeder Untergrunddeponie muß gewährleistet sein, daß vor allem einzelne oder mehrere Gesteinsschichten langfristig wirksame Rückhaltefunktionen gegenüber mobilisierten Schadstoffen erfüllen können. Dagegen ist die Haltbarkeit technischer Barrieren unterschiedlich zu bewerten. Während beispielsweise die Widerstandsfähigkeit von Kupfercontainern mit stark wärmeentwickelnden Abfällen (hochradioaktive Substanzen) bei einer Deponie in Granit oder Gneis auf einige hunderttausend Jahre kalkuliert wird, haben die für eine Lagerung in Steinsalz verwendeten Blechfässer oder Edelstahlbehälter (bei stark wärmeentwickelnden radioaktiven Abfällen) praktisch nur Verpackungs- und Transportfunktionen ohne langfristige Barrierenwirkung.

Diese Hinweise sollen zeigen, wie differenzierend natürliche und technische Einzelbarrieren sowie das gesamte Multibarrierenkonzept zu bewerten sind.

Grenzen der Untergrunddeponie

Die Möglichkeiten zur langfristig sicheren Endlagerung von Schadstoffen im Untergrund werden vor allem begrenzt durch die zu deponierenden Abfallmengen und die Anzahl an geologisch geeigneten sowie gesellschaftlich akzeptierbaren Standorten.

Unter dem Aspekt der Quantitäten ist die Situation vergleichsweise einfach bei den radioaktiven Abfällen. In dem ehemaligen Eisenerzbergwerk Konrad kann ein nutzbarer Hohlraum von insgesamt 1 Mio. m^3 geschaffen werden, und in einem speziellen Endlagerbergwerk vom Typ Gorleben wäre die Herstellung von 5 Mio. m^3 Deponiehohlraum möglich. Wenn jährlich nur 14 000 m^3 an radioaktiven Substanzen deponiert werden müssen, lassen sich somit für diese Abfälle einschließlich der bereits in Zwischenlagern befindlichen Abfallmengen Deponiehohlräume für Jahrzehnte bereitstellen (Abb. 8).

Anders ist die Situation bei den 100- bis 1000mal größeren Mengen an nichtradioaktiven Sonderabfällen, die ebenfalls langfristig sicher von der Biosphäre abgeschirmt werden müssen. In Herfa-Neurode und in Heilbronn können jährlich je 100 000 m^3 deponiert werden, in der Eisenerzgrube Wohlverwahrt-Nammen etwa 100 000 m^3 pro Jahr und in der ehemaligen Steinkohlengrube Zollverein insgesamt nur 150 000 m^3. Für den Salzstock Jemgum sind 20 Kavernen mit insgesamt 2,8 Mio. t Einlagerungskapazität vorgesehen. Nach der „Pressemitteilung Riesenhuber 1989" soll das Gesamtaufkommen der für eine Endlagerung in Salzkavernen geeigneten Abfallarten (z. B. Flugaschen, Schlacken und ähnliche Substanzen) ca. 1 Mio. t pro Jahr betragen. Das würde bedeuten, daß innerhalb von 3 Jahren sämtliche 20 Kavernen mit Abfallstoffen gefüllt werden könnten. Es ist jedoch nicht realistisch, davon auszugehen, daß in solchen kurzen Zeitabständen immer neue Untergrunddeponien geschaffen werden können. Aber was an dem einen Standort nicht im Untergrund eingebracht werden kann, muß dann an anderen Stellen zur Endlagerung gebracht werden.

Von den festen Abfallstoffen, welche aufgrund ihrer Eigenschaften langfristig von der Biosphäre ferngehalten werden müssen, können zur Zeit nur etwa 10–20% in Untergrunddeponien zur Endlagerung gebracht werden.

Es ist eine offene Frage, ob sich in der dicht besiedelten Bundesrepublik Deutschland eine langfristig sichere Untergrunddeponierung an geologisch geeigneten und gesellschaftlich akzeptierbaren Standorten für alle nichtradioak-

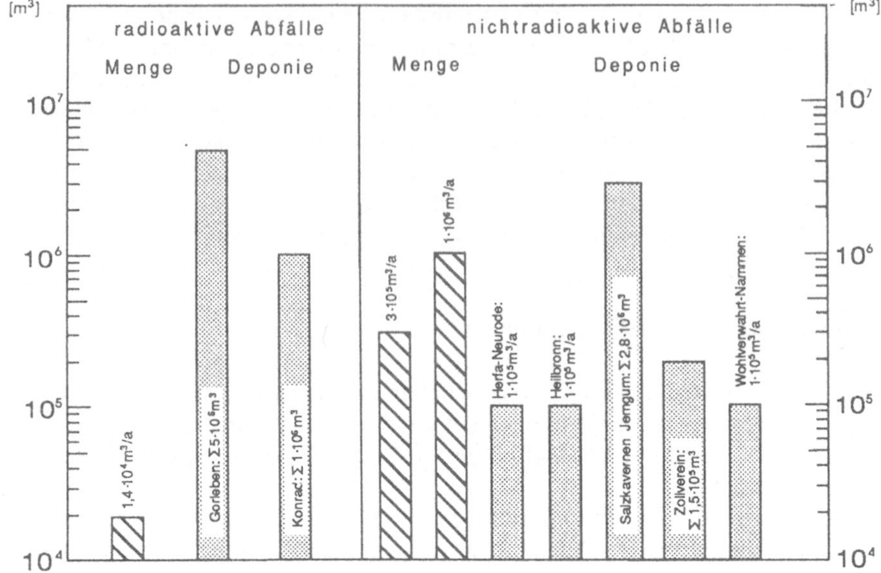

Abb. 8. Die jährlich in der Bundesrepublik Deutschland (bezogen auf die Grenzen vor Oktober 1990) anfallenden Mengen an radioaktiven und nichtradioaktiven Schadstoffen sowie Möglichkeiten zu deren langfristig sicherer Deponierung im Untergrund

tiven Schadstoffe erreichen läßt. Es werden zur Zeit zwar für Deponiezwecke Millionen von Kubikmetern Hohlraum in Bergwerken ausgewiesen, die ursprünglich der Rohstoffgewinnung dienten. Es muß aber darauf aufmerksam gemacht werden, daß solche Zahlen keinerlei Information über die tatsächliche geologische Eignung von Standorten und unterirdischen Hohlräumen zur langfristig sicheren Abschirmung von Abfallstoffen gegenüber der Biosphäre enthalten. Ehemalige Rohstoffbergwerke sind in ihrer Anlage eben keine ausschließlich für Deponiezwecke angelegten Endlagerbergwerke, wie beispielsweise das Projekt Gorleben. Das gilt nicht nur für radioaktive Abfälle, sondern gerade auch für nichtradioaktive Sonderabfälle wegen der langfristig unveränderten Toxizität dieser Substanzen.

Es ist richtig und notwendig, alle in der Bundesrepublik Deutschland noch existierenden und nicht mehr für die Rohstoffgewinnung benötigten unterirdischen Bergwerksanlagen auf ihre Nutzung für Deponiezwecke zu prüfen. Vor allem im Steinkohlebergbau finden entsprechende Untersuchungen statt. Ob und welche Standorte davon für eine Deponie tatsächlich geeignet sind, ist eine andere Frage. Das gilt in besonderem Maße für alle Bestrebungen, jetzt auch in den neuen Bundesländern bisherige Rohstoffgewinnungsbergwerke für die Untergrunddeponie anthropogener Schadstoffe weiter zu betreiben.

Aus der jetzigen Situation des Mißverhältnisses zwischen Schadstoffmengen und den Möglichkeiten zur Untergrunddeponierung ergibt sich zwangsläufig als Schlußfolgerung, daß weder durch Oberflächendeponien noch durch Endlager im Untergrund das Problem der Deponierung nichtradioaktiver Sonderabfälle gelöst werden kann. Sicher ist dagegen, daß die notwendigen Abfallreduzierungen noch weit über die geplanten Maßnahmen hinausgehen müssen, wenn bei den nichtradioaktiven Schadstoffen die bisher weit offene Schere zwischen Abfallvolumen und Deponiemöglichkeiten geschlossen werden soll.

Grundsätzlich sind folgende Behandlungen für Abfälle möglich: Chemisch-physikalische Prozesse wie Neutralisation, Fällung, Entgiftung, Zerkleinerung, Klassierung, Sortierung, Entwässerung, Filtration, Schwerkrafttrennung und andere. Ziel dieser Arbeitsgänge ist es, Abfälle in Substanzen mit keiner oder geringer Schadstoffwirkung zu überführen und die Wiederverwertbarkeit von Abfallstoffen herzustellen. Weiterhin ist die thermische Behandlung fester und flüssiger Abfallstoffe eine Möglichkeit zur Reduzierung der entstehenden Sonderabfälle. Bei der Verbrennung entstehen Rückstände in Form von Schlacken, Aschen, Filterstäuben und Salzen, welche häufig spezifische Elemente mit toxischer Wirkung in höheren Konzentrationen enthalten und daher langfristig sicher deponiert werden müssen (Tabelle 2).

Bewertung der gegenwärtigen Situation

Auf keinen Fall dürfen Untergrunddeponien bevorzugt in Zusammenhang mit den vergleichsweise kleinen Mengen an radioaktiven Abfällen gesehen werden, wie das heute immer noch geschieht. Ein ähnliches oder noch größeres Problem liegt bei der langfristig sicheren Isolierung der viel umfangreicheren Mengen an toxischen nichtradioaktiven Schadstoffen. Hier besteht für eine vorausschauende Planung noch ein großer Handlungsbedarf.

Was Wissenschaftler, Entscheidungsträger und die an konstruktiven Lösungen interessierte Öffentlichkeit tun müssen, ist die kritische Selbstkontrolle bei jedem einzelnen Schritt, der zur notwendigen Realisierung von Untergrunddeponien getan werden muß. Denn das Funktionieren der von uns heute eingerichteten Untergrunddeponien können wir nicht mehr selbst beurteilen, sondern dazu werden erst die nachfolgenden Generationen in der Lage sein. Mit anderen Worten: Mit den Fehlern, die uns heute bei der Einrichtung von Untergrunddeponien unterlaufen, werden die in den kommenden Jahrhunderten lebenden Menschen konfrontiert. Diesen Aspekt dürfen wir bei der Planung und Inbetriebnahme von Untergrunddeponien niemals aus dem Auge verlieren. Daher ist auf der Grundlage fundierter wissenschaftlicher Erkenntnisse die Zusammenarbeit zwischen allen Teilen unserer Gesellschaft gefragt und nicht ein Gegeneinander mit unwissenschaftlichen Argumenten zur Durchsetzung von Gruppeninteressen.

Literatur

Appel D (1989) Das Multibarrierenkonzept bei oberflächennahen Sonderabfalldeponien. Geowissenschaften 7:133−136

Brennecke P, Schumacher J (1990) Anfall radioaktiver Abfälle in der Bundesrepublik Deutschland − Abfallerhebung für das Jahr 1989. Bundesamt für Strahlenschutz, ET 1/90, Salzgitter

Brumsack HJ, Heinrichs H (1984) Potentielle Emissionen einer Müllverbrennungsanlage. In: Arbeitskreis Ökologie (Hrsg) Wohin mit dem Müll? Göttingen, S 25−32

Brumsack HJ, Heinrichs H, Lange H (1984) West German coal power plants as sources of potentially toxic emissions. Environ Tech Lett 5:7−22

Chapman NA, McKinley IG, Hill MD (1987) The geological disposal of nuclear waste. John Wiley, Chichester, 280 p

Ehrlich D, Röthemeyer H, Stier-Friedland G, Thomauske (1986, 1987) Langzeitsicherheit von Endlagern. Atomwissenschaft, Atomtechnik 31:231−236; gleicher Beitrag in PTB informiert, Heft 1/87:2−7

Fyfe WF, Babuska V, Price NJ, Schmid E, Tsang CF, Uyeda S, Velde B (1984) The geology of nuclear waste disposal. Nature 310:537−540

Golubič S, Krumbein W, Schneider J (1979) The carbon cycle. In: Trudinger PA, Swaine DJ (eds) Biochemical cycling of mineral-forming elements. Elsevier, Amsterdam, pp 29−45

Heinrichs H, Brumsack HJ, Lange H (1984) Emissionen von Steinkohle- und Braunkohlekraftwerken in der Bundesrepublik Deutschland. Fortschr Miner 62:79−105

Herrmann AG (1983) Radioaktive Abfälle. Probleme und Verantwortung. Springer, Berlin Heidelberg New York, S 256

Herrmann AG (1987) Untergrund-Deponie anthropogener Schadstoffe. Fortschr Miner 65:307−323

Herrmann AG (1988a) Die Untergrund-Deponie anthropogener Schadstoffe. In: Germann K, Warnecke G, Huch M (Hrsg) Die Erde. Dynamische Entwicklung, menschliche Eingriffe, globale Risiken. Springer, Berlin Heidelberg New York, Tokyo, S 183−200

Herrmann AG (1988b) Die Untergrund-Deponie chemischer und radioaktiver Schadstoffe. Versuch einer quantitativen Beurteilung aus der Sicht der Geowissenschaften. In: Bd 3, Pilotprojekt zu Clausthaler Kursen zur Umwelttechnik, 30.05.−01.06.1988 in Goslar. CUTEC, Forschungsverbund Umwelttechnik der TU Clausthal, S 353−389

Herrmann AG (1988c) Geowissenschaftliche Grundlagen für die langfristig sichere Deponie chemischer und radioaktiver Schadstoffe. In: Bd 7, Deponieren von Abfällen. Clausthaler Kursus zur Umwelttechnik, 17.10.−20.10.1988 in St. Andreasberg, Harz. CUTEC Forschungsverbund Umwelttechnik der TU Clausthal, S 27−66

Herrmann AG (1989) Die Untergrund-Deponie anthropogener Abfälle in marinen Evaporiten. Der Rat von Sachverständigen für Umweltfragen, Wiesbaden, Manuskript (unveröffentlicht), 109 S

Herrmann AG, Knipping B (1988a) Stoffbestand und Langzeitsicherheit von Schadstoffdeponien in Salzstöcken. In: PTB informiert, Heft 1/88:21−30, Braunschweig

Herrmann AG, Knipping B (1988b) Stoffbestand und Langzeitsicherheit von Schadstoff-Deponien in Salzstöcken. In Bd 7, Clausthaler Kursus zur Umwelttechnik, 17.10.−20.10.1988 in St. Andreasberg, Harz. CUTEC Forschungsverbund Umwelttechnik der TU Clausthal, S 349−376

Herrmann AG, Knipping B (1989) Stoffbestand von Salzstöcken und Langzeitsicherheit für Endlager radioaktiver Abfälle. In: PTB informiert, Heft 1/89, 50 S, Braunschweig

Herrmann AG, Brumsack HJ, Heinrichs H (1985) Notwendigkeit, Möglichkeiten und Grenzen der Untergrund-Deponie anthropogener Schadstoffe. Naturwissenschaften 72:408−418

Kautsky H (1982) Ausbreitungsvorgänge künstlicher Radionuklide im Meer. Meerestechnik 13:47−51

Knipping B (1988) Die genetische Interpretation von Salzgesteinskörpern mit Hilfe von Stoffbilanzrechnungen. Fortschr Miner 66, Bh 1:82

Kühn K (1988) Die untertägige Deponie radioaktiver Abfälle in verschiedenen geologischen Formationen und Gesteinsarten. In: Bd 7, Deponieren von Abfällen. Clausthaler Kursus zur Umwelttechnik, 17.10.–20.10.1988 in St. Andreasberg, Harz. CUTEC, Forschungsverbund Umwelttechnik der TU Clausthal, S 201–207

MURL (o.J.) Sonderabfall. Argumente und Informationen, Fakten, Daten, Zahlen. Der Minister für Umwelt, Raumordnung und Landwirtschaft des Landes Nordrhein-Westfalen: Düsseldorf

Nagra aktuell (1987) Nationale Genossenschaft für die Lagerung radioaktiver Abfälle. Baden, Schweiz 7:3

Plate M (1988) Entsorgung unter Tage – Chance zur Lösung von Umweltproblemen Glückauf 124:224–229

Pressemitteilung H. Riesenhuber (1989) Weltweit beachtete untertägige Sonderabfalldeponie in Niedersachsen – Pressemitteilung. Der Bundesminister für Forschung und Technologie, Bonn, 5. Juli 1989

Ringwood AE (1980) Safe disposal of high-level radioactive wastes. Fortschr Miner 58:149–168

Ringwood AE, Oversby VM, Kesson SE (1981) SYNROC: Leaching performance and process technology – In: Proc Internat Seminar on Chemistry and Process Engineering for High-Level Liquid Waste Solidification, held at Jülich, Germany, June 1–5, 1981, vol 1. Kernforschungsanlage Jülich, pp 495–506

Röthemeyer H (1981) Konzepte zur Endlagerung in geologischen Formationen. Proc Internat Seminar on Chemistry and Process Engineering for High-Level Liquid Waste Solidification, held at Jülich, Germany, June 1–5, 1985, vol 2, Kernforschungsanlage Jülich, pp 767–783

Röthemeyer H (1988) Beurteilung der Langzeitsicherheit von Endlagern für radioaktive Abfälle. In: Bd 7, Deponieren von Abfällen. Clausthaler Kursus zur Umwelttechnik, 17.10.–20.10.1988 in St. Andreasberg, Harz. CUTEC, Forschungsverbund Umwelttechnik der TU Clausthal 5:319–347

Röthemeyer H, Closs K-D (1981) High-level waste disposal. Proc In Conf World nuclear energy-accomplishments and perspectives, Washington, DC, Nov 17–21, 1980. American Nuclear Society 37, La Grange Park, Illinois, pp 165–175

Sonderabfall- und Reststoffbestimmungs-Verordnung (1989) SAbS/Rest-Best.-V., Verordnungsentwurf der Bundesregierung. Stand 03.01.1989, WA II 2–530110/8

Sonderabfallarten-Katalog. Entwurf 31.01.1989. Berlin, Umweltbundesamt, Umplist (erscheint als Anhang C zu TA Sonderabfall)

Spies H (1985) Erste Ergebnisse einer Abfallbilanz für die Bundesrepublik Deutschland. Wirtschaft und Statistik 1: 27–34, Kohlhammer, Stuttgart

Spies H (1987) Ergebnisse einer Abfallbilanz für die Bundesrepublik Deutschland für 1984. Statistisches Bundesamt, IV E 41.42. Wiesbaden

Statistisches Bundesamt (1987) Öffentliche Abfallbeseitigung 1984. Fachserie 19, Reihe 1.1. Wiesbaden

Sutter H (1987) Strategien und Verfahren zur Vermeidung und Verwertung von Sonderabfällen. In: Sonderabfallentsorgung in Niedersachen, Dokumentation einer Tagung des Niedersächsischen Umweltministeriums vom 5.–7.5.1987 in Hannover, S 13–38

Wiedemann HU (1988) Untertägige Ablagerung. In: Thomé-Kosmiensky KJ (Hrsg) Behandlung von Sonderabfällen, Bd 2. EF-Verlag für Energie- und Umwelttechnik, Berlin, S 1053–1063

Ist Meeresbergbau vertretbar?
Gefahrenpotential eines künftigen marinen Bergbaus

JÜRGEN SCHNEIDER

„Wenn wir Ökologen es zulassen, daß man unser Wirken auf diesen ... Teil der Kausalkette beschränkt, dann werden wie zu jener Personalgruppe des „Krankenhauses Biosphäre" gehören, die die Unheilbaren registriert und ihre letzten Wege lenkt" (Rupert Riedl 1973 a)

„Der Menschheit steht das Wasser hoch am Hals und wenn der Geruch nicht trügt, handelt es sich zunehmend um Abwasser" (Hubert Markl, in: Der Spiegel, Nr. 53, 28. 12. 1987 Interview, S. 130)

Auf die Vernetzung der Systeme kommt es an

Die niedrigen Weltmarktpreise für verschiedene Rohstoffe seit 1985 machen zur Zeit einen Meeresbergbau z. B. auf Manganknollen oder auf Phosphorite nicht rentabel. Ähnlich ist die Situation bei Kies und Sand sowie bei Zementrohstoffen, die bisher nur in relativ wenigen Gegenden aus dem Meer gewonnen werden. Das könnte dazu verleiten, sich beruhigt zurückzulehnen und sich nicht gerade jetzt mit den potentiellen Gefahren eines Meeresbergbaus zu beschäftigen. Wenn die Preise für Rohstoffe aber wieder steigen werden oder wenn die bisherigen Lieferländer aus politischen Gründen weniger geneigt sein werden, die Industrienationen mit Rohstoffen zu beliefern, dann könnten die Meere mehr als bisher als Rohstofflieferanten herangezogen werden (s. u.).

Mariner Bergbau wirft nicht nur geowissenschaftliche, ökonomische, technische und politische Probleme auf. Das Gefahrenpotential beschränkt sich zudem nicht allein auf die marinen Ökosysteme. Auch die Konsequenzen für die Land-Ökosysteme und für die langfristigen ökonomischen und sozialen Auswirkungen im nationalen und internationalen Rahmen müssen bedacht werden. Eine Betrachtung des gesamten Problemkreises „Störung der Eigendynamik des Ökosystems Erde durch den Menschen" ist erforderlich. Gerade Naturwissenschaftlern mit ihrem Anspruch der Erklärung der Natur und speziell Geowissenschaftlern, vertraut mit der Jahrmillionen Jahre alten Geschichte des Planeten Erde, stellt sich dann die Frage nach der Mitverantwortung für die Zukunftsvorsorge (vgl. z. B. Schneider 1977, 1987; Kasig 1979; Kasig und Meyer 1984; Königsson 1987; Dürr 1988). Zukunftsvorsorge kann nicht nur darin bestehen, für immer weiter steigendes Wirtschaftswachstum und die sich daraus ergebende notwendige Umweltschutztechnologie die erforderlichen Ressourcen zu beschaffen. Angesichts der für die natürliche und soziale Umwelt des Menschen immer bedrohlicheren globalen Situation ist die Verantwortung weiter zu fassen als bisher üblich (vgl. z. B. die Studie „Global 2000"; 1980; die Studien des UN Environmental Program UNEP 1983; Brown 1987, 1989). Das Bewußtsein für regionale und globale Umweltprobleme ist zwar in den letzten Jahren gestiegen, es werden daraus aber immer noch nicht die notwendigen umfassenden Konsequenzen gezogen. Dabei geht es nicht um die einfache Alternative: so weitermachen wie bisher oder sofort aufhören. Es geht nicht um die Frage Ökonomie contra Ökologie. Ökonomie und Ökologie müssen eine „Koalition" eingehen, auch wenn das beiden unangenehm ist (Huber 1982). Interdisziplinäre Umweltforschung muß wesentlich weiter gesehen werden, als das im Rahmen von gelegentlich schon durchgeführten Umweltverträglichkeitsprüfungen bisher erfolgt ist. Was wir brauchen, ist nicht nur eine sog. Technikfolgen-Abschätzung, sondern multidisziplinäre Technikfolgen-Forschung in umfassendem Sinne. Dabei sollten Geowissenschaftler sich durchaus verstärkt als „Avantgarde für die Zukunftsplanung" sehen und gefordert fühlen, wie es Lüttig (1976) ausdrückte.

Nicht nur die relativ kleine Gruppe der „Verantwortlichen", sondern jeder einzelne muß lernen – auf multidisziplinäre Weise in vernetzten Systemen – naturwissenschaftlich, ökonomisch, sozial zu denken, zu planen und zu handeln und mit diesen Systemen umzugehen (z. B. Vester 1978, 1980; Rifkin 1982; Laistner 1986; von Weizsäcker 1989). Dabei sollte auch nicht aus den Augen gelassen werden, daß eine wachsende Bedrohung für das Überleben durch steigende Bevölkerungszahlen und vor allem durch steigende Ansprüche und damit steigende Umweltbelastungen und -zerstörungen zugleich wachsendes Konfliktpotential zwischen Nord und Süd ebenso wie zwischen Ost und West und damit steigende Kriegsgefahr bedeutet.

Kritische Bestandsaufnahmen zur bestehenden Situation und warnende Überlegungen zu möglichen Folgelasten menschlichen Handelns dürfen nicht einfach als Technik- oder Fortschrittsfeindlichkeit abgetan werden. Das wäre so, als wenn Berichte über ein Zugunglück oder über die Gefahren von Raserei auf Autobahnen als Eisenbahn- oder Autofeindlichkeit abgestempelt würden.

Die Funktion des Globalen Systems

Seit rund 4 Milliarden Jahren hat das System GAIA – dieses vernetzte und negativ rückgekoppelte Ökosystem aus geologischen Gegebenheiten und Prozessen und der Biosphäre auf der Erde – überlebt (Riedl 1973a, b; Lovelock und Margulis 1974; Margulis und Lovelock 1974; Garrels et al. 1976; Odum 1980; Schneider 1987, 1990a, b). Die biologische Evolution war gemächlich und paßte sich den natürlichen Stoffkreisläufen an. In Prozessen, die zur Entwicklung von Leben führen und Leben erhalten, wird ständig neue Ordnung aufgebaut – „Negentropie" (Riedl 1973b; Schidlowski 1985; Schneider 1987). Evolution baut Ordnung durch Aufnahme von Energie und Materie aus der Umwelt auf (Sonnenenergie und Ressourcen der Erde). Dies geschah im Laufe der Geschichte des Lebens seit fast 4 Milliarden Jahren meist im Gleichgewicht mit der Umwelt.

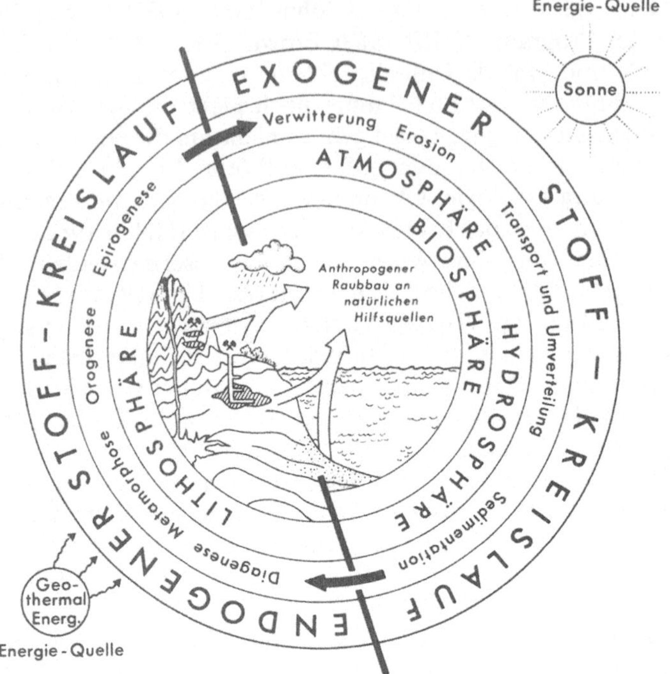

Abb. 1. Die Systemzusammenhänge zwischen exogenem und endogenem Stoffkreislauf und dem durch den Menschen verursachten Raubbau an den natürlichen Hilfsquellen. (Aus Schneider 1980)

Exogener und endogener Stoffkreislauf befinden sich, über die Zeit gemittelt, in einem Zustand des „steady state", einem Fließgleichgewicht (Abb. 1). Der exogene Kreislauf (Energiequelle: Sonne) sorgt dafür, daß über Verwitterung und Erosion ständig neues Material in partikulärer und gelöster Form in Umlauf gesetzt wird. Der endogene Kreislauf (Energiequelle: Restenergie aus der Bildungsphase unseres Planeten, radioaktiver Zerfall) sorgt dafür, daß ständig neues Gesteinsmaterial an die Erdoberfläche gehoben wird und dem exogenen Kreislauf und damit der sich entwickelnden Biosphäre zur Verfügung steht. Endogener und exogener Kreislauf der Gesteine und Stoffe bestehen seit mehr als 4 Milliarden Jahren in diesem Fließgleichgewicht, welches wir erst allmählich zu verstehen und quantitativ zu erfassen beginnen. Zum Verständnis unserer Situation als Menschheit ist dies aber wichtig zu wissen. Die stete Nachlieferung aller für das Leben wichtigen Nährstoffe und der vielfältigen lebenswichtigen Spurenelemente wurde allein durch dieses Gleichgewicht von exogenem und endogenem Stoffkreislauf bestimmt und aufrechterhalten. Alle Organismen hatten sich zu allen Zeiten der Erdgeschichte im Verlauf der Evolution auf die natürlichen Flußraten einzustellen. Überleben war immer nur möglich durch Anpassung der Bedürfnisse an die natürlichen Flußraten. Die geologischen Kreislaufprozesse und die Biosphäre bildeten demnach ein wohlausgewogenes, sogenanntes negativ rückgekoppeltes System, also ein funktionierendes Ökosystem. Kooperation unter den Lebewesen und nicht Dominanz, Anpassung an die natürlichen Kreisläufe und nicht Verschwendung war in der ganzen Geschichte des Lebens auf der Erde stets das Erfolgsrezept für Höherentwicklung und Überleben.

Die Biosphäre kannte somit keine Rohstoff- und Abfallentsorgungsprobleme. In den letzten „Sekunden des Evolutionstages" erschien der Homo „sapiens" in diesem fein abgestimmten System. Erst der Mensch steigerte das Tempo der Veränderungen revolutionär und brach damit gewissermaßen aus dem natürlichen Gleichgewicht aus, indem er der Erde die für seine Zivilisation nötigen Hilfsquellen schneller entriß, als es den natürlichen Flußraten entspricht. Die menschliche Zivilisation baute ihre „Ordnung" mehr und mehr auf dem Raubbau an den natürlichen Hilfsquellen auf, schaffte dabei aber immer mehr Unordnung (Entropie) in ihrer Umwelt (Cloud 1980) (s. u.). Dies geschah zwangsläufig, wenn auch vielleicht zunächst unbewußt, ohne Einsicht in die weitreichenden und wachsenden negativen Folgen, von denen wir heute zunehmend betroffen sind.

Der Mensch bewirkte, besonders seit der Industriellen Revolution, größere Veränderungen in der belebten und unbelebten Umwelt als alle Umwälzungen („global events") zuvor in der Erdgeschichte (Myers 1985; Walliser 1986). Nie vorher gab es so deutlich meßbare und sichtbare Veränderungen natürlicher Stoffkreisläufe durch den Menschen: Verstärkung der Erosion und Klimaveränderungen durch Waldvernichtung, Artenausrottung, Belastung der Umwelt mit einer Unzahl von neuen Stoffen, deren synergistische, d. h. zusammenwirkende, Effekte in der Natur meist so gut wie völlig unbekannt sind, CO_2-Problem, Ozonabbau, Belastung der Atmosphäre mit Radioaktivität, mit Säuren, Pestiziden und Schwermetallen und damit Schädigung der Böden, der Oberflächengewässer und der Grundwässer, Waldsterben, bedrohlich steigende Abfall- und Abwasserprobleme, Erosion von Böden, Wüstenbildung — um nur einige Beispiele zu nennen —, von den Problemen der Überbevölkerung, des Hungers und der Not und von Kriegen ganz zu schweigen. Nie zuvor hat der Mensch ein solches Massensterben verursacht wie heute. Mehr als 12 Tier- oder Pflanzenarten sterben pro Tag aus, und wenn wir so weitermachen, wird am Ende dieses Jahrhunderts mindestens stündlich eine Tier- oder Pflanzenart aussterben. Dann werden bis zu 2 Millionen Arten unwiederbringlich ausgerottet worden sein, oft bevor ihre Einordnung und ihre Funktion in den Ökosystemen, geschweige denn ihr potentieller Nutzen, für uns überhaupt bekannt wurde (Global 2000 1980; Ehrlich und Ehrlich 1983; UNEP 1983; Schneider 1986).

Was haben Bruttosozialprodukt, Ökonomie und Entropie miteinander zu tun?

Ursachen dieser bedrohlichen Situation sind das exponentielle Wachstum der Erdbevölkerung und ihre steigenden Bedürfnisse und Ansprüche, die besonders in den Industrieländern aus Profitgründen angeheizt werden. Die „Zivilisationsmaschine" (Abb. 2) soll immer schneller laufen (Stumm und Davis

1974; Binswanger et al. 1978; Schneider 1987). Materie und Energie treten aus der Natur in den ökonomischen Prozeß unserer „Wachstumsgesellschaft" (d. h. in unsere Zivilisationsmaschine) in einem Zustand niederer Entropie, also hoher Ordnung, ein und verlassen ihn wieder in die Natur in einem Zustand hoher Entropie, also hoher Unordnung. Hochwertige Energieträger (z. B. Gas, Kohle, Erdöl) und hochprozentige Erze haben eine niedere Entropie, also eine hohe Verwertbarkeit. Die während oder nach dem Durchlaufen des Wirtschaftsprozesses entstandene Abwärme (die letztlich in den Weltraum abstrahlt) und die entstandenen Abfälle (häufig gasförmige, flüssige, feste Schadstoffe) haben eine hohe Entropie, also niedere Verwertbarkeit. Wir versorgen uns also in steigendem Ausmaß aus der Natur und entsorgen unsere wachsenden Abfälle in die Natur.

Die heute betriebene Ökonomie ist eine „Durchfluß-Ökonomie", die auf dauerndes Wachstum, d. h. auf ständig steigendes Tempo drängt (Abb. 2). Sie basiert auf der Grundannahme der „freien Güter" (Wasser, Luft, Land), der nahezu unbegrenzten Energie- und Materialressourcen und der nahezu unbegrenzten Senken für die Abfälle (Atmosphäre, Land, Flüsse, Seen, Meere). In den letzten Jahren wird diese Grundannahme wegen der allmählichen Erkenntnis globaler Folgen (z. B. Klimaveränderungen, Ozonloch) auch von Politikern und Ökonomen kritischer gesehen. Der Zwang zum Kapitalumschlag führt

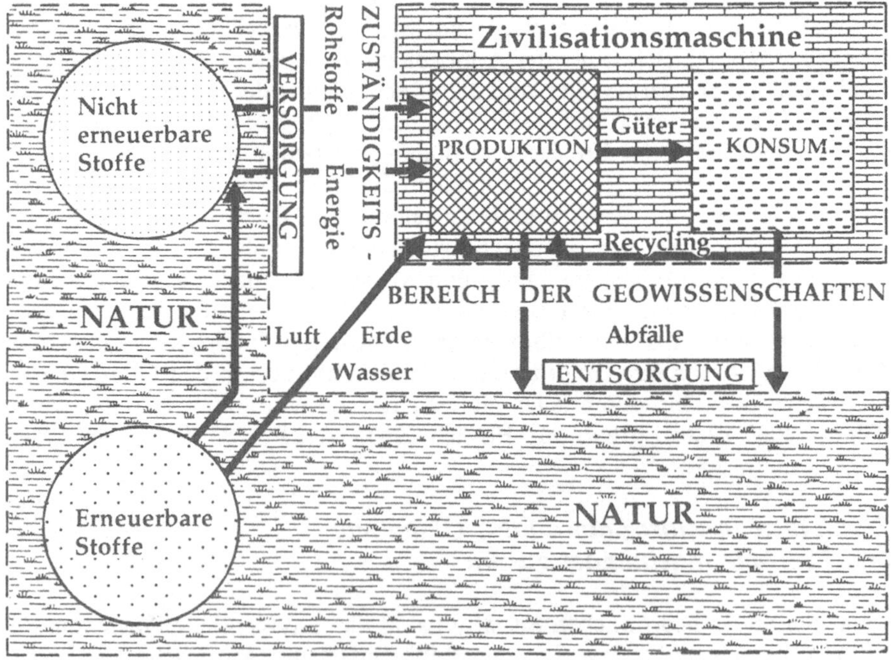

Abb. 2. Beziehungen zwischen Natur und der „Zivilisationsmaschine" und der Verantwortungsbereich der Geowissenschaften. (Nach Binswanger et al. 1979)

aber immer noch zur Produktionssteigerung, diese zur Steigerung des Kapitalertrages und damit wiederum zu weiterem Kapitalumschlag. Daraus folgt natürlich eine autokatalytische Beschleunigung des Ressourcenverbrauches und damit ständig wachsender Umweltbelastung. Damit verursacht diese „Spirale" eine ständige Erhöhung der Entropie im Gesamtsystem Erde (Kummert und Stumm 1989).

Die Entropie eines Systems ist ein Maß für fehlende Information und Ordnung, d. h. sie ist ein Maß für Unordnung. Nach dem ersten Hauptsatz der Thermodynamik bleiben Energie und Materie quantitativ immer gleich. Es könnten demnach die Ressourcen auf unserer Welt nie ausgehen. Mit genügend Energieaufwand könnten sämtliche Stoffe aus „jedem Dreck" gewonnen oder auch aus Abfällen zurückgewonnen werden. Nach dem zweiten Hauptsatz der Thermodynamik aber, dem Entropiesatz, bleiben Energie und Materie qualitativ nicht gleich. Unsere Zivilisationsmaschine hinterläßt nämlich immer mehr Abfälle (Abfallwärme, dissipativ in der Umwelt verteilte Stoffe als Schadstoffe), je mehr wir das Wirtschaftswachstum antreiben, d. h. je schneller die Maschine läuft. Die dissipative Verteilung von Abwärme und Abfall in der Natur und damit die Zunahme der Umweltbelastung sind unvermeidliche und logische Folge der ständigen Entropiezunahme. Nur energetisch gesehen, in bezug auf die Sonnenenergie, ist die Erde ein offenes System.

Man kann zwar durch technischen Aufwand z. B. die Verschmutzung eines Gewässers (seine Entropie) verringern, aber nur, wenn die Entropie in der Umgebung zunimmt. Gemäß dem Entropiesatz bedeutet jede technische Umweltschutzmaßnahme eine erneute Energie- bzw. Materieumwandlung. Dadurch wird wiederum die Entropie vergrößert, so daß netto die Unordnung, d. h. die Verschmutzung zunimmt (Schneider 1987; Kummert und Stumm 1989). „Endof-pipe-Maßnahmen", Filter, Kläranlagen, Müllverbrennungsanlagen etc., also technische Umweltschutzmaßnahmen am Ende des Wirtschaftsprozesses, brauchen wesentlich mehr Energie, Arbeit, Kapital und Ressourcen als Maßnahmen an der Quelle, die auf Vermeidung ausgerichtet sind. Umweltschutz durch modernste Technologien ist zwar eine wichtige Forderung, aber diese Maßnahmen helfen auf Dauer nichts, wenn die Zivilisationsmaschine weiterhin immer schneller läuft, d. h. wenn wir weiter auf exponentiellem Wirtschaftswachstum beharren. Es ist also illusorisch, mit immer mehr technischem Aufwand die durch die Verschwendung entstandene Umweltverschmutzung zu bekämpfen. Technologischer Umweltschutz ohne quantitativen Wachstumsverzicht führt zwangsläufig beschleunigt in die Katastrophe. „Darauf zu hoffen, daß sich der zweite Hauptsatz (der Entropiesatz) einmal umkehren könnte, daß sich also Unordnung von selbst in Ordnung verwandeln könnte, ist so naiv, wie wenn man in der sonnenbeschienenen Wüste vor einer Flasche Bier sitzen würde und darauf warten würde, daß das Bier gefriert" (Ehrlich et al. 1977).

Die Belastungen der Natur und der Volkswirtschaften mit den Abfällen aus der „Zivilisationsmaschine" werden weltweit immer weniger tragbar (Faber et al. 1983; Herrmann 1983, 1987; Herrmann 1985 et al.). Dabei spielt eine nicht unbedeutende Rolle, daß immer noch das Bruttosozialprodukt (BSP) als Summe aller wirtschaftlichen Leistungen angesehen wird. Dabei ist dies ein durchaus problematischer und fragwürdiger, ja ungeeigneter Maßstab. Die Höhe des BSP ist unabhängig davon, ob eine Hebung oder eine Senkung der Lebens- oder Umweltqualität stattgefunden hat (Faber et al. 1983; Leipert 1988). Die noch immer ständig geforderte traditionelle Wachstumsorientierung steht im Widerspruch zu dem Ziel einer naturverträglichen Wirtschaft. Leipert (1988, S. 652) nennt dies die „Naturvergessenheit der ökonomischen Theorie". Die Naturvergessenheit der geltenden und herrschenden Ökonomie rächt sich zunehmend bitter, obwohl oder gerade weil es uns in den westlichen Industrieländern momentan wirtschaftlich noch so gut geht.

Aber wir beten das exponentielle Wachstum des BSP weiterhin wie das goldene Kalb an. Hans-Peter Dürr hat dieses Verhalten mit einem Menschen verglichen, der von einem Hochhaus stürzt und immer schneller wird. Das läßt sich weiterspinnen: Noch im Vorbeifliegen am 3. Stock verkündet der Mensch jubelnd, es sei doch bisher alles gut gegangen. Und viele, die uns fliegen sehen, haben das dringende Bedürfnis hinterherzuspringen, weil sie den Jubelrufen des ersten Rasenden kritiklos vertrauen. Dabei ist es nur eine Frage der Zeit, wann der rasende Flug zu Ende ist mit allen Folgen, deren Vorboten die Warner schon seit langem viel deutlicher sehen als die Jubler (Schneider 1990b). Angesichts der Folgen unserer Handlungen für die kommenden Generationen und für die restlichen drei Viertel der Menschheit ist die Bedenkenlosigkeit, mit der in den reichen Industrieländern mit den Gütern der Natur umgegangen wird, als asozial zu bezeichnen. Wir in den reichen Industrieländern müssen umdenken und umschalten, auch um ein neues, besseres Vorbild zu geben. Wir müssen Schluß machen mit der Verschwendung von Gütern und Energie, mit der Ausbeutung der Natur und der Ausbeutung von Rohstoffe liefernden Entwicklungsländern. Und wir müssen endlich Schluß machen mit der ungeheueren Verschwendung von geistigen und materiellen Ressourcen für überzogene Rüstungszwecke, dem Rüstungswahnsinn, der höchstens noch der Darstellung von Dominanz oder der gewaltsamen Sicherung von Rohstoffen für weiteres und zerstörerisches ökonomisches Wachstum dient (Schneider 1990b).

Ohne Rohstoffe geht es nicht, aber −

Die Menschheit insgesamt, besonders aber die industrialisierten Länder, befinden sich zunehmend in einem Konflikt zwischen der Befriedigung von wirtschaftlichen Wachstumsansprüchen und ihrer verantwortbaren Erfüllbarkeit. Die Natur ist eben nicht ein grenzenlos verfügbares Ressourcenkabinett für die Befriedigung von ständig steigenden materiellen Bedürfnissen der Menschen.

Das wirtschaftliche Wachstum bringt ein Anwachsen des Bedarfs an Rohstoffen mit sich, soweit nicht Substitute für bestimmte Rohstoffe gefunden werden bzw. durch Recycling der exponentiell steigende Bedarf an natürlichen Rohstoffen ein wenig verringert wird oder − was einzig sinnvoll ist − ein sparsamerer Umgang mit Ressourcen sich durchsetzt, wie es auch Albert G.

Herrmann in seinem Beitrag fordert. Rohstoffe wurden und werden aber noch in exponentiell steigendem Maße abgebaut und als Grundlage des technischen Fortschritts verbraucht. Recycling ist zwar durchaus sinnvoll zur Streckung der Vorräte, verringert aber nur scheinbar die Entropie und bringt allein eine kaum merkbare Schonung der Rohstoffe (Stumm und Davis 1974; Schmitt-Tegge 1984; Meinig 1986). Nur gleichzeitiges Einfrieren der Verbrauchszunahme und Steigerung der Lebensdauer der Produkte bringen spürbare Entlastung. Die Fragen des „Energieinhaltes" von Rohstoffen (Reicherze: niedere Entropie; Armerze: hohe Entropie) müssen viel mehr als bisher beachtet werden (Bender 1976, Cloud 1977; von Engelhardt 1976, 1981; Zorn 1979; Global 2000 1980, S. 491; Schneider 1980, 1987, 1988; Rifkin 1982). Die Reserven an Rohstoffen sind aus geologischen, geographischen und politischen Gründen nicht mit absoluter Sicherheit zu bestimmen, wie dies manchen Leuten nach den ersten Studien des Club of Rome schien (Meadows et al. 1972). Außerdem muß natürlich immer die dynamische Lebensdauer der vorhandenen Reserven berechnet werden, welche auch den wachsenden Bedarf und Anspruch an Ressourcen der Entwicklungsländer, besonders der sogenannten Schwellenländer berücksichtigt. Steigender Abbau und Verbrauch immer ärmerer Reserven hat zwangsläufig steigenden „Verbrauch" an Kapital, Arbeit und Energie, aber auch steigende Mengen an Abfall, Abwasser, Abwärme, Abgasen, also an wachsender Umweltbelastung und damit Entropie-Zunahme zur Folge. Die Umweltbelastungen können dann nur durch weiter steigende und immer teurere technische Maßnahmen reduziert werden.

Die Grenzen der technischen Machbarkeit sind bereits erreicht bzw. in manchen Fällen sogar deutlich überschritten. Nicht nur die absolute Menge an verfügbaren, ökonomisch erschwinglichen endlichen Ressourcen stellt eine Grenze für künftiges Wirtschaftswachstum dar, sondern es müssen auch die mittel- und langfristigen ökonomischen und ökologischen Kosten und Lasten der Zerstörung natürlicher und sozialer Umwelt in künftige Überlegungen und Planungen mit einbezogen werden.

Aus politischen, ökonomischen und militärischen Gründen sollte ein Abbau mariner Lagerstätten künftig nur dann denkbar sein, wenn die Landlagerstätten aus geographischen oder politischen Gründen nicht mehr so relativ einfach wie früher ausbeutbar sind. In den teilweise undifferenzierten Jubelgesang über die Entdeckung neuer mariner Rohstoffvorkommen müssen allerdings einige ernst zu nehmende kritische Begleittöne gemischt werden. Meere sind nämlich Regionen, in denen jede Gewinnung von Rohstoffen Schäden anrichtet, die weit über die eigentliche Abbauregion hinausgehen können.

Auch Ozeane und Meeresböden sind Ökosysteme

Das Meer und die Meeresböden sind sehr differenzierte Ökosysteme (Ott 1988). Küsten- und Schelfmeere sind besonders dicht und diversifiziert besiedelt. Heute sind diese Meeresteile erheblich belastet und bedroht, wie dies z. B. bei der Nordsee, der Ostsee, der Adria oder dem Persischen Golf deutlich sichtbar ist.

Auch die Tiefsee ist alles andere als eine biologische Wüste, obwohl ihre Produktivität meist um ein bis zwei Zehnerpotenzen geringer ist als die der Schelfe. Sie ist vielmehr ein besonders empfindliches Ökosystem, über das wir allerdings im einzelnen noch viel zu wenig Bescheid wissen. Mangel an Wissen und Kenntnissen darf aber nicht zu dem Schluß führen, daß man schon keinen Schaden anrichten werde. Mehr als 2000 Fischarten sind heute aus der Tiefsee bekannt, von der Diversität der vielen Makro- und Mikroorganismen einmal ganz abgesehen, die in diesem empfindlichen Ökosystem ihre meist noch unbekannte Rolle spielen (Thiel 1981; Ott 1988, S. 279). Die biologische Aktivität der Tiefsee spielt sich unter Extrembedingungen ab, die gekennzeichnet sind durch ständige Dunkelheit, Temperaturen um $1-2\,°C$ und Drucken von 500 bar. Das geringe Nahrungsangebot solcher Lebens- und Umweltbedingungen stützt sich auf eine subtile Nahrungskette, die mit Bakterien, Pilzen und Vielzellern (<1 mm) beginnt (Thiel 1973, 1978; Thiel und Schneider 1988). Wenn in der Tiefsee ein System gestört oder zerstört ist, dann bleibt vorerst nur die durch wissenschaftliche Untersuchungen nicht abgesicherte Hoffnung auf eine wie immer geartete „Selbstheilung". Wie diese aussehen könnte, wie lange Zeit sie in Anspruch nehmen würde, ja ob sie überhaupt existiert, ist bisher nicht vorhersagbar. Dazu fehlen uns noch die Kenntnisse. DISCOL (Disturbance and recolonization experiment in the South Pacific), ein seit 1989 angelaufenes Forschungsprojekt zur Untersuchung des Einflusses von Meeresbergbau auf den Tiefseeboden, läßt dazu einige neue und wichtige Erkenntnisse erwarten (Thiel und Schriever 1989).

Trotz intensiver und aufwendiger Erforschung der Meere und Ozeane in den letzten Jahrzehnten sind die Kenntnisse über die ökologischen Zusammenhänge in den Ozeanen noch recht unvollständig. Dies gilt für die Zusammensetzung von Lebensgemeinschaften und Nahrungsketten in der Tiefsee und den Schelfmeeren sowie für das Verhalten und die Verschiebung von Strömungen im Verlauf der Jahreszeiten, aber auch für die Austauschvorgänge zwischen Tiefsee und Oberflächenzonen in den Auftriebsgebieten, in denen bevorzugt an den Westküsten der Kontinente durch das Zusammenspiel von großen Windsystemen und der Corioliskraft auf den Schelfen nährstoffreiches Tiefenwasser aufteigt und hohe biologische Produktion bedingt. „Ein quantitatives Verständnis selbst der einfachen Ökosysteme ist noch in weiter Ferne" und „wir müssen noch viel mehr lernen über die Beziehungen zwischen Meeresbiologie und -chemie, über physiologische Vorgänge und sogar über das Verhalten der Meerestiere. Welche Herausforderung selbst für den offenen Ozean, mehr noch für die weniger bekannten Ökosysteme der hohen Breiten oder der Tiefseeböden oder für die so drastisch wechselnden Bedingungen an unseren Küsten" (Seibold 1983, S. 272). An der Richtigkeit dieser Aussage hat sich bis heute nichts geändert.

Heute wissen wir, daß viele Prozesse der Lagerstättenbildung eng verbunden sind mit den biologischen Aktivitäten, den biogeochemischen Kreisläufen und der physiologischen Leistung einzelner Organismen sowie komplexer Biozönosen von Makro- und Mikroorganismen im Wasserkörper bzw. an den Grenzflächen Sediment/Wasser (Bentor 1980; Giresse 1980; Schneider 1981 a; Thiel u.

Schneider 1988). Das klassische Beispiel ist die Manganknollenbildung in der Tiefsee, aber dies gilt ebenso für Phosphorite auf den Schelfgebieten, die von dem nährstoffreichen Tiefenwasser in den Auftriebsgebieten profitieren. Biogene Anreicherung von Elementen über die Nahrungsketten spielen eine bedeutsame Rolle (Greenslate et al. 1973; Boström et al. 1974; Larock und Ehrlich 1975; Schütt und Ottow 1978; Halbach und Özkara 1979; Hartmann 1979; Halbach 1981; Schneider 1981 a, b; Ottow 1983; von Stackelberg 1986; Thiel und Schneider 1988). Die Genese dieser Lagerstätten ist also nicht ohne den ökologischen Kontext verständlich. Infolgedessen müssen bei der Betrachtung von Lagerstätten des Meeres und ihrer Ausbeutung die ökologischen Voraussetzungen und Konsequenzen einer zu erwartenden mittel- und langfristigen Störung des engeren und weiteren Umfeldes umfassend und sorgfältig bedacht und untersucht werden. Dies ist in Binnen-, Schelf- und Randmeeren und in Ozeanen umso wichtiger, da Umweltschädigungen durch einen Bergbau nicht nur den Meeresboden und seine Bewohner, sondern den gesamten Wasserkörper und die darin lebenden Organismen betreffen. Wegen der Besonderheit der marinen Ökosysteme und ihrer unterschiedlich langen Reaktionszeit auf potentielle Schädigungen können negative Beeinflussungen der Umwelt lange Zeit unbemerkt bleiben. Aus den Erkenntnissen und Ergebnissen bisheriger und künftiger Untersuchungen müssen dann unter Hintanstellung rein ökonomischer Gesichtspunkte die notwendigen Konsequenzen gezogen werden, selbst wenn diese den Verzicht auf die Nutzung bedeuten würden.

Die wirtschaftlich-rechtliche Aufteilung der Meere

Durch die 9 Jahre dauernden Seerechtskonferenzen und die 1982 endlich unterschriftsreife UN-Seerechtskonvention kam es zur bisher umfangreichsten Aufteilung der Erdoberfläche, welche in der Menschheitsgeschichte je durchgeführt wurde (von Vitzthum 1981, 1982; Studier 1982). Jeder Küstenstaat erhält danach eine Hoheitszone von 12 Seemeilen und eine ausschließlich ihm zugeordnete Wirtschaftszone mit nationaler Ressourcenjurisdiktion von mindestens 200 Seemeilen (Abb. 3). Das hat besonders brisante Bedeutung: 80–90% der Fischfänge der Welt und 30% der Weltölförderung stammen aus diesen Wirtschaftszonen, 90% der Offshore-Ölreserven, alle Vorkommen von Phosphoriten und 10% der Manganknollenvorkommen liegen in diesen ausschließlichen Wirtschaftszonen.

Die Aufteilung der Meere kann zu grotesken Situationen führen: Im Dezember 1987 meldete die Süddeutsche Zeitung, daß Japan dabei sei, eine wenige Quadratmeter große, gerade durch Vulkanismus entstandene Basaltinsel mit Betonarmierungen gegen Wellenerosion zu schützen, weil das Gebiet 200 Seemeilen um die Insel herum dann zu Japans nationaler Wirtschaftszone gehört. Diese künstliche Insel ist inzwischen mit einem Aufwand von 333 Mio. Mark gebaut worden (Der Spiegel 8, 19. 2. 1990, S. 173).

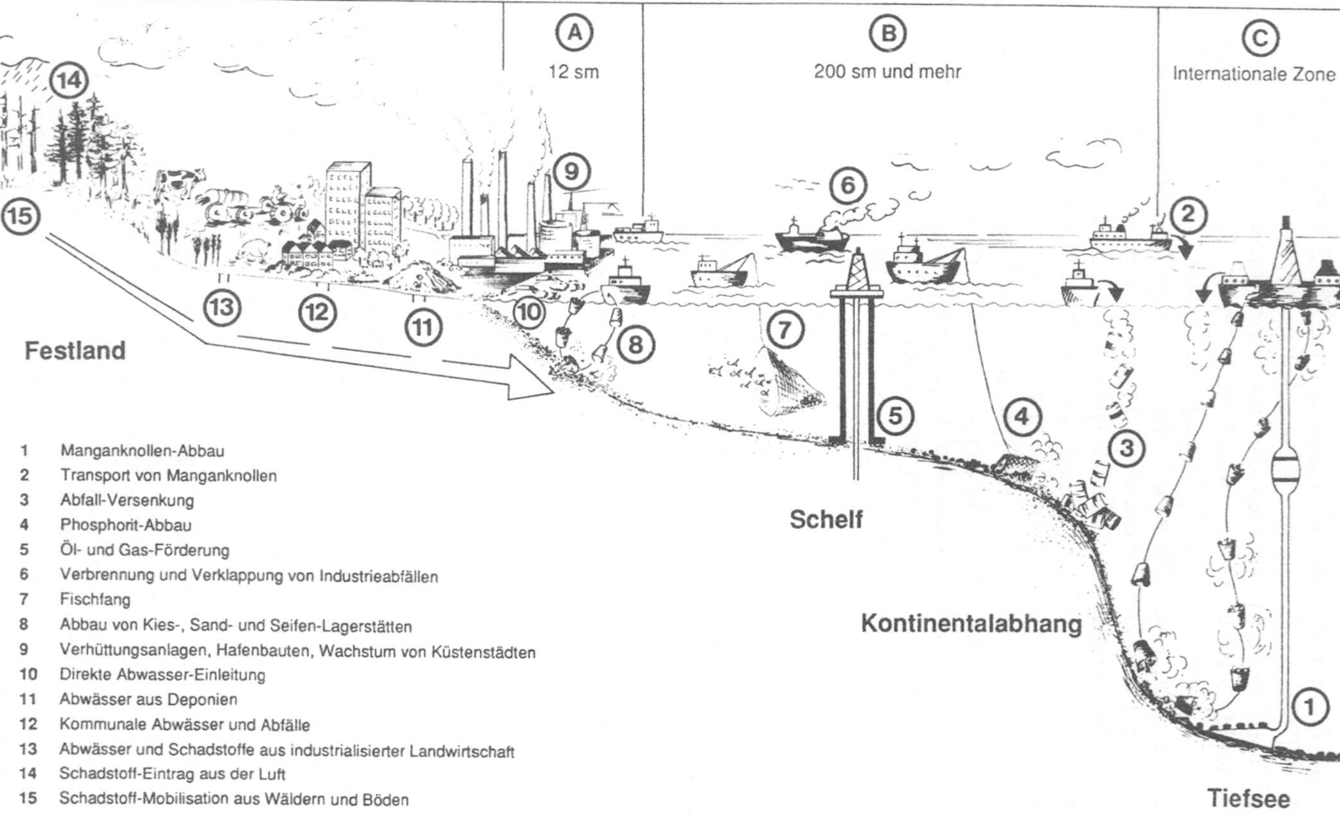

1   Manganknollen-Abbau
2   Transport von Manganknollen
3   Abfall-Versenkung
4   Phosphorit-Abbau
5   Öl- und Gas-Förderung
6   Verbrennung und Verklappung von Industrieabfällen
7   Fischfang
8   Abbau von Kies-, Sand- und Seifen-Lagerstätten
9   Verhüttungsanlagen, Hafenbauten, Wachstum von Küstenstädten
10 Direkte Abwasser-Einleitung
11 Abwässer aus Deponien
12 Kommunale Abwässer und Abfälle
13 Abwässer und Schadstoffe aus industrialisierter Landwirtschaft
14 Schadstoff-Eintrag aus der Luft
15 Schadstoff-Mobilisation aus Wäldern und Böden

Abb. 3. Gefährdungsbereiche im Gefolge von Meeresbergbau; mögliche Grundlage für eine vernetzte Systemanalyse. Bereiche *A – C*: Aufteilung der Meereszonen als Ergebnis der UN-Seerechtskonvention; *A* 12-Seemeilen-Hoheits-Zone; *B* minimal 200 Seemeilen, ausschließliche Wirtschaftszone; *C* internationale Zone, der UN-Behörde („seabed authority") unterliegend

Fragwürdig: Umweltverträglichkeit von marinem Bergbau

Die Umweltverträglichkeit des marinen Bergbaus muß in einem weiteren Kontext als bisher üblich gesehen werden. Im Gegensatz zum Landbergbau gibt es im marinen Bergbau keine nur lokal begrenzbaren Umweltschäden. Die schädlichen Auswirkungen sind weitaus umfassender. Erschwerend kommt hinzu, daß der marine Bergbau ja nicht die einzige belastende menschliche Aktivität in den Ozeanen und Meeren ist. Zum Verständnis des Gesamtzusammenhangs „Ökosystem Erde — Mariner Bergbau" wird in Abb. 3 und den folgenden Ausführungen ein Szenario entwickelt, das alle Gefahrenpotentiale eines künftigen Meeresbergbaus in ihrer gesamten Komplexität und Brisanz verdeutlicht.

Manganknollenabbau soll künftig vor allem im Bereich der internationalen Zone, außerhalb der 200-Seemeilen-Zone, erfolgen dürfen (Position 1 in Abb. 3). Der in den letzten 1 1/2 Jahrzehnten intensiv untersuchte Bereich mit besonders wertmetallreichen Knollen liegt südöstlich von Hawaii, zwischen der Clarion- und der Clipperton-Bruchzone, d. h. zwischen 5–20° nördlicher Breite und 115–160° westlicher Länge in einer durchschnittlichen Wassertiefe von 5000 m (Halbach et al. 1988). Die mittleren Gehalte der strategisch wichtigen Metalle, die besonders auch in der Rüstungsindustrie eine essentielle Bedeutung haben, betragen für Kupfer 1,3%, Nickel 1,4%, Kobalt 0,5% und Mangan 30%. In diesem Gebiet konzentrieren sich zur Zeit die Bemühungen verschiedener Industrienationen, u. a. um sich die Rechte für einen Abbau zu sichern. Dieser soll beginnen, sobald die Metallpreise auf dem Weltmarkt eine wirtschaftlich vertretbare Ausbeutung erlauben und sobald bestimmte internationale rechtliche Fragen gelöst sind, die u. a. mit der Neuverteilung der Meere zusammenhängen, wie sie auf der UN-Seerechtskonferenz beschlossen wurden. Die ersten vier Nationen haben sich bereits 1987 bei der Internationalen Meeresbergbau-Behörde Abbaurechte sichern lassen: Indien, Japan, Frankreich und die UdSSR (UNESCO 1988).

Der Abbau selbst, der im offenen Pazifik stattfinden soll, wird auf dem Tiefseeboden, im Wasserkörper und in den Oberflächengewässern in seinem Ausmaß schwer vorhersagbare, aber sicher nicht zu vernachlässigende ökologische Belastungen und Schädigungen mit sich bringen (Amos et al. 1973, 1977; Ozturgut et al. 1978; Jenkins et al. 1981; Moore 1981; Schneider 1988 s. Position 1 in Abb. 3; Schneider und Thiel 1988). Die bisherigen Untersuchungen am Meeresboden reichen noch nicht aus, um die Folgelasten genauer abschätzen zu können (Spiess und Greenslate 1976; s. auch Report von Tilot 1988). Der erste Abbauversuch 1978 im Pazifik durch ein internationales Joint-venture unter Beteiligung der Arbeitsgemeinschaft „Meerestechnisch gewinnbare Rohstoffe" war ein ganz geringfügiger Eingriff im Vergleich zu einem geplanten Großabbau durch verschiedene multinationale Konzerne (s. Bräutigam 1979; König 1979). Weitere ökologische Probleme ergeben sich aus dem Abstoßen toxischer Knollenabfälle, die aus den Transportschiffen während der Fahrt zwischen dem Abbauschiff und der Landstation in die Oberflächenwässer abgegeben werden sollen (Position 2 in Abb. 3) An Land werden Verhüttungsanlagen entstehen müssen (Position 9 in Abb. 3), welche außer viel Platz große und effektive Energieerzeugungsanlagen benötigen. Aus der Aufbereitung würden Millionen von Tonnen an problematischem Abraum pro Jahr entstehen, über deren beabsichtigte Deponierung (ins Meer oder auf Land; Position 10 bzw. 11 in Abb. 3) bisher nichts Genaues bekannt ist. Mehrere tausend Tonnen an Schwermetallen würden allein pro Jahr mit den Abwässern aus der Verhüttung anfallen (ausführlichere Darstellung s. z. B. Schneider 1975, 1977, 1980, 1981a, b, 1987, 1988; Ozturgut et al. 1978; Schneider und Thiel 1988).

Innerhalb der 200-Seemeilen-Zone kommt künftig in bisher noch nicht erschlossenen Bereichen sicherlich auch die Off-shore-Förderung von Öl und Gas in Betracht (Position 5 in Abb. 3). Die Gefahren für die Ökosysteme der Schelfmeere und die anliegenden Küstenregionen durch grundsätzlich weder auszuschließende noch zu vermeidende Unfälle sind hinreichend bekannt. Die Gefahren sind besonders groß in antarktischen Regionen, für die bereits heute die Verhandlungen über ein Regime der etwaigen Ressourcenausbeutung laufen und möglicherweise einsetzbare Abbausysteme durch die Industrie erarbeitet werden. Vom Bundeswirtschaftsministerium (1987, S. 36–38) werden die potentiellen Ressourcen der Antarktis bereits unverhohlen unter „Rohstoffpotentiale der Zukunft" angeführt. Antarktisforschung wird dort als „Aufbruch zur Rohstoffsuche im antarktischen Eis" dargestellt. Diese Diktion steht in krassem Widerspruch zu den Bestrebungen um einen geschützten „Weltpark Antarktis".

Für Verhüttungsanlagen wären neue Häfen und eine gesamte Infrastruktur bis hinein ins Hinterland nötig. Baumaterial (Kies und Sand) kann aus Flußniederungen an Land, aber auch aus der Off-shore-Förderung gewonnen werden, da ja die Flüsse während der letzten Eiszeit, als der Meeresspiegel etwa 100 m tiefer lag als heute, z. T. weit vor der heutigen Küste mündeten. Eine solche Baggerei von Sand und Kies vor den Küsten (Position 8 in Abb. 3) wäre durch das Aufwirbeln von z. T. mit Schadstoffen belastetem Feinsediment und die Zerstörung von Bodenleben für die ökologische Stabilität dieser Gebiete äußerst bedrohlich. Die Gefahren könnten nur durch großen technischen Aufwand minimiert werden, der allein aus ökonomischen Gründen den wenigsten Küstenländern zur Verfügung stünde. Rekultivierung wie beim Landbergbau ist aufgrund der besonderen Bedingungen auch nur schwer möglich.

Der Abbau von Seifenlagerstätten, d. h. die Anreicherung von Wertmineralen in sedimentärem Milieu, hat außer den Gefahren für die Umwelt, die sich wie bei der Kies- und Sandbaggerei aus dem reinen Abbau ergeben, noch solche zur Folge, die aus der Aufbereitung, Verhüttung und Verarbeitung resultieren (Bedarf an Wasser, Flotationsmitteln und anderen Chemikalien; Positionen 8, 9, 10 in Abb. 3).

Das Wachstum von Städten und Industrieanlagen in den entsprechenden Küstenregionen (als Folge der geplanten Industrialisierung) würde die bekannten Probleme mit der Einleitung von Abfällen und Abwässern in die Küstengewässer (Position 12 in Abb. 3) oder das Verbrennen und Verklappen von Abfällen auf den Schelfmeeren (Positionen 3 und 6 in Abb. 3) verstärken (Global 2000 1980). Das meist nicht „geordnet" erfolgende Deponieren von Abfällen der Städte und der Industrie an Land hat bereits hinreichend bekannte Folgen für die nähere und weitere Umgebung (Positionen 10 und 11 in Abb. 3). Weitere Überlegungen zu diesem Themenkreis stellt Herrmann in seinem Beitrag an.

Für die Versorgung der Menschen in den sicherlich wachsenden Ballungszentren würde die Landwirtschaft im Hinterland intensiviert werden müssen. Global 2000 (1980) und die UNEP-Studien (1983) erwarten z. B., daß zu Beginn des kommenden Jahrhunderts ca. 50% der Erdbevölkerung in Städten leben werden. Diese Menschen müssen und wollen mit Nahrung versorgt werden. Dazu werden technisch erzeugte Düngemittel und Pestizide eingesetzt werden, wenn nicht, was sinnvollerweise anzustreben wäre, ökologischer Landbau betrieben wird. Düngemittel könnten aus den Phosphoritknollen auf den Schelfen gewonnen werden (Position 4 in Abb. 3). Ein solcher Abbau hätte jedoch die bereits geschilderten erheblichen ökologischen Konsequenzen für das Bodenleben und würde schwere Schädigungen der gesamten Nahrungskette nach sich ziehen.

Auf den produktiven Schelfen, besonders den Auftriebsgebieten (Position 7 in Abb. 3) finden 80–90% der Weltfischfänge statt, wie bereits erwähnt wurde. Daß die Nahrungsketten und damit auch der Fischfang durch die verschiedenen bereits geschilderten Aktivitäten und toxischen Schadstoffeinleitungen massiv geschädigt werden, ist zweifellos zu erwarten.

Ballungszentren und eine industrialisierte Landwirtschaft würden viel Energie und Wasser brauchen und außerdem große Mengen an Abfällen und Abwässern erzeugen (Position 13 in Abb. 3), wodurch die Luft, das Land und die Oberflächen- und Grundwässer zusätzlich belastet würden. Dies hätte Konsequenzen für die langfristige Sicherung der Trinkwasserversorgung und der Ernährung. Die Emissionen von Schadstoffen aus wachsenden Ballungszentren, Verkehr, Landwirtschaft und Industrie würden die Luft zusätzlich belasten und in fernere Gebiete transportiert werden (Position 14 in Abb. 3). Dort träten dann die in ihren negativen Auswirkungen bekannten Phänomene des sauren Regens und der Mobilisation von verschiedenen Schadstoffen (organische Schadstoffe und Schwermetalle) aus Wäldern und Böden als Folgelasten auf (Position 15 in Abb. 3; vgl. z. B. Ulrich 1983, 1985, 1986; Ulrich und Matzner 1983; Hauhs 1985; Heinrichs et al. 1986; Matschullat et al. 1987; Matschullat 1989).

Die direkten und indirekten Umweltbelastungen durch marinen Bergbau sind also vielfältig und gravierend, auch wenn heute noch nicht im Detail zu quantifizieren (Thiel 1981; Bäcker 1985; Richardson 1985; Charlier 1987). Sie sind aber weitgehend absehbar, wenn man davon ausgeht, daß ein Szenario, wie es gerade beschrieben wurde und in Abb. 3 illustriert ist, für einige an entsprechenden Küsten liegende Entwicklungsländer nicht abwegig ist. Daraus erhebt sich die Frage, ob dann dort nicht noch schlimmere Fehler als in der Vergangenheit in den Industrieländern gemacht werden, denn die ökonomischen Ausgangsbedingungen würden mit Sicherheit schlechter sein. Oder ist zu erwarten, daß dort durch eine heute schon beginnende vernetzte Systemplanung eine ganz andere Industrie-, Energie-, Landwirtschafts- und Verkehrspolitik betrieben werden würde, die alle Fragen der Umwelt- und Sozialverträglichkeit besser berücksichtigt, als dies bisher der Fall war? Hieran dürften Zweifel berechtigt sein.

Die ökologischen Konsequenzen des marinen Bergbaus dürfen also nicht allein für sich betrachtet werden. Sie müssen vor dem Hintergrund und im Kontext der übrigen geplanten bzw. bereits existierenden Belastungen gesehen werden (Schneider 1987, 1988, 1990a). Potentielle Gefahren in den Einzelbereichen von Meereslagerstätten dürfen nicht einfach wieder als „Restrisiko" betrachtet werden, mit dem man eben zu leben habe. Ebenso darf nicht nur die ökologische Belastung durch die Gewinnung der einzelnen Rohstoffe berücksichtigt werden, sondern es müssen auch die langfristigen Folgeprobleme wie der Transport, die Verhüttung, die Entsorgung sowie die Umwelt- und sozialen Lasten in die Überlegungen und Planungen einbezogen werden.

Eine solche vernetzte Systemanalyse wäre ein Projekt, welches im Rahmen des International Geosphere-Biosphere-Programmes bearbeitet werden könnte und sollte (s. IGBP-Report 1988) und dann durch eine Art internationale, mit unabhängigen Fachleuten besetzte Enquete-Kommission in politische Handlungsempfehlungen umgesetzt werden müßte.

Probleme, die sich aus einem eventuellen Abbau der Erzschlämme im Roten Meer ergeben, sind hier nicht berücksichtigt. Es soll aber betont werden, daß in diesem Fall zumindest die ökologischen Konsequenzen für das marine Ökosystem bereits seit Beginn der Prospektion in sehr interdisziplinärer Weise mituntersucht worden sind (Thiel et al. 1986). Eine solche Vorgehensweise kann Vorbildfunktion haben für weitere Prospektion und Exploration anderer Lagerstätten. Ebenso wurden die ökonomisch durchaus attraktiven Massiv-Sulfid-Vorkommen im Bereich mittelozeanischer Rücken hier nicht berücksichtigt, weil diese Vorkommen noch in der Phase der Erforschung sind (Seibold und Berger 1982; Seibold 1983; Bäcker 1985). Grundsätzlich gilt aber auch für die potentielle Ausbeutung solcher Vorkommen die gleiche Forderung nach umfassender Berücksichtigung und Untersuchung aller möglichen Folgelasten bereits in der Phase der Prospektion.

Internationales Konfliktpotential des Meeresbergbaus

Das neue Seerecht tritt endgültig in Kraft, wenn die Seerechtskonvention der Vereinten Nationen von 60 Staaten ratifiziert ist. Von 1982 bis heute haben 35 Staaten unterzeichnet. Es ist nicht abzusehen, wann die nötigen 60 Unterschriften vorliegen werden. Das Seerecht wird allerdings unter vielen Aspekten heute bereits wie ein Gewohnheitsrecht angewandt, was nicht nur für die Prospektion und Exploration, sondern bereits für die reine Grundlagenforschung zu Problemen führt.

Der Bereich außerhalb der nationalen ausschließlichen Wirtschaftszonen ist international zugänglich (s. Abb. 3, Abschnitt C). Allerdings soll dort eine internationale Meeresbergbaubehörde (Seabed Authority) den Zugang z. B. zu den Manganknollen der Tiefsee regeln. Diese UN-Behörde soll einen Technologietransfer von seiten der Industrienationen und Abgaben aus den Gewinnen des Tiefseebergbaues erhalten. Die UN-Konvention spricht in Annex III, Artikel 15, ausdrücklich von „fairen und kommerziell annehmbaren Bedingungen", nicht von „kostenlosem Technologietransfer", wie es leider heute oft polemisch zu lesen oder zu hören ist. Dies soll den weniger entwickelten Ländern zugute kommen. Dem widersetzten sich eine Reihe von Industrieländern vor allem aus ökonomischen Gründen. Aber auch ökologische Bedenken verhinderten bisher die Unterzeichnung der Konvention, z. B. durch die USA und durch die Bundesrepublik Deutschland.

Die reichen Industrieländer betrachten die mit ihren z. T. öffentlichen Mitteln betriebene Prospektion und Exploration sowie die aufwendigen Forschungs- und Entwicklungsarbeiten an den Abbau- und Verhüttungstechnologien als legitimen Grund für die alleinige kommerzielle Verwertung der marinen Lagerstätten, insbesondere der Manganknollen. Dies wird von einer Reihe von Entwicklungsländern verständlicherweise als eine „Form des Neokolonialismus" angesehen. Sie verweisen auf die UN-Resolution von 1963 über das „gemeinsame Erbe der Menschheit", selbst wenn diese Resolution keine völkerrechtliche Verbindlichkeit besitzt. In diesen unterschiedlichen Auffassungen liegt ein nicht unerhebliches, schlimmstenfalls auch kriegerisches Konfliktpotential.

Die internationalen Auseinandersetzungen um den Tiefseebergbau auf Manganknollen und andere marine Lagerstätten sind also nicht auf die technisch-wissenschaftlichen Fragen beschränkt. Wo ökonomische Interessen und solche des langfristigen Ressourcen- und Umweltschutzes aufeinandertreffen, da sind politische, ja militärische Konflikte nicht weit. Bei Rohstofffragen geht es also durchaus auch um die Fragen eines friedlichen Miteinanders der Nationen in der Zukunft. Im Verlauf der Seerechtskonferenzen kam es von Anfang an zu deutlichen Differenzen zwischen den Industrienationen und besonders den rohstoffliefernden Entwicklungsländern. Diese Situation wird sicherlich andauern.

Ökosystemforschung als Herausforderung für eine lebenswerte Zukunft

Die globalen Umweltprobleme, welche durch die menschlichen Aktivitäten entstanden sind und weiter entstehen, sind unzweifelhaft bedrohlich für das Überleben. „If unchecked, this impact might become so serious as to be second only to that of global nuclear war". So drückte es die Konferenz „The Changing Atmosphere: Implications for Global Security" im Juni 1988 in Toronto aus (IGBP, Global Change Report, 1988, S. 9). Die Belastung der Meere gehört mit gleicher Bedeutung in diesen Problemkreis.

Die internationalen politischen Probleme und die besonders seit 1985 gefallenen Rohstoffpreise haben in den letzten Jahren wesentlich dazu beigetragen, daß mit dem marinen Bergbau, speziell dem Tiefseebergbau auf Manganknollen, bisher noch nicht begonnen wurde. Dieser Zeitgewinn kann und muß der Umwelt- und Zukunftsplanung zugute kommen. Er kann und muß genutzt werden, um die Öffentlichkeit und die politischen Entscheidungsträger aufzurütteln und das Bewußtsein zu schärfen durch Information und Auseinandersetzung mit einer kritischen Wissenschaft, welche sich nicht nur der „reinen" wissenschaftlichen Arbeit und einem immer fragwürdigeren, hauptsächlich ökonomisch orientierten „Fortschritt", sondern auch dem Schutz der Ökosphäre und damit der Lebensgrundlagen verpflichtet fühlt.

Falls Meeresbergbau in größerem Umfang Wirklichkeit werden sollte, wird er der bisher größte und bedenklichste menschliche Eingriff in den Meeresboden und in die marinen Ökosysteme sein. Darüber hinaus werden aber auch weite Bereiche des Festlandes und die darauf lebenden Menschen betroffen werden.

Die Gefahren des Meeresbergbaus für die Ökosysteme sind auf der Basis unserer bisherigen relativ geringen Kenntnisse nicht langfristig abzuschätzen. Nach den oben gemachten Ausführungen sind sie aber nicht gering und liegen nicht nur in den potentiellen Schäden auf dem Meeresboden und im marinen Ökosystem allein. Es ist zu begrüßen, wenn zehn Jahre nach den ersten Warnungen (Schneider 1975), die seinerzeit noch heftig angegriffen wurden, auch von anderer Seite Umweltuntersuchungen gefordert werden, die vor dem Beginn eines Tiefseebergbaus durchgeführt werden sollten (Beiersdorf und Halbach 1985). Als ein zwar relativ kleiner, aber bedeutsamer Beitrag zum Gesamtproblem sind seit 1989 Versuche unternommen worden, welche die Wiederbesiedlungsraten auf einem Abbautestfeld in der Tiefsee zum Ziel haben (Thiel und Schriever 1989). Allerdings muß m. E. mit Nachdruck gefordert werden, daß über den Beginn eines Abbaus nicht entschieden werden darf, bevor nicht durch umfassende ökologische Untersuchungen im Sinne einer ganzheitlichen Betrachtungsweise, wie sie in Abbildung 3 skizziert wurde, die Unbedenklichkeit des Meeresbergbaus in allen seinen Phasen und Auswirkungen verantwortungsvoll geprüft ist und bescheinigt werden kann. Letztlich muß dabei nicht nur die Frage nach der Umweltverträglichkeit, sondern auch die nach der Sozialverträglichkeit im nationalen und internationalen Kontext gestellt und ausreichend beantwortet werden (z. B. Meyer-Abich und Schefold 1986). Unsere bisherigen Kenntnisse über die ozeanischen und die terrestrischen Ökosysteme sind nicht gut genug, um heute die Unbedenklichkeit solcher Eingriffe zu bescheinigen. Ob und in welchem Umfang Tiefseebergbau und mariner Bergbau allgemein betrieben werden können, darf also nicht nur eine politische und ökonomische Entscheidung sein. Interdisziplinär orientierte Umweltforschung muß in diesen Entscheidungsprozeß maßgeblich mit einbezogen werden. Ökosystemforschung sensu lato ist daher auch Forschung mit erheblicher globaler politischer Relevanz.

Die Ökosystemforschung, die Wirtschaft, die Politik und die Öffentlichkeit müssen sich mehr den bestehenden und den künftigen Bedrohungen annehmen. Die zu erwartenden Kosten und Lasten im globalen mittel- und langfristigen Maßstab müssen in der Planung künftiger Versorgung und Entsorgung so realistisch und verantwortungsvoll wie möglich mit berücksichtigt werden.

Ohne eine verantwortungsvolle, umfassende und vernetzte Planung werden die globalen Umweltprobleme künftig nicht in den Griff zu bekommen sein. Wenn sich die bereits heute bestehenden Bedenken nicht eindeutig und wissenschaftlich glaubwürdig ausräumen lassen, dann muß die politische Entscheidung gegen einen marinen Bergbau in großem Stil fallen, notfalls auch gegen ökonomische Interessen.

Wir leben in einem Zeitalter der technokratischen Naturbeherrschung. Spätestens seit dem Beginn der Industrialisierung, die sich der ökonomischen Wachstumsideologie verpflichtet hat, ist Natur mehr und mehr zur Ware geworden, die wir möglichst ökonomisch auszubeuten versuchen, um unsere Ansprüche zu erfüllen. Mit dieser engen Sichtweise sind aber die Probleme der Zukunft nicht zu erfassen oder gar zu lösen. Die Forderungen nach vernetzter Planung in eine längerfristige Zukunft hinein klingen schwer realisierbar, aber derartige umfassende Systemplanungen sind notwendig und stellen eine Herausforderung an unsere Kenntnisse und Fähigkeiten, aber auch an unsere Verantwortung dar. An einer solchen multidisziplinären Sicht und Erfassung des Systems Natur müssen sich künftig auch Lehre und Forschung an den Schulen und Hochschulen orientieren, damit für solche Planungen entsprechend interdisziplinär ausgebildete Fachleute zur Verfügung stehen.

Die UN-Vollversammlung hatte 1963 die Meere und Ozeane zum „gemeinsamen Erbe der Menschheit" erklärt. Diese Deklaration hat zwar keinen völkerrechtlich bindenden Charakter, sie zeigt aber den mehrheitlich erklärten Willen der Völkergemeinschaft, mit diesem Erbe verantwortungsvoll und pfleglich umzugehen. Wenn sich zeigen sollte, daß wir nicht gescheit genug sind, derart komplexe Systeme, wie sie die Ozeane, deren Küstenregionen und die angrenzenden Landgebiete darstellen, sowie die Folgen ihrer Ausbeutung zu verstehen und verantwortungsvoll zu bedenken, dann sollten wir besser die Finger von Eingriffen in das gemeinsame Erbe der Menschheit lassen. Die Abfälle der Zivilisation dürfen nicht weiterhin „unter den Teppich" der Meere und Ozeane gekehrt werden, schon gar nicht mit staatlicher Genehmigung.

„Um in einem Zeitalter globaler Folgen unseres Handelns verantwortbare Entscheidungen treffen zu können, brauchen wir mehr Informationen denn je über die Konsequenzen unseres Handelns. Es reicht nicht aus, weltweite Entwicklungen und Störungen zu untersuchen. Soziale, wirtschaftliche und politische Initiativen sind gefordert, die dem Ausmaß der Veränderungen gerecht werden. Keine Generation hat bislang vor so komplexen Problemen gestanden, die noch dazu keinen Aufschub dulden. Frühere Generationen haben sich immer Sorgen um die Zukunft gemacht, aber wir sind die Ersten, die vor der Entscheidung stehen, ob die Erde, die unsere Kinder erben, noch bewohnbar sein wird" (Brown 1987, S. 312).

Danksagung. Ich danke Frau C. Kaubisch für die graphische Ausführung der Abbildungen. Herrn Dr. Wolfgang Eder danke ich für kritische Durchsicht des Manuskriptes.

Literatur

Amos AF, Gerard RD, Malone TC, Garside C, Levitus S, Paul AZ, Roels OA (1973) Study of the impact of manganese nodule mining on the seabed and water column. In: Inter-University Program of Research on ferromanganese deposits of the ocean floor – phase I report. National Science Foundation IDOE, Washington DC, pp 391–437

Amos AF, Roels OA, Garside C, Malone TC, Paul A (1977) Environmental aspects of nodule mining. In: Glasby GB (ed) Marine manganese deposits. Elsevier Oceanogr Ser 15:391–437

Andersson H (1973) Extraction of sediments from the sea floor with the "dual pipe system". Interocean '73, Kongreßberichtswerk d 2 Int Ausst f Meeresforsch u Meeresnutzg, Düsseldorf, pp 346–351

Bäcker H (1985) Marine mineralische Rohstoffe und ihre Umwelt. In: Geowissenschaften, Mittlg XIV d Komm f Geowiss Gemeinschaftsforsch, DFG. VCH-Verlagsges, Weinheim, S 43–55

Beiersdorf H, Halbach P (1985) Erschließung mariner Vorkommen von Erdöl, Erdgas und mineralischen Rohstoffen – Empfehlungen für ein langfristiges Forschungsprogramm. Geowiss unserer Zeit 6:187–197

Bender F (1976) Metall-Rohstoffvorräte aus theoretischer und wirtschaftlicher Sicht. In: Die Versorgung der Weltwirtschaft mit Rohstoffen. Beih Konjunkturpolitik, Z Angew Konjunkturforsch 23:9–24

Bentory YK (Hrsg) (1980) Marine Phosphorites – Geochemistry, Occurrence, Genesis. Symp Xth Int Congr Sedimentology, Jerusalem. Soc Econ Paleontol Mineral Spec Publ 29

Binswanger HC, Geissberger W, Ginsburg T (1978) Der NAWU-Report: Wege aus der Wohlstandsfalle. Fischer, Frankf/M, 327 S

Boström K, Joensuu O, Brohm J (1974) Plankton: its chemical composition and its significance as a source of pelagic sediments. Chem Geol 14:225–271

Bräutigam K (1979) In-situ-Erprobung von Tiefseekollektoren. In: Halbach P (wiss Leitg) Marine Rohstoffgewinnung, 7. Seminar Meerestechnik TU Clausthal/TU Berlin, Berichtswerk. Verlag Glückauf, Essen, S 173–185

Brown LR (Hrsg) (1987) Zur Lage der Welt – 87/89 – Daten für das Überleben unseres Planeten-World Watch Institute Report. S Fischer, Frankf/M, 328 S

Brown LR (Hrsg) (1989) Zur Lage der Welt – 89/90 – Daten für das Überleben unseres Planeten-World Watch Institute Report. S Fischer, Frankf/M, 336 S

Bundesministerium für Wirtschaft (1987) Mineralische Rohstoffe. Bonn, 48 S

Charlier RH (1987) Marine mineral resources' extraction in coastal areas and its impact on the environment and consequences for land use. In: Arndt P, Lüttig GW (eds) Mineral resources' extraction, environmental protection and land-use planning in the industrial and developing countries. E Schweizerbart, Stuttgart, pp 53–70

Cloud P (1970) Hilfsquellen, Bevölkerungszahl und Lebensinhalt. Umschau 70, 9:591–597

Cloud P (1977) Entropy, materials and posterity. Geol Rundsch 66:678–696

Dürr H-P (1988) Das Netz des Physikers – Naturwissenschaftliche Erkenntnis in der Verantwortung. C Hanser, München, 490 S

Ehrlich PR, Ehrlich AH (1983) Der lautlose Tod – Das Aussterben der Pflanzen und Tiere. S Fischer, Frankf/M, 373 S

Ehrlich PR, Ehrlich A, Holdren JP (1977) Ecoscience; population, resources, environment. Freeman, San Francisco, p 1051

von Engelhardt W (1976) Raubbau an den Erzvorräten. Bild Wiss 11:78–84

Faber M, Niemes H, Stephan G (1983) Entropie, Umweltschutz und Rohstoffverbrauch – Eine naturwissenschaftlich ökonomische Untersuchung. Lect Notes Econ Math Systems 214:181

Garrels RM, Lerman A, Mackenzie FT (1976) Controls of atmospheric O_2 and CO_2: past, present and future. Am Sci 64:306–315

Giresse P (1980) Phosphorus concentrations in the unconsolidated sediments of the tropical Atlantic shelf of Africa south of the equator – oceanographic comments. SEPM Spec Publ 29:101–116

Global 2000 (1980) Der Bericht an den Präsidenten. Zweitausendeins-Versand, Frankf/M, 1438 S

Greenslate IJ, Frazer JZ, Arrhenuius G (1973) Origin and deposition of selected transition elements in the seabed. In: Morgenstein M (ed) Papers on: The origin and distribution of manganese nodules in the Pacific and prospects for exploration. Hawaii, pp 45–69

Halbach P (1981) Manganknollen: Erz aus dem Tiefseeschlamm. Bild Wiss 3:104–115

Halbach P, Özkara M (1979) Morphological and geochemical classification of deep-sea ferromanganese nodules and its genetical interpretation. In: CNRS (ed) La genèse des nodules de manganèse. Colloq Int CNRS, Paris 289:77–88

Halbach PO, Friedrich G, von Stackelberg U (1988) The manganese nodule belt of the Pacific Ocean – geological environment, nodule formation, and mining aspects. F Enke, Stuttgart, p 254

Hartmann M (1979) Evidence for early diagenetic mobilization of trace metals from discoloration of pelagic sediments. Chem Geol 26:277–293

Hauhs M (1985) Der Einfluß des Waldsterbens auf den Zustand von Oberflächengewässern. Z Dtsch Geol Ges 136:585–597

Heinrichs H, Wachtendorf B, Wedepohl KH, Rösner B, Schwedt G (1986) Hydrogeochemie der Quellen und kleineren Zuflüsse der Sösetalsperre (Harz). Neues Jahrb Miner Abh 156:23–62

Herrmann AG (1983) Radioaktive Abfälle – Probleme und Verantwortung. Springer, Berlin Heidelberg New York, 256 S

Herrmann AG (1987) Untergrund-Deponie anthropogener Schadstoffe. Fortschr Miner 65, 2:307–323

Herrmann AG, Brumsack HJ, Heinrichs H (1985) Notwendigkeit, Möglichkeiten und Grenzen der Untergrund-Deponie anthropogener Schadstoffe. Naturwissenschaften 72:408–418

Huber J (1982) Die verlorene Unschuld der Ökologie. S Fischer, Frankf/M, 232 S

International Global-Change Programme (1988) A study of global change, IGBP a plan for action. Rep No 4, Stockholm, p 200

Jenkins RW, Jugel MK, Keith KM, Meylan MA (1981) The feasibility and potential impact of manganese nodule processing in the Puna and Kohala district of Hawaii. State of Hawaii US Dept of Commerce, National Oceanic and Atmospheric Administration, Contract 7-35369, p 271

Kasig W (1979) Anthropogeologie – eine notwendige Forschungsrichtung innerhalb der Geowissenschaften. Nachr Dtsch Geol Ges 21:61–67

Kasig W, Meyer DE (1984) Grundlagen, Aufgaben und Ziele der Umweltgeologie. Z Dtsch Geol Ges 135:383–402

König C (1979) Vertikale Förderung von Manganknollen. In: Halbach P (wiss. Leitg.) Marine Rohstoffgewinnung. 7. Seminar Meerestechnik TU Clausthal/TU Berlin, Berichtswerk. Verlag Glückauf, Essen, 150–172 S

Königsson L-K (1987) Geology, biology, and man – a discussion of ecology, palaeo-ecology and the planning of the geoenvironment. In: Arndt P, Lüttig GW (eds) Mineral resources' extraction, environmental protection and land-use planning in the industrial and developing countries. Schweizerbart, Stuttgart, 337 p

Kummert R, Stumm W (1989) Gewässer als Ökosysteme – Grundlagen des Gewässerschutzes. B.G. Teubner, Stuttgart, 331 S

Laistner H (1986) Ökologische Marktwirtschaft – Ein Plädoyer für die Vernunft. Hueber, Ismaning, 256 S

Larock PA, Ehrlich HL (1975) Observations of bacterial microcolonies on the surface of ferromanganese nodules from Blake Plateau by scanning electron microscopy. Microb Ecol 2:84–96

Leipert C (1988) Grundfragen einer ökologisch orientierten Wirtschafts- und Umweltpolitik. Neue Gesellsch, Frankf Hefte 7, 35:651–656

Lovelock JE, Margulis L (1974) Atmospheric homoeostasis' by and for the biosphere: the gaia hypothesis. Tellus 26:1–9

Lüttig GW (1976) Prospektive Geologie – eine Antwort auf die Umweltprobleme der Gegenwart und der Zukunft. Z Dtsch Geol Ges 127:1–10

Margulis L, Lovelock JE (1974) Biological modulation of the Earth's atmosphere. Icarus 21:471–489

Matschullat J (1989) Umweltgeologische Untersuchungen zu Veränderungen eines Ökosystems durch Luftschadstoffe und Gewässerversauerung (Sösemulde, Harz). Gött Arb Geol Paläontol 42:110

Matschullat J, Heinrichs H, Schneider J, Sturm M (1987) Schwermetallgehalte in Seesedimenten des Westharzes (BRD). Chem Erde 47:181−194

Meadows D, Meadows D, Zahn E, Milling P (1972) Die Grenzen des Wachstums. Deutsche Verlagsanstalt, Stuttgart, 180 S

Meinig W (1986) Die betriebswirtschaftliche Bedeutung des Entropiegesetzes vor dem Hintergrund knapper Ressourcen. Wirtschaftsingenieur 18:29−33

Meyer-Abich KM, Schefold B (1986) Die Grenzen der Atomwirtschaft − Die Zukunft von Energie, Wirtschaft und Gesellschaft. Beck, München, 230 S

Moore JR (ed) (1981) Theme issue: deep ocean mining environmental survey. Mar Mining 3; 1/2:229

Myers N (Hrsg) (1985) GAIA − Der Öko-Atlas unserer Erde. Fischer Taschenbuch, Frankf/M, 272 S

Odum EP (1980) Grundlagen der Ökologie, Bd 1 u 2. Thieme, Stuttgart, 836 S

Ott J (1988) Meereskunde − Einführung in die Geographie und Biologie der Ozeane. UTB Ulmer, Stuttgart, UTB, 386 S

Ottow JCG (1983) Ökologische Folgen der Manganknollengewinnung in der Tiefsee. Naturwiss Rundsch 36, 2:48−57

Ozturgut E, Anderson GC, Burns RE, Lavelle JW, Swift SA (1978) Deep ocean mining of manganese nodules in the North Pacific: pre-mining environmental conditions and anticipated mining effects. NOAA Technical Memorandum ERL MEAS-33. US Dept of Commerce, National Oceanic and Atmospheric Administration, Boulder Colorado, 133 p

Richardson JG (ed) (1985) Managing the ocean − resources, research, law. Lomont, Mt Airy, Maryland, p 407

Riedl R (1973a) Die Biosphäre und die heutige Erfolgsgesellschaft. Universitas 28, 6:587−593

Riedl R (1973b) Energie, Information und Negentropie in der Biosphäre. Naturwiss Rundsch 26 (10):413−420

Rifkin J (1982) Entropie − Ein neues Weltbild. Hoffmann u Campe, Hamburg, 350 S

Schidlowski M (1985) Frühe organische Evolution und ihre Beziehung zu Mineral- und Energielagerstätten: Porträt eines IGCP-Projekts. In: Geowissenschaften, Mitt XIV d Komm f Geowiss Gemeinschaftsforschg, DFG, VCH Verlagsges, Weinheim, 57−71 S

Schmitt-Tegge J (1984) Ressourcenschonung durch neue Technologien − Der Beitrag der Abfallverwertung. Umschau 24:727−729

Schneider J (1975) 3. Manganknollen − Rohstoffquelle und Umweltproblem für die Zukunft. In: Manganknollen − Der „run" auf die Tiefseeböden. Umschau 75, 23:724−726

Schneider J (1977) Geowissenschaftler und ihre Verantwortung für die menschliche Gesellschaft; Beispiel: Manganknollen-Gewinnung aus der Tiefsee. Geol Rundsch 66:740−755

Schneider J (1980) Rohstoffe: Steigende Nachfrage, alarmierende Verknappung. In: Michelsen G, Kalberlah H (Hrsg) Der Fischer Öko-Almanach, Daten Fakten Trends der Umweltdiskussion. Fischer alternativ, Frankf/M, 298−309 S

Schneider J (1981a) Manganknollen in der Tiefsee − Bildung, Vorkommen und ökologische Folgen des Abbaus. Natur Museum 111:114−124

Schneider J (1981b) Ökologische Konsequenzen des Tiefseebergbaus − Vor dem Hintergrund zivilisationsökologischer Konflikte zwischen Rohstoff- und Umweltvorsorge. In: von Vitzthum Graf W Die Plünderung der Meere. Fischer Taschenbuch Frankf/M, 161−186 S

Schneider J (1986) Rüstung oder Überleben − Frieden mit der Natur als Voraussetzung für die Existenz von Zukunft. Inf Dienst Wiss Frieden Bonn 5/6, 4:26−30

Schneider J (1987) Geosciences in conflict: provision of resources versus protection of environment. In: Arndt P, Lüttig W (eds) Mineral resources' extraction, environmental protection and land-use planning in the industrial and developing countries. Schweizerbart, Stuttgart, pp 29−46

Schneider J (1988) Tiefsee-Bergbau auf Manganknollen vor dem Hintergrund globaler Versorgungs- und Umwelt-Probleme. Naturwissenschaften 75:423−431

Schneider J (1990a) Gefahrenpotential des Meeresbergbaus − Ein Beitrag zur Ökosystemforschung. Mitt XVIII d Senatskommission f Geowiss Gemeinschaftsforsch, VCH, Weinheim 77−99

Schneider J (1990b) Die Verwundbarkeit der Ökosphäre − Kooperation statt Dominanz als Chance für das Überleben. Inf Dienst Wiss Frieden 2. alpdruck, Marburg, July 8 1980, S 16−21

Schneider J, Thiel H (1988) Environmental problems of deep-sea mining. In: Halbach P, Friedrich G, von Stackelberg U (eds) The manganese nodule belt of the Pacific Ocean. Enke, Stuttgart, pp 222−228

Schütt C, Ottow JCG (1978) Distribution and identification of manganese precipitating bacteria from non-contaminated ferromanganese nodules. In: Krumbein WE (ed) Environmental biogeochemistry and geomicrobiology, 3. Methods, metals and assessment. Ann Arbor Sci Publ Mich, pp 869−878

Seibold E (1983) Meeresforschung heute und morgen. Nat Mus 113(8/9):262−277

Seibold E, Berger WH (1982) The sea floor − an introduction to marine geology. Springer, Berlin Heidelberg New York, 288 p

Spiess FN, Greenslate J (1976) Pleiades expedition, Leg 04, manganese nodule project. Techn Rep 15, Scripps Inst. Oceanogr., La Jolla, p 87

Studier A (1982) Ein neues Seerecht − Jahrhundertwerk oder Totgeburt? der Überblick 2:53−55

Stumm W, Davis J (1974) Kann Recycling die Umweltbeeinträchtigung vermindern? In: Recycling: Lösung der Umweltkrise? Brennpunkte 2/74:29−41

Thiel H (1973) Der Aufbau der Lebensgemeinschaft am Tiefseeboden. Nat Mus 103, 2:39−46

Thiel H (1978) The faunal environment of manganese nodules and aspects of deep sea time scale. In: Krumbein WE (ed) Environmental biogeochemistry and geomicrobiology, 3. Methods, metals and assessment. Ann Arbor Sci Publ, Mich, pp 887−896

Thiel H (1981) Verschmutzung und Vergiftung der Meere. In: Von Vitzthum W, Graf (Hrsg) Die Plünderung der Meere. Fischer Taschenbuch, Frankf/M, 131−160 S

Thiel H, Schneider J (1988) Manganese nodule − organism interactions. In: Halbach P, Friedrich G, von Stackelberg U (eds): The manganese nodule belt of the Pacific Ocean. Enke, Stuttgart, pp 102−110

Thiel H, Schriever G (1989) Cruise report DISCOL 1, Sonne-cruise 61, AG Biolog Ozeanogr, Inst f Hydrobiol u Fischereiwiss, Universität Hamburg, 75 p

Thiel H, Weikert H, Karbe L (1986) Risk assessment for mining metalliferous muds in the deep Red Sea. Ambio 15, 1:34−41

Tilot V (1988) Comprehensive review of environmental impact studies on deep sea nodules mining in the eastern Pacific Ocean. IFREMER-DERO, Sept 1988, Contract CEE No CDC/88/7730/IN01, 81 p

Ulrich B (1983) Gefahren für das Waldökosystem durch saure Niederschläge. LÖLF-Mitt, Sonderheft, erw Auflg, 9−25 S

Ulrich B (1985) Natürliche und anthropogene Komponenten der Bodenversauerung. Mitt Dt Bodenkdl Ges 43/I:159−187

Ulrich B (1986) Die Rolle der Bodenversauerung beim Waldsterben: Langfristige Konsequenzen und forstliche Möglichkeiten. Forstwiss Centrabl (Hamb) 105, 5:421−435

Ulrich B, Matzner E (1983) Ökosystemare Wirkungsketten beim Wald- und Baumsterben. Forst Holzwirt 38:468−474

UNEP (1983) Umwelt − weltweit. − Bericht des Umweltprogramms der Vereinten Nationen (UNEP) 1972−1982. Schmidt, Berlin, 668 S

UNESCO (1988) ims Newsletter, International Marine Science 49, p 4

US Geological Survey (1976) Principles of the mineral resource classification system of the U.S. Bureau of Mines and US Geological Survey, Bulletin 1450-A. Government Printing Office, Washington

Vester F (1978) Unsere Welt, ein vernetztes System. Klett-Cotta, Stuttgart, 191 S

Vester F (1980) Neuland des Denkens − Vom technokratischen zum kybernetischen Zeitalter. DVA, Stuttgart, 544 S

von Engelhardt W (1976) Raubbau an den Erzvorräten. Bild Wiss 11:78−84

von Engelhardt W (1981) Die Bedeutung der Geowissenschaften in unserer Zeit. Natur Museum 111, 4:93−113

von Stackelberg U (1986) Entstehung der Manganknollen im äquatorialen Nordpazifik. Fortschr Miner 64, 2:151–162
von Vitzthum W Graf (Hrsg) (1981) Die Plünderung der Meere – Ein gemeinsames Erbe wird zerstückelt. Fischer Taschenbuch Frankf/M, 328 S
von Vitzthum W Graf (1982) Die Industrialisierung der Meere – Auf der New Yorker Seerechtskonferenz geht es um handfeste wirtschaftliche Interessen. Die Zeit 13 v 26.3.1982
von Weizsäcker EU (1989) Erdpolitik – Ökologische Realpolitik an der Schwelle zum Jahrhundert der Umwelt. Wiss Buchges, Darmstadt, 295 S
Walliser OH (Hrsg) (1986) Global bio-events – a critical approach. Springer, Berlin Heidelberg New York Tokyo, 442 p
Zorn H (1979) Die Folgen des exponentiell wachsenden Rohstoffverbrauchs. Umschau 79:604–607

Atmosphäre und Umwelt

Atmosphäre und Umwelt

Günter Warnecke

Im vorangegangenen Abschnitt dieses Buches ging es im wesentlichen um
Wechselbeziehungen zwischen Mensch und Umwelt, die zwar überall dort auf
der Welt, wo Menschen leben oder tätig sind, stattfinden, die aber in ihren Aus-
wirkungen weitgehend nur lokalen oder allenfalls regionalen Charakter haben.
Im folgenden wenden wir uns nun Themen zu, bei denen infolge der größeren
Beweglichkeit des beteiligten Mediums, der Atmosphäre, die Wechselbeziehungen, selbst wenn sie im einzelnen nur lokal oder regional ablaufen, viel weiter
reichende, ja globale Auswirkungen haben oder haben können. Im Beitrag von
Jürgen Schneider über Aspekte des Meeresbergbaus deutete sich diese globale
Konsequenz bereits als Tendenz an. Industrielle Eingriffe in die Natur des Mee-
resbodens bedeuten zugleich Eingriffe in das physikalisch-chemisch-biologi-
sche Teilsystem Ozean. Deren Wirkungen würden sich mittels der Meeresströmungen bzw. über die Beweglichkeit der marinen Fauna auch in primär zunächst überhaupt nicht betroffene Meeresregionen ausweiten. Über die Wirkungskette „Mensch" sind schließlich sogar Folgewirkungen bis weit ins benachbarte Festland hinein möglich. Für die im Vergleich zum Meer weitaus be-
weglichere Atmosphäre können wir deshalb erwarten, daß sich Eingriffe viel
rascher und noch viel weiter ausbreiten, eben über die gesamte Erde. Diese Einwirkungen sind jedoch oftmals nicht einfach zu verfolgen, zweifelsfrei nachzuweisen oder in ihren Auswirkungen leicht und eindeutig abzuschätzen, da es
sich um Einwirkungen auf ein sehr komplexes dynamisches System handelt.
Dies soll zunächst etwas erläutert werden.

Die Erde als dynamisches System

In Abb. 1 sind aus dem Gesamtsystem „Planet Erde" ein paar in unserem Zusammenhang interessante, d. h. umweltrelevante Teilsysteme der Lithosphäre
(feste Erde), der Atmosphäre, des Ozeans und der Biosphäre herausgegriffen
und in ihren vernetzten Wirkungszusammenhängen schematisch dargestellt. In
diesem noch recht vereinfachten Bild sind bereits zwei miteinander verknüpfte
Rückkopplungskreise zu erkennen, ein „kürzerer", nämlich menschliche Aktivitäten → Umwelt → Ressourcen → menschliche Aktivitäten und ein „längerer",
in den noch zusätzlich die Teilsysteme Klima und Meeresspiegelhöhe miteinbe-
zogen wurden. Dabei sind anderweitige zusätzliche Verknüpfungen, wie etwa
die des Klimas mit außerirdischen, d. h. solaren Einflüssen der Einfachheit hal-

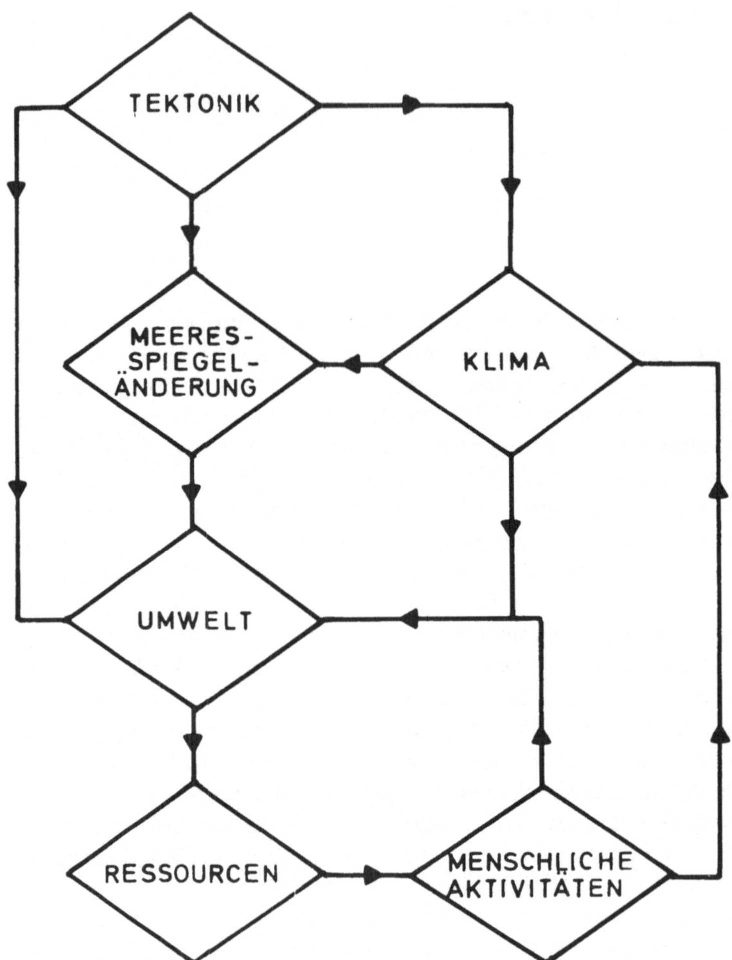

Abb. 1. Vernetzung menschlicher Aktivitäten mit anderen, natürlichen Wirkungssystemen am Beispiel nichtlebender mariner Ressourcen. (Nach Cook 1989)

ber unberücksichtigt geblieben. Danach ist zu erwarten, daß im Prinzip die Wirkungen jeglicher modifizierender, „störender" Eingriffe auf zunächst nicht spezifizierte Weise in Richtung der eingezeichneten Pfeile an andere Teilsysteme weitergegeben werden, bis sie schließlich − im Falle der Rückkopplung − wieder auf das Ausgangssystem wirken („rückwirken"). So richtig kompliziert wird es jedoch erst, wenn man bedenkt, daß sich hinter jedem dieser rautenförmigen Kästchen in Abb. 1 ein verwirrendes Netz weiterer Teilsysteme verbirgt. Dies sei zunächst am Beispiel des Klimasystems illustriert.

In der Darstellung des irdischen Klimasystems (Abb. 2) ist die Verknüpfung mit der Sonne, die die primäre Energiequelle der Erde ist, selbstverständlich berücksichtigt. Bei genauerem Verfolgen einiger der gezeigten Wirkungsketten

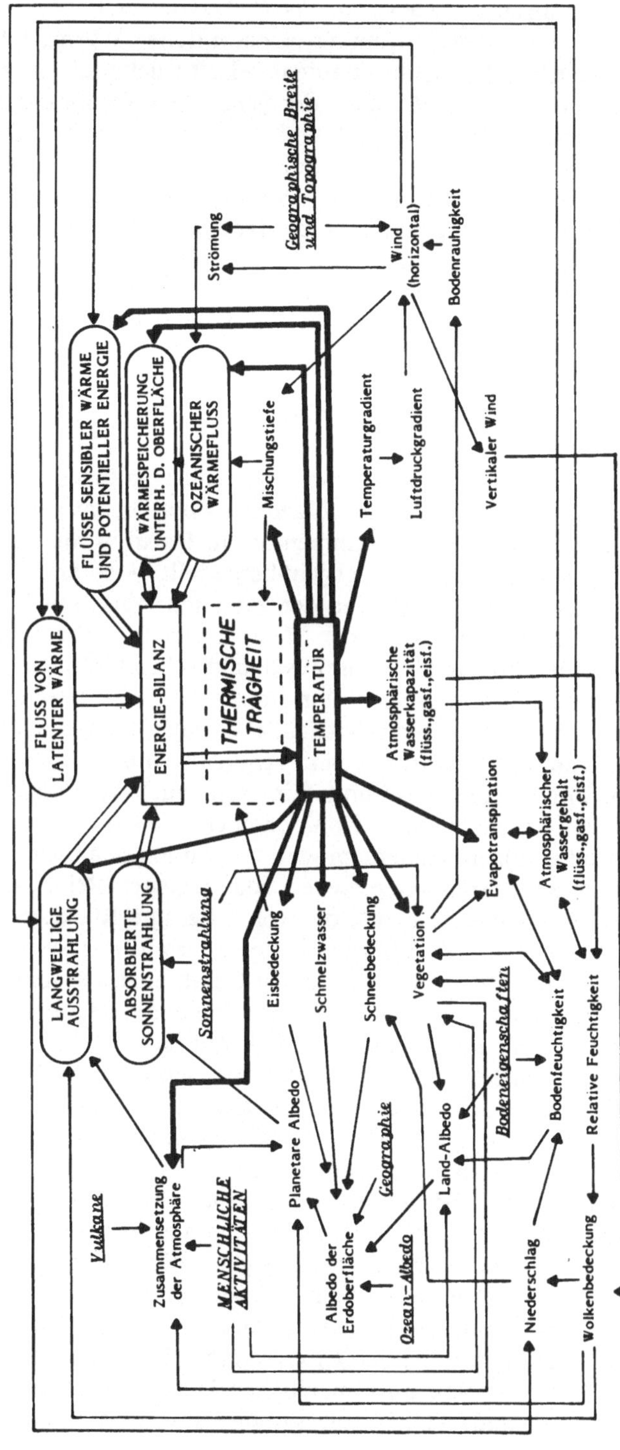

Abb. 2. Das Klimasystem der Erde – Beziehungsschema der Klimaelemente, dargestellt für das „Ausgangssignal" Temperatur. Antriebskräfte (*kursiv*). Energieflüsse (*oval umrandet*); Wirkungen der Temperatur (*starke Pfeile*). (Nach Robock 1985)

findet man unschwer wiederum eine Reihe von Rückkopplungen, wie etwa diese: Wind → (Meeres-)Strömung → ozeanischer Wärmefluß → Energiebilanz → Temperatur → Temperaturgradient → Luftdruckgradient → Wind. Komplizierend kommt hinzu, daß einige der genannten Komponenten infolge der mit ihnen implizierten Transportvorgänge räumliche Kopplungen über weite Strecken, u. U. über viele tausend Kilometer hinweg enthalten, sogenannte „Telekonnexionen". Die für die Transporte benötigten Zeiten bedingen hinsichtlich der Wirkungsübertragung dabei recht unterschiedliche, z. T. erhebliche Verzögerungen, je nachdem, ob die relativ langsamen Meeresströmungen oder die im Vergleich wesentlich schnelleren Luftströmungen daran beteiligt sind (s. hierzu u. a. Einleitung in Germann et al. 1988).

Der Mensch als Teil des Systems

Die gleichermaßen komplizierten Wechselbeziehungen zwischen Mensch und Umwelt lassen sich wie in der folgenden Abb. 3 etwas detaillierter, aber immer noch stark vereinfacht, zusammenfassen. Darin werden der Mensch und das System „Planet Erde" zwar gegenübergestellt – so empfinden wir uns leider großenteils – und lediglich in der gezeigten Weise durch Rückkopplung eng verbunden, in Wahrheit ist der Mensch aber integrierter Bestandteil des Gesamtsystems Erde und hier nur aus didaktischen Gründen hervorgehoben. Von den direkten und indirekten Wirkungen des Gesamtsystems Erde nimmt der Mensch einen vielleicht großen Teil, aber sicher bei weitem nicht alle wahr. Seine Reaktion auf Einwirkungen des Systems wird aber im allgemeinen von deren Gesamtwirkung bestimmt sein, also auch von nicht wahrgenommenen bzw. nicht wahrnehmbaren Komponenten. Sie kann zudem bewußt oder auch unbewußt erfolgen. Außerdem wird sie von unabhängigem, von unserem Willen bestimmtem Handeln gesteuert oder begleitet. Beides zusammen wirkt nun wiederum auf das System Erde, womit besagte Rückkopplung erfolgt. Diese wird entweder auf die Wirkungsketten oder auf das System selbst verändernd einwirken, mit absichtlichen, z. B. zur Gefahrenabwendung, oder auch unbeabsichtigten Folgen, wie sie z. B. von der Kohlendioxidzunahme in der Luft durch Verbrennung fossiler Brennstoffe bekannt ist.

Die prinzipielle Unvollständigkeit der menschlichen Wahrnehmung und infolgedessen der Kenntnisse vom Gesamtsystem, dazu die Tatsache, daß auch unbewußte Einwirkungen auf den Menschen sein Handeln bestimmen, bedeuten allein schon, daß die Modelle von der Wirklichkeit, mit denen wir heute, aber auch in Zukunft das System „Planet" Erde beschreiben bzw. numerisch zu simulieren versuchen, stets unvollkommen sein werden. „Rest-Unsicherheiten" behaften somit grundsätzlich jegliche Beschreibung, Erklärung und Vorhersage von Zuständen – so gut und vollständig auch manche der Modelle der Wirklichkeit angepaßt erscheinen mögen. Von Unzulänglichkeiten in der mathematischen Formulierung der relevanten physikalischen und chemischen Gesetzmäßigkeiten, von unvermeidlichen Unschärfen bei der numerischen Lösung simulierender Gleichungssysteme sowie von Nichtlinearitäten in den

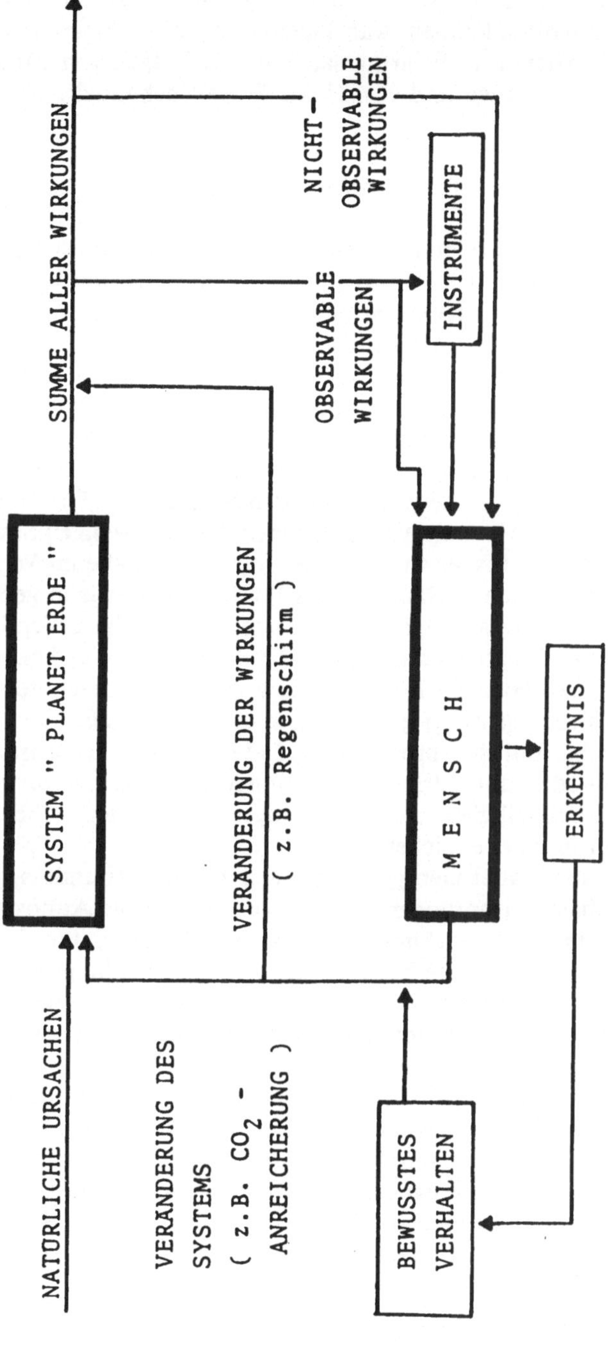

Abb. 3. Wechselwirkungssystem Mensch-Erde

Wechselbeziehungen, die u. U. sogar in unbestimmbare, chaotische Zustände hineinlaufen können, war dabei noch gar nicht einmal die Rede. Sie werden in den späteren, mehr grundsätzlichen Beiträgen von Günter Fischer, von Hans-Joachim Lange und von Heinz Fortak behandelt.

Der Mensch als Störfaktor

Die zunächst folgenden Beiträge befassen sich mit wichtigen und interessanten Teilaspekten, d. h. mit mehr oder weniger bekannten Einzelkomponenten des planetarischen Klimasystems. So beschreibt Peter Fabian anthropogene Einwirkungen auf die das irdische Leben vor zerstörerischen Anteilen der Sonnenstrahlung schützende Ozonschicht, nämlich den gefährlichen menschlichen Eingriff mittels künstlich hergestellter Chemikalien in die hochkomplexe Chemie und Photochemie der mittleren Atmosphäre (16–80 km Höhe) – soweit wir diese heute kennen und verstehen. Die möglichen bzw. sehr wahrscheinlichen Folgen – derzeit unter dem Schlagwort „Ozonloch" weltweit diskutiert – sind gravierende Veränderungen des kurzwelligen Strahlungsmilieus unserer Biosphäre. Bisher wurde angenommen, daß alle im Verlauf der Erdgeschichte aufgetretenen Variationen des Strahlungsmilieus in geologischen Zeiträumen, also so langsam abliefen, daß sich das irdische Leben im Zuge der Evolution jeweils allmählich daran anpassen konnte. Für die Zukunft ist nun zu befürchten, daß von den Menschen seit wenigen Jahrzehnten – und trotz besserer Einsicht gegenwärtig gar noch in erhöhtem Maße – in die Atmosphäre eingebrachte Industrieprodukte Veränderungen in der Zusammensetzung der zum Erdboden durchdringenden Sonnenstrahlung hervorrufen werden, deren Art und Schnelligkeit die Anpassungsmöglichkeiten höherer irdischer Lebensformen in Zweifel ziehen lassen.

Hans-Walter Georgii wendet sich einem verwandten, nicht minder brisanten Problem anthropogener Einwirkungen auf die Atmosphäre zu, das zwar wiederum die Auswirkungen vom Menschen veranlaßter Schadstoffeinbringungen in die Atmosphäre betrifft, diesmal aber den langwelligen Strahlungshaushalt und als Folge den Wärmehaushalt der Erde insgesamt angeht. Dieses Phänomen wird heute unter dem Begriff des Glashaus- bzw. Treibhauseffekts in breiter Öffentlichkeit diskutiert.

Dem gravierendsten möglichen menschlichen Eingriff in das System „Planet Erde" widmen sich Paul J. Crutzen und Günter Warnecke in ihrem Bericht über den neuesten internationalen Erkenntnisstand bezüglich der zu erwartenden indirekten Folgen eines weltweiten Atomkriegs, des „Nuklearen Winters", der sich neuerdings auch auf weitreichende, über die Klimawirkung weit hinausgehende sekundäre und tertiäre Folgewirkungen erweitert hat.

Natürliche Komplikationen

Karin Labitzke illustriert dann das ebenfalls aktuelle Thema des Einflusses natürlicher Störgrößen auf das Klimasystem, die u. a. gegenwärtig den zwei-

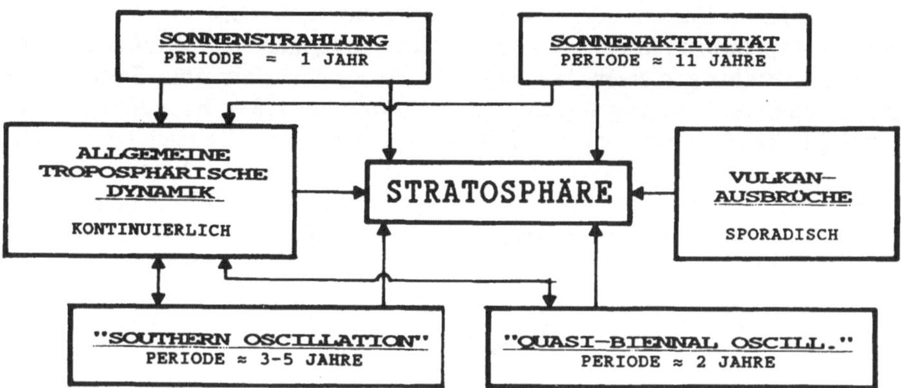

Abb. 4. Schematische Übersicht über die auf die Stratosphäre einwirkenden äußeren natürlichen Einflüsse. Bei der „Southern Oscillation" und dem „El-Niño-Phänomen" handelt es sich um interne, ozeanisch-atmosphärisch gekoppelte weltweite Schwingungen der globalen Zirkulation, beim Einfluß der troposphärischen Dynamik um die vertikale Übertragung von troposphärischer dynamischer Wellenenergie, die u. a. zu der Erscheinung der „explosionsartigen" Stratosphärenerwärmungen im Verlauf drastischer Zirkulationsstörungen im Winter führt.

felsfreien Nachweis etwa bereits stattfindender anthropogener Klimaveränderungen so schwierig gestalten. Die Rede ist von den Einwirkungen von Vulkanstaub auf den atmosphärischen Strahlungs- und Wärmehaushalt und schließlich ebenfalls auf die mittelatmosphärische Ozonchemie. Da die diesbezügliche, vom Vulkanismus ausgehende Wirkungskette offensichtlich über die Stratosphäre (16−50 km) und die Mesosphäre (50−80 km Höhe) läuft, ist es allein deshalb schon schwierig, in den Beobachtungen die atmosphärischen Auswirkungen von Vulkanausbrüchen im einzelnen überhaupt zu erkennen. Die mittlere Atmosphäre unterliegt nämlich dem Einfluß einer ganzen Reihe von externen Störgrößen (s. Abb. 4). Die höchst variable Sonnenaktivität z. B. wirkt auf die Temperatur bzw. auf die allgemeinen Zirkulationsverhältnisse der Stratosphäre und Mesosphäre ein und ist daher von vulkanischen Einwirkungen nur schwer zu unterscheiden. Schließlich wirken − wie dargestellt − auch noch troposphärische Einflüsse unterschiedlichen Charakters mit.

Daß es sich bei dem Eintrag von Vulkanstaub in die Atmosphäre um kein unerhebliches Phänomen handeln kann, lehrt eine Betrachtung der ausgeworfenen Materialmengen. Bei der wohl stärksten Eruption der Neuzeit, der des bei Java gelegenen Vulkans Tambora vom April 1815, wird die ausgeworfene Masse auf $2{,}4 \times 10^{17}$ g (= 240 Mrd. t) geschätzt. Die Eruption wird in die Kategorie 7 des Vulkan-Explosivitäts-Index (VEI) eingestuft, in der das Ejektionsvolumen $10^{11} - 10^{12}$ m^3 beträgt, also zwischen 100 und 1000 km^3 liegt, und die Explosionswolke über 25 km Höhe hinaufreicht (s. hierzu Schmincke 1986). Wenn davon nur 1‰ als Staub in die Stratosphäre gelangt ist, übertrifft die Menge noch bei weitem die den Szenarien des Nuklearen Winters zugrundegelegte Menge von durchschnittlich 100 Mio. t stark rußhaltigen Rauchs (s. Beitrag von Paul J. Crutzen und Günter Warnecke). In den Jahren 1815 und

1816 wurden in Europa und an der Ostküste Nordamerikas, wo entsprechend lange Temperaturmeßreihen vorliegen, die niedrigsten Temperaturwerte der letzten 200 Jahre gemessen. Das Jahr 1816 ist als das „Jahr ohne Sommer" in die Geschichte eingegangen (Stommel und Stommel 1983). Es muß bei einem Vergleich der Auswirkungen allerdings bedacht werden, daß es sich bei Vulkanstaub weniger um Ruß handelt, wie er als Hauptfaktor bei der Erzeugung eines Nuklearen Winters angesehen wird. Immerhin wird aber Vulkanstaub für im Laufe der Erdgeschichte aufgetretene sogenannte „Vulkanische Winter" (Rampino et al. 1988), u. a. für das relativ plötzliche Aussterben der Saurier vor ca. 65 Mio. Jahren an der Zeitenwende Kreide-Tertiär, verantwortlich gemacht (Courtillot 1990). Dennoch scheint der Streit mit den Verfechtern der konkurrierenden Meteoriten-Hypothese (Alvarez und Asaro 1990) noch nicht völlig ausgestanden zu sein.

Literatur

Alvarez W, Asaro F (1990) Die Kreide-Tertiär-Wende: ein Meteoriteneinschlag? Spektrum Wiss, Dez 1990:52−59

Cook PJ (1989) Eustatic sea-level changes, environments, tectonics and resources. I.O.C. Bruun Memorial Lectures 1987: Recent advances in selected areas of ocean sciences in the regions of the Caribbean, Indian Ocean and the Western Pacific. IOC Tech Ser 34:35−57, UNESCO 1989

Courtillot VE (1990) Die Kreide-Tertiär-Wende: verheerender Vulkanismus? Spektrum Wiss, Dez 1990:60−69

Germann K, Warnecke G, Huch M (1988) Die Erde. Dynamische Entwicklung, menschliche Eingriffe, globale Risiken. Springer, Heidelberg, 220 S

Rampino MR, Self S, Stothers RB (1988) Volcanic Winters. Annu Rev Earth Planet Sci 16:73−99

Robock A (1985) An updated climate feedback diagram. Bull Am Meteorol Soc 66:786−787

Schmincke H-U (1986) Vulkanismus. Wissensch Buchges, Darmstadt, 164 S

Stommel H, Stommel E (1983) Volcano weather. The story of the year without a summer: 1816. Seven Seas Press

Die Ozonschicht und ihre Beeinflussung durch den Menschen

Peter Fabian

Unter allen Planeten des Sonnensystems zeichnet sich die Erde dadurch aus, daß es in ihrer Gashülle, der Atmosphäre, freien Sauerstoff gibt. Etwa ein Fünftel der Luft besteht aus diesem lebenswichtigen Gas, während die anderen Planeten allenfalls Spuren davon besitzen. Dieser hohe Sauerstoffanteil verdankt seine Existenz dem Umstand, daß sich auf der Erde Leben entwickelt hat und seit etwa vier Milliarden Jahren Myriaden von Mikroorganismen Sauerstoff durch Photosynthese zu produzieren imstande waren.

Ozon – ein notwendiges atmosphärisches Spurengas

Mithin ist auch die Ozonschicht unserer Erdatmosphäre eine Folge der biologischen Evolution und somit einmalig im Sonnensystem, denn Ozon ist ja nur eine andere Form des Sauerstoffs. Während sich beim normalen Sauerstoff jeweils zwei Atome zum Molekül O_2 verbinden, besteht das Ozonmolekül O_3 aus drei Atomen. Ein kleiner Teil des Luftsauerstoffs wird unter Mitwirkung der Ultraviolett-Strahlung (UV) der Sonne laufend in Ozon umgewandelt. Kurzwelliges UV mit Wellenlängen unter 242 nm nämlich spaltet O_2-Moleküle in Atome (O), die sich wiederum mit O_2 zum O_3 verbinden können. Die optimalen Bedingungen für diese Ozonbildung sind in etwa 30 km Höhe gegeben: dort ist etwa jedes zwanzigtausendste Sauerstoffmolekül in Ozon umgewandelt; nach oben wie auch nach unten nimmt der Ozonanteil ab. Ozon ist also nur Spurenbestandteil einer Schicht, die von etwa 10–80 km reicht. Dennoch ist die Wirkung dieser Ozonschicht von fundamentaler Bedeutung: zum einen absorbiert sie die gefährliche UV-Strahlung der Sonne, die sonst alles Leben auf dem Festland zerstören würde, zum anderen bewirkt die Energie dieser in der Höhe absorbierten Strahlung dort eine Aufheizung, die sich als warme Schicht mit einem Temperaturmaximum an der Stratopause bei 50 km Höhe manifestiert. Ozon wird in diesen Höhen aber nicht nur gebildet, sondern auch durch eine Reihe natürlicher photochemischer Prozesse abgebaut, so daß sich die Ozonschicht schließlich als das Resultat eines von der Natur sorgfältig ausbalancierten dynamischen Gleichgewichts zwischen ozonbildenden und ozonabbauenden chemischen Vorgängen darstellt.

Im einzelnen weist die Ozonverteilung als Folge des Ineinandergreifens photochemischer und zusätzlicher Prozesse in der Atmosphäre starke meridionale und jahreszeitliche Variationen auf. So wird aus dem Hauptquellgebiet, das

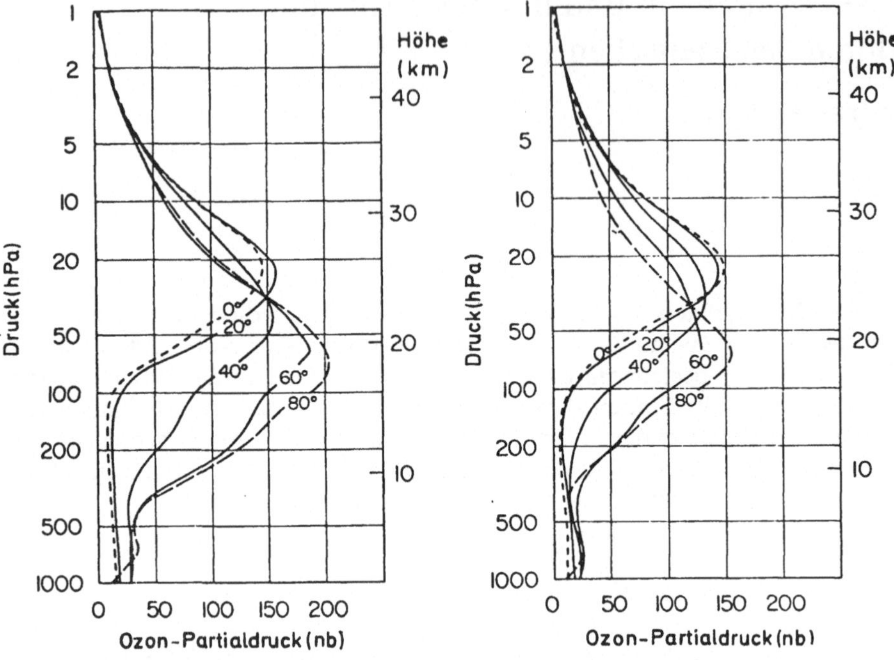

Abb. 1. Mittlere Vertikalverteilung von Ozon für verschiedene geographische Breiten der Nordhemisphäre. Linkes Teilbild: April; rechtes Teilbild: Oktober. Der aufgetragene Ozon-Partialdruck gestattet die direkte Berechnung des Volumen-Mischungs-Verhältnisses durch Division durch den jeweiligen Gesamtdruck (1 nb $\triangleq 10^{-6}$ hPa). (Nach Dütsch 1980)

sich in etwa 30−35 km Höhe über den Tropen befindet, mit der allgemeinen Zirkulation ständig Ozon polwärts und in niedere Höhen verfrachtet. Dieser Transport, der im Spätwinter am stärksten ist, bewirkt auf der Nordhalbkugel, daß die untere Stratosphäre, also der Höhenbereich zwischen 10 und 25 km, mit wachsender Breite zunehmend mit Ozon aufgefüllt ist.

Abbildung 1 veranschaulicht dies anhand von Ozonprofilen verschiedener geographischer Breiten der Nordhemisphäre. Würde man alle Ozonmoleküle, deren Vertikalverteilung in Abb. 1 dargestellt ist, zur Erdoberfläche herunterholen und dort in einer homogenen Schicht versammeln, so hätte diese am Äquator eine Dicke von etwa 2,5 mm oder 250 Dobson-Einheiten (DU). Die Schichtdicke nimmt zum Nordpol hin zu und erreicht dort je nach Jahreszeit 4−5 mm bzw. 400−500 DU.

Auf der Südhalbkugel nimmt die Ozonschicht nur bis zu einem Maximum von ca. 400 DU bei 55 °S zu und von dort zu einem Minimum von ca. 300 DU am Südpol wieder ab. Diese Asymmetrie im Vergleich zur Nordhalbkugel beruht darauf, daß wegen der unterschiedlichen Land-Meer-Verteilung die Zirkulation beider Hemisphären nicht symmetrisch abläuft (s. z. B. Fabian 1989).

Die anthropogene Gefährdung der Ozonschicht und die Folgen

Der Mensch als „Krone der Schöpfung", als vermeintlich höchstentwickeltes Glied der biologischen Evolution, ist im Begriff zu zerstören, was erst als Folge in Milliarden von Jahren abgelaufener biologischer Prozesse in der Erdatmosphäre entstehen konnte — die Ozonschicht. Er bewerkstelligt dies dadurch, daß er große Mengen der verschiedensten anthropogenen Chemikalien in die Luft entweichen läßt, welche direkt oder indirekt die Ozonschicht angreifen.

Der amerikanische Chemiker Harold Johnston (1974) war der erste, der Anfang der siebziger Jahre auf eine derartige Gefährdung der Ozonschicht hinwies. Er berechnete, daß 2 Mio. t Stickoxid — pro Jahr aus den Triebwerken einer damals für die neunziger Jahre projektierten Flotte von 500 zivilen Überschallflugzeugen des Typs Boeing in der Stratosphäre ausgestoßen — die Ozonschicht um etwa 50% reduzieren würden. Stickoxide, in Höhen oberhalb 20 km in die Atmosphäre abgelassen, führen nämlich zu einer katalytischen Rückbildung von Ozon in normalen Sauerstoff. Johnstons Arbeit löste internationale Forschungsprogramme aus, deren Ergebnisse die prinzipielle Richtigkeit seiner Prognosen bestätigten und letztlich dazu führten, daß das zivile Überschallflugzeug nicht in Serie ging. Der unvollendete Prototyp wurde von einem findigen Geschäftsmann aufgekauft und steht heute als Restaurant in der Wüste des US-Staates Utah. Ähnlich wie Stickoxide, nur sehr viel effektiver, wirken Halogene wie Chlor und Brom als Ozonkiller, indem auch sie die Rückbildung von Ozon in normalen Sauerstoff katalysieren. Hier waren es die amerikanischen Chemiker Mario Molina und Sherry Rowland (1974), die die Weltöffentlichkeit mit einer Hypothese alarmierten, wonach der steigende Verbrauch großer Mengen von Fluorchlorkohlenwasserstoffen (FCKW) zu einem allmählichen globalen Abbau der Ozonschicht führen werde. Etwa 600 000 t Trichlorfluormethan (Cl_3F oder FCKW-11) und Dichlordifluormethan (CCl_2F_2 oder FCKW-12) wurden damals pro Jahr weltweit als Treibgas aus Spraydosen, als Kältemittel aus defekten Anlagen und bei Schäumungsprozessen in die Atmosphäre abgelassen, und diese Menge nahm jährlich um etwa 10% zu.

Diese Substanzen sind chemisch außerordentlich stabil, ohne Geruch und Geschmack, nicht giftig und nicht brennbar, und eben dies erklärt ihre Beliebtheit als Treibgas gerade im kosmetischen Bereich. Aber wegen eben ihrer Stabilität werden diese Stoffe in der Troposphäre praktisch nicht abgebaut, sondern reichern sich allmählich an. Die mittlere atmosphärische Lebensdauer von FCKW-11 beträgt mindestens 55 Jahre, diejenige von FCKW-12 mehr als 100 Jahre. Diese Zeit reicht aber aus, daß ein Großteil der FCKW durch Turbulenz, Konvektion und mit den Winden in die Stratosphäre verfrachtet wird, wo die UV-Strahlung der Sonne — ungeschwächt — diese Substanzen in ihre Bestandteile zerlegt und damit die Chlor- und Fluoratome freisetzt, die nun ihr katalytisches Spiel mit dem Ozon beginnen können.

Doch anders als bei dem zivilen Überschallflugzeug, dessen Produktion wegen seiner Bedrohung für die Ozonschicht gar nicht erst aufgenommen wurde (natürlich haben auch andere, überwiegend wirtschaftliche Gründe zur Absetzung des zivilen Überschallflugzeuges bei Boing beigetragen), geht die Emission der FCKW in aller Welt weiter. Zwar wurden als Folge der durch Molina und Rowland ausgelösten Sorge um den Fortbestand der Ozonschicht in Kanada, Norwegen, Schweden und den USA unter starkem öffentlichen Druck FCKW-Treibgase in Sprühdosen zu über 90% per Gesetz verboten. Da 56% der produzierten Mengen von FCKW-11 und -12 damals als Treibgas verwendet wurden, bewirkte diese gesetzliche Regelung immerhin, daß die weltweite Emission dieser Substanzen in die Atmosphäre nicht weiter anstieg. Die Länder der Europäischen Gemeinschaft verständigten sich 1977 darauf, die Produktionsmengen für FCKW-11 und -12 nicht mehr zu steigern. Die Gesamtmenge dieser jährlich in die Atmosphäre abgelassenen Halogenverbindungen pendelte sich somit bis 1985 bei etwa 700 000 t ein; sie ist seitdem aber wieder leicht gestiegen und liegt heute bei etwa 800 000 t pro Jahr (Enquetekommission des Deutschen Bundestages 1988).

Derart große Einträge lassen sich durch Messungen der atmosphärischen Konzentration dieser Substanzen, die jedes Jahr um etwa 5% anwächst, laufend verfolgen. Obwohl die Emission zu über 90% in den Industrieländern der Nordhemisphäre erfolgt, sind nur geringfügige geographische Konzentrationsunterschiede festzustellen, da die äußerst langlebigen FCKW relativ schnell mit den Winden nahezu gleichmäßig horizontal über den gesamten Globus verteilt werden. Dabei dringen sie langsam, aber stetig in die höheren Atmosphärenschichten vor, wo unter Einwirkung der solaren UV-Strahlung ihr Abbau und damit die Freisetzung der ozonzerstörenden Halogene erfolgt.

Mit Modellen, welche die in der Atmosphäre ablaufenden photochemischen und dynamischen Prozesse im Großrechner nachbilden, läßt sich der Einfluß der FCKW auf die Ozonschicht untersuchen. Hiernach ist die Ozonschichtdicke bereits heute weltweit um etwa ein Prozent reduziert. Diese Reduktion wird mit den Jahren, wenn wir weiterhin gleichbleibende Mengen FCKW in die Luft ablassen, weiter wachsen und sich gegen Ende des nächsten Jahrhunderts auf einen Endwert von etwa 6% einpendeln. Dieser langsame und insgesamt geringe Ozonabbau war die wesentliche Ursache dafür, daß sich über all die Jahre keine politische Lösung zur Emissionsverminderung finden ließ. Mehr noch, es gab mannigfache Bestrebungen, die Produktionslimits doch wieder aufzuheben, wobei wissentlich oder unwissentlich vergessen wurde, daß bei einer Rückkehr zu dem ursprünglichen Szenarium der jährlichen Produktionssteigerung von 10% die Ozonschicht im nächsten Jahrhundert um mehr als die Hälfte zerstört sein würde. Hinzu kommt, daß neben FCKW-11 und -12 eine Vielzahl weiterer halogenierter Kohlenwasserstoffe produziert wird und mit mehr oder weniger großer zeitlicher Verzögerung ebenfalls in die Stratosphäre gelangt. Hierzu gehören Tetrachlorkohlenstoff (CCl_4), FCKW-13 ($CClF_3$), -22 ($CHClF_2$), -113 ($C_2Cl_3F_3$), -114 ($C_2Cl_2F_4$) und Methylchloroform, die als Lösungs-, Kälte- bzw. Treibmittel dienen, sowie die bromhaltigen Halone 12B1 ($CBrClF_2$) und 13B1 ($CBrF_3$), die als Feuerlöschsubstanzen Anwendung finden. Die Gesamtmenge aller halogenierten Kohlenwasserstoffe, die zur Zeit weltweit in die Atmosphäre gelangen, beträgt mehr als 2 Mio. t pro Jahr, und diese Menge wächst weiterhin an, da es außer für FCKW-11 und -12 bislang keine vereinbarten Produktionslimits gibt (s. hierzu Fabian 1986, 1988 a).

Der beobachtete Ozonschwund in der Atmosphäre ist demzufolge größer als derjenige, der für den Eintrag der FCKW-11 und -12 allein berechnet wurde. Die Analyse aller verfügbaren Meßdaten ergibt für die letzten 15 Jahre einen Ozonverlust, der je nach geographischer Breite zwischen 1,6 und 3% variiert. Über der Antarktis ist dieser Schwund sogar noch erheblich größer, da dort der Effekt des Ozonloches durchschlägt (Enquetekommission des Deutschen Bundestages 1988). Bevor jedoch näher auf dieses Phänomen eingegangen wird, sollen noch kurz die wichtigsten Auswirkungen der globalen Ozonschichtreduktion diskutiert werden. Sie bewirkt zum einen eine Verstärkung der schädlichen UV-Strahlung am Erdboden. Jedes Prozent Ozonschichtreduktion erhöht dabei den UV-Strahlungsfluß um etwa 2%. Vielleicht noch wichtiger ist aber der klimatische Effekt auf die Stratosphäre: die hier diskutierte Ozonschichtreduktion resultiert nämlich aus einer Ozonzerstörung oberhalb 30 km Höhe. Nur dort entfalten die Chloratome, die aus den halogenierten Kohlenwasserstoffen freigesetzt werden, ihre Wirkung, wobei ihr Effekt bei 40 km am stärksten ist. Bereits heute fehlen in dieser Höhe etwa 10% Ozon, und dieser Verlust wird im Lauf der nächsten 50 Jahre auf 25% anwachsen. Als direkte Folge muß für die Stratosphäre mit einer stetigen Abkühlung gerechnet werden, denn weniger Ozon vermag weniger Sonnenenergie zum Aufheizen dieser Schicht zu absorbieren. So dürfte sich der Höhenbereich um 40 km innerhalb der kommenden 50 Jahre um 10 bis 15 Grad abkühlen.

Die Entdeckung des Ozonloches über der Antarktis

Die Entdeckung des Ozonloches über der Antarktis — völlig unerwartet und von niemandem vorhergesagt — bedeutete eine entscheidende Wende in der öffentlichen Bewußtseinsbildung und hinsichtlich der Akzeptanz der Warnungen. Bis dahin hatten die Wissenschaftler Schwierigkeiten gehabt, die Öffentlichkeit und insbesondere die Politiker auf die Gefährdung der Ozonschicht aufmerksam zu machen, was überwiegend daran lag, daß „Beweise" fehlten. Messungen der Ozonschichtdicke vom Boden wie vom Satelliten aus konnten zunächst nicht widerspruchsfrei zu einer Bestandsaufnahme der Ozonschicht zusammengeführt werden, aus der sich Veränderungen eindeutig hätten nachweisen lassen. Dazu kam, daß der globale Ozonabbau nur langsam geschieht und die Ozonschicht auch durch natürliche Fluktuationen als Folge des Einflusses des Sonnenaktivitätszyklus, des ozeanischen El-Niño-Effektes und einer 26monatigen Oszillation der Atmosphäre geprägt wird. Erschwerend für die „Glaubwürdigkeit" der Modellvorhersagen kam hinzu, daß deren Ergebnisse im Laufe der Jahre selbst mehrmals an Hand neuer reaktionskinetischer Erkenntnisse revidiert werden mußten. Mit der Entdeckung des Ozonloches war die Frage nach Beweisen für die Veränderungen in der Ozonschicht erledigt, denn wenn während der südhemisphärischen Frühjahrsmonate September und Oktober mehr als die Hälfte des Ozons über dem antarktischen Kontinent regelrecht verschwindet, so ist dieses Phänomen nicht mehr wegzudiskutieren. Die Frage war jetzt, ob das Ozonloch durch natürliche Vorgänge oder durch den Menschen verursacht wird.

Die Geschichte der Entdeckung des Ozonloches liest sich spannend wie ein Kriminalroman: der Japaner Shigeru Chubachi war der Erste, der auf drastische Ozonverluste in der Antarktis hingewiesen hatte. Auf einem internationalen Ozonsymposium, das im September 1984 in Griechenland stattfand, zeigte er ein Poster mit seltsamen Ergebnissen. Es veranschaulichte, daß die Ozonschichtdicke über der japanischen Antarktisstation Syowa, die normalerweise etwa 300–330 Dobson-Einheiten beträgt, während der Monate September/ Oktober 1982 drastisch bis etwa 200 DU abfiel und sich erst danach wieder auf normale Werte erholte. Angesichts der Tatsache, daß die weltweit geringsten Ozonschichtdicken in den Tropen gemessen werden, dort aber kaum unter 250 DU absinken, und daß die Schichtdicke zu höheren Breiten zunimmt, hielten die Fachleute Chubachis Ergebnisse offenbar für Fehlmessungen. Sie blieben daher unbeachtet und wären vermutlich in Vergessenheit geraten, wenn sie nicht in den Proceedings dieser Tagung festgehalten worden wären (Chubachi 1985).

Es blieb Wissenschaftlern des British Antarctic Survey vorbehalten, als Entdecker des Phänomens Ozonloch bekannt zu werden: Farman et al. (1985) konnten an Hand der langen Meßreihen der britischen Antarktisstation Halley Bay zeigen, daß die Oktober-Mittel der Ozonschichtdicken über dieser Station von etwa 320 DU während der sechziger Jahre auf weniger als 200 DU im Oktober 1984 abgefallen waren, wobei das Ausmaß dieser Ozonreduktion seit Mitte der siebziger Jahre besonders rapide zugenommen hatte. Diese britische Arbeit erschien im Frühjahr 1985 in der renommierten Zeitschrift „Nature" und schlug buchstäblich wie eine Bombe ein.

Groß war die Überraschung in der gesamten Fachwelt, denn niemand hatte einen solchen Effekt vorausgesagt. Es gab nicht den geringsten Anhaltspunkt dafür, warum ein Ozonschwund dieses Ausmaßes so regelmäßig im September/Oktober über der Antarktis auftreten könne. Ganz besonders überrascht war man bei der amerikanischen Weltraumbehörde NASA. Diese hatte nämlich seit Ende der siebziger Jahre einen besonders leistungsfähigen Ozonsensor an Bord des Satelliten Nimbus 7 im Orbit, der eigens zur globalen Überwachung der Ozonschicht entwickelt worden war. Den für dieses Experiment zuständigen Wissenschaftlern war das Ozonloch aber überhaupt nicht aufgefallen, weil der Rechner für die Auswertung so programmiert gewesen war, daß er die abnorm niedrigen Ozonwerte als Fehlmessungen eingestuft und deshalb unterdrückt hatte. Die Nachanalyse der glücklicherweise gespeicherten Rohdaten ergab nun, wenn auch verspätet, eine überwältigende Fülle von Informationen über das Ausmaß und die Morphologie des Phänomens (Stolarski und Schoeberl 1986).

Die bisher tiefsten „Löcher" wurden im Oktober 1987 und im Oktober 1989 gemessen, wobei Schichtdicken bis herunter zu nur 120 DU beobachtet worden sind. Mehr als die Hälfte des Ozons über dem antarktischen Kontinent war zeitweise verschwunden, und direkte Messungen mit Ozonradiosonden er-

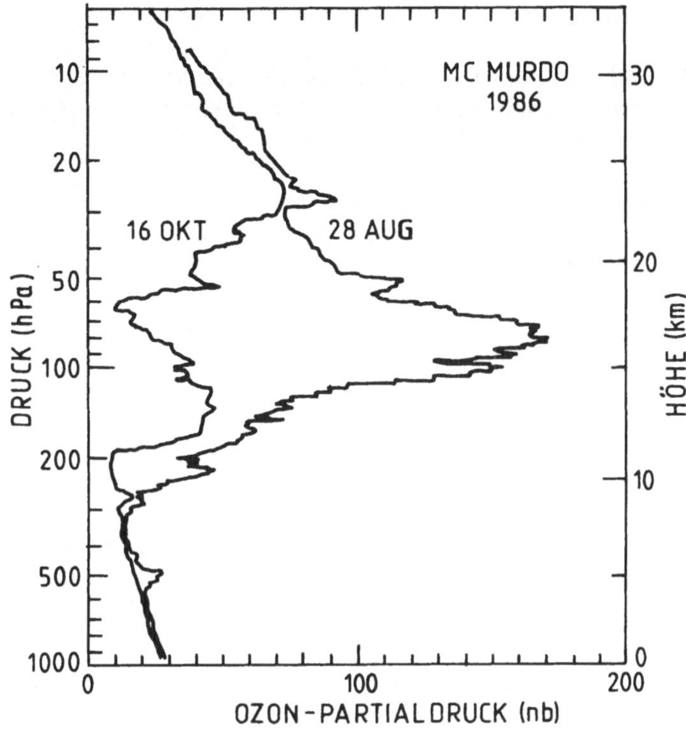

Abb. 2. Ozonprofile, gemessen am 28. August (während der Polarnacht) und 16. Oktober 1986 (nach Wiederkehr der Sonne), an der Station McMurdo, veranschaulichen den drastischen Ozonverlust zwischen 10 und 25 km Höhe. In den Jahren 1987 und 1989 war dieser Ozonschwund noch größer (1 nb $\hat{=}$ 10^{-6} hPa). (Nach Hofmann et al. 1987)

gaben, daß dieser Verlust überwiegend den Höhenbereich zwischen 10 und 25 km umfaßte, in dem fast alles Ozon vernichtet war. Abbildung 2 veranschaulicht diesen Ozonverlust anhand von zwei Ozonprofilen, die mit Radiosonden über der amerikanischen Antarktisstation McMurdo gemessen wurden. Das noch während der Polarnacht am 28. August gemessene Profil zeigt weitgehend normale ungestörte Verhältnisse, während das Vertikalprofil vom 16. Oktober den drastischen Ozonverlust zwischen 10 und 25 km Höhe illustriert.

Ein derart spektakulärer Effekt war eine Herausforderung an die Wissenschaft, denn das Ozonloch ließ sich mit der normalen Gasphasen-Photochemie, mit der alle Modelle bislang gearbeitet hatten, nicht erklären. Über der Antarktis mußte also etwas besonderes passieren, das seiner Natur nach bislang unbekannt gewesen war. Es galt daher, nach diesen unbekannten Prozessen zu forschen, die offenbar nur in diesem Teil der Atmosphäre ihre Wirkung entfalten.

Ursachen für die Entstehung des antarktischen Ozonloches

Hypothesen über den Einfluß des Aktivitätszyklus der Sonne, von Vulkanausbrüchen und anderen natürlichen Ursachen wurden aufgestellt und wieder verworfen, da sie im Widerspruch zu beobachteten Fakten standen. Expeditionen zur Antarktis, aber auch zur Arktis wurden buchstäblich aus dem Boden gestampft; ihre Ergebnisse zeigten deutlich, daß chemische Prozesse eine dominierende Rolle spielen müssen. Es lag an sich nahe, den infolge anthropogener Emission stark gestiegenen Halogengehalt der Atmosphäre als Ursache des Ozonloches in Betracht zu ziehen, ging es doch um die Erklärung eines Phänomens, das erst in den letzten 10−15 Jahren akut geworden ist. Dem widersprechen aber die Ergebnisse der bislang bekannten chemischen Reaktionen, wonach Halogene wie Chlor erst oberhalb von 30 km Ozon abbauen, das Ozondefizit über der Antarktis jedoch im Höhenbereich von 10−25 km beobachtet wird (s. Fabian 1988b). Inzwischen ergeben die Meßergebnisse der Expeditionen zusammen mit den Resultaten reaktionskinetischer Messungen im Labor sowie Modellrechnungen ein Mosaik von Indizien, wonach nicht mehr daran gezweifelt werden kann, daß der Mensch der Verursacher des Phänomens Ozonloch ist. Halogene, überwiegend Chlor, freigesetzt aus halogenierten Kohlenwasserstoffen, sind demnach die primäre Ursache für den Ozonschwund über dem Südpolgebiet. Im Gegensatz zu anderen Breitenzonen, wo das im fraglichen Höhenbereich zwischen 10 und 25 km gebildete Chlor rasch in Form inaktiver Substanzen wie Chlornitrat ($ClONO_2$) und Chlorwasserstoff (HCl) gebunden wird (s. Abb. 3), so daß dort eine Einwirkung von aktivem Chlor auf Ozon erst oberhalb von 30 km einsetzt, kann über der Antarktis das aktive Chlor während der Winter- und Frühlingsmonate aus inaktiven Substanzen freigesetzt werden und in katalytischen Reaktionsketten Ozon zerstören.

Die ganz besonderen Prozesse, die über der Antarktis diese Umwandlung bewerkstelligen, werden ermöglicht durch die Existenz polarer stratosphärischer Wolken, die bis zu Höhen um 25 km auftreten. An den Oberflächen der Wolkenpartikel läuft eine ganz andere Chemie ab als in der reinen Gasphase. Obwohl viele dieser Prozesse im Detail noch nicht genau verstanden sind, zeigen die Ergebnisse der Feldmessungen zweifelsfrei, daß aktives Chlor dabei in ausreichender Menge produziert wird (Fabian 1988b).

Die stratosphärischen Wolken wiederum verdanken ihre Existenz dem Umstand, daß es im Winter über der Antarktis mit −80 °C und darunter extrem kalt wird. Dies ist die Folge eines sehr symmetrischen, den größten Teil der Hemisphäre überdeckenden Tiefdruckwirbels, der sich, über dem Südpol zentriert, in der winterlichen Stratosphäre ausbildet. Sein arktisches Gegenstück ist dagegen asymmetrisch und in seiner Lage variabel, so daß dort die stratosphärischen Wintertemperaturen durchweg um etwa 10 Grad höher sind als über dem Südpol. Stratosphärische Wolken kommen über der Arktis nur sporadisch vor, und es gibt auch Regionen verminderten Ozongehalts, aber ein derart massiver Effekt wie über der Antarktis wurde dort bislang nicht beobachtet.

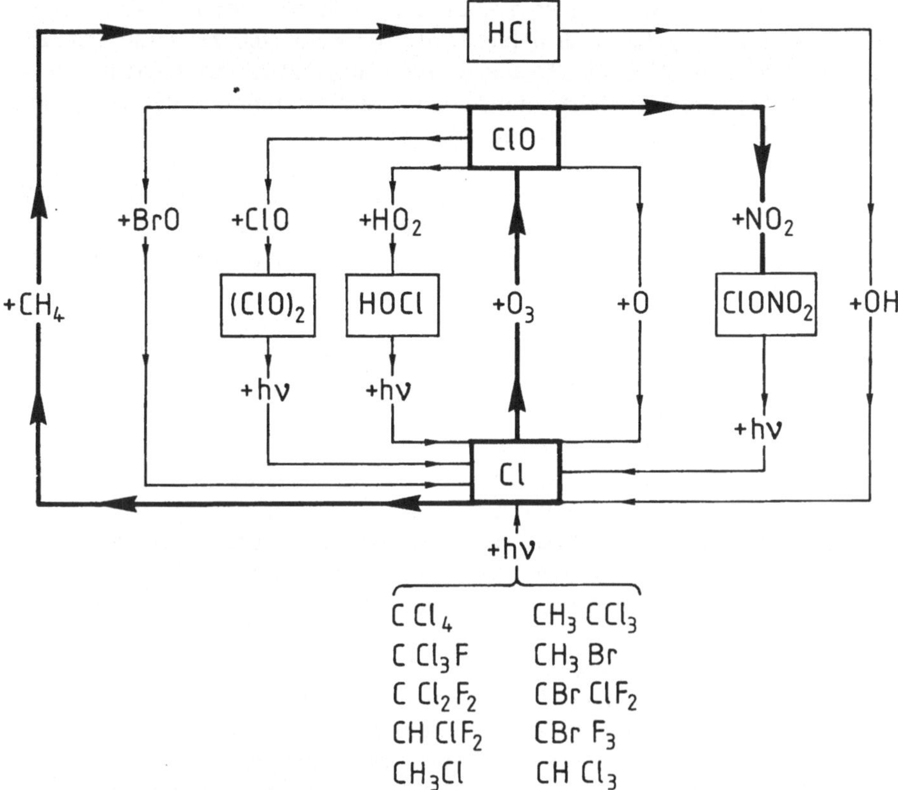

Abb. 3. Schematische Darstellung der atmosphärischen Halogen-Photochemie. Die Cl-Radikale entstehen aus dem Abbau von chlorierten Kohlenwasserstoffen, im wesentlichen durch Photolyse. Br-Radikale entstehen analog (hier nicht gezeigt) aus bromhaltigen Quellgasen, von denen einige im unteren Teil der Abbildung aufgelistet sind. Durch Reaktionen an den Wolkenpartikeln wird inaktives Chlor, das in den Reservoiren HCl und NO_2 gebunden ist, in aktive Cl-Radikale übergeführt. Der katalytische Zyklus kann aber nicht über die Reaktion von ClO mit O geschlossen werden, da atomarer Sauerstoff im Höhenbereich des Ozonloches nur in ganz geringen Konzentrationen vorliegt. Die Rückführung von ClO in Cl geschieht überwiegend über die Bildung der Dimerverbindung $(ClO)_2$, aus der durch Photolyse Cl rückgebildet und so der Zyklus geschlossen wird. (Nach Fabian 1988 b)

Alle Indizien sprechen also dafür, daß das Ozonloch primär ein vom Menschen durch die Emission halogenierter Kohlenwasserstoffe verursachter Effekt ist, wobei die atmosphärische Dynamik die ganz speziellen Bedingungen schafft, die zum Ablauf der Prozesse erforderlich sind. Das Innere des winterlichen Polarwirbels, das fast die Ausmaße des antarktischen Kontinents umfaßt, ist gegen den Rest der Atmosphäre weitgehend abgeschlossen, weil die ihn umkreisenden Stratosphärenwinde nahezu konstant breitenkreisparallel wehen und somit nur einen geringfügigen Luftaustausch mit den mittleren und niederen geographischen Breiten zulassen. Das Wirbelinnere ist gleichsam wie ein

Gefäß, in dem die Reaktionsketten ablaufen, bei denen Ozon im Höhenbereich von 10–25 km weitgehend vernichtet wird. Erst wenn sich der winterliche Zirkumpolarwirbel nach Rückkehr der Sonne genügend erwärmt hat und während er in das sommerliche zirkumpolare Stratosphärenhoch übergeht, kann ozonreiche Luft von niederen Breiten einströmen und die ozonarme Luft über dem Südpol verdrängen. Extrem niedrige Ozonwerte, die im Dezember 1987 an vier australischen Stationen und einer neuseeländischen Station über drei Wochen hinweg gemessen wurden, werden auf Reste ozonarmer Luft aus dem Ozonloch des Jahres 1987 zurückgeführt und vermitteln einen Eindruck möglicher Auswirkungen auf andere Länder der Südhemisphäre (Atkinson et al. 1989). Strahlungsmessungen in Melbourne zeigen darüber hinaus, daß diese erheblichen Reduktionen der Ozonschicht mit Erhöhungen des UV-B-Strahlungsflusses bis zu 20% verbunden waren (Roy et al. 1990).

Bisher war wenig bekannt über mögliche Auswirkungen erhöhter UV-Strahlungsflüsse als Folge des Ozonlochs. Man kann sich vorstellen, daß Kleinlebewesen im Meer, insbesondere das Phytoplankton, das auf Photosynthese angewiesen ist und daher der UV-Strahlung nicht ausweichen kann, durch derart massive Verstärkung der UV-Bestrahlung geschädigt werden könnten. Derartige Effekte sind zur Zeit Gegenstand intensiver Forschung. Kritisch könnte es sein, wenn sich das Ozonloch auf andere Regionen ausdehnen würde, in denen Landvegetation, Menschen usw. dann stark erhöhten UV-Strahlungsflüssen ausgesetzt wären. Man muß sich klarmachen, daß die halogenierten Kohlenwasserstoffe, die als primäre Ursache des Ozonloches gelten, zu etwa 90% in mittleren nördlichen Breiten emittiert werden. Das Ozonloch tritt aber über der Antarktis auf, weit entfernt von den Emissionsquellen. Das liegt – wie gesagt – daran, daß diese Substanzen eine lange Lebensdauer haben und nahezu gleichmäßig über den Globus verteilt werden. Der Effekt könnte also letztlich überall auftreten, wo die stratosphärischen Temperaturen tief genug sinken, so daß sich stratosphärische Wolken bilden können. In diesem Sinne kommt der weltweiten Abkühlung der Stratosphäre als Nebenfolge des wachsenen Glashauseffektes, aber auch infolge des langsamen globalen Ozonschwundes in der Stratosphäre eine immense umweltpolitische Bedeutung zu.

Nicht minder brisant erscheint in diesem Licht der Luftverkehr, insbesondere die Transpolarflüge, die meistens in die Stratosphäre eindringen. Können die häufig zu sehenden Kondensstreifen in den Luftstraßen der nördlichen Stratosphäre, die ja auch nichts anderes als stratosphärische Wolken sind, etwa ähnliche Prozesse auslösen wie die Wolken über dem Südpol?

Die anthropogene Zunahme des Ozons in der Troposphäre

Während der Mensch dabei ist, das Ozon der Stratosphäre zu vernichten, spielt sich hier unten in der Troposphäre genau das Gegenteil ab: Wegen der Emission von Schadgasen nimmt der Ozongehalt unserer direkten Umgebung laufend zu. Derartige Effekte kennt man schon seit langem aus Ballungsgebieten wie z. B. Los Angeles, wo sich aus Stickoxiden und Kohlenwasserstoffen unter

Einwirkung des Sonnenlichtes hohe Konzentrationen von Ozon und anderen Photooxidantien aufbauen. In weiten Gebieten Europas und Nordamerikas hat die Ozonproduktion durch photochemische Smogreaktionen zu einem generellen Anstieg des Ozonanteils der Troposphäre geführt, der in den letzten 20 Jahren im Mittel etwa 3% pro Jahr ausmachte (Fabian 1987). Ursache hierfür ist primär die Zunahme der Emission von Stickoxiden, die zu fast 50% aus den Abgasen von Kraftfahrzeugen stammen. Drastische Ozonzunahmen werden auch aus vielen tropischen Regionen Südamerikas und Afrikas berichtet, die auf Verbrennung von Biomasse, Brandrodung usw. zurückzuführen sind.

Diese Zunahme des troposphärischen Ozongehalts mag auf den ersten Blick erfreulich klingen, denn sie kompensiert immerhin einen Teil der Ozonabnahme in der Stratosphäre. Was jedoch in der Höhe als Schutzschild gegen schädliche UV-Strahlung erwünscht ist, wirkt sich in der Troposphäre, also unserer direkten Umwelt, als Gift aus, denn Ozon ist ein starkes Oxidationsmittel, das nahezu alle Oberflächen angreift. Konzentrationen oberhalb 100 ppb (parts per billion = Milliardstel Volumenanteil) gelten bereits als gesundheitsschädlich. Diese 100-ppb-Schwelle wird heute in den meisten deutschen Großstädten an vielen Tagen des Jahres, insbesondere während stabiler Hochdruckwetterlagen, aber auch in „Reinluftgebieten" wie dem Schwarzwald, überschritten. Es bestehen kaum Zweifel daran, daß Ozon und andere Folgeprodukte photochemischer Smogprozesse im Komplex der neuartigen Waldschäden eine wichtige Rolle spielen.

Die Konsequenzen

All dies zeigt, daß der Mensch die für das Leben auf der Erde essentielle Ozonhülle bereits deutlich verändert hat. Ozonverminderungen in der Stratosphäre führen einerseits zu einer Destabilisierung der vertikalen Temperaturschichtung, denn sie sind mit einer Abkühlung in der Höhe verbunden. Zum anderen verstärkt ihre thermische Wirkung mit einer Erwärmung am Boden den Glashauseffekt (vgl. Beitrag Georgii in diesem Band), dessen allmähliches Anwachsen als Folge der Emissionen von Kohlendioxid und anderen „Glashausgasen" im Hinblick auf das zukünftige Klima ohnehin schon Sorgen macht. Auch die halogenierten Kohlenwasserstoffe sind nämlich an dem Anwachsen des Glashauseffektes beteiligt, denn sie absorbieren Infrarotstrahlung gerade in dem Wellenlängenbereich um 10 µm, in dem die Atmosphäre für die von der Erdoberfläche in eben diesem Wellenlängenbereich in den Weltraum maximal abgestrahlten Wärmestrahlung ansonsten nahezu transparent ist.

Die halogenierten Kohlenwasserstoffe stellen somit in mehrfacher Weise ein schwerwiegendes Umweltproblem dar: sie sind verantwortlich für den langsamen globalen Abbau von Ozon in der Stratosphäre; dieser wiederum führt dort zu einer Abkühlung, was indirekt den Glashauseffekt verstärkt. Halogenierte Kohlenwasserstoffe sind ferner verantwortlich für das Ozonloch über der Antarktis, und schließlich verstärken diese Substanzen vermöge ihrer Infrarot-Absorptionseigenschaften direkt den Glashauseffekt. Alle diese Probleme haben globale Dimensionen; es ist belanglos, wo die Emissionen erfolgen, die Emission an sich stellt die Umweltgefährdung dar. Deshalb muß eine weltweite drastische Verringerung der Emissionen gefordert werden, um die Umweltschäden zumindest begrenzt zu halten.

Aus der Welt geschafft werden können die Probleme für die nächsten Jahre ohnehin schon nicht mehr: selbst bei sofortigem, totalem Emissionsstopp aller halogenierten Kohlenwasserstoffe wird das antarktische Ozonloch noch größer werden und die Menschheit noch hundert Jahre begleiten, denn ein Großteil der bislang emittierten Mengen lagert sozusagen als Zeitbombe noch immer in den unteren Luftschichten. Er wird erst allmählich in die Stratosphäre diffundieren, dort dann abgebaut werden und die dabei freigesetzten Halogenatome ihr gefährliches, unheilvolles Spiel mit dem Ozon beginnen lassen.

Literatur

Atkinson RJ, Matthews WA, Newman PA, Plumb RA (1989) Evidence of mid-latitude impact of Antarctic ozone depletion. Nature 340:290

Chubachi S (1985) A special ozone observation at Syowa Station, Antarctica from February 1982 to January 1983. In: Zerefos CS, Ghazi A (eds) Atmospheric Ozone. Reidel, Dordrecht, 285 p

Dütsch HU (1980) Vertical ozone distribution and tropospheric ozone. Proc NATO Adv Study Inst on Atmospheric Ozone. US Dep Transport, Rep FAA-EE-80-20, 7

Enquetekommission des Deutschen Bundestages (1988) Zur Sache, Themen parlamentarischer Beratung: Schutz der Erdatmosphäre. Zwischenbericht 5/88, Bonn

Fabian P (1986) Halogenated hydrocarbons in the atmosphere. In: Hutzinger O (ed) The handbook of environmental chemistry, vol 4, part A. Springer, Berlin Heidelberg New York Tokyo, pp 23−51

Fabian P (1987) Photochemischer Smog und seine Einwirkung auf die Biosphäre. Forstwiss Centralbl (Hamb) 106:223

Fabian P (1988a) Natürliche und anthropogene Quellgase: Ihre vertikale und globale Verteilung. BPT-Bericht 4/88 ISSN 0176−0777, Gesellschaft für Strahlen- und Umweltforschung, München

Fabian P (1988) Antarktisches Ozonloch: Indizien weisen auf Umweltverschmutzung. Phys Blätter 44:2

Fabian P (1989) Atmosphäre und Umwelt, 3. Aufl. Springer, Berlin Heidelberg New York Tokyo

Farman JC, Gardiner BG, Shanklin JD (1985) Large losses of total ozone in Antarctica reveal seasonal ClO_x/NO_x interaction. Nature (London) 315:207

Hofmann DJ, Harder JW, Rolf SR, Rosen JM (1987) Balloon-borne observations of the development and vertical structure of the Antarctic ozone hole in 1986. Nature 326:59

Johnston H (1974) Reduction of stratospheric ozone by nitrogen oxide catalysts from supersonic transport exhaust. Science 173:517

Molina M, Rowland FS (1974) Stratospheric sink for chlorofluoromethanes: Chlorine atom catalysed destruction of ozone. Nature (London) 249:810

Roy CR, Gies HP, Elliott G (1990) Ozone depletion. Nature 347:235

Stolarski RS, Schoeberl MR (1986) Further interpretation of satellite measurements of antarctic total ozone. Geophys Res Lett 13:1210

Anthropogene atmosphärische Spurengase

HANS-WERNER GEORGII

Kleine Ursachen, große Wirkungen

Bei allen Betrachtungen über den Einfluß von Spurengasen auf das Klima wird zuerst und mit Recht auf den globalen Anstieg des Kohlendioxids (CO_2) in der Atmosphäre hingewiesen. Neben CO_2 existieren jedoch eine Anzahl weiterer Spurengase in der Atmosphäre, die wie CO_2 im infraroten Wellenlängenbereich absorbieren und die ebenso wie CO_2 einer anthropogenen Beeinflussung unterliegen. Sie tragen gleichfalls zum sogenannten „Glashauseffekt" bei. Es darf darüber hinaus jedoch nicht übersehen werden, daß auch Aerosole einen Einfluß auf die Strahlungsbilanz ausüben, indem sie Strahlung absorbieren und reflektieren. Nach bisherigen Erkenntnissen ist in diesem Zusammenhang der stratosphärischen Aerosolschicht größere Bedeutung beizumessen als dem troposphärischen Aerosol.

Es mag überraschend sein, daß Spurengase, deren Konzentration im Vergleich zur atmosphärischen CO_2-Konzentration um den Faktor 100 bis 1000 niedriger liegt, auf das Klima einwirken können. Dies ist der Fall, wenn folgende Bedingungen erfüllt sind:

a) Spurengase, deren Absorptionsbanden im infraroten Bereich des Spektrums zwischen 8 und 12 μm (sog. Wasserdampffenster) liegen, können die thermische Struktur der Atmosphäre beeinflussen.

b) Spurengase, deren anthropogener Anteil langfristig ansteigt, können zunehmend klimawirksam werden.

c) Klimawirksame Spurengase sollten global gleichmäßig in der Atmosphäre verteilt sein. Dies setzt voraus, daß sie eine atmosphärische Verweilzeit haben, die größer ist als die mittlere Mischungszeit der Troposphäre; d. h. die Verweilzeit muß in der Größenordnung von mindestens einem Jahr liegen.

Die Tabelle 1 gibt eine Übersicht über die in diesem Zusammenhang interessanten Spurengase.

Die unter c) gestellte Bedingung schließt eine Anzahl von Spurengasen, trotz Absorptionsbanden im Infrarotbereich, von der näheren Betrachtung aus, da sie infolge kurzer „Lebenszeit" in der Atmosphäre nur regional einen direkten Einfluß auf das Klima nehmen können. Zu diesen Komponenten gehören Ammoniak (NH_3), von den Stickoxiden (NO_x) das Stickstoffdioxid (NO_2) und die Salpetersäure (HNO_3) sowie Schwefelwasserstoff (H_2S) und Schwefeldioxid (SO_2). Es muß jedoch berücksichtigt werden, daß diese reaktionsfreudigen

Tabelle 1. Atmosphärische Spurengase mit Absorptionsbaden im „Wasserdampffenster"

Komponenten	Konzentration	Gesamtmenge der Atmosphäre	Verweilzeit	Absorptions-bande (µm)	Jährliche Zunahme (%)
Distickstoffoxid (N_2O)	0,32 ppm[a]	2500 Mt	20 – 150 Jahre	7,8	0,2 – 0,3
Methan (CH_4)	1,7 ppm	4800 Mt	7 – 10 Jahre	7,7	0,7 – 1
Kohlenmonoxid	0,12 ppm	590 Mt	2 – 6 Monate	4,8	0,8
Trichlorfluormethan (Freon 11) ($CFCl_3$)	0,16 ppb[b]	3,8 Mt	(75) 50 Jahre	9,2 11,2	4 – 10
Dichloridfluormethan (Freon 12) (CF_2Cl_2)	0,26 ppb	5,7 Mt	(100) 80 Jahre	9,1 8,7 10,9	4 – 10
Tetrachlorkohlenstoff (CCl_4)	0,14 ppb	3,7 Mt	?	13,0	–
Methylchlorid (CH_3Cl)	0,6 ppb	5,5 Mt	?	13,7 9,9	–
Ozon (troposphärisch)	10 – 100 ppb	?	1 Monat	9,6	0,5 – 1

[a] ppm, Parts per million.
[b] ppb, Parts per billion (Milliarde).

Gase in der Atmosphäre miteinander reagieren und Aerosolpartikel bilden, die als klimawirksame Sekundäraerosole in Betracht zu ziehen sind (Georgii 1979).

Kurzlebige Spurengase

Der überwiegende Anteil der NH_3-Produktion ist auf natürliche mikrobiologische Quellen zurückzuführen; der Konzentrationsbereich liegt zwischen 1 und 20 ppb. Der anthropogene Anteil der Ammoniakproduktion ist vernachlässigbar klein. Die wesentlichen Senken des NH_3 sind physiko-chemischer Natur, nämlich die Absorption und Reaktion in Wolken- und Niederschlagselementen sowie homogene Gasreaktionen mit OH-Radikalen. Abschätzungen der Funktion der Ozeane als NH_3-Quelle ergaben, daß nur aus tropischen Ozeanen eine geringe NH_3-Produktion zu erwarten ist, die in der ozeannahen Atmosphäre eine Gleichgewichtskonzentration von weniger als 1 ppb NH_3 ergeben könnte. Die troposphärische Verweilzeit des NH_3 beträgt wenige Tage. NH_3 besitzt Absorptionsbanden bei 10,5 µm. Nach Berechnungen von Wang et al. (1976) sollte eine Verdoppelung der gegenwärtigen Konzentration zu einer Temperaturerhöhung von 0,1 K führen. Infolge des regionalen Charakters des NH_3 und der kurzen troposphärischen Verweilzeit ist jedoch mit einem entsprechenden Anstieg der NH_3-Konzentration nicht zu rechnen, so daß dieses Spurengas klimatologisch vernachlässigt werden kann. Entsprechendes gilt für HNO_3. Die troposphärische Verweilzeit der stark löslichen HNO_3-Moleküle ist mit 1 – 3 Tagen kürzer als die des Wasserdampfes, die mit 5 – 8 Tagen angegeben wird.

Die Bedeutung der Infrarotabsorption des Schwefeldioxids (SO_2) mit Banden bei 8,7 µm und 7,35 µm ist als Klimafaktor ebenfalls vernachlässigbar, angesichts der kurzen troposphärischen Verweilzeit von 1–3 Tagen. Höhere SO_2-Konzentrationen treten nur im lokalen Bereich durch anthropogene Quellen auf. Zumindest im regionalen Maßstab liegt die Klimawirksamkeit des NH_3 und des SO_2 in der Bildung von Aerosolpartikeln, die eine Verweilzeit von 5–10 Tagen – in der oberen Troposphäre unter Umständen länger – besitzen. Diese Aerosolteilchen im Größenbereich unter 1 µm Radius wirken durch Absorption und Streuung der einfallenden Sonnenstrahlung, wobei der sich daraus ergebende Temperatureffekt noch nicht hinreichend gut bestimmbar ist.

Langlebige Spurengase

Im folgenden wird auf die Spurengase eingegangen, die den oben genannten drei Bedingungen genügen und somit im Rahmen der Klimarelevanz vor allem zu diskutieren sind. Im wesentlichen handelt es sich dabei um Distickstoffoxid (N_2O), Methan (CH_4), die Chlorfluromethane (FCKW), Kohlenmonoxid (CO) und troposphärisches Ozon (O_3).

Die Abschätzung einer möglichen Zunahme des anthropogenen Anteils dieser Spurengase erfordert die Kenntnis ihrer Quellen und Senken. Modellrechnungen gehen meist von der angenommenen Verdoppelung der Konzentration aus, die zeitlich über das Verhältnis der Quellfunktion zur Senkenfunktion unter Berücksichtigung der Verweilzeit abgeschätzt werden muß. Hinsichtlich der Klimarelevanz sind zu unterscheiden:
a) Gase, die infolge ihrer Infrarot-Absorptionsbanden direkt auf die Troposphärentemperatur wirken, und
b) Gase, die indirekt über die Produktion von zusätzlichem troposphärischem Ozon klimarelevant sind.

Distickstoffoxid

Im Vordergrund der Diskussion über die Wirkung von Spurengasen auf das Klima steht das Distickstoffoxid (N_2O); es trägt durch Absorptionsbanden bei 4,5 µm, 7,8 µm und 17 µm direkt zum „Glashauseffekt" bei. Steigende N_2O-Konzentration bedeutet eine Zunahme der Glashauswirkung und Temperaturanstieg in der Troposphäre. Als natürliche Hauptquelle des N_2O ist die mikrobiologische Denitrifikation und Nitrifikation im Boden anzusehen, wobei denitrifizierende Bakterien Nitrat zu Stickstoff bzw. Distickstoffoxid umwandeln. Die wesentliche anthropogene Quelle ist die Verwendung stickstoffhaltiger Dünger (Isaksen 1980) in der Landwirtschaft. Die Rate, mit der N_2O vom Erdboden in die Atmosphäre emittiert wird, ist nicht nur von den Denitrifikations- und Nitrifikationsprozessen abhängig, sondern auch von der Beschaf-

Tabelle 2. Quellen des Distickstoffoxids in Millionen Tonnen (*Mt*) Stickstoffgehalt pro Jahr.
(Nach Crutzen 1983 und WMO 1985)

Verbrennung von Biomasse	0,7 – 1 Mt
Emission aus dem Ozean	1 – 3 Mt
Bodenatmung	3 Mt
Kunstdüngung	einige Mt
Verbrennung fossiler Brennstoffe	3 – 5 Mt

fenheit des Bodens und den meteorologischen Bedingungen (Seiler und Conrad 1981). Crutzen (1983) gibt die in der Tabelle 2 genannten Quellen für N_2O an. Die Verbrennung von Biomasse in den Tropen kann als weitere wichtige Quelle für N_2O angesehen werden.

Nach Hahn (1979) beträgt der anthropogene Anteil durch den Verbrauch von Kunstdünger etwa 10% der Gesamtproduktion des N_2O, wobei die Tendenz steigend ist. Neuere Untersuchungen sehen die Angaben von Hahn als überhöht an. Weiss (1981) vertritt die Auffassung, daß der hauptsächliche Anteil des N_2O-Anstieges durch den Verbrauch fossiler Brennstoffe verursacht wird und durch Kunstdüngerverbrauch nur ein begrenzter Anteil des N_2O-Anstieges erklärt werden kann. Angesichts des Fehlens troposphärischer Senken des N_2O und der dadurch bedingten langen troposphärischen Verweilzeit (20 – 100 Jahre nach Crutzen) bei einer derzeitigen mittleren Konzentration von rund 315 ppb ist ein langperiodischer Konzentrationsanstieg des N_2O als gesichert anzusehen. Dieser Anstieg wird auf etwa 0,2 – 0,5%/Jahr geschätzt. Er ist auch für die vier „Reinluft"-Meßstellen Barrow (Alaska), Maunaloa (Hawaii), Samoa und Antarktis seit 1977 nachgewiesen, und zwar mit einem Anstieg zwischen 0,86 ppb/Jahr in Samoa und 0,63 ppb/Jahr in Barrow, so daß Ende 1987 in Samoa eine N_2O-Konzentration von 305 ppb erreicht war, in Niwot Ridge (USA) eine solche von 310 ppb. Eine N_2O-Konzentration von 320 – 330 ppb kann für das Jahr 2000 erwartet werden.

Die wesentliche N_2O-Senke liegt in der Stratosphäre und besteht in der Photolyse des N_2O mit Hilfe von atomarem Sauerstoff in Höhen über 25 km. Die dabei auftretenden Reaktionen

$$N_2O + h\nu \rightarrow N_2 + O \tag{1}$$

$$N_2O + O(^1D) \rightarrow N_2 + O_2 \tag{2}$$

$$N_2O + O(^1D) \rightarrow 2\,NO \tag{3}$$

sind von Bedeutung für die Stratosphärenchemie, da Reaktion (3) als wichtige Quelle für stratosphärische Stickoxide gelten kann. Die angeregten Sauerstoffatome entstehen bei der Ozonphotolyse. Bei der Reaktion mit angeregten Sauerstoffatomen $O(^1D)$ entsteht Stickstoffmonoxid, das wiederum die Ozonkonzentration beeinflußt. Angesichts eines konstanten vertikalen Mischungsverhältnisses des N_2O in der Troposphäre und eines von Johnston (1977) ge-

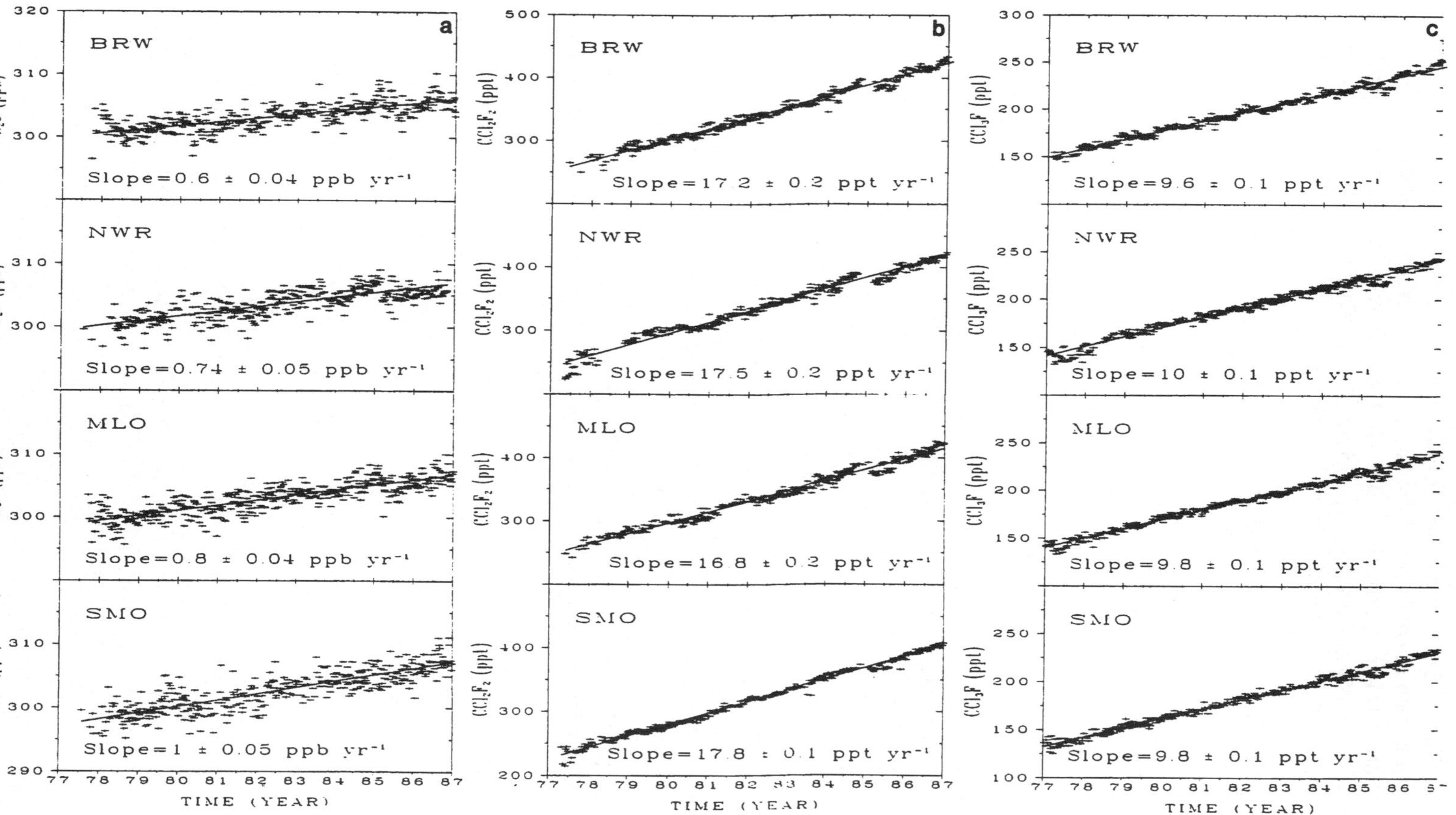

Abb. 1a–c. Langperiodischer Trend der Konzentrationen a an N_2O und der Fluorkohlenwasserstoffe b CCl_2F_2 und c CCl_3F an den vier amerikanischen „Reinluft"Stationen für die Jahre 1977–1987; die Zunahme der Konzentration ergibt sich aus der Neigung der Regressionsgeraden. (US Dept of Commerce 1983)

schätzten Flusses des N_2O aus der Troposphäre in die Stratosphäre von 10 Mt N/Jahr ergibt sich die oben erwähnte lange troposphärische Verweilzeit. In der Stratosphäre wird eine Abnahme der N_2O-Konzentration mit zunehmender Höhe von etwa 30 ppb/km zwischen 15 und 20 km Höhe auf etwa 10 ppb/km zwischen 25 und 35 km Höhe gefunden (Fabian et al. 1979). Abbildung 1 zeigt den Anstieg von Distickstoffoxid und der Fluorchlorkohlenwasserstoffe an den 4 amerikanischen „Reinluft"-Stationen von 1977–1987.

Methan

Die Atmosphäre ist hinsichtlich des Methans (CH_4) gleichmäßig durchmischt; allerdings liegt die Methankonzentration auf der Nordhemisphäre mit 1,6 ppm etwas höher als mit etwa 1,4 ppm auf der Südhemisphäre. Die Differenz zwischen der Methankonzentration auf der Nord- und der Südhemisphäre beträgt im März 10% und im August 4%. Für die Klimaforschung ist Methan wegen seiner Absorptionsbanden bei 7,66 μm und wegen der global steigenden Konzentration von Interesse. Man kann davon ausgehen, daß die Methankonzentration während der letzten 10 Jahre etwa von 1,52 ppm auf 1,67 ppm angestiegen ist (Ehhalt 1987). Der Gradient des CH_4 von der Nord- zur Südhemisphäre deutet bei einem interhemisphärischen Austausch von 1–2 Jahren auf eine troposphärische Verweilzeit von 5–10 Jahren hin. Ebenso deutet sich eine breitenabhängige jährliche Variation an. Der frühere Verlauf der CH_4-Konzentration läßt sich aus Lufteinschlüssen in altem Polareis rekonstruieren und erlaubt den Schluß auf eine Konzentration von 0,7 ppm im Mittelalter. Da über 50% des atmosphärischen Methans als Folge landwirtschaftlicher Tätigkeit des Menschen entstehen (z. B. Reisanbau, Massentierhaltung), ist es einleuchtend, daß mit der Vermehrung der Weltbevölkerung eine Zunahme der Methanproduktion einhergeht. Die globale Methanproduktion wird zur Zeit mit 300–500 Mt/Jahr angenommen. Einverständnis herrscht darüber, daß neben der biogenen Produktion auch fossile Quellen als Methanemittenten eine Rolle spielen, wobei letztere etwa 10% zur Gesamtproduktion beitragen. Die jüngsten Abschätzungen sind in Tabelle 3 wiedergegeben.

Eine offenbar wichtige natürliche Quelle wird seit einiger Zeit diskutiert: die Methanproduktion der Termiten bei der Holzzerstörung. Diese wurde von Zimmerman et al. (1982) mit 150 Mt/Jahr abgeschätzt. Sie würde damit 27–47% der Gesamtproduktion des Methan ausmachen. Die Ergebnisse von Feldmessungen der Methanproduktion verschiedener Termitenspezies durch Seiler et al. (1984) zeigten zwar, daß an der Abgabe von Methan an die Atmosphäre durch Termiten kein Zweifel bestehen kann, es stellte sich aber heraus, daß Zimmerman et al. (1982) die Methanproduktion — errechnet aus Holzverbrauch, Termitenpopulation und aus gemessener CH_4-Abgabe durch verschiedene Spezies — wahrscheinlich zu hoch eingeschätzt haben. Die Diskussion scheint aber noch nicht abgeschlossen zu sein. Außerdem ist noch zu berücksichtigen, daß der Erdboden in von Termiten freien Gebieten der Savannen und Wüsten offenbar sogar eine Senke für CH_4 darstellt, aber auch dieser Hinweis bedarf noch weiterer Bestätigung.

Tabelle 3. Globale Methanquellen in Millionen Tonnen (*Mt*) pro Jahr. (Nach Khalil u. Rasmussen 1982 und Ehhalt 1985, 1987)

Ozean	7 – 13 Mt
Sumpfgebiete	30 – 170 Mt
Süßwasserseen	2 – 7 Mt
Tundren	1 – 5 Mt
Reisproduktion	60 – 170 Mt
Fermentation der Tiere	70 – 80 Mt
Verbrennung von Biomasse	25 – 100 Mt
Anthropogene Quellen (Bergbau)	30 – 40 Mt
Termiten	5 – 50 Mt

Die wesentliche Senke des Methans ist die Reaktion mit OH-Radikalen in der Troposphäre:

$$CH_4 + OH \rightarrow CH_3 + H_2O \ .$$

Dadurch hängt die Abbaurate des CH_4 von der OH-Konzentration ab. Das entstehende Methylradikal reagiert weiter zu Formaldehyd und schließlich zu Kohlenmonoxid und Wasserstoff (Ehhalt 1987). Unter Annahme einer Konzentration der OH-Radikale von 1 Mio./cm^3 würde die troposphärische OH-Senke etwa 900 Mt/Jahr CH_4 abbauen. Sie wäre somit imstande, die gesamte CH_4-Emission aufzunehmen. Die zurückhaltenderen Angaben von Crutzen (1983) beschränken sich auf 400 Mt/Jahr CH_4, die durch Reaktion mit OH abgebaut werden. Eine weitere Senke stellt die Aufnahme von Methan durch Bodenbakterien dar. Sie beträgt etwa 10 – 30 Mt/Jahr. Innerhalb der Troposphäre wird ein konstantes Mischungsverhältnis in Abhängigkeit von der Höhe gefunden (Fabian et al. 1979). Dagegen nimmt in der Stratosphäre das Mischungsverhältnis mit zunehmender Höhe ab, erreicht in etwa 20 km Höhe 1 ppm und nimmt in der mittleren Stratosphäre weiter ab. Die Stratosphäre stellt somit eine zusätzliche Senke für CH_4 dar, wobei Oxidation des CH_4 mit OH-Radikalen, aber auch mit $O(^1D)$ stattfindet.

Der Fluß des CH_4 in die Stratosphäre, d.h. in die stratosphärische Senke, ist für den Kreislauf des CH_4 von geringerer Wichtigkeit, doch von großer Bedeutung für die Stratosphärenchemie, und zwar wegen des Beitrags, der zur Wasserstoff- und Wasserbilanz der Stratosphäre geliefert wird.

Es steht heute außer Frage, daß die Methankonzentration – derzeit 1,6 ppm – mit 1 – 2%/Jahr ansteigt (Rasmussen und Khalil 1981; Ehhalt und Schmidt 1983; Fraser et al. 1984). Jüngste Daten von der Südhemisphäre deuten eine um 16 – 24 ppb höhere Konzentration in der oberen Troposphäre im Vergleich zu den Bodenmessungen an. Ob dies ein Hinweis auf den Erdboden als Senke ist, muß zunächst offen bleiben. Der berechnete Anstieg des Methans in der Südhemisphäre liegt bei 1,1%/Jahr. Wir haben somit auch der Klimarelevanz des Methan unsere verstärkte Aufmerksamkeit zuzuwenden, insbesondere, da einige der Quellen wie Reisfelder, Massentierhaltung, Intensivierung der Reis-

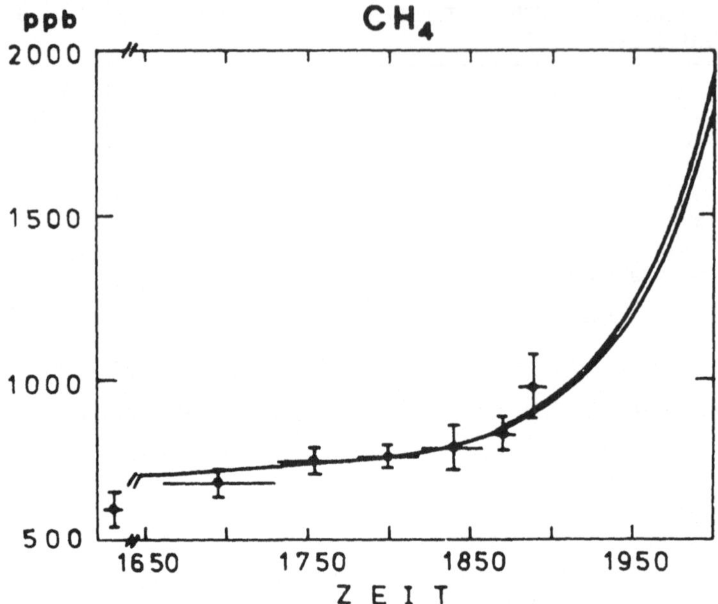

Abb. 2. Anstieg der atmosphärischen Methankonzentration für die Zeit ab 1650. (Nach Khalil und Rasmussen 1984)

produktion durch Düngung mit steigender Weltbevölkerung ebenfalls zunehmen. Die vorliegenden Ergebnisse zeigen, daß die atmosphärische Methankonzentration bereits seit langer Zeit zugenommen hat, denn Gaseinschlüsse in Eisproben − mehrere hundert bis tausend Jahre alt − beweisen, daß die heutige CH$_4$-Konzentration 2−3mal höher ist als zu einem Zeitpunkt, bevor die Weltbevölkerung erheblich angestiegen ist (Khalil und Rasmussen 1982). Khalil und Rasmussen (1985) haben jüngst versucht, den Anstieg der Methanemission mit der Zunahme der Weltbevölkerung in Einklang zu bringen. Sie vermuten, daß sich in den letzten 300 Jahren nicht nur die Emissionsrate des Methans erhöht hat, sondern auch dessen troposphärische Verweilzeit, bedingt durch eine mögliche Abnahme der Konzentration der OH-Radikale. Die Vorstellungen von Khalil und Rasmussen bedeuten, in die Zukunft extrapoliert, daß im Jahr 2000 die Methankonzentration rund 1,9 ppm betragen könnte, wie in Abb. 2 dargestellt. Es ist schließlich eine offene Frage, ob der in Form von Methylhydrat in Permafrostböden und in Meeressedimenten eingeschlossene Kohlenstoff bei einer Erwärmung der Atmosphäre als Methan freigesetzt werden könnte. Die Mengen, die dabei in die Atmosphäre gelangen würden, wären enorm; sie überträfen die derzeitige in der Atmosphäre befindliche Methanmasse um ein Vielfaches (Chamberlain et al. 1982).

Da Methan auch eine troposphärische Senke für OH-Radikale darstellt, und gleichzeitig eine Quelle für Ozon und Kohlenmonoxid, wird auf die Methanchemie noch einmal im Zusammenhang mit diesen Komponenten eingegangen werden.

Fluorchlorkohlenwasserstoffe (FCKW)

Seit der Studie von Molina und Rowland (1974) wurde den Fluorchlorkohlen-wasserstoffen im Hinblick auf ihre Einwirkung auf die stratosphärische Ozon-schicht große Aufmerksamkeit geschenkt. Dies gilt besonders für die beiden hauptsächlich verbreiteten Komponenten $CFCl_3$ (F11) und CF_2Cl_2 (F12). Im Gegensatz zu den bisher genannten Spurengasen sind F11 und F12 ausschließ-lich aufgrund menschlicher Aktivitäten in die Atmosphäre gelangt. Haupt-sächlich werden sie als Treibmittel in Sprühdosen, als Kältemittel in Kühl- und Klimaanlagen und zur Herstellung von Schaumstoffen verwendet.

Die globalen Produktionsraten sind recht gut bekannt, sie zeigen bis 1974 einen exponentiellen Anstieg. Die Produktionsraten der FCKW F11 und F12 sind im wesentlichen aus Herstellerangaben bekannt. Sie sind in den Jahren 1976–1986 weitgehend konstant geblieben, allerdings 1985 und 1986 wieder leicht angestiegen. Abbildung 1 gibt als Beispiel den Anstieg von $CFCl_3$ und CF_2Cl_2 für die vier amerikanischen „Reinluft"Stationen für die Jahre 1977 bis 1987 an.

Die Weltproduktion liegt zur Zeit bei 800 000 t/Jahr. In diesem Zusammen-hang ist vor allem das Montrealer Protokoll zum Schutz der Ozonschicht aus dem Jahr 1987 zu nennen, das eine Reduzierung der FCKW-Erzeugung in Aus-sicht stellt. Über die Entwicklung der FCKW-Emissionen nach dem Montrea-ler Protokoll gibt der Zwischenbericht der Enquetekommission des Deutschen Bundestages zum Schutz der Erdatmosphäre Aufschluß (1988). Die Produk-tionsvoraussagen gehen von einer Abnahme der FCKW-Produktion um 50% bis zum Jahr 2000 aus. Diese reduzierte Produktionsrate führt trotzdem zu ei-nem weiteren Anstieg in der Atmosphäre. Um die gegenwärtige Konzentration konstant zu halten, wäre eine Reduzierung der Produktion um etwa 80% erfor-derlich. Die heutigen Mischungsverhältnisse liegen bei 0,22 ppb für $CFCl_3$ und 0,38 ppb für CF_2Cl_2. Der Anstieg bis zum Jahr 2000 wird auf 0,4 bzw. 0,7 ppb geschätzt (Ramanathan et al. 1987).

Die troposphärische Verweilzeit der Fluorchlorkohlenwasserstoffe ist wegen ihrer Reaktionsträgheit sehr lang, nämlich rund 75 Jahre für $CFCl_3$ und rund 100 Jahre für CF_2Cl_2. Sie werden in der Troposphäre praktisch nicht abge-baut, reichern sich dort an und gelangen mit Verzögerung in die Stratosphäre (s. hierzu auch den Beitrag von Fabian). Der Abbau der F11 und F12 erfolgt in der Stratosphäre durch Photolyse, bei Wellenlängen kleiner als 220 nm, wo-bei die entstehenden Chloratome mit dem stratosphärischen Ozon reagieren. Die vertikale Konzentrationsverteilung zeigt ähnlich den vorgenannten Spuren-gasen ein weitgehend konstantes Mischungsverhältnis mit der Höhe innerhalb der Troposphäre und Konzentrationsabnahme in der Stratosphäre. Es wird nicht angenommen, daß sich die Vertikalverteilung bei künftig höherer Kon-zentration der Fluorchlorkohlenwasserstoffe prinzipiell ändert. Die Meridio-nalverteilung weist wie beim Methan ein Konzentrationsgefälle von der Nord-hemisphäre zur Südhemisphäre auf, entsprechend der Tatsache, daß 90% der Quellstärke auf der Nordhemisphäre liegen. Beide Gase haben Absorptions-banden im infraroten Spektralbereich zwischen 8,5 µm und 12 µm. Eine Zunahme der troposphärischen FCKW-Konzentration führt somit auch zu einem zusätzlichen „Glashauseffekt".

Kohlenmonoxid und troposphärisches Ozon

Kohlenmonoxid (CO) spielt nicht nur als Produkt unvollkommener Verbrennung fossiler Brennstoffe eine wichtige Rolle im atmosphärischen Spurenstoffhaushalt, sondern es besitzt auch umfangreiche natürliche Quellen. Die indirekte Bedeutung des CO für den Strahlungshaushalt ist erst in den letzten Jahren erkannt worden aufgrund von Überlegungen, daß CO zur Bildung troposphärischen Ozons beiträgt. Die direkte Einwirkung des CO auf den Strahlungshaushalt kann dagegen weitgehend vernachlässigt werden. Die folgende Tabelle 4 enthält Angaben über die globale Kohlenmonoxidproduktion:

Eine wesentliche Senke für CO ist die Reaktion mit OH-Radikalen (Crutzen und Gidel 1983). Diese Reaktion beeinflußt die Verteilung und Verfügbarkeit der OH-Radikale in der Troposphäre sehr stark. Diese Senke wird mit 820 Mt Kohlenstoff/Jahr angegeben. Eine weitere Senke stellt die Aufnahme am Boden mit 100 Mt Kohlenstoff/Jahr dar. Die meridionale Konzentrationsverteilung des CO zeigt eine in der Nordhemisphäre erhöhte Konzentration von etwa 100 ppb, ein scharfes Absinken der Konzentration beim Durchtritt durch die innertropische Konvergenzzone und eine auf der Südhemisphäre weitgehend konstante background-Konzentration von rund 60 ppb. Diese Verteilung weist auf anthropogene Quellen hin, aber auch darauf, daß natürliche Quellen nicht vernachlässigt werden dürfen (Robinson et al. 1984).

Wenn auch die Art der Quellen des CO bekannt ist und diese wesentliche Senke durch die Reaktion mit OH-Radikalen (> 80%) erklärt werden kann, so bleibt die Emissionsrate der einzelnen CO-Quellen und ihr Beitrag zum Gesamtbudget noch weitgehend offen. Die troposphärische Verweilzeit des CO ist mit einigen Monaten (2 – 6 Monate) kürzer als die der vorher diskutierten Spurengase. Es kann somit davon ausgegangen werden, daß auch die dreidimensionale Verteilung des CO weniger homogen ist als bei den anderen Gasen. Unter-

Tabelle 4. Globale Kohlenmonoxidquellen in Millionen Tonnen (*Mt*) Kohlenstoff pro Jahr. (Nach Angaben der World Meteorological Organisation 1985)

Verbrennung fossiler Energieträger	190 Mt
Oxidation anthropogener Kohlenwasserstoffe	40 Mt
Holzverbrennung	20 Mt
Ozean	20 Mt
Oxidation von Methan	240 Mt
Waldbrände in mittleren Breiten	100 Mt
Savannenbrände	100 Mt
Brandrodung tropischer Regenwälder	160 Mt
Oxidation von Kohlenwasserstoffen in den Tropen und in mittleren Breiten	250 Mt

suchungen von Seiler und Fishman (1981) zeigen eine deutlich erhöhte Konzentration in mittleren und nördlichen Breiten der Nordhemisphäre auch in der mittleren Troposphäre und eine starke Konzentrationsabnahme oberhalb der Tropopause. Dies wird auch in den Vertikalprofilen deutlich, die einen charakteristischen Konzentrationsrückgang oberhalb der Tropopause anzeigen. Die Bedeutung des CO ist in Zusammenhang mit dem gleichzeitigen Vorhandensein von Stickoxiden in der Bildung von troposphärischem Ozon zu sehen (Liu et al. 1980). Die Diskussion geht dahin, daß Ozon nicht nur aus der Stratosphäre in die Troposphäre transportiert wird, sondern auch durch photochemische Reaktionen unter Beteiligung von OH- und HO_2-Radikalen in der Troposphäre gebildet wird. Hierbei spielt die CO-Oxidation durch OH eine wesentliche Rolle:

$$CO + OH \rightarrow CO_2 + H$$
$$H + O_2 + M \rightarrow HO_2 + M$$
$$HO_2 + NO \rightarrow OH + NO_2$$
$$NO_2 + h\nu \rightarrow NO + O \quad (\lambda < 0,4\ \mu m)$$
$$O + O_2 + M \rightarrow O_3 + M$$

netto: $$CO + 2O_2 + h\nu \rightarrow CO_2 + O_3 \ .$$

M ist ein neutrales, für die Stoßreaktion von drei Molekülen erforderliches Molekül, überwiegend ein Stickstoffmolekül.

Die Effizienz dieses Zyklus ist von der Verfügbarkeit von NO_x und OH abhängig. Der dargestellte Reaktionsablauf ist bei Annahme einer NO_2-Konzentration von mehr als 10 ppt (parts per trillion) zu erwarten. Pro oxidiertem CO-Molekül wird ein Ozonmolekül gebildet. Liegt die NO_x-Konzentration unter 10 ppt, so ist die CO-Oxidation mit einem O_3-Abbau verknüpft. Neuere Untersuchungen zeigen, daß in der Troposphäre der Nordhemisphäre etwa zwischen 4 und 10 km Höhe CO und O_3 positiv korrelieren. Dies ist ein Hinweis darauf, daß das dort gemessene Ozon troposphärischer Herkunft ist (Fishman und Seiler 1983). Oberhalb 10 km sind dagegen CO und O_3 negativ korreliert, was auf die stratosphärische Herkunft des dort angetroffenen Ozons schließen läßt. In Bodennähe wird ebenfalls eine negative Korrelation gefunden. Dies wird von den Autoren mit der Zerstörung des Ozons am Boden erklärt. Allerdings kann der Beweis der troposphärischen Ozonbildung aus der Korrelation von CO und O_3 allein nicht schlüssig erbracht werden, wenn nicht gleichzeitig NO_x gemessen wird. Man kann aber davon ausgehen, daß in Gegenwart von NO dieser Prozeß der Ozonproduktion abläuft.

Ein photochemisches Modell zeigt, daß etwa 15−25 ppb Ozon in der Troposphäre der Nordhemisphäre nördlich 30°N gebildet werden. Die troposphärische NO_x-Konzentration ist während des letzten Jahrzehnts auch in Reinluftgebieten angestiegen, was durch zahlreiche Messungen belegt ist.

Vor wenigen Jahren wurde von Khalil und Rasmussen (1984) erstmals ein Anstieg der CO-Konzentration für die Jahre 1979−1982 in nicht verunreinigter Atmosphäre an der Küste von Oregon (Cape Meares) nachgewiesen. Dieser Anstieg der CO-Konzentration, der statistisch sehr genau überprüft wurde, aber wegen der nur 2–6monatigen Lebensdauer des CO sicher nicht als „global" angesehen werden kann, ist jedoch für die Troposphärenchemie von erheblicher Bedeutung:

a) Der Abbau der erhöhten CO-Konzentration führt zu einem verstärkten Verbrauch von OH-Radikalen, die dann für Reaktionen mit anderen Spurengasen nicht mehr zur Verfügung stehen.

b) Daraus folgt, daß auch die CH_4-Konzentration durch ein reduziertes Angebot an OH-Radikalen stärker ansteigen kann.

c) Schließlich führt das zunehmende Angebot von CO (und NO_x) zu einem Anstieg des troposphärischen Ozons, der für das Klima von Bedeutung ist.

Dieser Anstieg der troposphärischen Ozonkonzentration läßt sich z. B. aus den Ozonsondierungen des meteorologischen Observatoriums Hohenpeißenberg/Obb. (Attmannspacher et al. 1984) ableiten. Die Zunahme zeigt sich für die Jahre 1967–1982 für den Höhenbereich 3–8 km und betrug über diesen Zeitraum 80–160% des 1967 gemessenen Wertes. Dieser Trend der Ozonzunahme in der Troposphäre ist auch aus den Bodenmessungen zu erkennen. Die Zunahme des Ozons in der Nordhemisphäre beträgt seit 1970 etwa 0,5–1%/Jahr und etwa 2%/Jahr in schadstoffbelasteten Gebieten (Abb. 3). Die Autoren weisen darauf hin, daß die gefundene starke Ozonzunahme nicht durch das Wettergeschehen am Meßort erklärt werden kann und daß auch die Ozonsondierungen von Brüssel eine Ozonzunahme in der Troposphäre zwischen 1970 und 1979 feststellen. Langjährige Meßreihen des bodennahen Ozons, die von Warmbt (1979) und Feister (1985) an verschiedenen Meßstellen in der DDR durchgeführt wurden, belegen ebenfalls einen steigenden Trend der Ozonjahresmittel für die Zeit von 1956–1977. Die dabei beobachtete Ozonzunahme ist kein lokales Phänomen. Warmbt betont, es sei wenig wahrscheinlich, daß der steigende Trend der bodennahen Ozonkonzentration durch einen verstärkten Zustrom stratosphärischen Ozons verursacht wird, sondern vielmehr durch einen zunehmenden Anteil photochemisch gebildeten Ozons. Die Ozonzunahme in der Troposphäre wirkt über die Absorption langwelliger Strahlung in der Troposphäre auf unser Klima ein.

Die oben erwähnten Reaktionsschemata für CO+OH gelten entsprechend für die Methanoxidation mit dem Hydroxylradikal

$$CH_4 + OH \rightarrow CH_3 + H_2O \, ,$$

das schließlich zu einem Nettoeffekt

$$CH_4 + HO_2 \rightarrow H_2O + H_2 + CO + 2O_3$$

führt.

Auch bei diesem Prozeß spielt die Verfügbarkeit von NO eine bedeutende Rolle (Crutzen 1988). Da ein Anteil des troposphärischen NO_x anthropoge-

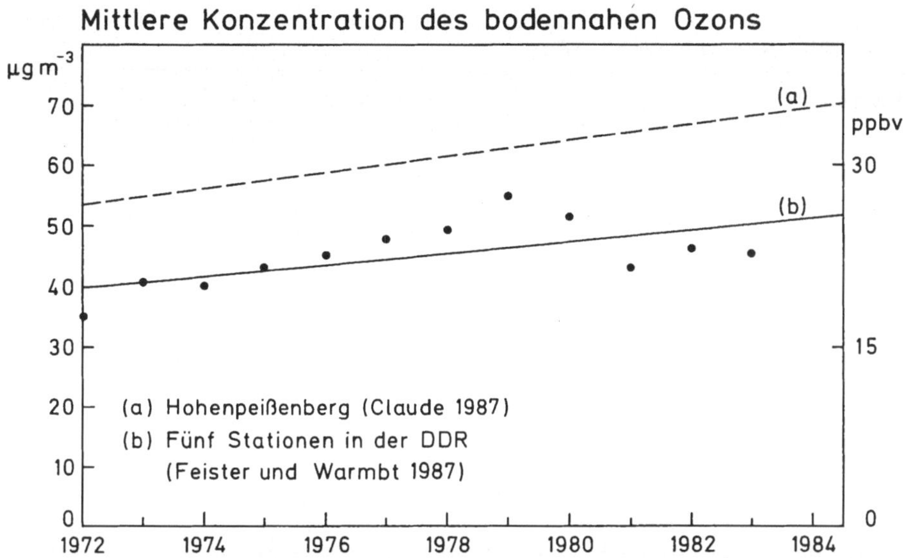

Abb. 3. Mittlerer Konzentrationsanstieg des bodennahen Ozons für das Observatorium Hohenpeißenberg (a) nach Claude (1987) und für fünf Ozonmeßstellen in der DDR nach Feister und Warmbt (1987) (Arkona, Dresden-Wahnsdorf, Fichtelberg, Inselberg, Kaltennordheim)

nen Ursprungs ist, wird Ozon überwiegend auf der Nordhemisphäre gebildet. Von besonderem Interesse in diesem Zusammenhang ist die Auswertung der Montsouris-Ozondaten (Montsouris, in der Nähe von Paris gelegen) aus den Jahren 1876–1910 durch Kley et al. (1988) und ihr Vergleich mit den 1956 begonnenen Messungen des troposphärischen Ozons in Arkona (Insel Rügen) durch Feister und Warmbt (1987). Es läßt sich ein signifikanter Anstieg des bodennahen Ozons während dieses Jahrhunderts erkennen.

Die Oxidationsprozesse von CO und CH_4 sind also sehr stark miteinander verknüpft; sie führen zu einem verstärkten Verbrauch von OH-Radikalen, so daß ein CO-Anstieg zu einer Verminderung der Methanoxidation führen kann, da die CO-Oxidation der bevorzugte Prozeß ist. Auf diese Weise könnte sich der langperiodische Methananstieg weiter verstärken.

Abschätzung der zukünftigen Entwicklung

Die bisherigen Darlegungen haben gezeigt, daß zahlreiche Spurengase, die im Wellenlängenbereich 7–14 µm Strahlung absorbieren, seit Beginn des Jahrhunderts eine steigende Konzentration aufweisen. Sie wirken mit, das „Wasserdampffenster", d. h. jene Lücke im infraroten Absorptionsspektrum des Wasserdampfes, zu schließen, in der das Maximum der terrestrischen Wärmeausstrahlung liegt und die deshalb für den irdischen Strahlungshaushalt ein wichtiges Steuerungselement darstellt. Die nachstehenden Angaben sollen eine Ab-

Tabelle 5. Geschätzter globaler Anstieg klimarelevanter Spurengase für den Zeitraum 1980–2030. (Ramanathan et al. 1987)

Komponente	Mittlere Verweilzeit (Jahre)	Konzentration (ppb $\times 10^3$)		
		1980	2030	
Kohlendioxid	2	339	450	
Distickstoffoxid	120	300	375	(350–450)
Carbonylsulfid	1–2	0,5	0,5?	
FCKW (F11) $CFCl_3$	65	0,18	1,1	(0,5–2,0)
FCKW (F12) CF_2Cl_3	112	0,28	1,8	(0,9–3,5)
Methylchlorid	1,5	0,6	0,6	
Tetrachlorkohlenstoff	25–50	0,13	0,3	(0,2–0,4)
Methylbromid	1,7	0,01	0,01	
Methan	5–10	1650	2340	(1850–3300)
Troposphärisches Ozon	0,1	10–100	30–100	

schätzung der künftigen Entwicklung der Konzentration der klimarelevanten Spurengase erlauben. Realistische Szenarien bedürfen jedoch einer eingehenderen und genaueren Erforschung der Spurengasverteilung und ihrer Trends. Es muß auch bedacht werden, daß die vielfältigen Rückkoppelungen und die chemischen Reaktionen bewirken, daß sich die anthropogene Änderung der vorhandenen Menge eines atmosphärischen Spurenstoffes auf das Verhalten vieler weiterer Luftbestandteile auswirkt (vgl. Tabelle 5).

Es muß jedoch bei der Unsicherheit aller Abschätzungen der künftigen Entwicklung der Spurengasverteilung betont werden, daß die möglichst umfassende Kenntnis ihrer Quellen und Senken sowie ihrer Reaktionsmechanismen und daraus ihrer Verweilzeit unabdingbar für eine Modellierung des Klimaeffektes ist.

Die Konzentration der klimarelevanten Spurengase steigt schneller als die CO_2-Konzentration. Sie können daher in der Zukunft einen bedeutenden Beitrag zu einer Klimaänderung liefern.

Der sogenannte „Glashauseffekt" wird auf natürliche Weise durch das Vorhandensein von Wasserdampf und Kohlendioxid hervorgerufen und bewirkt eine mittlere Temperatur der Erde von etwa 15 °C. Die zunehmende Emission klimarelevanter Gase und ihre steigende Konzentration in der Erdatmosphäre verstärkt den Glashauseffekt und führt zu einer zusätzlichen Erwärmung der erdnahen Lufthülle. Die Berechnung des künftigen Temperaturanstieges hängt ab von den Annahmen, die über die weitere Entwicklung der Emission der klimarelevanten Gase gemacht und in die Klimamodelle eingegeben werden. Unter der Voraussetzung, daß sich die Emissionsraten in Zukunft von den gegenwärtigen nicht unterscheiden, nimmt der „Intergovernmental Panel on Climate Change" der Weltorganisation für Meteorologie an, daß die Temperatur im nächsten Jahrhundert um 0,3 K/Jahrzehnt zunimmt mit einer Unsicherheit von 0,2–0,5 K/Jahrzehnt. Daraus folgt eine Zunahme der globalen Mitteltemperatur um rund 1 K bis 2025 und um 3 K bis zum Jahr 2100. Der Anstieg wird nicht stetig verlaufen, da andere Klimafaktoren ebenfalls auf den Temperatur-verlauf einwirken. Eine Stabilisierung der klimarelevanten Gase auf ihrer der-zeitigen Konzentration verlangt eine Reduktion der anthropogenen Emissionen dieser Gase um 60%, im Fall des Methans um 15−20%.

Die vorausgesagte Erwärmung wird in den polaren Breiten der Nordhemisphäre stärker ausgeprägt sein als es dem globalen Mittel entspricht. Aufgrund der vorliegenden Modellergebnisse ist weiterhin zu erwarten, daß die mittlere globale Meereshöhe um etwa 6 cm/Jahrzehnt ansteigt und damit im Jahr 2030 ein Meeresniveau erreichen wird, das etwa 20 cm über dem gegenwärtigen liegt.

Diese Annahmen leiden unter der unvollständigen Kenntnis der Quellen und Senken der „Glashausgase". Es ist schließlich zu berücksichtigen, daß die Temperatur nur ein Indikator für eine Klimaänderung ist, die von Änderungen der atmosphärischen Zirkulation und der Niederschlagsverteilung begleitet ist. Letztere sind jedoch zur Zeit noch schwieriger vorauszusagen.

Literatur

Attmannspacher W, Hartmannsgruber R, Lang P (1984) Verbesserung der Grundkenntnisse über die Klimatologie der vertikalen Ozonschicht durch verstärkte Ballonsondierung. BPT-Bericht 6/84, Gesellschaft für Strahlen- und Umweltforschung, München

Chamberlain JW, Foley HM, McDonald GJ, Ruderman MA (1982) Climate effects of minor atmospheric constituents. In: Clark WC (ed) Carbon dioxide review. Clarendon, Oxford, pp 252−278

Claude HJ (1987) Messung des bodennahen Ozons. PROMET 1/2:32−36

Crutzen P (1983) Atmospheric interactions − homogeneous gas reactions of C, N and S containing compounds. In: Bolin B, Cook RB (eds) The major biochemical cycles and their interactions. Scope, p 67−112

Crutzen P (1988) Tropospheric ozone. In: Isaksen ISA (ed) Tropospheric ozone. Reidel, Dordrecht, pp 3−33

Crutzen P, Gidel LT (1983) A two-dimensional photochemical model of the atmosphere: the tropospheric budgets of the effect of various NO_x sources on tropospheric O_3. J Geophys Res 88:6641−6661

Deutscher Bundestag (1988) Schutz der Erdatmosphäre. Zwischenbericht 5/1988, Bonn

Ehhalt D (1985) Methane in the global atmosphere. Atm Environ 27:6−33

Ehhalt D (1987) The atmospheric cycle of methane formation and fluxes from the biosphere and geosphere. American Chemical Society, Denver

Ehhalt D, Schmidt U (1983) Die Verteilung der Chlorfluormethane in der Stratosphäre und ihr Einfluß auf die Ozonschicht. Umweltforschung, KFA Jülich

Fabian P, Borchers R, Weiler KH, Schmidt U, Volz A, Ehhalt D, Seiler W, Müller F (1979) Simultaneously measured vertical profiles of H_2, CH_4, CO, N_2O, $CFCl_3$, and CF_2Cl_2 in the midlatitude stratosphere and troposphere. J Geophys Res 84:3149−3154

Feister U (1985) Zum Stand der Erforschung des atmosphärischen Ozons. Veröff des Met Dienstes der DDR Nr 26. Akademie, Berlin

Feister U, Warmbt W (1987) Long-term measurements of surface ozone in the German Democratic Republic. J Atm Chem 5:1−22

Fishman J, Seiler W (1983) Correlative nature of ozone and carbon monoxide in the troposphere: implications for the tropospheric ozone budget. J Geophys Res 88:3663−3670

Fraser M, Khalil R, Rasmussen A, Steele LP (1984) Tropospheric methane in the midlatitudes of the southern hemisphere. J Atm Chem 1:125−137

Georgii H-W (1979) Large-scale distribution of gaseous and particulate sulfur compounds and its impact on climate. In: Bach W, Pankrath J, Kellogg W (eds) Man's impact on climate. Elsevier, Amsterdam, pp 181–193

Hahn J (1979) Man-made perturbations of the nitrogen cycle and its possible impact on climate. In: Bach W, Pankrath J, Kellogg W (eds) Man's impact on climate. Elsevier, Amsterdam, pp 193–213

Isaksen ISA (1980) The impact of nitrogen fertilization. In: Bach W, Pankrath J, Williams J (eds) Interactions of energy and climate. Reidel, Dordrecht, pp 257–269

Johnston HS (1977) Analysis of the independent variables in the perturbation of stratospheric ozone by nitrogen fertilizers. J Geophys Res 82:1767–1772

Khalil MAK, Rasmussen RA (1982) Secular trends of atmospheric methane. Chemosphere 11:877–883

Khalil MAK, Rasmussen RA (1983) Sources, sinks and seasonal cycles of atmospheric methane. J Geophys Res 88:5131–5144

Khalil MAK, Rasmussen RA (1984) Carbon monoxide in the earth atmosphere, increasing trend. Science 224:54–56

Khalil MAK, Rasmussen RA (1985) Causes of increasing methane: depletion of hydroxyl radicals and the rise of emissions. Atm Environ 19:397–407

Kley D, Volz A, Mülheims F (1988) Ozone measurements in historic perspective. In: Isaksen ISA (ed) Tropospheric ozone. Reidel, Dordrecht, pp 63–73

Liu SC, Kley D, McFarland M, Mahlman JD, Levy H (1980) On the origin of tropospheric ozone. J Geophys Res 85:7546–7552

Logan JA, Prather MJ, Wolfsy SC, McElroy MB (1981) Tropospheric chemistry, a global perspective. J Geophys Res 86:7210–7254

Molina MJ, Rowland FS (1974) Stratospheric sink for chlorofluormethanes: chlorine atom catalyzed destruction of ozone. Nature (London) 249:810–812

Ramanathan V et al. (1987) Climate-chemical interactions and effects of changing atmospheric trace gases. Rev Geophys 25:1441–1482

Ramamathan V, Callis L, Cess R, Hansen J, Isaksen I, Kuhn W, Lacis A, Luther F, Mahlman J, Reck R, Schlesinger M (1981) Atmospheric methane, trends and seasonal cycles. J Geophys Res 86:9826–9832

Robinson E, Clark D, Seiler W (1984) The latitudinal distribution of carbon monoxide across the Pacific from California to Antarctica. J Atm Chem 1:137–151

Seiler W (1974) The cycle of atmospheric CO. Tellus 26:116–135

Seiler W, Conrad R (1981) Field measurements of natural and fertilizer-induced N_2O release rates from soil. J Air Pollut Control Assoc 31:767–772

Seiler W, Fishman J (1981) The distribution of carbon monoxide and ozone in the free troposphere. J Geophys Res 86:7255–7265

Seiler W, Conrad R, Scharffe D (1984) Field studies of methane emission from termite nets into the atmosphere and measurements of methane uptake by tropical soils. J Atm Chem 1:171–187

US Dept of Commerce (1983) Geophysical monitoring for climate change, no 12

Wang WC, Yung YL, Lacis AA, Mo T, Hansen JE (1976) Greenhouse effects due to man-made perturbations of trace gases. Science 194:685–689

Warmbt W (1979) Ergebnisse langjähriger Messungen des bodennahen Ozons in der DDR. Z Met 29:24–31

Weiss RF (1981) The temporal and spatial distribution of tropospheric nitrous oxide. J Geophys Res 86:7185–7195

WMO (1985) Global ozone and monitoring project. Rep No 16

Zimmerman PR, Greenberg JP, Wandiga SO, Crutzen P (1982) Termite: a potentially large source of atmospheric methane, carbon dioxide and molecular hydrogen. Science 218:563–565

Gefahren und mögliche Konsequenzen
eines Atomkrieges für das Klima

Paul J. Crutzen und Günter Warnecke

Vor den Gefahren von Kernwaffen ist die Menschheit schon frühzeitig gewarnt
worden: es sei nur an den beschwörenden Osloer Rundfunkappell von Albert
Schweitzer (1957) erinnert:

*„Wo es sich um Atomwaffen handelt, kann kein Volk zu seinem Gegner sagen
‚Nun sollen die Waffen entscheiden‘, sondern nur ‚Nun wollen wir miteinander
Selbstmord begehen, indem wir uns gegenseitig vernichten‘. Ein Atomkrieg ist
also das unvorstellbare Sinnlose und Grausige, das unter keinen Umständen
Tatsache werden darf.“*

Albert Schweitzer hatte hier die gegenseitige totale Auslöschung der Supermächte vor Augen – eine nie dagewesene Dimension von Kriegsfolgen. Der
Schriftsteller Günther Anders präzisierte 1959, daß der atomare Untergang
nicht Selbstmord sei, sondern vielmehr die Ermordung der ganzen Menschheit
bedeute, und er beklagte, daß es offenbar kein „Klassenbewußtsein der Be-
drohten“ gäbe. Während zum Selbstmord der Wille und die Tat des sich selbst
Tötenden gehören, kann bei einem Atomkrieg ganz gewiß weder vom Willen
zur Selbsttötung noch von der Tat aller in den kriegführenden Nationen Betroffenen gesprochen werden. Die Erkenntnis, daß von einem Atomkrieg die
gesamte Menschheit betroffen wäre, also auch die nichtkriegführenden Völker,
muß als eine – wie sich herausstellte – besondere seherische Leistung von
Günther Anders anerkannt werden. So hat inzwischen die Reaktorkatastrophe
von Tschernobyl deutlich gemacht, in welchem Maße bereits bei einem so lokalen und im Vergleich mit einem Atomkrieg „harmlosen“ atomaren Ereignis die
Auswirkungen nationale Grenzen kontinentweit, ja weltweit überschreiten und
dadurch auch Unbeteiligte in Mitleidenschaft ziehen.

Aber die Vision von Anders wird offensichtlich noch in den Schatten gestellt
von internationalen Forschungsergebnissen des vergangenen Jahrzehnts. Diese
haben nämlich die erschreckende Gewißheit gebracht, daß durch einen Atomkrieg der nordhemisphärischen Supermächte nicht nur die gesamte Menschheit, sondern das gesamte Leben auf der Erde in seiner Existenz gefährdet
wäre, und zwar allein schon als Folge der zu erwartenden dramatischen globalen Klimaveränderungen in Form des „Nuklearen Winters“ und seiner Auswirkungen auf die Biosphäre. Dieser Beitrag befaßt sich mit den möglichen
Auswirkungen eines Atomkrieges auf das Klima der Erde, der offenbar
extremsten anthropogenen Einwirkung auf das System Planet Erde, die denkbar erscheint.

Die gegenwärtigen weltpolitischen Veränderungen, einschließlich aller Abrüstungsverhandlungen, machen die vorgestellten Überlegungen keineswegs überflüssig, denn sie mögen vielleicht die momentane Wahrscheinlichkeit eines Atomkrieges verringern, die Zerstörungspotentiale der Atomwaffenarsenale sind jedoch bisher noch weitgehend unangetastet geblieben, und das Hinzukommen weiterer Atommächte sowie die mit dem Anwachsen der Weltbevölkerung einhergehende Zunahme an brennbaren Materialien auf der Erde läßt die Risiken eines Nuklearen Winters in Zukunft sogar eher größer erscheinen als sie gegenwärtig sind.

Eine internationale Forschungsaktion

Dieser Beitrag basiert auf einer Studie von fast 300 Wissenschaftlern aus 30 Ländern, die im Auftrag der SCOPE-Organisation ausgeführt wurde (SCOPE 1985), ergänzt durch weiterführende, die früheren Aussagen bestätigende und ergänzende Untersuchungen des SCOPE-ENUWAR-Projekts der ICSU, deren Ergebnisse 1988 in Stockholm vorgestellt wurden und im Heft 7/1989 des Journals AMBIO veröffentlicht wurden.

SCOPE, eine Abkürzung für „Scientific Committee On Problems of the Environment" (Wissenschaftliches Komitee für Umweltprobleme), ist eine Unterorganisation der ICSU, des „International Council of Scientific Unions" (Internationaler Rat Wissenschaftlicher Vereinigungen); das Akronym ENUWAR steht für „Environmental Consequences of Nuclear War". Mitglieder der ICSU sind die wichtigsten Wissenschaftsorganisationen und wissenschaftlichen Akademien der Welt, darunter auch die Deutsche Forschungsgemeinschaft. Die Hauptaufgabe der SCOPE-Organisation besteht darin, wissenschaftliche Analysen über die Einflüsse menschlicher Aktivitäten auf die Umwelt und umgekehrt deren Wirkung auf den Menschen zu vermitteln. SCOPE beschäftigt sich dabei besonders mit Problemen, die von globaler Reichweite sind, und arbeitet prinzipiell unabhängig von nationalen oder politischen Interessen. Die an der Studie beteiligten Wissenschaftler trugen alles, was an zuverlässigen Daten und Fakten vorhanden war, zusammen und analysierten auf der Basis dieses Materials mögliche Kriegs- und Nachkriegsszenarien mit Hilfe von Computermodellen.

Ausgelöst wurde dieses Unternehmen durch die alarmierenden Ergebnisse einiger vorangegangener Studien im Auftrag der US-amerikanischen Akademie der Wissenschaften (National Academy of Sciences 1975) und der schwedischen Wissenschaftszeitschrift AMBIO (Ambio 1982) sowie einigen weiterführenden Untersuchungen (z. B. Galbally et al. 1983; Turco et al. 1983), aus denen hervorging, daß indirekte Wirkungen eines Atomkrieges zwischen den Supermächten auf Klima und Umwelt mindestens ebenso vernichtend sein könnten wie die direkten Effekte der Kernexplosionen, z. B. Radioaktivität. Die indirekten Wirkungen auf das Klima können eintreten, wie zuerst von Crutzen und Birks (1982) gezeigt, wenn rußhaltiger Rauch von Bränden in Stadt- und Industriegebieten in großen Mengen in die Atmosphäre gelangt.

Rußhaltiger Rauch ist deshalb so bedeutungsvoll, weil er die Sonnenstrahlung stark absorbiert und dadurch die Energiebilanz der Erde und Atmosphäre erheblich aus dem Gleichgewicht bringen kann.

Die wissenschaftliche Beurteilung der möglichen Auswirkungen dieser erst in den letzten Jahren entdeckten Belastungen der Atmosphäre nach einem Atomkrieg auf das Klima, die weltweite Landwirtschaft und die natürlichen Ökosysteme der Erde bildeten die Hauptaufgabe der SCOPE-Studie.

Exakte Prognosen sind nicht möglich, da das Ausmaß der zu erwartenden Schäden davon abhängt, wie viele und welche Ziele angegriffen werden, zu welcher Jahreszeit der Krieg stattfindet und in welchem Maße die Infrastruktur in den direkt vom Krieg betroffenen Ländern und die globalen Verbindungswege und Transportsysteme ge- bzw. zerstört werden. Außerdem ergeben sich viele Unsicherheiten aus der unvollständigen Kenntnis wichtiger physikalischer, chemischer und biologischer Prozesse.

Aus der SCOPE-Studie geht trotzdem klar hervor, daß erhebliche Störungen des globalen Klimas, der Ökosysteme, der landwirtschaftlichen Produktion und der Lebensmittelversorgung als Folge eines Atomkriegs zu erwarten wären, wodurch die indirekten Folgen eines Atomkriegs tatsächlich weit schlimmer ausfallen könnten als die direkten Folgen.

Im folgenden Text werden die Resultate zusammengefaßt dargestellt. Für eine ausführlichere Beschreibung sei auf die Monographie von Crutzen und Hahn (1985 b) sowie auf AMBIO (1989) verwiesen.

Das Nuklearkriegsszenario

Aus den beiden verhältnismäßig schwachen Kernwaffenexplosionen in Japan im Jahre 1945 und den anschließenden atmosphärischen Tests mit nuklearen Sprengsätzen größerer Sprengkraft bis zum Teststopp-Abkommen im Jahre 1963 konnte eine Reihe von Erkenntnissen bezüglich der direkten Effekte von Kernwaffenexplosionen gewonnen werden. In den mehr als 45 Jahren seit der ersten Kernexplosion haben die fünf Atommächte, vor allem die USA und die UdSSR, sehr große Kernwaffenarsenale aufgebaut. Es ist unmöglich, die Entwicklung und das Ausmaß zukünftiger militärischer Auseinandersetzungen im Detail vorherzusagen. Was den Verlauf und die unmittelbaren Folgen eines großen Atomkrieges betrifft, lassen sich aber doch verschiedene plausible Szenarien aus den in der Öffentlichkeit bekannt gewordenen allgemeinen Prinzipien strategischer Planung ableiten.

Die Atomwaffenarsenale der NATO und des Warschauer Paktes zählen zur Zeit etwa 24000 strategische und Gefechtsfeldwaffen mit einer Gesamtsprengkraft von etwa 12000 Megatonnen TNT. Das entspricht der Sprengkraft von einer Million „Hiroshima-Bomben". Eine Megatonne (MT) entspricht der nuklearen Sprengkraft, die durch die gleichzeitige Explosion von rund einer Million Tonnen TNT (Trinitrotoluol) freigesetzt werden würde. Das ist ungefähr die 100000fache Sprengkraft der größten im 2. Weltkrieg eingesetzten konventionellen Bomben.

Die durchschnittliche Sprengkraft der heutigen Kernwaffen ist damit 30- bis 40mal größer als die der „Hiroshima-Bombe". Etwa die Hälfte der in den Arsenalen angehäuften Kernwaffen kann im Falle eines nuklearen Konfliktes ohne weiteres zum Einsatz kommen. Daher kann ein solches Potential für die Abschätzung möglicher Umweltfolgen eines Schlagabtausches von etwa dieser Größenordnung quasi als Modellfall angenommen werden.

Für die in diesem Aufsatz diskutierten Auswirkungen auf das atmosphärische Geschehen kommt es aber, mehr als alles andere, darauf an, wieviele nukleare Sprengsätze über Stadt- und Industriegebieten zur Explosion gebracht werden. Schon der Einsatz von weniger als 5% der vorhandenen Kernwaffen gegen solche Ziele könnte erhebliche Auswirkungen auf Klima und Umwelt hervorrufen.

Viele potentielle Ziele von nuklearen Sprengköpfen, wie z. B. Raketensilos und Militärbasen, liegen abseits von dicht besiedelten Gebieten. Es gibt aber auch genügend wichtige militärische und strategische Ziele in und in der Nähe von Städten, so daß selbst Attacken, die primär gegen militärische Ziele gerichtet sind, großflächige Schäden in städtischen und industriellen Zentren anrichten können. Deshalb können selbst bei Beschränkung des Einsatzes von Kernwaffen auf Attacken gegen militärische und militärisch wichtige Ziele Großbrände und eine starke Rauch- und Rußentwicklung entstehen. Heutige strategische Abschreckungskonzepte gehen davon aus, daß in einem eskalierenden nuklearen Konflikt viele Sprengköpfe direkt gegen städtische und industrielle Zentren eingesetzt werden könnten. Das hätte wegen der Wahrscheinlichkeit von ausgedehnten Großbränden, Rauch- und Rußentwicklungen und dadurch verursachten Klimaveränderungen weitreichende Konsequenzen.

Die Tabelle 1 zeigt, was in dieser Studie in bezug auf die Sprengkraft der Waffen in Megatonnen, verteilt auf militärische und industriell/urbane Ziele (und Luft- und Bodenexplosionen) in vier Steigerungsphasen angenommen wurde.

Die in jeder Phase freigesetzte Zerstörungskraft ist, verglichen mit allen vorausgegangenen Kriegen, ungeheuer, aber tatsächlich entsprechen die 6000 Megatonnen, die als kumulative Gesamtmenge der vier Phasen angenommen werden, nur etwa der Hälfte des totalen globalen nuklearen Potentials. Dieses Szenario geht auch von gewissen Annahmen bezüglich der Sprengkraft einzel-

Tabelle 1. Hypothetische Eskalationsstufen eines Atomkrieges

Phase	Sprengkraft (MT)	Militärisch		Industriell/urban	
		Luft	Boden	Luft	Boden
1	2000	1000	1000	0	0
2	2000	750	750	250	250
3	1000	250	250	500	0
4	1000	250	250	500	0
Total	6000	2250	2250	1250	250

ner Waffen aus — ein Faktor, der für manche der Umweltfolgen entscheidend ist.

Das Szenario unterscheidet auch zwischen Explosionen in Bodennähe und in der Luft, das heißt in der Atmosphäre. Man nimmt an, daß nur ein kleiner Prozentsatz der Bomben in der hohen Atmosphäre oder an der Meeresoberfläche gezündet werden würde. Die Explosionen in der hohen Atmosphäre würden einen elektromagnetischen Puls verursachen, der eine massive Störung der Kommunikations- und Kontrollsysteme zur Folge hätte. Zwischen diesen beiden Explosionsarten bestehen signifikante Unterschiede hinsichtlich ihrer Auswirkungen. Explosionen auf dem Boden schleudern große Mengen radioaktiven Staubes in die Atmosphäre, die tödliche Fahnen von radioaktivem Fallout über weiten Gebieten bilden würden. Verglichen damit produzieren Explosionen in der Luft wenig Fallout, aber bei gleicher Sprengkraft werden größere Gebiete durch Druckwellen und Brände zerstört. Bodenexplosionen würden wahrscheinlich hauptsächlich gegen militärische Ziele wie interkontinentale Raketenabschußrampen eingesetzt werden, die „gehärtet" wurden, um der Druckwelle der Explosionen zu widerstehen. Bei Angriffen auf Städte (sog. „countervalue attacks") würden vermutlich Explosionen in der Luft vorherrschen.

Das vorliegende Szenario schließt die gesamte Skala der oben diskutierten Ziele ein — militärische, industrielle und urbane. Es sieht keinen Angriff ohne vorherige Warnung vor, sondern nimmt an, daß der Konflikt mit der Zeit eskaliert und daß alle militärischen Streitkräfte zum größten Teil mobilisiert werden können, während sich die Krise verschärft. Es wird ferner angenommen, daß ein erheblicher Teil der militärischen Streitkräfte und Waffen zu Beginn des Konflikts vernichtet wird.

Das Szenario berücksichtigt auch mögliche Zerstörungen von Städten durch Schläge gegen nahegelegene militärische Ziele. Es wird angenommen, daß in der ersten Phase des Angriffs auf militärische Ziele keine Industrie oder Städte beschädigt werden, daß aber im Zuge der Eskalation solche Schäden direkt oder im Gefolge von Schlägen gegen militärische Ziele eintreten. Explosionen in oder über Stadtgebieten — in diesem Szenario hauptsächlich Luftexplosionen — sind besonders wichtig für die Einschätzung der Folgen für Klima und Umwelt, denn sie würden hochbrennbare, rußbildende Materialien entzünden, die in Städten reichlich vorhanden sind, vor allem fossile Brennstoffe und ihre Derivate wie Kunststoffe, Gummi und Asphalt. Für die SCOPE-Studie wurde angenommen, daß etwa 25% der brennbaren Materialien in NATO- und Warschauer-Pakt-Ländern verbrennen würden. Diese Mengen befinden sich in weniger als 100 der wichtigsten Städte und erfordern den Einsatz von „nur" einigen hundert Megatonnen Sprengkraft.

Direkte Effekte von Kernwaffenexplosionen

Moderne Kernwaffen, wie sie heute von Raketen und Flugzeugen getragen werden, haben eine Sprengkraft entsprechend einigen hundert Kilotonnen TNT.

Wenn solche Kernwaffen zum Einsatz kommen, hätten die Explosionen folgende unmittelbaren Wirkungen:

Bei jeder Kernexplosion dürften Hitzestrahlung und Druckwellen pro Megatonne TNT Sprengkraft Tod und Verwüstung über ein Gebiet von 500 Quadratkilometern bringen. Das entspricht dem Areal einer Großstadt (z. B. Berlin-West 481 km^2). Das Ausmaß der direkten Effekte hängt von der Sprengkraft der Bombe, der Höhe der Explosion über dem Erdboden und lokalen Gegebenheiten ab. Die Zerstörung von Hiroshima und Nagasaki zum Ende des 2. Weltkrieges kann — so gesehen — als Beispiel für die Wirkung relativ schwacher Kernexplosionen dienen.

Kernwaffen haben eine extrem hohe Brandwirkung. Die von dem Feuerball ausgehende thermische Strahlung („Hitzeblitz") und die mehr zufällig durch die Druckwelle ausgelösten Feuer, z. B. durch Kurzschlüsse oder durch Gasleitungsbrüche, dürften in Stadt- und Industriegebieten sowie im Freiland zu Bränden von nie dagewesener Ausdehnung und Gewalt führen. Diese Brände werden ungeheure Wolken von Rauch, Ruß und Giftstoffen erzeugen.

Bei Kernexplosionen nahe dem Erdboden werden große Mengen Staub, Bodenmaterial und Trümmer (größenordnungsmäßig 100000 Tonnen pro Megatonne TNT Sprengkraft) mit dem Feuerball der Explosion nach oben gerissen. Die größeren Staubteilchen, an denen etwa die Hälfte der Gesamtradioaktivität der Bombe haftet, fallen meistens schon während des ersten Tages wieder auf die Erdoberfläche und verseuchen auf diese Weise Hunderte von Quadratkilometern in der Nachbarschaft des Ortes, wo der Sprengsatz explodierte. Dabei hängt die Verteilung von Radioaktivität auch von den zu der Zeit herrschenden Winden ab. Dieser lokale „Fallout" dürfte allgemein zu tödlichen Dosen radioaktiver Strahlung führen.

Der größte Teil der Radioaktivität von Kernwaffen, die in einiger Höhe in der Atmosphäre gezündet werden, und etwa die Hälfte der Radioaktivität von am Erdboden zur Explosion gebrachten Kernwaffen werden durch die aufsteigenden Feuerbälle der Explosionen an Teilchen in die obere Troposphäre und in die Stratosphäre transportiert (s. Abb. 1). Wegen der in der stabil geschichteten Stratosphäre längeren Verweilzeit der Teilchen klingt ein Teil ihrer Radioaktivität dort ab. Was jedoch an Radioaktivität noch übrig bleibt, meist längerlebige Radioisotope, macht dann den längerfristigen globalen Fallout aus.

Obwohl es nicht die Hauptaufgabe der SCOPE-Studie war, kamen die beteiligten Wissenschaftler zu folgenden Ergebnissen hinsichtlich der möglichen radioaktiven Nachkriegsbelastung:

Der lokale Fallout könnte über 4—15% der Fläche der Länder der NATO und des Warschauer Paktes zu tödlichen extremen Strahlungsdosen von mehr als 450 rad in 48 Stunden führen, wenn keine Schutzmaßnahmen ergriffen werden. Am schlimmsten betroffen wären Gebiete im Windschatten der Silos der Interkontinentalraketen. Aber auch wichtige Wohngebiete in den Ländern Europas wären bedroht. Gesundheitsschädigende Strahlungsdosen würden über noch größeren Flächen auftreten.

In der Troposphäre nimmt die Temperatur bis zu etwa 10—17 km mit der Höhe ab. Die relativ hohen Temperaturen an der Erdoberfläche hängen mit der

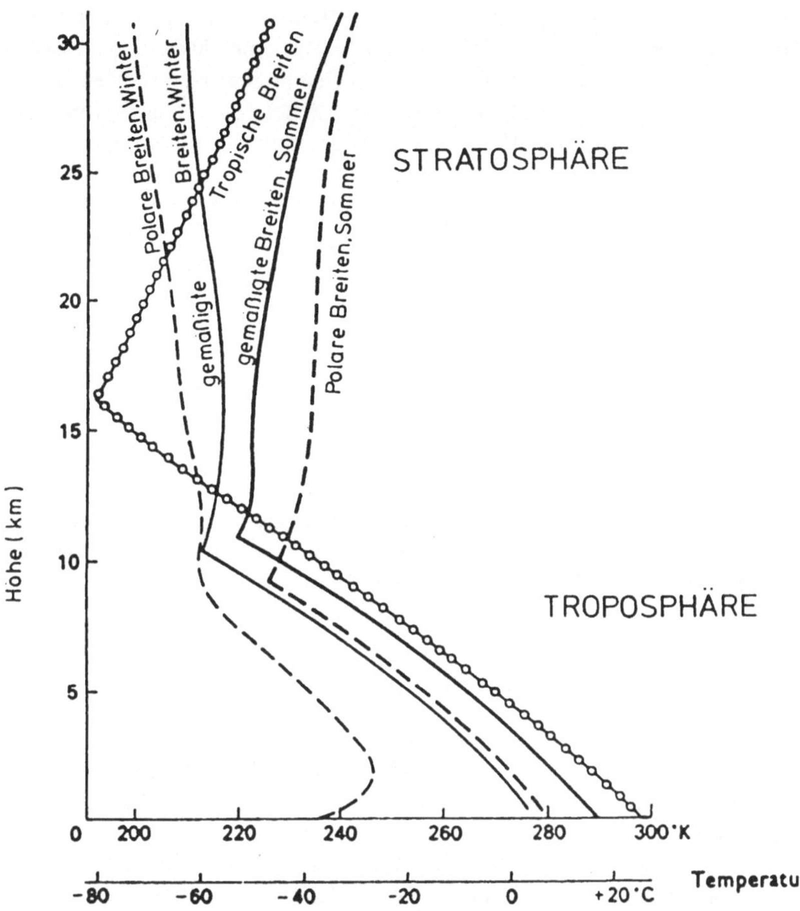

Abb. 1. Verlauf der Lufttemperatur in Abhängigkeit von der Höhe für ausgewählte Breiten und Jahreszeiten. (Aus Crutzen und Hahn 1985 a)

dortigen Absorption von Sonnenstrahlung zusammen. In der Stratosphäre steigt die Temperatur leicht mit der Höhe, was durch die Absorption der ultravioletten Sonnenstrahlung durch das in der Stratosphäre angereicherte Ozon verursacht wird. Der Temperaturverlauf mit der Höhe erklärt, warum die Troposphäre im allgemeinen instabil, die Stratosphäre stabil geschichtet ist. Wolken und Niederschlagsprozesse treten praktisch nur in der Troposphäre auf, obwohl die oberen Teile von intensiven Gewitterwolken im Sommer manchmal einige Kilometer in die Stratosphäre eindringen können. Das Fehlen von Niederschlagsprozessen und die große Stabilität erklären, warum dorthin vorgedrungene Gase und feine Partikel mehrere Jahre in der Stratosphäre verweilen können.

Der globale Fallout würde demgegenüber von geringerer Bedeutung, aber keineswegs vernachlässigbar sein. Für die mittleren Breiten der Nordhemisphäre wird die maximale Gesamtdosis auf 20–60 rad geschätzt, verteilt über 50 Jahre, also etwa über den größten Teil der Lebenszeit eines Menschen. Sollten jedoch auch Kernenergieanlagen in einem Atomkrieg angegriffen werden, was sehr umstritten ist, könnte der globale Fallout möglicherweise etwa dreimal höher sein, wenn man annimmt, daß alle zivilen Nuklearanlagen in einem Atomkrieg zerstört würden. Die daraus resultierende Radioaktivität könnte zu signifikanten radiologischen Langzeitwirkungen und sich daraus ergebenden Gesundheitsproblemen führen. Dieses Problem erfordert noch weitere eingehende Untersuchungen.

Neben der radioaktiven Verseuchung ist bei Kernexplosionen in der höheren Atmosphäre noch ein weiterer physikalischer Effekt zu beachten, der elektromagnetische Schock („electromagnetic pulse", EMP), der in weitem Umkreis vom Explosionsort die Ionosphäre zerstört und dazu alle elektronischen Einrichtungen und Bauteile unbrauchbar macht. Das bedeutet Ausfall aller modernen, hochentwickelten technischen Systeme, in denen die Ionosphäre oder die Elektronik eine Rolle spielen, – wie sämtliche Nachrichten- und Kommunikationssysteme (Radio, Funk, Telefon), die Steuersysteme der Kraftwerke und Versorgungseinrichtungen, sämtliche Rechenanlagen, Elektronikteile der Kraftfahrzeuge, Schiffe und Flugzeuge, moderne medizinische Geräte u.v.a.m. – mit entsprechenden gravierenden Folgen.

Brände und die Bildung von Rauch und Ruß

Während des 2. Weltkrieges traten in verschiedenen Stadtgebieten intensive Brände auf, die eine Fläche von 10 bis 30 Quadratkilometern bedeckten. Solche Großbrände wurden durch massive Luftangriffe mit Spreng- und Brandbomben und durch die relativ schwachen Kernexplosionen von Hiroshima und Nagasaki ausgelöst. Weil diese Brände aber über viele Monate, ja sogar Jahre verteilt auftraten, konnte sich zu keiner Zeit eine größere Menge Rauch und Ruß in der Atmosphäre ansammeln. Bei einem größeren nuklearen Schlagabtausch würden dagegen Tausende von sehr intensiven Bränden in Städten, fossile Brennstoffe verarbeitenden Industrieanlagen, Kohle-, Öl- und Treibstofflagern und in unbebauten, mit Wald oder Buschwerk bestandenen Gebieten mehr oder weniger gleichzeitig aufflammen.

Messungen, die eine genaue Vorausberechnung der Rauch- und Rußemissionen gestatten würden, gibt es nicht, da es noch niemals Brände von der zu erwartenden Größe und Intensität gegeben hat. Schätzwerte für die Rauch- und Rußemissionen von Bränden solcher Größenordnung können deshalb nur aus Meßwerten, die bei kleineren Testbränden erhalten wurden, abgeleitet werden. Ein solches Vorgehen kann jedoch mit beträchtlichen Fehlern, möglicherweise erheblichen Unterschätzungen, gegenüber den tatsächlich zu erwartenden Rauch- und Rußmengen behaftet sein. Wenn man in Ermangelung eines besseren Verfahrens trotzdem in dieser Weise vorgeht, kommt man zu folgenden Abschätzungen:

Etwa 70% der Bevölkerungen Europas, Nordamerikas und der Sowjetunion leben in Stadtgebieten auf einer Gesamtfläche von einigen hunderttausend

Quadratkilometern. Auf dieser Fläche dürfte es mehr als zehn Milliarden Tonnen brennbares Holz und Papier geben. Wenn davon 25–30% innerhalb von ein paar Stunden oder Tagen in Brand gesetzt würden, entstünden einige zehn bis mehr als hundert Millionen Tonnen rußhaltigen Rauches. Der Rußanteil des Rauches betrüge bei Flammenbildung wiederum ungefähr ein Viertel bis ein Drittel der gesamten Rauchmenge. Ruß – oder technisch korrekter: amorpher, also nichtkristalliner elementarer Kohlenstoff – ist bekanntlich schwarz und fängt das auftreffende Sonnenlicht sehr wirksam ein.

Fossile Brennstoffe (wie z. B. Kohle, Koks, Heizöl, Dieselöl, Benzin usw.) sowie die Produkte der fossile Brennstoffe verarbeitenden Industrie (wie z. B. die verschiedenen Kunststoffe, Gummi, Asphalt, Dacheindeckungen, Dichtungsmaterialien, Lacke und Lösungsmittel) finden sich in großen Mengen vor allem in Stadt- und Industriegebieten. Die Verbrennung eines Bruchteils (25–30%) der heute vorhandenen Gesamtmenge von einigen Milliarden Tonnen solcher Stoffe könnte 50 bis 150 Millionen Tonnen sehr rußhaltigen Rauches erzeugen (Rußanteil 50% und mehr). Schon bei einem vollständigen Ausbrennen von weniger als 100 der großen industriellen und bevölkerungsmäßigen Ballungsgebiete (wie z. B. New York, Rotterdam, London, Paris, Moskau, das Ruhrgebiet, das oberschlesische Industriegebiet, die verschiedenen russischen Industriekombinate) würden 25–30% der gesamten Vorräte der Industrienationen an brennbaren Stoffen in Flammen aufgehen. Brände in Wäldern und in anderen naturbelassenen oder unbebauten Gebieten könnten einige zehn- bis hunderttausend Quadratkilometer Vegetation innerhalb von Tagen bis Wochen verbrennen, je nachdem, in welchem Zustand sich die Vegetation gerade befindet und wie stark sich die Brände ausdehnen können. Zwischen Mai und Oktober könnten solche Brände einige zehn Millionen Tonnen Rauch und Ruß erzeugen. Zu anderen Zeiten im Jahr dürfte es bedeutend weniger sein. Der Rußanteil der so entstehenden Rauchwolken liegt bei nur etwa 10%. Daher dürften Brände dieser Art, was die Rauch- und Rußerzeugung angeht, im Vergleich zu Bränden in Stadt- und Industriegebieten von geringerer Bedeutung sein. Sie können dennoch nicht vernachlässigt werden.

Die einige zehn Millionen Tonnen Staubpartikel mit kleineren Durchmessern als ein Mikrometer (1 Mikrometer = 1/1000 Millimeter), die durch Kernexplosionen am Erdboden in die Stratosphäre geschleudert werden können, verweilen u. U. ein Jahr und länger in der Atmosphäre. Die möglichen klimatischen Auswirkungen dieser Staubmengen, obwohl wesentlich geringer als die des Rauches und Rußes, müssen bei der Abschätzung der Gesamtwirkung dennoch berücksichtigt werden.

Einwirkungen auf die Atmosphäre

Schwächung der am Erdboden einfallenden Sonnenstrahlung

Für die Berechnung möglicher Auswirkungen der Rauchteilchen auf die Intensität der einfallenden Sonnenstrahlung ist die Menge des Rußes, der sich auf bzw. in Teilchen mit Durchmessern von etwa 0,1 bis 1 Mikrometer befindet, von größter Bedeutung. Der Rußanteil bestimmt, wieviel Sonnenlicht in der Atmosphäre abgefangen wird, wie dunkel es an der Erdoberfläche wird und wie die sich daraus ergebenden Folgen für Wetter, Klima und Umwelt aussehen werden. Die meisten Ruß- und Rauchteilchen würden in diesem Größenbereich in die Atmosphäre injiziert werden. Da sie nur sehr langsam durch Aussedimentieren oder Auswaschen (durch Niederschläge) aus der Atmosphäre entfernt werden, können solche Teilchen tage- bis wochenlang in der Atmosphäre verweilen und durch Winde über den ganzen Erdball transportiert werden.

Als Beispiel für eine räumliche Einschätzung der primär erzeugten Rauchwolke und ihre globale Ausbreitung diene Abb. 2, wie sie von Thompson (1985) vorgestellt wurde. Im oberen Teil des Bildes (a) wird die ursprünglich angenommene Rauchbedeckung über den Kontinenten von Nordamerika und Europa gezeigt, wobei angenommen wurde, daß der Rauch bis zu 7 km Höhe gleichmäßig verteilt ist. Diese Situation bildete den Ausgangspunkt für Klimamodellberechnungen. Der untere Teil des Bildes (b) zeigt die berechnete globale Rauchverteilung nach 15 Tagen, unter der Annahme, daß der Krieg im Sommer stattfinden würde. In Gebieten, wo die „optische Absorptionsdichte" zwischen 2,5 und 10 ist, dringen im Durchschnitt weniger als einige Prozent der normalen Sonnenstrahlung bis zur Erdoberfläche durch. In manchen Gebieten der Tropen und der Südhemisphäre ist die optische Absorptionsdichte zwischen 0,4 und 1. Dieses bedeutet, daß im Durchschnitt weniger als die Hälfte der normalen Sonnenstrahlung an der Erdoberfläche eintrifft. Die hier gezeigten Modellberechnungen berücksichtigen, daß die Zirkulation der Atmosphäre infolge der Absorption von Sonnenlicht durch die Rußteilchen stark gestört wird. Bei den Berechnungen wurde angenommen, daß der Rauch nicht durch Niederschlag aus der Atmosphäre entfernt wird.

Die SCOPE-Studien kamen zu folgenden Schlußfolgerungen: Großbrände saugen am Boden von allen Seiten Luft an und bilden sehr schnell aufsteigende Wolken, die rußhaltige Rauchteilchen, Asche, auskondensierte organische Stoffe, aufgewirbelten Staub sowie Wasserdampf innerhalb von Minuten bis in Höhen von 10–15 Kilometern tragen können. Die Menge der Teilchen, die auf diese Weise hochtransportiert werden, dürfte von der Rauchbildung, der Brandintensität, den örtlichen Wetterbedingungen und der Wirksamkeit von Teilcheneinfangprozessen (Bildung von größeren Teilchenaggregaten und Inkorporation in Wolkenwassertröpfchen) in der aufsteigenden Rauchsäule abhängen.

Die von den Bränden erhitzten, rauchbeladenen Luftballen kühlen sich beim Aufsteigen dadurch ab, daß sie sich ausdehnen und kältere Luft von den Seiten einsaugen. Dabei kondensiert der vorhandene Wasserdampf zu Tröpfchen, was zur Bildung von sogenannten Cumulonimbus-Wolken-Systemen (wie man sie oft bei Wärmegewittern im Sommer beobachtet) führen kann. Die durch die Wasserdampfkondensation an die umgebende Luft abgegebene Wärme läßt dann die Rauchteilchen noch höher steigen als in Situationen, bei denen keine nennenswerte Wolkenbildung auftritt.

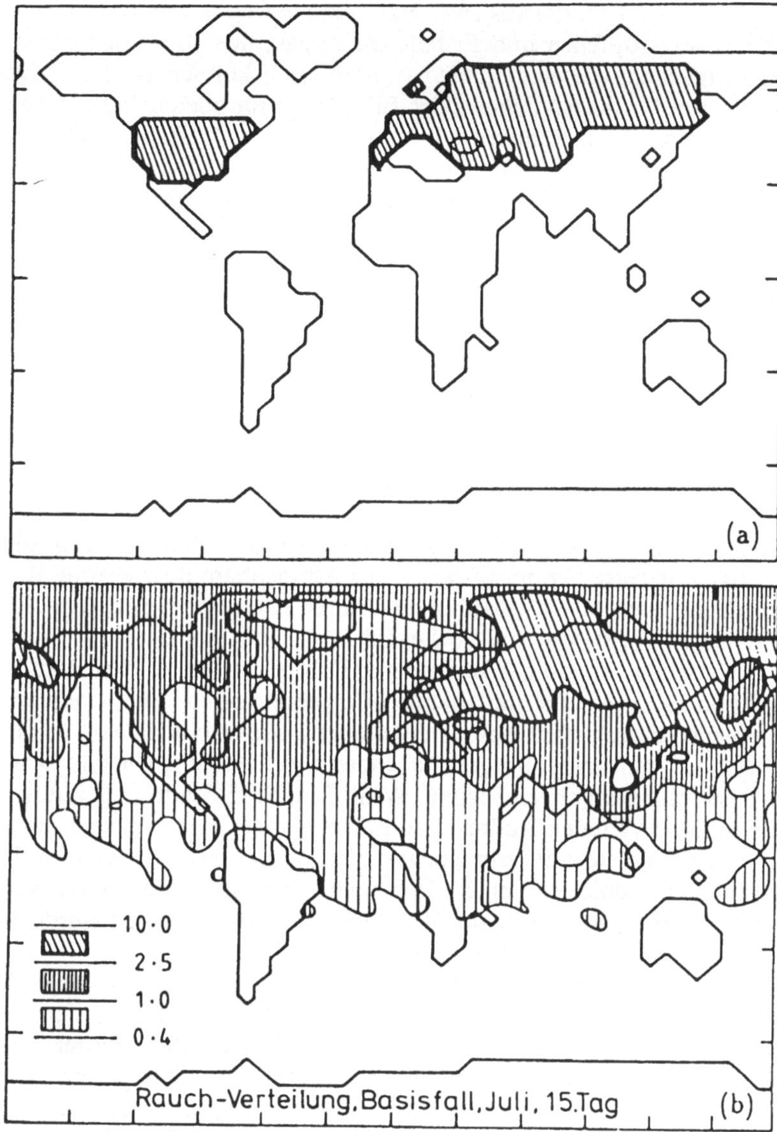

Abb. 2a, b. Modellrechnung der globalen Rauchverteilung nach einem Nuklearkrieg; Erläuterung im Text. (Nach Thompson 1985)

Obwohl man annehmen muß, daß ein großer Teil des Wasserdampfes, der von bodennahen Luftschichten hochtransportiert wird, zu Tröpfchen kondensiert, dürfte es nur bei einem geringeren Teil der entstehenden Wolken zu effektiver Niederschlagsbildung (konvektiven Niederschlägen) kommen. Dabei ist es wahrscheinlich, daß reine Rußteilchen nur sehr unvollkommen von den Wassertröpfchen eingefangen werden, da sie wasserabstoßend sind. Dagegen könnten Rauchteilchen, die aus einer Mischung verschiedener Substanzen bestehen, von Wassertröpfchen und Eisteilchen eingeschlossen werden. Aber selbst die Rauchteilchen, die eingefangen worden sind, können wieder freigesetzt werden, wenn Wassertröpfchen oder Eisteilchen im oberen Teil der Cumuluswolken oder an ihren Rändern wieder verdampfen. Daraus muß man schließen, daß der Anteil der Rauchteilchen, der von Tröpfchen und Eisteilchen eingefangen und dann durch Niederschläge ziemlich rasch wieder aus der Atmosphäre entfernt werden kann, schwer abzuschätzen ist.

In den bisherigen Untersuchungen wurde angenommen, daß 30−50% des von der Gesamtheit aller Brände in die Atmosphäre gebrachten Rauches und Rußes von Niederschlägen schon während der ersten Tage wieder entfernt werden und keine Auswirkungen auf längerfristige großräumige atmosphärische Prozesse haben. Diese Annahme berücksichtigt auch, daß viele Brände, wie z. B. Waldbrände oder Brände von Tanklagern (Öl oder Benzin), keine Niederschläge erzeugen.

Bei allen heutigen Abschätzungen bildet die Abscheidung von Rauchpartikeln durch Niederschläge eine der größten Unsicherheiten. Für die weiteren Betrachtungen wird angenommen, daß die Nettorauchmenge, d. h. die die kurzfristigen Selbstreinigungsprozesse der Atmosphäre überlebende Rauchmenge, im Bereich von 50−150 Millionen Tonnen liegt, von denen etwa 30 Millionen Tonnen in Form von Ruß vorliegen.

Abgesehen von einigen besonderen Fällen, dürften die bei Bränden in Städten und in Lagern fossiler Brennstoffe gebildeten Rauchteilchen einerseits die Sonnenstrahlung stark absorbieren, aber andererseits die von der Erdoberfläche in den Weltraum abgegebene langwellige Strahlung (Infrarotstrahlung) vergleichsweise wenig beeinflussen. Wenn Brände in Stadt- und Industriegebieten 30 Millionen Tonnen Rußteilchen in die Atmosphäre injizieren und diese sich über die Gebiete mittlerer geographischer Breiten auf der Nordhemisphäre ausbreiten, reduzierte sich die normalerweise am Erdboden auftreffende Sonnenstrahlung um mindestens 90%, d. h. die Tageshelligkeit würde auf weniger als ein Zehntel des normalen Wertes zurückgehen.

Bedingt durch die große Anzahl von Teilchen in den aufsteigenden Rauchsäulen und aufgrund der großen Dichte der Rauchwolken in den ersten Tagen danach, dürfte das Zusammenbacken von Teilchen dazu führen, daß weniger, dafür aber größere Teilchen gebildet werden. Das „Verbacken" von Teilchen könnte auch durch Zusammenfließen und späteres Verdampfen von Regentröpfchen oder Eisteilchen zustandekommen. Dies führt zu Änderungen bei den optischen Eigenschaften, da diese von Größe und Form der Teilchen abhängen. Man kennt jedoch nicht einmal das Vorzeichen solcher Änderungen, von irgendwelchen Details ganz zu schweigen. Die optischen Eigenschaften von losen Rußteilchenaggregaten, wie sie sich in dichten Rußwolken von Ölbränden bilden, scheinen jedoch in relativ geringem Maße von ihrer Größe abhängig zu sein. Das gilt nicht für den Fall stärker verfestigter Zusammenballung von Teilchen, die sich unter anderen Umständen bilden können, wie z. B. in Wassertropfen.

Einwirkungen auf das Witterungsgefüge

In einem größeren Atomkrieg können also Rauch- und Rußwolken von kontinentalen Ausmaßen innerhalb von wenigen Tagen über Nordamerika, Europa und Asien gebildet werden. Mit Hilfe von sorgfältigen Analysen und Computermodellen zunehmender Komplexität wurden der Transport, die Umwandlungsprozesse und die Abscheidung von Rauch- und Rußteilchen sowie ihre Auswirkungen auf die Temperaturverteilung, Niederschläge, Windsysteme und andere wichtige atmosphärische Eigenschaften und Vorgänge untersucht. Alle Computersimulationen deuten darauf hin, daß die großen Mengen von rußhaltigem Rauch in der Atmosphäre sehr wahrscheinlich starke großräumige Wetterstörungen verursachen werden.

Ergebnisse solcher Berechnungen der zu erwartenden globalen Temperaturänderungen geben die Abb. 3 und 4 als Beispiele wieder. Von Thompson (1985) wurden demnach für größere Teile der Kontinente der Nordhemisphäre Temperaturwerte unter dem Gefrierpunkt errechnet. Durch die Annahme, daß von dem Rauch nichts aus der Atmosphäre entfernt wird, überschätzt diese Berechnung aber höchstwahrscheinlich das Ausmaß des Temperatureffekts, worauf auch die Kurven von Turco et al. (Abb. 4) hindeuten. Tendenziell kann sie dagegen wohl als durchaus zutreffend angesehen werden, denn obwohl die Computermodelle, auch die komplizierteren, noch mit erheblichen Vereinfachungen und Unsicherheiten arbeiten, kam die SCOPE-Studie zu folgenden Aussagen (s. auch Tabelle 2 und 3):

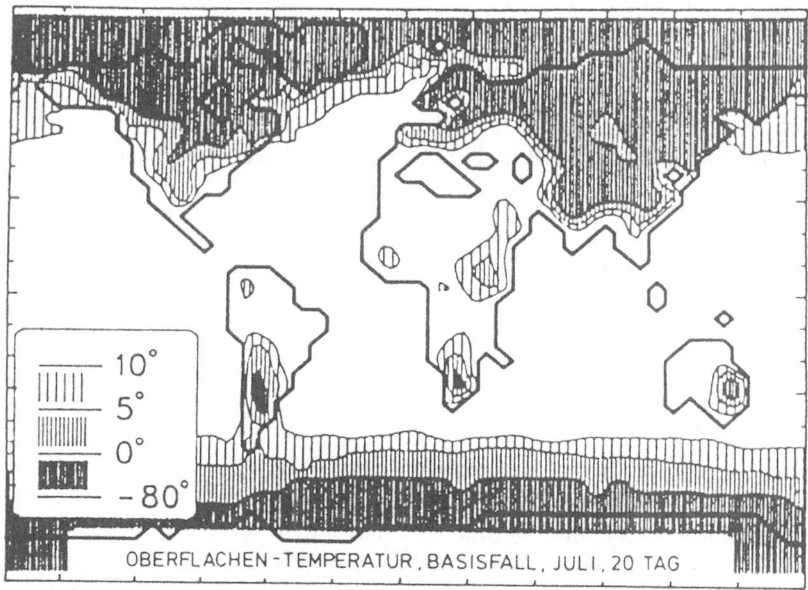

Abb. 3. Die von Thompson (1985) für die Erdoberfläche berechnete globale Temperaturverteilung (°C) am 20. Tag nach Ausbruch eines Atomkrieges im Juli. (Nach Crutzen und Hahn 1985b)

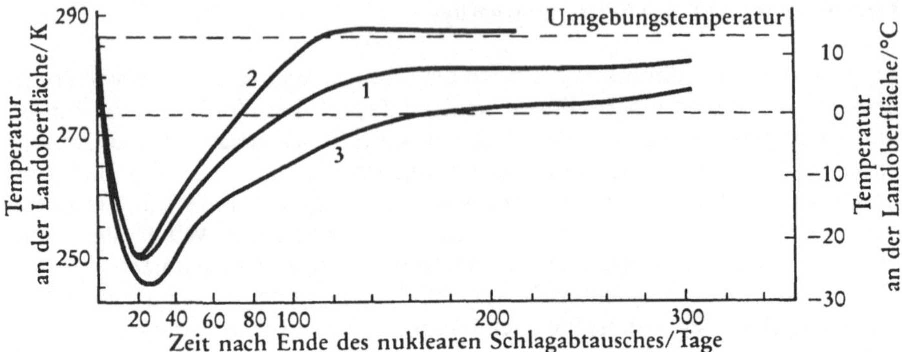

Abb. 4. Zeitlicher Verlauf der durch Staub-, Rauch- und Rußwolken bewirkten Abkühlung am Erdboden. Ergebnisse der Modellrechnungen von Turco et al. (1983) für verschiedene Kriegsszenarien: Kurve *1* für „Baseline"-Schlagabtausch mit insgesamt 5000 Mt TNT; Kurve *2* für den Fall der Zerstörung von 100 Städten mit insgesamt 100 Mt TNT; Kurve *3* für einen maximalen Schlagabtausch mit insgesamt 10000 Mt TNT. (Nach Crutzen und Hahn 1985a)

Wenn im Laufe des Sommerhalbjahres auf der Nordhalbkugel große Mengen von Ruß durch Brände bis in Höhen von einigen Kilometern oder mehr in die Atmosphäre gelangen, könnte es unter der Rauchbedeckung über kontinentalen Gebieten innerhalb von wenigen Tagen bis zu 20–40 K kälter werden. Einige der dichten Rauchwolkenfelder könnten über große Entfernungen wandern und in weiten Gebieten episodische Abkühlungen verursachen.

Anfänglich dürften die Rauchbedeckung und die damit verbundenen Anomalien, was die Temperaturen an der Erdoberfläche und die Tageshelligkeit betrifft, räumlich und zeitlich erheblich variieren. Innerhalb von einigen Wochen dürften sich zwar die Rauchteilchen über weite Gebiete der nördlichen Hemisphäre ausbreiten, die Rauchbedeckung wird dabei aber immer noch nicht gleichmäßig sein.

Bei Auftreten der Rauchbelastung zwischen Frühling und Frühherbst könnten sich die Rauchdecke und die umgebende Luft durch starke Absorption von Sonnenlicht rasch aufheizen, was dann zu einer Aufwärtsbewegung eines beträchtlichen Teils des Rauches in die obere Troposphäre und die Stratosphäre führen würde. Die Aufheizung der Rauchschichten in größerer Höhe und die Abkühlung am Erdboden würden die Atmosphäre (d. h. die Schichtung von Luftmassen in der Vertikalen) stabilisieren und vertikale Luftbewegungen und Niederschläge unterhalb der Rauchschichten stark unterdrücken. Dadurch könnten sich die atmosphärischen Verweilzeiten der Rauchteilchen von Tagen bis Wochen auf Monate und Jahre verlängern.

Die mittleren Frühlings- und Sommertemperaturen auf den Kontinenten der nördlichen Hemisphäre könnten dann für Wochen und länger auf Werte, wie sie für den Spätherbst oder Frühwinter typisch sind, fallen, wobei konvektive Niederschläge praktisch ausgeschlossen wären. In kalten bodennahen Luftschichten könnte es anfangs zu Nebel- und Sprühregenbildung kommen, be-

Tabelle 2. Geschätzte Änderungen der Temperatur (K) als Folge eines Sommerkrieges in der nördlichen Hemisphäre

Region	Phase		Chronisch (1 bis einige Jahre)
	Akut (erste Wochen)	Intermediär (1 – 6 Monate)	
Nördliche Hemisphäre, mittlere Breiten, im Innern der Kontinente	−15 bis −35 unter dichtem Rauch	−5 bis −30	0 bis −10
Nördliche Hemisphäre, Meeresoberfläche (eisfrei)	0 bis −1	−1 bis −3 und lokale Anomalien	0 bis −4 und lokale Anomalien
Nördliche Hemisphäre, Küstengebiete	sehr variabel 0 bis −5 bei Festlandswinden −5 bis −35	sehr variabel −1 bis −5 bei Festlandswinden −5 bis −30	variabel 0 bis −5
Tropen, im Innern der Kontinente	0 bis −15	0 bis −15	0 bis −5
Südliche Hemisphäre, mittlere Breiten, im Innern der Kontinente	anfangs 0 bis +5 dann 0 bis −10 ungleichmäßig	0 bis −15	0 bis −5
Südliche Hemisphäre, Meeresoberfläche (eisfrei)	0	0 bis −2	0 bis −4
Südliche Hemisphäre, mittlere Breiten, Küstengebiete	0	0 bis −15 bei Festlandswinden	bis −5

sonders in Küstenregionen, tiefliegenden Gebieten und in Flußtälern. In weit vom Meer entfernten Landregionen sind Kälteperioden mit sehr tiefen Temperaturen (wie im Mittwinter) möglich.

Bei einem Atomkrieg im Winter wäre das Tageslicht besonders stark reduziert, aber die anfänglichen Störungen der Oberflächentemperatur und der Niederschlagstätigkeit dürften weit weniger stark ausgeprägt sein als im Sommer. Es würden aber immerhin strenge Winterbedingungen auftreten, wie man sie jetzt in den meisten Gegenden nur in manchen Jahren erlebt. Solche Verhältnisse würden zudem gleichzeitig in weiten Gebieten der mittleren Breiten der Nordhemisphäre auftreten, und Kaltlufteinbrüche mit Temperaturen unter dem Gefrierpunkt könnten südwärts bis in Gebiete vordringen, die unter normalen Bedingungen selten oder niemals Fröste erleben.

In den subtropischen Breiten der Nordhemisphäre könnten bei starker Rauchbelastung der oberen Atmosphäre die Temperaturen zu jeder beliebigen Jahreszeit deutlich unter die typischen Winterwerte fallen. In Gebieten, in denen das Klima nicht durch den Einfluß der Ozeane deutlich gemildert wird, können die Temperaturen sogar bis unter den Gefrierpunkt absinken. Die auf Konvektionsprozessen in der Atmosphäre beruhende Monsun-Zirkulation und die Monsun-Regenfälle, die für die subtropischen Ökosysteme und die Land-

Tabelle 3. Geschätzte Änderungen der Temperatur (K) als Folge eines Winterkrieges in der nördlichen Hemisphäre

Region	Phase		Chronisch (1 bis einige Jahre)
	Akut (erste Wochen)	Intermediär (1 – 6 Monate)	
Nördliche Hemisphäre, mittlere Breiten, im Innern der Kontinente	0 bis − 20 unter dichtem Rauch	0 bis − 15	0 bis − 5
Nördliche Hemisphäre, Meeresoberfläche (eisfrei)	0	0 bis − 2	0 bis − 3
Nördliche Hemisphäre, Küstengebiete	sehr variabel 0 bis − 5 bei Festlandswinden 0 bis − 20	sehr variabel 0 bis − 5 bei Festlandswinden 0 bis − 15	0 bis − 3
Tropen im Innern der Kontinente	0 bis − 15	0 bis − 5	0 bis − 3
Südliche Hemisphäre, mittlere Breiten, im Innern der Kontinente	0	0 bis − 10	0 bis − 5
Südliche Hemisphäre, Meeresoberfläche (eisfrei)	0	0 bis − 1	0 bis − 1
Südliche Hemisphäre, mittlere Breiten, Küstengebiete	0	0 bis − 10 bei Festlandswinden	bis − 5

wirtschaft in Asien und Afrika von ausschlaggebender Bedeutung sind, könnten praktisch zum Erliegen kommen.

Wenn im Frühjahr oder Sommer große Mengen schwarzen Rauches in die Atmosphäre der Nordhalbkugel gerieten, dann würde die starke Aufheizung durch die Sonne den Rauch nach oben und in Richtung Äquator und Südhemisphäre treiben und damit die normale Höhenströmung in die Südhemisphäre hinein erheblich verstärken (wo dadurch bewirkte Absinkbewegungen der Luft die Niederschlagstätigkeit reduzieren könnten). Innerhalb von ein bis zwei Wochen könnten anfänglich dünne, ausgedehnte Rauchschichten als Vorläufer einer gleichmäßigeren Rauchbedeckung (die jedoch merklich weniger dicht als in der Nordhemisphäre ausfallen dürfte) in den niedrigen bis mittleren Breiten der Südhemisphäre auftauchen. Landzonen, in denen die Temperaturen nicht von warmen maritimen Luftmassen aus nahegelegenen Meeresgebieten gemäßigt werden, könnten durch den Rauch eine leichte Abkühlung erfahren. Da die mittleren Breiten der Südhemisphäre zu dieser Zeit bereits ihre kalte Jahreszeit hätten, würden die Temperaturen wahrscheinlich nicht mehr als einige Grad weiter absinken. Bei noch stärkeren als in dieser Studie angenommenen Rauchinjektionen könnten allerdings drastischere Klimaeffekte in der Südhemisphäre auftreten, insbesondere während des folgenden Frühlings und Sommers.

Störungen der Atmosphärenzirkulation, die nach einem Atomkrieg über längere Zeitspannen hinweg auftreten dürften, sind bisher erst wenig untersucht worden. Bei den Prozessen, die für die längerfristige Ausscheidung von Rauchteilchen durch Niederschläge, Oxidationsvorgänge und andere physikalische und chemische Faktoren verantwortlich sind, bestehen noch erhebliche Unsicherheiten. Es ist auch noch nicht klar, wie lange die Rauchteilchen bei der gestörten atmosphärischen Zirkulation in der Atmosphäre verweilen können, nachdem sie die Stratosphäre erreicht haben; möglicherweise sind es Jahre. Von großer Bedeutung ist auch die Frage, in welchem Maße die Rauchteilchen, die bei einem Winterkrieg gebildet werden, bis zum nächsten Frühling in der Atmosphäre verbleiben, denn nur im Frühling und Sommer könnten die Rauchteilchen wahrscheinlich in die Stratosphäre aufsteigen.

Die mögliche Stabilisierung von erheblichen Rußmengen in der Stratosphäre könnte weltweit über Jahre hinweg Abkühlungen von mehreren Kelvin (K) hervorrufen, besonders dann, wenn sich auch die Meere merklich abgekühlt haben. Unter solchen Bedingungen kann die Niederschlagstätigkeit allgemein erheblich nachlassen. Die mögliche Abschwächung der Intensität des Sommer-Monsuns in Asien und Afrika ist auch in diesem Fall besonders bedenklich. Absinkende Meerestemperaturen und weitere klimatische Rückkopplungsmechanismen (z. B. dadurch, daß sich bei tiefen Temperaturen größere Eis- und Schneedecken bilden, die das Sonnenlicht reflektieren, wodurch dann die Temperaturen noch weiter absinken) und damit zusammenhängende ökologische Veränderungen, die im nächsten Abschnitt behandelt werden, könnten die Zeitspanne atmosphärischer Zirkulationsstörungen und damit verbundene bedrohliche Witterungs- und Klimaanomalien weiter verlängern.

Auswirkungen der atmosphärischen Effekte auf Ökosysteme und die Weltagrarwirtschaft

Die Bandbreite möglicher Atomkriegsszenarien ist groß. Deshalb bleiben auch die Abschätzungen über das Ausmaß der verursachten klimatischen Veränderungen und deren Konsequenzen mit Unsicherheiten behaftet. Die Abschätzungen werden dadurch noch komplizierter, daß man davon ausgehen muß, daß sich die atmosphärischen Effekte in Erscheinung und Ausmaß zeitlich und örtlich laufend verändern. Außerdem weist die Landfläche der Erde eine Vielzahl von Öko-, Agrar- und Gesellschaftssystemen auf, die in komplizierter Weise miteinander verflochten sind. Aus diesen Gründen schien es wenig sinnvoll, eine Analyse der biologischen Auswirkungen für ein spezifisches Atomkriegsszenario und dessen klimatische Auswirkungen zu unternehmen. Es wurde vielmehr der Versuch unternommen, die Verwundbarkeit der biologischen Systeme gegenüber verschiedenen Arten von möglichen Nuklearkriegsfolgen zu ermitteln.

Natürliche Ökosysteme sind sehr empfindlich gegenüber extremen klimatischen Störungen, wobei der Grad der Verwundbarkeit von der Art des Ökosystems und der Jahreszeit, in der die Klimaeffekte auftreten, abhängt. Bei den

Landökosystemen in der nördlichen Hemisphäre sowie allgemein in den Tropen und Subtropen dürften Temperatureffekte dominieren. Bei ozeanischen Ökosystemen haben Reduzierungen der Sonneneinstrahlung die größte Wirkung. Veränderungen der Niederschlagstätigkeit und -verteilung dürften sich am stärksten in Graslandschaften und in den Ökosystemen der Südhemisphäre auswirken, da hier die Niederschläge wahrscheinlich großräumig im Mittel abnehmen würden.

Agrarsysteme reagieren sehr empfindlich auf klimatische und gesellschaftliche Störungen im regionalen bis globalen Maßstab. Dabei liegen verminderte Ernteerträge, ja sogar Totalverluste der Ernten als Folge der vielen möglichen Streßwirkungen im Bereich des Möglichen. Diese Schlußfolgerungen sind das Resultat verschiedener Ansätze zur Abschätzung der Empfindlichkeit gegenüber klimatischen Störungen, wie der Auswertung von historischen Präzedenzfällen, statistischer Erhebungen, physiologischer und mechanistischer Parallelen, Simulationsmodellen und Expertenmeinungen.

Die Anfälligkeit landwirtschaftlicher Produktivität gegenüber klimatischen Störungen hängt nämlich von einer ganzen Reihe von Faktoren ab, von denen jeder ein Hauptfaktor sein kann. Solche Faktoren sind: zu wenige warme Tage, wie sie für die Reifung der Ernte innerhalb einer Wachstumsperiode benötigt werden; Verkürzung der Wachstumsperiode durch Reduzierung der Länge der frostfreien Jahreszeit infolge allgemeinen Temperaturrückgangs; Verlängerung der für die Reifung der Ernte erforderlichen Zeitspanne infolge allgemeinen Temperaturrückgangs; die Kombination der beiden letzten Faktoren mit dem Resultat, daß die Zeit nicht mehr ausreicht, um die Ernte vor Einsetzen der nächsten Frostperiode reifen zu lassen. Dazu kommen noch Probleme im Zusammenhang mit zu wenigen für die Reifung der Ernte benötigten Tagen mit ausreichendem Sonnenlicht; unzureichende Niederschlagsmengen und das mögliche Auftreten von Temperaturen bis unter den Gefrierpunkt in kritischen Zeiten während der Wachstumsperiode. Abbildung 5 illustriert den summarischen Effekt durch die Wiedergabe von Rechenergebnissen für den kanadischen Getreidegürtel, eine der Kornkammern der Erde.

Neben der möglichen Zerstörung landwirtschaftlicher Produktivität ist die Unterbrechung des internationalen Handels und Austausches von Lebensmitteln ein weiterer Faktor, durch den die Weltbevölkerung in der Zeit nach einem großen Atomkrieg höchst verwundbar ist. Die Verwundbarkeit wird deutlich, wenn man danach fragt, ob die jeweiligen Vorräte hinsichtlich Menge und Haltbarkeit reichen werden, bis eine nennenswerte landwirtschaftliche Produktion wieder aufgenommen werden kann.

Gemessen an den gegenwärtig vorhandenen Nahrungsmittelreserven besteht für einen erheblichen Teil der Weltbevölkerung eine reale Gefahr, nach einem Atomkrieg größeren Ausmaßes zu verhungern. Das Risiko des Hungertodes macht nicht vor den am Krieg unbeteiligten Ländern halt, sondern dürfte von den kriegführenden auf die am Krieg unbeteiligten Nationen übergehen. Dabei sind vor allem jene Länder gefährdet, die bezüglich ihrer Nahrungs- und Energieversorgung in hohem Maße von anderen abhängen, und diejenigen, deren Nahrungsmittelvorräte, gemessen an der Bevölkerungszahl, sehr gering sind.

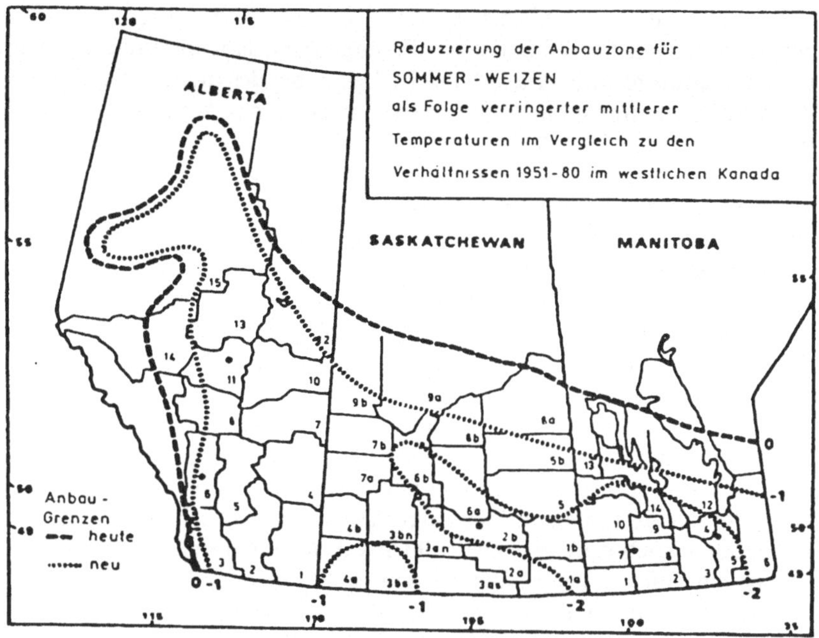

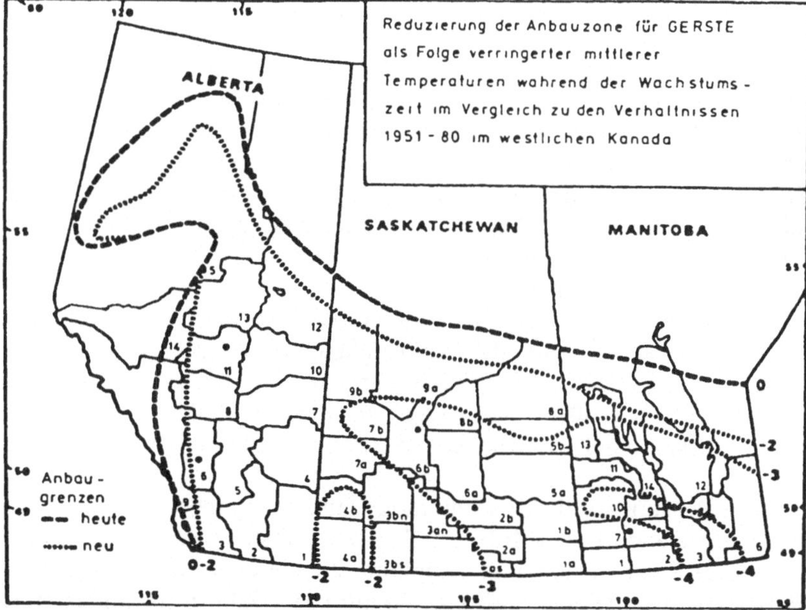

Abb. 5. Reduzierung der Erntegebiete in Kanada als Folge mittlerer Temperaturabnahme während der Wachstumsperiode **a** für Sommerweizen (Reduzierung um 1 K und 2 K) und **b** für Gerste (Reduzierung um 3 K und 4 K); bei den jeweils höheren Werten würde jeweils nur noch ein kleiner Teil der potentiellen Anbaufläche eine Ernte erbringen. (Nach Modellrechnungen von Stewart; zit. in Crutzen und Hahn 1985a)

Die hohe Empfindlichkeit von Agrarsystemen, selbst gegenüber relativ geringen Änderungen der klimatischen Bedingungen, läßt die ungelösten Probleme und die daraus resultierenden Unsicherheiten bei der quantitativen Abschätzung der möglichen atmosphärischen Auswirkungen eines Atomkrieges als relativ unbedeutend erscheinen; denn selbst nach niedrigen Schätzungen würden die atmosphärischen Effekte, d. h. Temperaturabnahmen von nur wenigen Kelvin (K), in vielen Gebieten bereits zu einer weitgehenden Zerstörung der landwirtschaftlichen Produktion und damit zu katastrophalen Hungersnöten führen.

Wenn längerfristige klimatische Störungen auftreten, dürften sie daher mindestens genauso kritisch für das Überleben sein wie die akuten, gleich nach dem nuklearen Schlagabtausch einsetzenden Temperaturveränderungen und Sonnenlichtreduktionen. Deswegen sollte den längerfristigen Problemen mehr Aufmerksamkeit gewidmet werden, als bisher geschehen ist. Ebenso bedürfen die Unsicherheiten bei der Abschätzung der potentiellen Reduktion der Niederschlagstätigkeit einer stärkeren Beachtung. Die Produktivität vieler Agrarsysteme hängt in erster Linie von der Wasserzufuhr ab, so daß eine Verringerung der Niederschlagsmengen den Gesamtertrag erheblich beeinträchtigen kann. Aber auch dort, wo vielleicht lokal oder regional eine anomale Niederschlagserhöhung erzeugt werden würde, könnte der Ertrag u. U. vermindert werden, je nach Intensität und Zeitpunkt der Niederschläge.

Bis vor kurzem war man der Ansicht, daß − verglichen mit den anderen Störungen − der globale Fallout von radioaktivem Staub geringere Auswirkungen auf die Öko-, Agrar- und Gesellschaftssysteme haben dürfte, lediglich der lokale Fallout dagegen sehr wohl zu ernsten Konsequenzen für erhebliche Teile dieser Systeme führen könnte. Die vorhandenen Daten und Erfahrungen reichten noch nicht aus, um diese Konsequenzen in ihrem gesamten Ausmaß genauer abzuschätzen. Nach der Katastrophe von Tschernobyl ist man aber in der Einschätzung der Auswirkungen von Ferndepositionen radioaktiven Staubs vorsichtiger geworden. So weist Turco (1989) darauf hin, daß die in Tschernobyl freigesetzte Menge an Radioaktivität, gemessen an Jod-131 und Caesium-137, einer Kernwaffenexplosion von nur 0,01 kt TNT-Stärke äquivalent war, und trotzdem überraschten

a) die enorme Ausdehnung des vom Fallout einer einzigen Punktquelle betroffenen Gebietes infolge der atmosphärischen Verfrachtung;

b) die örtlich hohen Radioaktivitätswerte durch Niederschläge (nasse Deposition) selbst in großer Entfernung vom Reaktor und

c) die starken gesellschaftlichen Reaktionen und wirtschaftlichen Folgen.

Man denke nur an die Kontamination und anschließende Vernichtung vieler Feldfrüchte und Milch (Molke) in Süd- und Westdeutschland sowie die Verseuchung der Renntierherden in Lappland, die die Lebensgrundlage eines ganzen Volkes arg in Mitleidenschaft zog. So müsse im Falle eines nuklearen Konflikts mit seinem viel stärkeren Fallout mit ebenfalls stärkeren Kontaminationen und entsprechenden gesellschaftlichen Implikationen selbst in kriegsfernen Ländern gerechnet werden. Etwaige Langzeitwirkungen schwacher radioaktiver Strahlungen sind dabei noch nicht einmal berücksichtigt worden.

In der Folge eines größeren Atomkrieges wäre also die menschliche Bevölkerung über all das Gesagte hinaus sicherlich auch sehr anfällig für gesellschaftliche Störungen. Das gilt sowohl für die kriegführenden wie für die am Krieg unbeteiligten Länder. Nach der Zerstörung der sozialen, geopolitischen und weltweiten ökonomischen Infrastrukturen kann es unter den zunächst Überlebenden zu ernsthaften sozialen Unruhen und Verteilungskämpfen hinsichtlich der nur noch geringen Menge vorhandener Lebensmittel und anderer begrenzt verfügbarer Ressourcen kommen. Denn es muß schließlich bedacht werden, daß alle geschilderten Effekte ziemlich gleichzeitig wirksam werden und die Auswirkungen der rein atmosphärischen, klimatischen Effekte verstärken werden, und das Zusammenwirken wird vielfach keine einfache Addition, sondern vielmehr eine Potenzierung der Auswirkungen hervorrufen. Über dieses Problem, den Synergismus, ist wegen seiner Komplexität bisher wissenschaftlich erst wenig gearbeitet worden. Einige erste, interessante und wichtige Ergebnisse sollen aber abschließend noch kurz behandelt werden.

Synergetische Effekte auf Öko- und Gesellschaftssysteme

Überlegungen zu den Folgen des Zusammenwirkens von Nuklearem Winter und den übrigen Kernwaffeneffekten auf die Biosphäre sind inzwischen für Großbritannien (Myers 1989), Australien (Pittock 1989) und Neuseeland (Green 1989) veröffentlicht worden. Myers kam zu dem Schluß, daß auf den Britischen Inseln durch einen nuklearen Klimaschock das gesamte Ökosystem großräumig zusammenbrechen würde und als Folge davon auch die gesamte Lebensmittelproduktion. Die Lebensmittelversorgung ginge auf Null zurück, und zwar für mindestens zwei Jahre, in einigen Regionen sogar für mehrere weitere Jahre, so daß die eventuell Überlebenden auf den Zustand einer Jäger/Sammler-Gesellschaft zurückgeworfen wären. Der Zusammenbruch des Ökosystems beträfe natürlich auch die Futtermittelproduktion, so daß bei gleichzeitig fehlender Heizung, Lüftung und Wasserversorgung sowie radioaktiver und chemischer Verseuchung verbliebener Futtermittel auch Fleischproduktion und -versorgung gegen Null gingen. In Großbritannien, am Rande des eurasischen Kontinents, also nahe der Wärmequelle des Ozeans gelegen, würde sich nämlich der Kältesturz des Nuklearen Winters zwar mehr in Form ständiger gewaltiger Temperaturschwankungen — je nach Windrichtung — auswirken als durch starken Dauerfrost, wie innerhalb der Kontinente, aber diese Temperaturschwankungen wären für die Vegetation ebenso verheerend wie die Dauerkälte. Das sei am Beispiel des kälteverträglichen Winterweizens erläutert. Normalerweise macht diese Art Pflanzen während der allmählichen herbstlichen Abkühlungsperioden durch sukzessive Anpassung einen Abhärtungsprozeß durch. Winterweizen benötigt hierfür ca. 6 Wochen, dann ist er in der Lage, Wintertemperaturen von $-20\,°C$, bei schützender Schneedecke sogar bis $-50\,°C$ auszuhalten. Ein plötzlicher Temperatursturz von $10\,K$ im September oder Oktober sowie ein kurzer, aber plötzlicher Frost während der Hauptwachstumsphase im Frühling oder Frühsommer würde jedoch die Pflanze zerstören. Ebenso würden Ende April Temperaturwerte unter 10 °C die Bildung der Fruchtstände verhindern, ein Frost von −5 °C gar die Pflanze abtöten.

Darüber hinaus muß beachtet werden, daß durch Kernwaffenexplosionen große Mengen von Stickoxiden (NO_x) erzeugt und in die Stratosphäre injiziert werden, wo sie zerstörerisch in die Ozonchemie eingreifen und zumindest teilweise die Ozonschicht abbauen. Fehlendes Sonnenlicht während des Vorherrschens der Rußtrübung der Atmosphäre und die durch den Ozonabbau bedingte Zunahme von gefährlicher solarer Ultraviolettstrahlung (UV-B) am Erdboden bedeuteten zusätzliche Belastungen der Vegetation, besonders eine Schwächung oder gar Zerstörung ihrer Abwehrsysteme, so daß die Anfälligkeit für Pflanzenkrankheiten enorm stiege. Überleben würden ebenfalls wenige „opportunistische", d. h. äußerst anpassungsfähige Pflanzenarten, aber dazu dann eventuell auch einige „Generalisten" unter den Schadinsekten. Da die UV-B-Zunahme auch schädigend in das Ökosystem des Meeres eingriffe, nämlich durch Zerstörung des Phytoplanktons, der Basis der marinen Nahrungskette, könne − falls Fischen überhaupt möglich bliebe − hier jedenfalls keine Erleichterung der Lebensmittelsituation erwartet werden. Da mit Nahrungsmittelimporten von außen schon gar nicht zu rechnen sei, wäre auf den Britischen Inseln das Verhungern etwaiger Überlebender das Wahrscheinlichste.

Die Überlegungen der Australier führen für ihren Kontinent zu nicht ganz so schrecklichen, aber dennoch katastrophalen Resultaten. Allerdings hat man dabei angenommen, daß ihr Kontinent von direktem Nuklearwaffeneinsatz verschont bliebe und nur indirekte Folgen zu tragen habe. So zeigt Pittock, daß die nordhemisphärische Rußproduktion eines Nuklearkonflikts eine Strahlungsverminderung um etwa 20% für ein Jahr oder länger bedeutete. Die erfolgende durchschnittliche Erniedrigung der Bodentemperatur um 5 K und die damit verbundene Niederschlagsreduzierung um 50% ergäben eine Verminderung der Ernteerträge um 30%. Angesichts der Tatsache, daß Australien im wesentlichen Agrar-Exportland ist, scheint die 30%-Reduzierung der Produktion die Ernährung der australischen Bevölkerung zunächst nicht zu gefährden. Hier handelt es sich aber um eine Minimalabschätzung, denn synergetische Effekte − zusätzliche UV-B-Belastung, Reduzierung der Tageslänge und des Umfangs der Photosynthese, Auswirkungen von induzierten Pflanzen- und Tierkrankheiten etc. − wurden noch nicht berücksichtigt und bleiben weiteren Untersuchungen vorbehalten. Insbesondere und im Falle eines nordhemisphärischen Atomkriegs wird in Australien mit einem großen Flüchtlingsstrom gerechnet, in dessen Gefolge die Aufrechterhaltung der üblichen Quarantänemaßnahmen nicht mehr gewährleistet sein dürfte, so daß das Einschleppen diverser Tier- und Pflanzenkrankheiten zu erwarten wäre. Die ausreichende Versorgung der australischen Bevölkerung einschließlich der Flüchtlingsströme könnte also durch die erwähnten, zur Zeit noch nicht qualifizierten Effekte schließlich doch gefährdet sein − ganz zu schweigen von den wirtschaftlichen Auswirkungen fehlender Importe und wegfallenden Außenhandels und von den sozialen und psychologischen Folgen resultierender Massenarbeitslosigkeit bei gleichzeitigem Einwandererdruck.

Entsprechend weiter geht dagegen die Untersuchung für Neuseeland (Green 1989). Das neuseeländische Szenario nahm beispielsweise u. a. an, daß ein Atomschlag wahrscheinlich auch gegen US-amerikanische und britische militärische Einrichtungen in Australien, etwa gegen die Marinebasis Cockburn Sound (West-Australien) und die Royal Air Force Base bei Canberra, geführt werden würde. Neuseeland selbst dürfte kein Atombombenziel darstellen. Trotzdem führen alle Überlegungen und Modellrechnungen auch für dieses, allen möglichen Kriegsschauplätzen fernen Landes zu ziemlich katastrophalen Auswirkungen. Als stark handels- und exportabhängiges, erdölarmes Land dürfte zunächst das Abschneiden der äußeren Transportwege zu schweren wirtschaftlichen Störungen führen. Der klimatische Schock durch den Nuklearen Winter auf der Nordhalbkugel dürfte zwar nur wenige Grad (ca. 3 K) betragen, Verkürzung der Vegetationsperiode, Verringerung der Einstrahlung – wie in Australien – bei gleichzeitiger Zunahme des UV-B durch Ozonschichtabbau und Veränderungen in den Niederschlagsverhältnissen dürften aber trotzdem die Nahrungsmittelproduktion beeinträchtigen. Zusammenbrechen der Transportinfrastruktur durch Treibstoffmangel, das Einbrechen von Flüchtlingsströmen einschließlich des Einschleppens von Pflanzen- und Tierkrankheiten dürften die Probleme erheblich verstärken. Eingeschleppte epidemische Krankheiten wie Pest, Typhus, Cholera, Lepra – gegenwärtig dort unbekannt – dürften zusätzliche Auswirkungen bringen, besonders da infolge Fehlens jeglicher Pharmaindustrie eine hundertprozentige Abhängigkeit von Medikamentenimporten aus Übersee besteht. Die medizinische Versorgung insgesamt dürfte daher in kurzer Zeit weitgehend zusammenbrechen.

Wir sehen also als Ergebnis aller drei Detailstudien, daß nicht nur in atomkriegsbetroffenen Ländern, sondern auch in nicht kriegführenden fernen Regionen, die durch den Nuklearen Winter hervorgerufenen Klimawirkungen durch zahlreiche Nebeneffekte derart verstärkt werden könnten, daß selbst dort, wo der erwartete Klimaschock zunächst relativ harmlos erscheint, wie in Neuseeland, im Endeffekt katastrophale Folgen erwartet werden müssen. Die Vernetzung von Atmosphäre und menschlichem Tun und Sein wird hieran besonders deutlich.

Wie zerstörend die Wirkung der Atombomben auf Hiroshima und Nagasaki auch war, so kann sie doch nur einen sehr begrenzten Eindruck von der Welt nach einem globalen Atomkrieg geben. Beide Städte sind wieder aufgebaut und heute prosperierende Gemeinwesen, denen man die Wunden ihrer Vergangenheit nicht mehr ansieht. Der relativ rasche Wiederaufbau war dadurch möglich, daß von der intakt gebliebenen Außenwelt intensive Unterstützung geleistet wurde. Nach einem großen Atomkrieg würde es aber keine solche unzerstörte bzw. ungestörte Außenwelt mehr geben. Die SCOPE-Studie zeigt deutlich, wie sehr die landwirtschaftlichen, gesellschaftlichen und ökonomischen Infrastrukturen in der Folgezeit eines globalen Atomkrieges gefährdet sind. Diese Demonstration globaler Abhängigkeit aller Menschen voneinander verlangt neue weltweite Initiativen zur Verhinderung eines Atomkrieges, nicht nur heute, sondern für alle Zukunft.

Selbstverständlich muß auch unter allen Umständen weltweit verhindert werden, daß – z. B. allein schon im Verlauf nichtnuklearer Kriegshandlungen – durch Supergroßbrände etwa so große Rußmengen in die Atmosphäre eingebracht werden, wie sie den Szenarien des „Nuklearen Winters" zugrunde gelegt worden waren. Katastrophale Folgen für Teilgebiete der Erde könnten vielleicht auch schon durch erhebliche Teilmengen an Ruß eintreten, doch stehen entsprechend verläßliche Risikoeinschätzungen aufgrund spezifischer Szenarien z. Z. noch aus.

Literatur

Ambio (1982) Nuclear war: The aftermath. Ambio 11, 2/3:75–176

Ambio (1989) Nuclear war and the environment. Ambio 18, 7:357–413

Anders G (1959) Atomarer Mord – kein Selbstmord. In: Anders G (1983) Die atomare Drohung. Becksche Schwarze Reihe, Band 238. Beck, München, S 55–66

Crutzen PJ, Birks J (1982) The atmosphere after a nuclear war: twilight at noon. Ambio 11:114–125

Crutzen PJ, Hahn J (1985a) Atmosphärische Auswirkungen eines Atomkrieges. Phys unserer Zeit 16:3–15

Crutzen PJ, Hahn J (1985b) Schwarzer Himmel. Fischer, Frankfurt/M

Galbally IE, Crutzen PJ, Rodhe H (1983) Some changes in the atmosphere over Australia that may occur due to a nuclear war. In: Denborough MA (ed) Australia and nuclear war. Croom Helm Canberra, Australien, pp 161–185

Green W (1989) Nuclear war impacts on noncombatant societies. An important research task. Ambio 18, 7402–406

Meyers N (1989) Nuclear Winter: Potential Biospheric Impacts in Britain. Ambio 18, 8:449–453

National Academy of Sciences (1975) Long-term worldwide effects of multiple nuclear-weapon detonations. Washington DC, 213 p

Pittock AB (1989) Environmental impacts on Australia of nuclear war. Ambio 18, 7:395–401

SCOPE 28 (1985) Environmental consequences of nuclear war. Pittock BA, Ackerman T, Crutzen PJ, MacCracken MC, Shapiro C, Turco RP (eds) I. Physical and atmospheric effects. Harwell MA, Hutchinson TC (eds) Vol II Ecological and agricultural effects. Wiley, Chichester

Thompson SL (1985) Global interactive transport simulations of nuclear war smoke. Nature (London) 317:35–39

Turco R (1989) Synthesis of global fallout hazards in nuclear war. Ambio 18, 7:391–394

Turco RP, Toon OB, Ackerman T, Pollack JB, Sagan C (1983) Nuclear winter: global consequences of multiple nuclear explosions. Science 222:1283

Vulkanismus und Klima

Karin Labitzke

Vulkanische Injektionen in die Stratosphäre

Wenn bei starken Vulkanausbrüchen die in die Atmosphäre geschleuderte Materie und die Gase bis in die Stratosphäre gelangen, erhöhen sie die natürliche „Aerosolschicht" in der Stratosphäre, in Höhen zwischen 20 und 25 km. Diese Schicht besteht aus Tröpfchen wäßriger Schwefelsäure und kurz nach den Vulkanausbrüchen auch aus feinen Schwebteilchen, Asche und kleinen Silikatteilchen. Bei den starken Vulkanausbrüchen gelangen auch große Mengen schwefelhaltiger Gase in die Stratosphäre, die im Laufe der Zeit in Tröpfchen wäßriger Schwefelsäure umgewandelt werden und das schon vorhandene Aerosol besonders effektiv verstärken. Während die größeren Teilchen, wie Asche und Silikate, verhältnismäßig rasch wieder aus der Stratosphäre ausfallen, bleiben die kleinen Schwefelsäuretröpfchen für lange Zeit, d. h. für mehrere Jahre, in der Stratosphäre. Je nach Lage des Vulkans und nach Jahreszeit werden sie von den herrschenden Windsystemen verfrachtet, bleiben oft als zusammenhängende Schleier noch einige Zeit zusammen und sammeln sich im allgemeinen später über beiden Polargebieten an.

Die ersten sichtbaren Auswirkungen vulkanischer Staub- und Aerosolwolken in der Stratosphäre sind die besonders farbigen, roten Dämmerungserscheinungen, die man nach den großen Vulkaneruptionen am wolkenarmen Himmel beobachtet. Sie entstehen dadurch, daß das Aerosol blaues Licht stärker streut als rotes. Den Zusammenhang zwischen Vulkaneruptionen und farbigen Dämmerungserscheinungen hatte man schon 1883 erkannt. Nach der verheerenden Eruption der Insel Krakatau in der Sunda-Straße im August 1883 wurden überall farbige Dämmerungserscheinungen beobachtet, zunächst in den Tropen, dann in mittleren Breiten und im November in Europa (Kießling 1885, 1888).

Die 1883 beobachtete Bewegung der Aerosolwolke in den Tropen nach Westen, in Höhen zwischen 20 und 30 km, paßte zu den damaligen theoretischen Vorstellungen, die in der Stratosphäre Ostwinde erwarteten. Damit gingen die „Krakatau-Ostwinde" in die Literatur ein, und erst seit 1962 wissen wir, daß wir es in der Stratosphäre in den Tropen mit einem Windregime zu tun haben, das von Jahr zu Jahr wechselt: wenn der Krakatau ein Jahr früher oder später ausgebrochen wäre, hätte man es mit „Krakatau-Westwinden" zu tun gehabt, deren Existenz theoretisch allerdings bis heute sehr schwer zu erklären ist.

Ganz ähnliche Verlagerungen der Aerosolwolken wurden nach den neueren, sehr starken Eruptionen des Mount Agung/Bali im März 1963 und des El Chi-

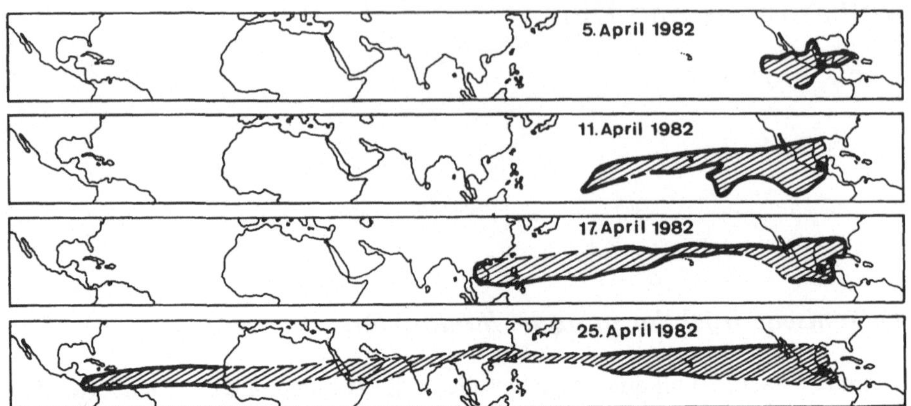

Abb. 1. Ausbreitung der Aerosolwolke des El Chichon von Mexiko aus nach Westen, in einer Höhe von ca. 24 km; die sich vergrößernde Wolke brauchte 3 Wochen für eine Umrundung der Erde in den Tropen. (Nach Matson und Robock 1984)

chon/Mexiko im April 1982 festgestellt (Matson und Robock 1984). Die Aerosolwolke umkreiste nach der Eruption des El Chichon die Erde in einer Höhe von ca. 24 km innerhalb von 3 Wochen mit Kurs nach Westen und wurde dabei immer größer (Abb. 1). Im Sommer blieb diese Wolke im wesentlichen in den Tropen, zwischen etwa 30°N und 20°S, aber im Herbst der Nordhemisphäre bzw. im Frühjahr der Südhemisphäre gelangten große Mengen des Aerosols in beide Polargebiete. Kleinere Aerosolwolken waren gleich nach der Eruption in etwas niedrigeren Höhen in das Nordpolargebiet gezogen.

Methoden zur Aerosolmessung

Mit modernen Meßmethoden kann man die Veränderung des stratosphärischen Aerosols verfolgen, z. B. mit einem LIDAR-Gerät vom Boden aus. LIDAR ist die Abkürzung für „Light Detecting and Ranging" – „Erkennen und Entfernungsmessung mittels Licht" – ein dem Radar analoges Verfahren mit Laser- statt mit Radiowellenimpulsen. Gemessen wird hierbei die Zeit zwischen dem Aussenden des Impulses und dem Eintreffen einer Lichtreflexion.

Abbildung 2 zeigt die Messung eines LIDAR im Langley-Research-Center in Hampton, Virginia. Dargestellt ist die Rückstreuung aus der Atmosphäre am 1. Juli 1982 in Abhängigkeit von der Höhe. Man erkennt deutlich ein großes Maximum in einer Höhe von ca. 25 km, und aus zusätzlichen Beobachtungen weiß man, daß es sich hier um die Aerosolwolke des El Chichon handelt. Ganz links, gestrichelt, ist eine Messung des Aerosols nach dem Ausbruch des Mount St. Helens eingezeichnet. In Virginia war der Aerosolgehalt danach deutlich um eine Größenordnung geringer.

Während ein am Boden stationiertes LIDAR zwar ein gutes Höhenprofil messen kann, das aber doch nur für einen Ort gilt, kann man mit Satellitenexperimenten die Trübung der Atmosphäre fast global messen.

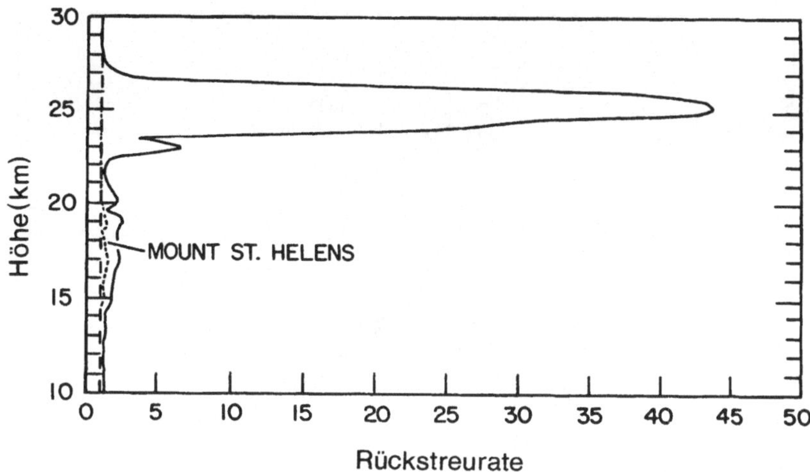

Abb. 2. Rückstreurate einer Aerosolschicht in ca. 25 km Höhe am 1. Juli 1982 über Virginia/USA. Diese durch die Aerosolwolke des El Chichon verursachte starke Rückstreuung wird mit einer Messung von der Wolke des Mount St. Helens (*gestrichelt*) verglichen. (Die Abbildung wurde von Dr. McCormick, NASA Langley Research Center, zur Verfügung gestellt)

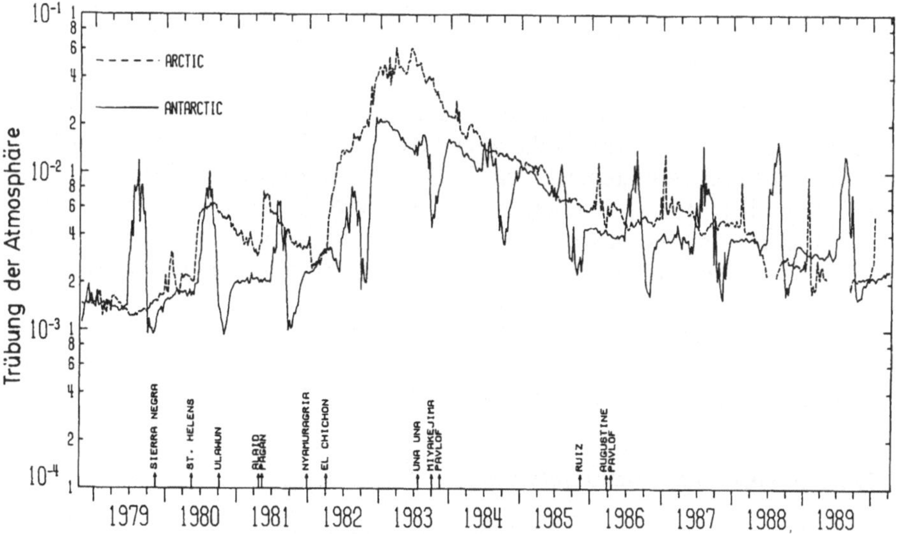

Abb. 3. Trübung der Atmosphäre oberhalb der Tropopause über der Arktis (*gestrichelte Linie*) und über der Antarktis (*ausgezogene Linie*); die Daten der wesentlichen Vulkaneruptionen sind eingezeichnet. (Nach McCormick und Trepte 1987; ergänzt 1990)

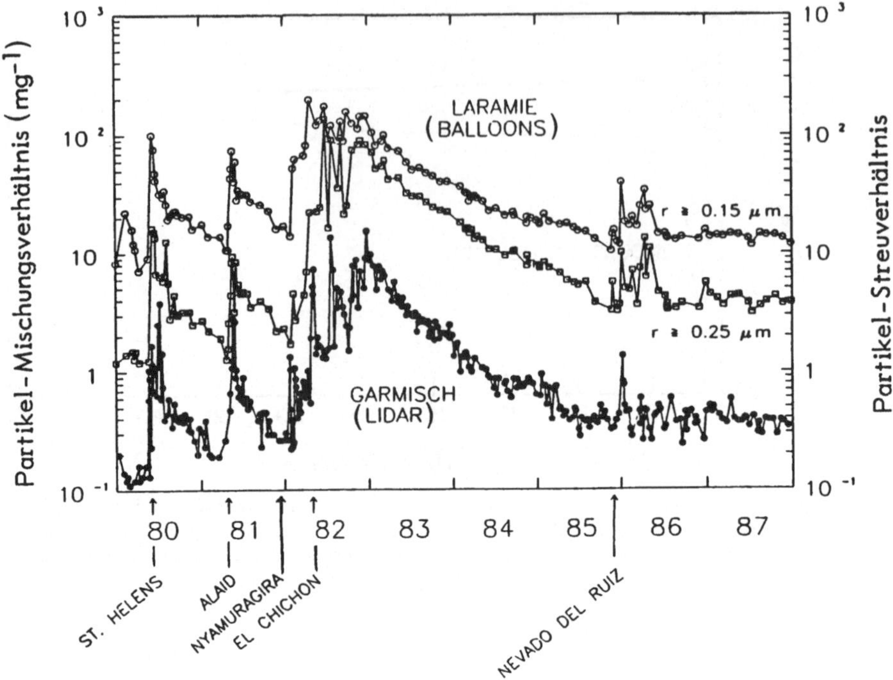

Abb. 4. LIDAR-Messungen des stratosphärischen Partikelrückstreuverhältnisses und aus Ballonmessungen gewonnene stratosphärische Partikelmischungsverhältnisse in Abhängigkeit von der Zeit; die in diesem Zeitraum aufgetretenen Vulkaneruptionen sind angegeben; r Partikelradius. (Nach Jäger und Hofmann 1989)

Abbildung 3 zeigt die Ansammlung des stratosphärischen Aerosols über den Polargebieten, wohin es durch die allgemeine Zirkulation in der Stratosphäre innerhalb weniger Monate nach den Eruptionen transportiert wird. Dort hatte die Trübung der Atmosphäre seit 1979, d. h. seit dem Beginn des Experiments SAM II (Stratospheric Aerosol Measurement), besonders nach der Eruption des El Chichon sehr stark zugenommen, und der Abfall fand nur sehr langsam statt.

Abbildung 4 zeigt den Verlauf und die Schwankungen des Aerosolgehalts von 1980 bis 1987 an zwei Stationen in mittleren Breiten, Garmisch/Bundesrepublik Deutschland und Laramie, Wyoming/USA.

Klimarelevanz des stratosphärischen Aerosols

Für das Klima ist das stratosphärische Aerosol deshalb so wichtig, weil es den Strahlungshaushalt beeinflußt. So soll eine starke Zunahme des Aerosols zu einer Abkühlung in der Troposphäre und zu einer Erwärmung in der Stratosphäre führen. Eine Übersicht über die „klimarelevanten" Vulkanausbrüche seit der Eruption des Tambora ist in Tabelle 1 gegeben.

Tabelle 1. Chronologische Liste starker Vulkanausbrüche seit der Eruption des Tambora (1815 – 1990)

Vulkan	Koordinate	Höhe	Jahr (Monat)	VEI[a]
Tambora	8.3S 118.0E	2851 m	1815 (4)	7
Galunggung	7.3S 108.1E	2168 m	1822 (10)	5?
Cosiguina	13.0N 87.6W	859 m	1835 (6)	5
Sheveluch	56.8N161.6E	3395 m	1854 (2)	5
Askja	65.0N 16.8W	1510 m	1875 (3)	5
Krakatau	6.1S 105.4E	300 m	1883 (8)	6
Santa Maria	14.8N 91.6W	2700 m	1902 (10)	6
Ksudach	51.8N157.5W	1079 m	1907 (3)	5
Katmai	58.3N155.2W	2285 m	1912 (6)	6
Bezymianny	56.1N160.7E	2800 m	1956 (3)	5
Agung	8.3S 115.5E	3142 m	1963 (3)	4
Sheveluch	56.8N161.8E	3395 m	1964 (11)	4
Taal	14.0N121.0E	300 m	1965 (9)	4
Kelut	7.9S 112.3E	1731 m	1966 (4)	4
Lengai	2.8S 35.9E	2880 m	1966 (8)	4
Awu	3.7N125.5E	1320 m	1966 (8)	4
Fernandina	0.4S 91.6E	1495 m	1968 (6)	4
Tiatia	44.4N146.3E	1822 m	1973 (7)	4
Fuego	14.5N 90.9W	3763 m	1974 (10)	4
Tolbachik	55.9N160.5E	3085 m	1975 (7)	4
Augustine	59.4N153.4W	1227 m	1976 (1)	4
Bezymianny	56.1N160.7E	2800 m	1979 (2)	4
St. Helens	46.2N122.2W	1920 m	1980 (5)	5
Alaid	50.8N155.5E	2339 m	1981 (4)	4
Pagan	18.1N145.8E	570 m	1981 (5)	?
Nyamaragira	1.3S 29.1E	3056 m	1981 (12)	4?
El Chichon	17.3N 93.2W	1350 m	1982 (3, 4)	5
Una Una	0.2S 121.6E	508 m	1983 (7)	4
Nevado del Ruiz	4.5N 75.2W	5400 m	1985 (11)	?

„Explosive Volcanic Eruptions Index" (nach Simkin et al.); ab 1963 sind VEI-Werte ab 4 aufgeführt; weitere Parameter, die die Aktivität der Vulkane beschreiben, sind in Abb. 9 dargestellt.

Temperaturänderungen in der Stratosphäre durch Aerosolanstieg

Die Erwärmung der Stratosphäre nach den Ausbrüchen des Mount Agung (März 1963) und des El Chichon (März-April 1982) wurde mit Radiosondendaten aus den Tropen für die untere Stratosphäre festgestellt (Labitzke et al. 1983). Die Abb. 5 zeigt für den Monat Juli Monatsmitteltemperaturen aus dem 30-hPa-Niveau, d. h. aus einer Höhe von ca. 24 km, und zwar für die Tropen und Subtropen in 10, 20 und 30°N. Die signifikanten Anstiege der Temperatur in 10° Breite im Juli 1963 und im Juli 1982 (mehr als dreifache Standardabweichung) hängen direkt mit dem angestiegenen Aerosol zusammen. Damit wurden die theoretisch geforderten Temperaturänderungen nach starken Vulkanausbrüchen erstmalig direkt nachgewiesen.

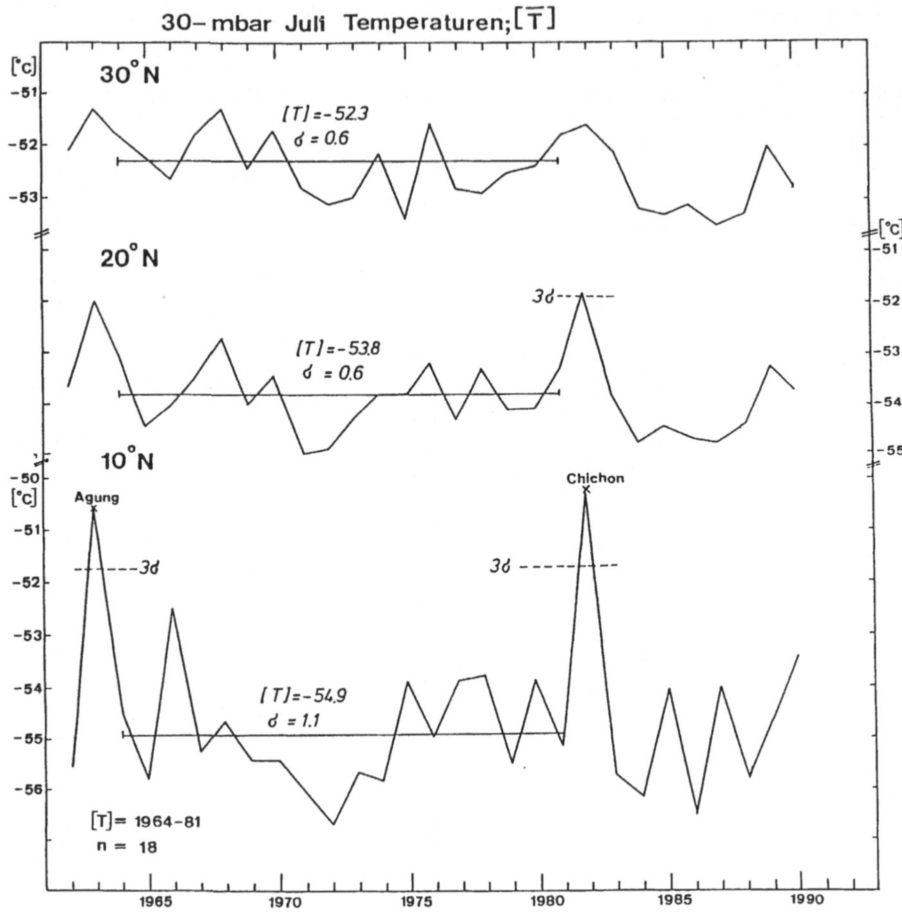

Abb. 5. Juli-Mittel der 30-hPa-Temperaturen (ca. 24 km Höhe) für die Breitenkreise 10, 20 und 30 °N. Der Anstieg der Temperatur im Juli 1963 und im Juli 1982 ist besonders in 10 °N signifikant und liegt jedesmal mehr als 3 Standardabweichungen (σ) über dem 18jährigen Mittel der Periode 1964−1981. (Mod. nach Labitzke und Naujokat 1983)

Nach neueren Untersuchungen (van Loon und Labitzke 1987; Labitzke und van Loon 1989) scheint das stratosphärische Aerosol auch eine abkühlende Wirkung auf das stratosphärische Polargebiet im Winter, in der Polarnacht, zu haben. Durch die Abkühlung des Polargebiets im Winter wird der stratosphärische Polarwirbel verstärkt. Dies kann an vielen Daten nachgewiesen werden, z. B. durch einen Vergleich des Höhenfeldes (50 hPa, ca. 20 km Höhe) im Winter 1982/83 mit einem langjährigen Mittel (Abb. 6). Die negativen Anomalien über dem Polargebiet deuten auf einen verstärkten, vertieften Polarwirbel hin, und solche verstärkten Polarwirbel führen auf der Nordhemisphäre zu verspäteten Frühjahrserwärmungen, sowohl in der Stratosphäre als auch z. T. in der Troposphäre.

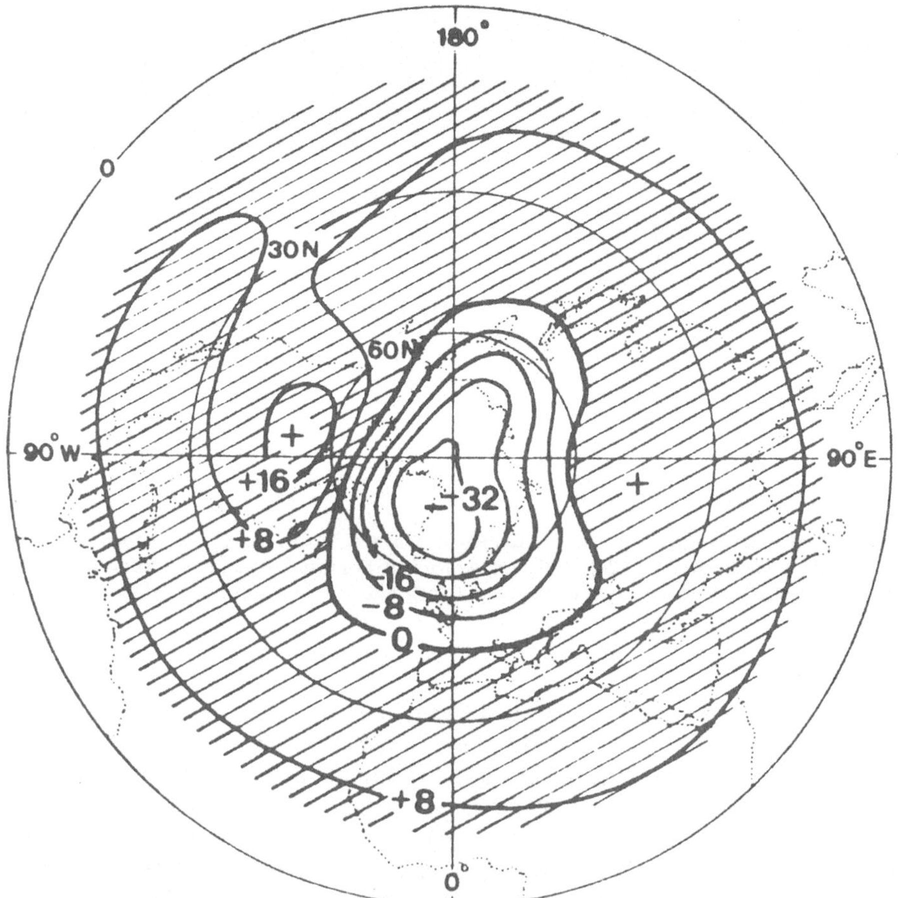

Abb. 6. Abweichung der Höhe (Dekameter) des 50-hPa-Niveaus (ca. 20 km Höhe) im Winter 1982/83 von einem 15jährigen Mittel; die negativen Anomalien weisen auf einen verstärkten Polarwirbel hin. (van Loon und Labitzke 1987)

Es konnte auch gezeigt werden, daß der sonst sehr deutliche Einfluß des sogenannten „El-Niño-Phänomens" (eine troposphärische Anomalie des Wetters im Pazifik) auf die Stratosphäre im Winter 1982/83 unterdrückt wurde. Der Effekt des Aerosols bewirkte die Verstärkung des Polarwirbels und verhinderte dadurch eine große Stratosphärenerwärmung. Wie weit dies einen Einfluß auf die Troposphäre hatte, ist noch Gegenstand der Forschung.

In der heutigen Klimaforschung wird der Untersuchung aller Daten hinsichtlich eventueller „Trends" große Aufmerksamkeit geschenkt. Dabei erwartet man in der Stratosphäre eine Abkühlung aufgrund des durch den Anstieg anthropogener atmosphärischer Spurengase verstärkten Glashauseffekts (s. Beiträge von Fabian und von Georgii), während das vulkanische Aerosol außerhalb der Polarnacht zu einer Erwärmung führt (vgl. z. B. Abb. 5).

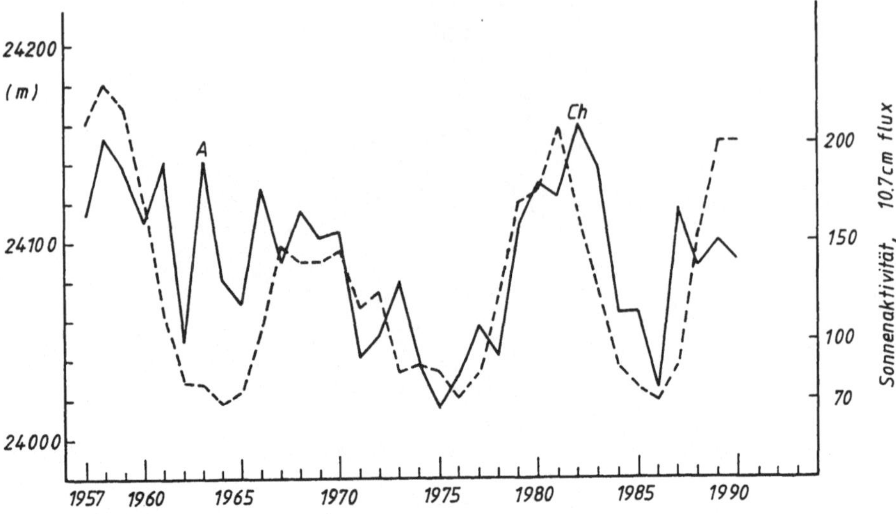

Abb. 7. Zeitlicher Verlauf der Höhe des 30-hPa-Niveaus (ca. 24 km Höhe) im Sommer über den Subtropen; *A* Mount Agung; *Ch* El Chichon; *gestrichelt:* Sonnenaktivität, ausgedrückt durch die Intensität der solaren 10,7-cm Radiostrahlung. (Nach Labitzke und van Loon 1990)

Eine Analyse der Berliner Stratosphärendaten ab 1957 für den Subtropengürtel von 20 bis 30 °N für den Sommer (Abb. 7) zeigt den Einfluß der großen Vulkaneruptionen, aber auch den des 11jährigen Sonnenfleckenzyklus, auf den Labitzke und van Loon (1988, 1990) in neuen Arbeiten vielfach hingewiesen haben. Die Korrelation zwischen beiden Kurven ist in diesem Fall 0,6 und weist damit eine Signifikanz von 99% auf. Beide „externe" Einflußfaktoren müssen bei jeder Beurteilung von „Trends" berücksichtigt werden.

Ozonänderungen durch Aerosolanstieg

Der Anstieg des stratosphärischen Aerosols nach Vulkanausbrüchen führt auch zu einem Abbau des Ozons. Darauf wurde zuerst von Pittock (1965) nach der Eruption des Mount Agung hingewiesen.

Inzwischen hat die Erforschung des antarktischen „Ozonlochs" die Kenntnisse über die heterogenen chemischen Prozesse, die sich an Eiswolken abspielen, vorangetrieben (vgl. Beitrag von Fabian). In den Polargebieten handelt es sich in der Polarnacht um die sogenannten „Polar Stratospheric Clouds" (PSC), d. h. um sehr kalte Eiswolken (unter −80 °C), an denen die Ozonzerstörung stattfindet. In einer neuen Arbeit weisen Hofmann und Solomon (1989) darauf hin, daß ähnliche heterogene Prozesse auch an Aerosolpartikeln außerhalb der Polarregion stattfinden können, und sie erklären damit die nach der Eruption des El Chichon beobachtete Abnahme des Ozons. Dabei muß allerdings ein entsprechender Anstieg des Chlors vorausgesetzt werden. Der gleich-

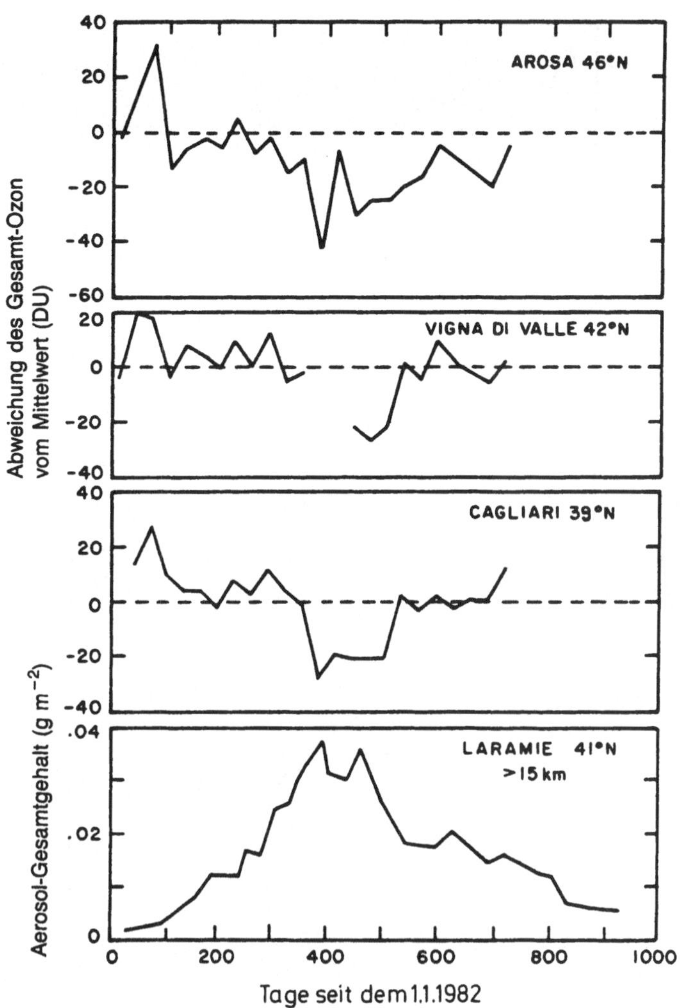

Abb. 8. Zeitlicher Verlauf der Abweichungen des Gesamt-Ozons (Dobson-Einheiten) vom Mittel für einige Stationen in mittleren Breiten in Europa; unterste Kurve: Verlauf des Aerosolgesamtgehalts über Laramie, Wyoming. (Nach Bais et al. 1985)

zeitige Anstieg des Aerosols und die Ozonabnahme über verschiedenen Stationen in mittleren Breiten wird in Abb. 8 gezeigt. Obwohl noch nicht alle Fragen geklärt sind, soll doch noch angemerkt werden, daß bei den Vulkaneruptionen zusammen mit den Schwefelgasen auch Wasserdampf und Chlor in die Stratosphäre gelangen (Burnett und Burnett 1984).

Auch Satellitenmessungen des Ozons, z. B. des SBUV (Solar Backscattered Ultra Violet) auf dem Nimbus-7-Satelliten, zeigen eine deutliche Abnahme des Ozons nach dem Ausbruch des El Chichon (Abb. 9).

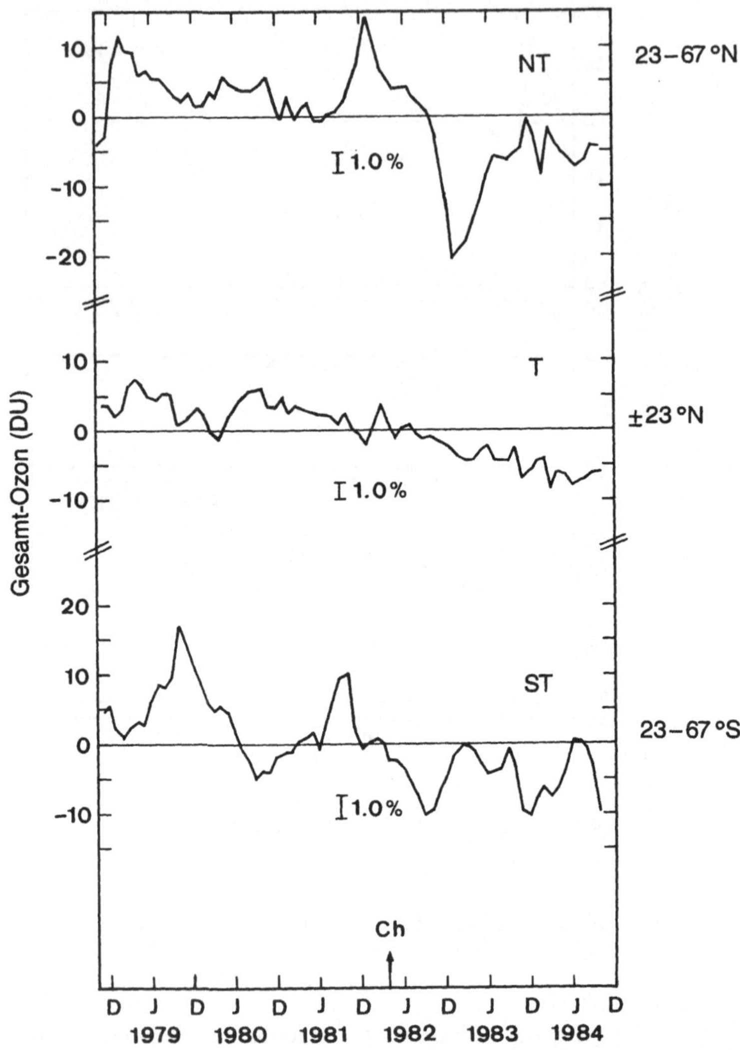

Abb. 9. Änderung des Gesamt-Ozons (Dobson-Einheiten) im Zeitraum von 6 Jahren in verschiedenen Breitenzonen. Die Messungen beruhen auf dem SBUV-Experiment an Bord von Nimbus-7. *Ch* = El Chichon. (Die Abbildung wurde von Dr. Heath zur Verfügung gestellt)

Temperaturänderungen in der Troposphäre nach Aerosolanstieg

Der Nachweis dieses Effektes ist sehr schwierig, da die natürliche Variabilität des troposphärischen Wetters sehr groß ist und die Beobachtungsstationen nicht gleichmäßig verteilt sind. Es gibt verschiedene Zusammenstellungen von Temperaturreihen, von denen eine in Abb. 10a wiedergegeben wird.

In dieser Temperaturkurve, die representativ für die Nordhemisphäre sein soll, erkennt man deutlich starke Abkühlungen nach den Eruptionen des Tam-

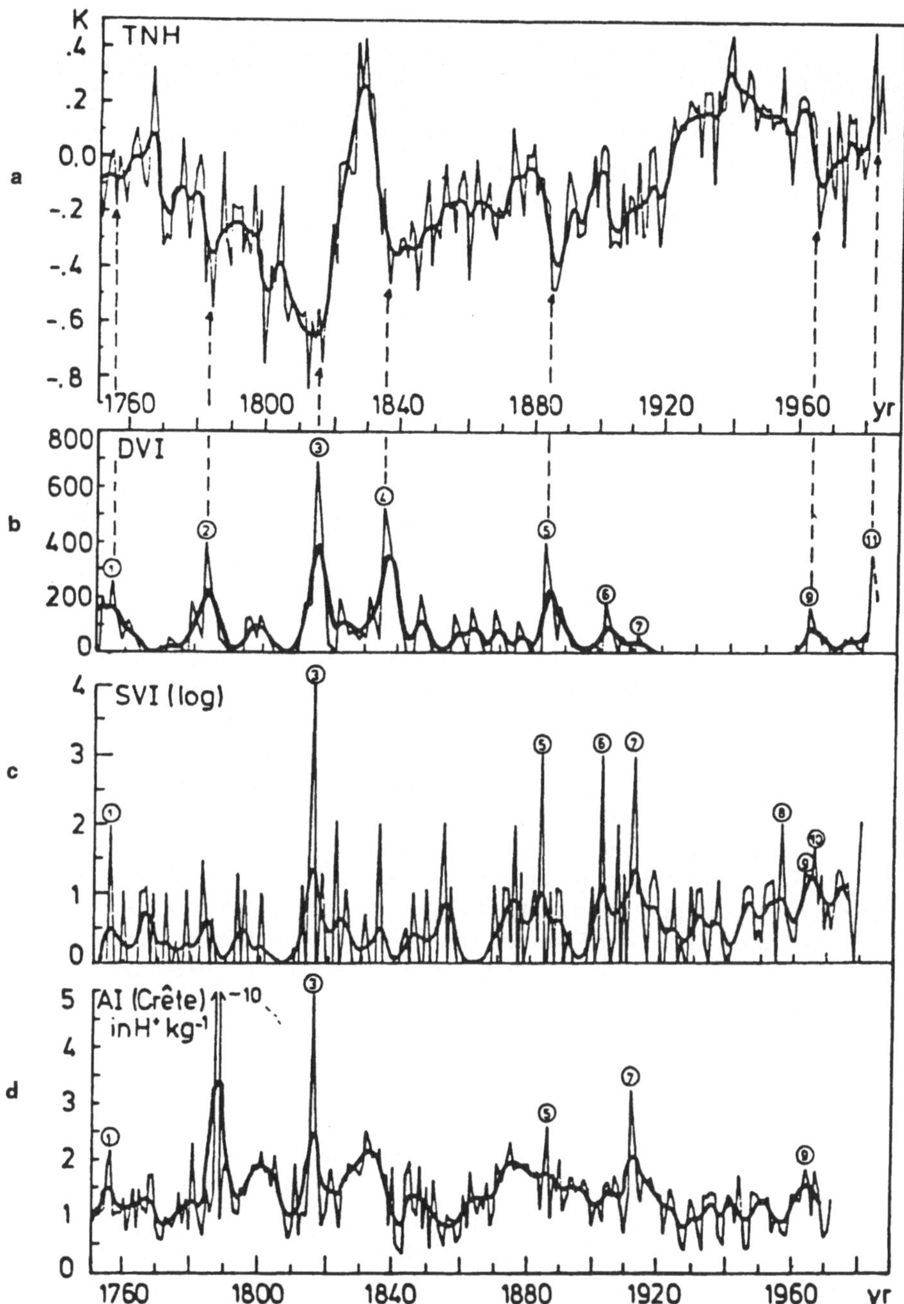

Abb. 10a–d. Abweichungen der Nordhemisphären-Jahresmitteltemperaturen (*TNH* in K) vom Mittel der Periode 1951–1970 für den Zeitraum 1750 bis 1970; *dicke Linie*: 10jährig gefiltert. (Nach Schönwiese 1988; Daten von Jones 1985 und Groveman und Landsberg 1979); **b** Stratospheric Dust Veil Index *DVI*. (Nach Lamb 1970, 1983); **c** Smithsonian Volcanic Index *SVI* logarithmische Skala. (Nach Schönwiese 1988); **d** Acidity Index *AI* = Säuregehalt von Eisbohrkernen. (Nach Hammer et al. 1980, 1981)

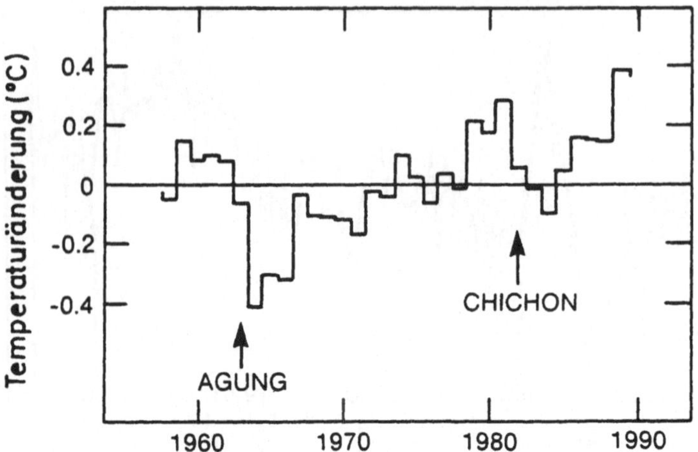

Abb. 11. Änderung der globalen troposphärischen Temperatur ab 1958, dargestellt als Abweichung von einem langzeitigen Mittel; korrigiert unter Berücksichtigung der pazifischen Wassertemperaturen. (Nach Angell 1990)

bora (1815), des Krakatau (1883) sowie mehrerer anderer Vulkane, deren Intensität in den unteren Kurven nach verschiedenen Gesichtspunkten (Bild b und c) bzw. Messungen (Bild d) dargestellt worden ist (s. Legende).

Der Frage, warum eine der größten Vulkaneruptionen unseres Jahrhunderts keine deutliche Abkühlung brachte, ging Angell (1990) nach. Er versuchte, die gegenläufigen Temperatureffekte, nämlich zum einen eine Abkühlung durch den Ausbruch des El Chichon und zum anderen eine Erwärmung durch ein sehr starkes El-Niño-Ereignis, zu isolieren. Mit Hilfe einer Regression (es werden die ostpazifischen Wassertemperaturen benutzt) erhielt er Abb. 11, in der der abkühlende Effekt der Eruption sowohl des Mount Agung wie des El Chichon klar herauskommt. Es handelt sich um eine globale Abkühlung der Troposphäre (vom Boden bis in ca. 9 km Höhe) um 0,2–0,3 K für ca. 3 Jahre.

Einfluß von erhöhtem Aerosolgehalt und Solarzyklen

Etliche Autoren bemühten sich, die beobachtete globale Temperaturkurve mit Hilfe verschiedener Modelle zu berechnen. Gilliland (1982) hat Modellrechnungen mit verschiedenen externen Faktoren vorgestellt. Er zeigte, daß bei Einbeziehung eines angenommenen CO_2-Anstiegs sowie entweder nur der vulkanischen Tätigkeit (Abb. 12a) oder eines 76jährigen Sonnenzyklus (Abb. 12b) in die Berechnungen das Ergebnis noch sehr stark von der beobachteten Kurve abweicht. Auch bei einer Berücksichtigung von CO_2-Anstieg, Vulkantätigkeit und 76jährigem Sonnenzyklus (Abb. 12c) weichen die Kurven noch stark voneinander ab. Erst wenn weitere, kürzere Sonnenzyklen berücksichtigt werden, ergibt sich eine recht gute Übereinstimmung (Abb. 12d).

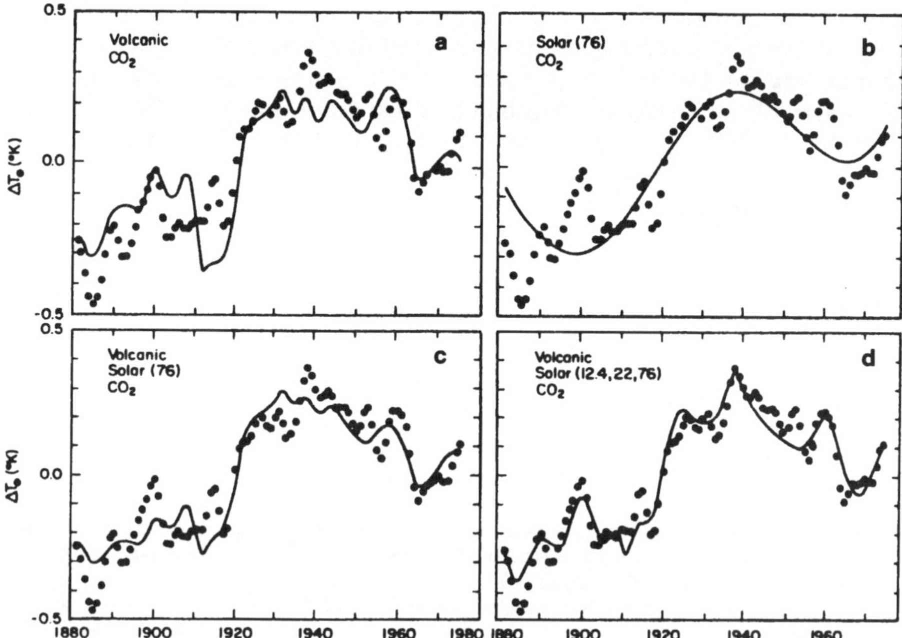

Abb. 12 a – d. Berechnungen des nordhemisphärischen Temperaturverlaufs seit 1880 (*durchgezoge-ne Linie*) unter Annahme verschiedener externer Einflüsse: **a** CO_2-Anstieg und vulkanisches Aerosol; **b** CO_2-Anstieg und 76jähriger Solarzyklus; **c** CO_2-Anstieg, vulkanisches Aerosol und 76jähriger Solarzyklus; **d** CO_2-Anstieg, vulkanisches Aerosol und Solarzyklen von 12,4, 22 und 76 Jahren. *Punkte*: geglättete Werte. (Gilliland 1982)

Die beobachteten Aerosolwerte wurden auch schon in Klimamodelle einge-speist, um zu berechnen, wie sich die Temperaturen auf der Erde ändern wür-den. Für solche Berechnungen können allerdings noch keine ausgefeilten „Glo-bal-Circulation"-Modelle (GCM) benutzt werden, da das Aerosol selbst außer-ordentlich schwer zu berechnen ist und die derzeitigen Computerkapazitäten dafür nicht ausreichen.

Herausforderungen an die Zukunft

Auf die allgemeinen Schwierigkeiten beim Einsatz von Computermodellen bei der Vorhersage meteorologischer Entwicklungen wird in den folgenden Beiträ-gen dieses Buches ausführlicher eingegangen. Die hier vorgestellten Ergebnisse sollten deutlich machen, in welchem Maße das sehr komplexe System Erde-At-mosphäre selbst durch die Phänomene der „festen Erde", z. B. den Vulkanis-mus, einerseits und durch die Sonnenaktivität andererseits in seinem Strah-lungshaushalt beeinflußt wird, wie sie also das Klima der Erde mitbestimmen.

Diese Einflüsse überdecken allerdings die anthropogenen Effekte, z. B. die des ansteigenden Kohlendioxid- und Methangehalts in der Atmosphäre. Gerade deshalb muß die Klimaforschung den hier behandelten Teilbereich sehr ernst nehmen. Im Weltklimaprogramm wird dies bereits durch die geplante Einrichtung von Beobachtungssystemen für das Aerosol berücksichtigt. Auch im „International Geosphere-Biosphere Progamm, A Study of Global Change (IGBP)", das 1990 unter der Schirmherrschaft der ICSU (International Council of Scientific Unions) begonnen hat, wird die Bedeutung des stratosphärischen Aerosols betont.

Literatur

Angell JK (1990) Variation in global tropospheric temperature after adjustment for the El Niño influence, 1958–89. Geophys Res Lett 17:1093–1096

Bais AF, Zerefos CS, Ziomas IC, Zoumakis N, Mantis HT, Hofmann DJ, Fiocco G (1985) Decreases in the ozone and the SO_2 columns following the appearance of the El Chichon aerosol cloud at mid-latitude. In: Zerefos CS, Ghazi A (eds) Atmospheric ozone. Reidel, Dordrecht, pp 353–356

Burnett CR, Burnett EB (1984) Observational results on the vertical column abundance of atmospheric hydroxyl: description of its seasonal behavior 1977–1982 and of the 1982 El Chichon perturbation. J Geophys Res 89:9603–9611

Cress A, Schönwiese CD (1990) Vulkanische Einflüsse auf die bodennahe und stratosphärische Lufttemperatur der Erde. Inst f Meteorologie u Geophysik, Universität Frankfurt/M

Gilliland RL (1982) Solar, volcanic and CO_2 forcing of recent climatic changes. Clim Change 4:111–131

Groveman BS, Landsberg HE (1979) Reconstruction of the northern hemisphere temperature: 1579–1880. Publ No 79 181/182. Dep Meteorology, University of Maryland, College Park, pp 1–59+1–46

Hammer CU, Clausen HB, Dansgaard W (1980) Greenland ice sheet evidence of post-glacial volcanism and its climatic impact. Nature (London) 288:230–235

Hammer CU, Clausen HB, Dansgaard W (1981) Past volcanism and climate revealed by Greenland ice cores. J Vulcanol Geoth Res 11:3–10

Hansen JE, Laqcis AA, Ruedy RA (1990) Comparison of solar and other influences on long-term climate. In: Schatten K, Arking A (eds) Climate impact of solar variability. NASA CP document, Washington

Heath D (1986) Observations of ozone and UV solar flux variability. 26th Plenary Meeting of COSPAR, Workshop VIII on Detection of Climate change by Stratospheric Monitoring from Space, Toulouse

Hofmann DJ, Solomon S (1989) Ozone destruction through heterogeneous chemistry following the eruption of El Chichon. J Geophys Res 94:5029–5041

Jäger H, Hofmann DJ (1991) Midlatitude lidar backscatter to mass, area and extinction conversion model based on in situ aerosol measurements from 1980 to 1987. Appl Optics 30.1:127–138

Jones PD (1985) Northern hemisphere temperatures 1851–1984. Clim Monit 14:14–21

Kießling J (1885) Dämmerungserscheinungen im Jahr 1883 und ihre physikalische Erklärung. Leopold Voss, Hamburg, 53 S

Kießling J (1888) Untersuchungen über Dämmerungserscheinungen zur Erklärung der nach dem Krakatau-Ausbruch beobachteten atmosphärisch-optischen Störung. Leopold Voss, Hamburg, 172 S

Labitzke K, Naujokat B (1983) On the variability and on trends of the temperature in the middle stratosphere. Contrib Atm Phys 56:495–507

Labitzke K, van Loon H (1988) Association between the 11-year solar cycle, the QBO, and the atmosphere. Part I. The troposphere and the stratosphere in the N.H. in winter. J Atm Terr Phys 50:197–206

Labitzke K, van Loon H (1989) The Southern Oscillation. Part IX. The influence of volcanic eruptions on the Southern Oscillation in the stratosphere. J Climate 2:1226–1227

Labitzke K, van Loon H (1990) Sonnenflecken und Wetter — Gibt es doch einen Zusammenhang? Geowissenschaften 8:1–6

Labitzke K, Naujokat B, McCormick MP (1983) Temperature effects on the stratosphere of the April 4, 1982 eruption of El Chichon, Mexico. Geophys Res Lett 10:24–26

Lamb HH (1970) Volcanic dust in the atmosphere; with a chronology and assessments of its meteorological significance. Philos Trans Meteorol Soc A 266:425–533

Lamb HH (1983) Update of the chronology of assessments of the volcanic dust veil index. Clim Monit 12:79–90

Matson M, Robock A (1984) Circumglobal transport of the El Chichon volcanic dust cloud. Geof Int 23:117–127

McCormick MP, Trepte CR (1987) Polar stratospheric optical depth observed by the SAM II satellite instrument between 1978 and 1985. J Geophys Res 92:4297–4306

Pittock AB (1965) Possible destruction of ozone by volcanic material at 50 mbar. Nature 207:182

Schönwiese CD (1988) Volcanic activity parameters and volcanism-climate relationships within recent centuries. Atmósfera 1:141–156

Simkim T, Siebert L, McClelland I, Bridge D, Newhall C, Latter JH (1981) Volcanoes of the world. Smithsonian Institution, Hutchinson Stroudsbourg (USA). (Suppl 1985) pp 1–233

van Loon H, Labitzke K (1987) The Southern Oscillation. Part V. The anomalies in the lower stratosphere of the northern hemisphere in winter and a comparison with the Quasi-Biennial Oscillation. Mon Weather Rev 115:357–369

Klimamodelle und ihre Grenzen

Klimamodelle und ihre Grenzen

K. GERMANN

Die Anzeichen sind unübersehbar und vielfältig: der Mensch greift in das Wirkungsgefüge der Erde so effektiv und nachhaltig ein, daß er seine eigene Existenzgrundlage zu zerstören droht. Offen bleibt nur, *wann* ihm dies endgültig gelingen wird, wenn er wie bisher fortfährt, die natürlichen Ressourcen aufzubrauchen, die Pflanzen- und Tierwelt zu opfern und die Zusammensetzung der Atmosphäre zu verändern. Extrapolation aus den Trends von Vergangenheit und Gegenwart in die Zukunft, qualitative Szenarien als plausible Ereignisketten und quantitative mathematisch-physikalische Simulationsmodelle sind Instrumente, mit denen künftige, für die Menschheit entscheidende Entwicklungen wie z. B. die des irdischen Klimas, der Bevölkerungszahlen oder des Bedarfs an und der Verfügbarkeit von Ressourcen global und langfristig prognostiziert werden sollen.

„Modelle" – Instrumente der langfristigen, globalen Prognose

Die ersten integrierten „Weltmodelle" (World 2 und 3) zur Ermittlung längerfristiger Tendenzen für Bevölkerungswachstum, Ressourcen und Umwelt waren schon zu Beginn der 70er Jahre vom Club of Rome in Auftrag gegeben worden und hatten – nicht unumstritten – „Grenzen des Wachstums" aufgezeigt (Meadows et al. 1972). Ebenso wie bereits diese beiden globalen Modelle prognostizierte auch das Weltmodell der Regierung der Vereinigten Staaten „Global 2000" (Council on Environmental Quality and Department of State USA 1980) Folgen der Bevölkerungs-, der Einkommens- und der Ressourcenentwicklung für die Umwelt und berücksichtigte auch die Möglichkeit, daß der Mensch mit den von ihm verursachten Veränderungen physikalischer oder chemischer Systeme – wie der Atmosphäre – auch die Biosphäre so beeinflussen kann, daß die ökonomische, landwirtschaftliche oder die Bevölkerungsdynamik beeinträchtigt wird. Doch gerade im Hinblick auf den Umweltfaktor Klima und seine künftige Entwicklung kam Global 2000 zu dem Schluß, daß die verfügbaren quantitativen Modelle noch zu primitiv und unvollständig für eine zuverlässige Prognose über den hier betrachteten Zeitraum von 25 Jahren seien. Diese pessimistische Einschätzung resultierte vor allem aus der Feststellung, daß Klimamuster das Ergebnis außerordentlich komplexer, schwer quantifizierbarer Wechselwirkungen und Verkettungen zwischen den Teilsystemen Atmosphäre, Hydrosphäre, Kryosphäre und Biosphäre (den Menschen eingeschlossen) sind. Im abschließenden Teil von „Tatort Erde" soll am Beispiel der Wetter- und Klimaforschung aufgezeigt werden, welchen Stand die Klimaprognose heute erreicht hat und welchen grundsätzlichen Schwierigkeiten und Limitierungen sie begegnet. Für einen historischen Rückblick auf die Entwicklung langfristiger Klimaprognosen sei der Leser auf die bis zur Mitte der 70er Jahre reichende Zusammenstellung in Lamb (1985) verwiesen.

Am Beispiel des für die Zukunft der Menschheit sicherlich bedeutendsten Umweltfaktors Klima werden die Probleme und auch die Grenzen der Vorhersagbarkeit exemplarisch und besonders drastisch erkennbar. Schon die Schwierigkeiten, denen eine nur kurzfristige Vorhersage des Wetters für unser unmittelbares Lebensumfeld begegnet, werden uns allen immer wieder am eigenen Leibe bewußt. Umso schwieriger und unsicherer wird die Vorhersage von globalen, langfristigen Veränderungen des Klimas, wie sie von den steigenden Konzentrationen an Spurengasen in der Atmosphäre ausgelöst werden.

Beobachtung aus dem Weltraum – Die Dynamik von Veränderungen sichtbar gemacht

Eine der wesentlichen Voraussetzungen für Prognosen in globalem Maßstab sind Beobachtungssysteme, mit denen der Zustand der Erdoberfläche und der Atmosphäre laufend, systematisch und mit hoher Auflösung, d. h. mit einem engen Raster an Beobachtungspunkten erfaßt oder überwacht werden kann. Auf diesem Gebiet sind in den vergangenen Jahrzehnten technische Entwicklungen eingetreten, die einen synoptischen, d. h. für große Gebiete oder den ganzen Globus (fast) gleichzeitigen, Überblick z. B. über die Temperaturentwicklung in der Atmosphäre aus dem erdnahen Weltraum ermöglichen. Von diesen Methoden der „Fernerkundung" profitierten – neben der Militärtechnik – die Meteorologie und vor allem die Geowissenschaften, denen sich durch Satellitenbeobachtung Übersichten und Einblicke in bisher kaum zugänglichen Weltgegenden und damit auch neue Möglichkeiten zur Erkundung von Rohstoffen eröffneten.

Welche neuen Perspektiven die visuelle Beobachtung aus dem Weltraum für die Erfassung und Darstellung auch der dynamischen Vorgänge des Wettergeschehens bietet, stellt G. Warnecke in seinem Beitrag dar. Durch spezielle Methoden der Datenverarbeitung ist es möglich geworden, Bildfolgen zu zeitgerafften Bewegungsszenen zusammenzufassen und somit dynamische Vorgänge in ihrem raumzeitlichen Verhalten zumindest qualitativ und vergleichend analysieren zu können. Auch auf zahlreiche andere Disziplinen, vor allem der Geowissenschaften, bei denen visuelle Wahrnehmung und Interpretation von zeitlichen und räumlichen dynamischen Veränderungen erwünscht ist, könnte diese Methode übertragen werden. Noch zu wenig entwickelt sind jedoch bisher die Möglichkeiten der quantitativen Erfassung und Analyse solcher Bewegungsszenen und der in ihnen enthaltenen Strukturen, um daraus Instrumente und Regeln für zumindest mittelfristige Prognosen ableiten zu können.

Klimamodelle – Wie sie funktionieren, was sie leisten

Für die Prognose zukünftiger Entwicklungen des irdischen Klimas werden zunehmend mathematisch-physikalische Gleichungssysteme eingesetzt, die die Fähigkeit besitzen sollen, die globale – „Allgemeine" – Zirkulation der Atmosphäre und damit auch Klimaänderungen zu simulieren. Absicht des Beitrages von G. Fischer ist es, den Aufbau und die Eigenschaften von solchen „Klimamodellen" zu beschreiben und ihre Prognosen kritisch zu betrachten.

Unbestritten ist, daß sich die Konzentration von Spurengasen wie Kohlendioxid, Methan, Chlorkohlenwasserstoffen und anderen in der Atmosphäre durch menschliche Aktivitäten stark erhöht hat. Nicht zu leugnen ist auch, daß erhöhte Gehalte dieser Gase einen „Glashaus"-Effekt bewirken können, der generell zu einer Erhöhung der global und langzeitlich gemittelten bodennahen Lufttemperatur führt. Die für uns entscheidenden Fragen sind aber, wie sich Temperaturen, Niederschläge, Häufigkeit von Trockenperioden oder Unwettern, d. h. wie sich also das Klima in seinem zeitlichen Verlauf für einen bestimmten Ort oder eine Region unter dem Einfluß der zunehmenden Spurengaskonzentration entwickeln werden. Fischer gelangt zu der abschließenden Feststellung, daß die heute verfügbaren globalen Klimamodelle noch keine einheitliche Prognose über die geographische Verteilung und das Ausmaß der Spurengas-induzierten Erwärmung zu leisten vermögen, um nur eines der ökologisch oder ökonomisch relevanten Klimamerkmale herauszugreifen. Die Ursachen hierfür sind vielfältig: sie liegen unter anderen in der noch nicht ausreichenden Berücksichtigung der zahlreichen Unterkomponenten des Klimasystems und ihrer Verknüpfungen und in der noch zu geringen Auflösung der Modelle. Diese Unzulänglichkeiten können nur mit einer exakteren Formulierung der zugrundeliegenden physikalischen Prozesse und vor allem mit einer gegenüber den heutigen Supercomputern noch wesentlich höheren Rechenleistung überwunden werden.

Wetter- und Klimaprognose – Gibt es grundsätzliche Grenzen?

Ganz am Ende seines Beitrages deutet Fischer an, daß eine Klimaprognostik, die mit ihren Simulationsmodellen von einer klassischen kausal-deterministischen Grundvorstellung, also von gesetzmäßigen, vorhersagbaren Verknüpfungen von Ursachen und Wirkungen ausgeht, an grundsätzliche Grenzen dann stieße, wenn sich auch im Klimasystem die chaotische Dynamik nichtlinearer Systeme wiederfände und sich das System damit der Berechenbarkeit entzöge.

Solche prinzipiellen Grenzen der Vorhersagbarkeit, wie sie für so sehr komplexe makroskopische physikalische Systeme wie das atmosphärische anzunehmen sind, zeigt der Beitrag von Heinz Fortak auf. Bei Anwendung deterministischer Gleichungssysteme für die Wettervorhersage genügte ja im Prinzip die Kenntnis eines beliebigen Anfangszustandes, um die gesamte weitere Entwicklung des Systems vorhersagen zu können. Die Erfahrung aber lehrt, daß die großräumige Vorhersage selbst unter Verwendung der aufwendigsten Modelle und der leistungsfähigsten Computer bereits nach wenigen Tagen nur unrealistische Prognosen liefert. Offensichtlich hängt der Erfolg der Vorhersage außer von einer möglichst vollständigen Beschreibung des Geschehens im atmosphärischen System vor allem entscheidend von der Genauigkeit der Kenntnis der Anfangsbedingungen ab — eine Forderung, die die Meteorologie schon wegen der aus Kostengründen unausweichlichen Lückenhaftigkeit des Beobachtungsnetzes nicht erfüllen kann. Fortak hält es aber auch für möglich, daß im Rahmen von Langzeitintegrationen von nichtlinearen Gleichungssystemen, wie man sie für die Vorhersage verwendet, eine Art von „Gedächtnis" des Systems für vergangene Zustände zum Tragen kommt, das für die Weiterentwicklung eine entscheidende Rolle spielen könnte. Nicht zuletzt sind Grenzen der Vorhersagbarkeit aber auch auf die Unkenntnis der Randbedingungen an der Erdoberfläche zurückzuführen. Dort findet die Wechselwirkung zwischen der Atmosphäre und den verschiedenen Untersystemen Hydrosphäre, Kryosphäre, Lithosphäre und Biosphäre statt. Im Zusammenhang mit dem Glashausgas-Problem sei hier nur auf die ungelösten Fragen des CO_2-Transfers von der Atmosphäre in die Tiefe der Ozeane verwiesen.

Das Klimasystem — Vom „deterministischen Chaos" bestimmt?

Mit seinem Hinweis auf die prinzipielle Bedeutung der Anfangsbedingungen für die Vorhersage hat Fortak bereits auf ein Charakteristikum nichtlinearer Systeme verwiesen: selbst kleine Störungen oder Veränderungen an geeigneter Stelle bzw. zu geeigneter Zeit können dazu führen, daß das System aus einem Zustand mehr oder weniger spontan in einen völlig davon unterschiedenen umschlagen kann. Auf das Wetter oder das Klima übertragen bedeutet dies, daß fast gleiche Ausgangssituationen zu höchst unterschiedlichen Wetterlagen oder Klimasituationen führen können. Eine derart empfindliche Abhängigkeit von den Ausgangsbedingungen ist aber symptomatisch für ein „chaotisches" Verhalten. Die Theorie des „Deterministischen Chaos" und ihre möglichen Anwendungen auf das Wetter- und Klimasystem bzw. dessen Prognose steht deshalb folgerichtig im Mittelpunkt des abschließenden Beitrages von Hans-Joachim Lange.

Nach der Relativitäts- und der Quantentheorie hat mit der sich seit etwa 20 Jahren entwickelnden Theorie des „Deterministischen Chaos" eine weitere Revolution des naturwissenschaftlichen Weltbilds eingesetzt, die zunehmend auch auf andere Wissenschaftsbereiche übergreift. Lange veranschaulicht mit Hilfe der sogenannten „logistischen Gleichung" — einer Iterationsgleichung, bei der ein und derselbe Rechenvorgang durch Einsetzen des Resultats des jeweils vorangegangenen vielfach wiederholt wird — wie aus einfachen nichtlinearen Gleichungen ein komplexes, unperiodisches, chaotisches Verhalten entsteht, das nicht extrapolierbar ist. Er zeigt auf diese einfache Weise, wieso Determinismus, hier ausgedrückt durch den mathematischen Zusammenhang der logistischen Gleichung, durchaus mit Nichtvorhersagbarkeit vereinbar ist.

Diese Feststellung muß gewaltige Auswirkungen auf alle prognostizierenden Wissenschaften haben, zu denen ja auch die Meteorologie gehört. Selbst wenn sämtliche Parameter des atmosphärischen Systems mit — realistisch eingeschätzt — endlicher Genauigkeit bekannt wären, würde sich das deterministische Chaos wegen der sensiblen Abhängigkeit von den Anfangsbedingungen auswirken. Wären die Parameter gar mit unendlicher Genauigkeit bekannt, so könnte man dann zwar beliebig lange prognostizieren, aber niemals aus noch so langen Prognosen das weitere Zeitverhalten extrapolieren. Man könnte also niemals aus dem Bisherigen etwas lernen für die Zukunft, gibt Lange zu bedenken. Für den „Tatort Erde" und die Prognose der Auswirkungen der menschlichen Eingriffe auf das Klimasystem bedeutet dies, daß durch die anthropogene Erhöhung der Glashaus-Spurengase die Anfangsbedingungen auf nicht reproduzierbare Weise modifiziert und nicht mehr prognostizierbare Klimaveränderungen hervorgerufen werden können, die letztlich sogar ein Umkippen des Klimasystems, einen abrupten Übergang in einen völlig neuen Klimazustand bewirken könnten.

Literatur

Council on Environmental Quality — Department of State, USA (1980) Global 2000 — Der Bericht an den Präsidenten (The Global 2000 Report to the President). Zweitausendeins-Verlag, Frankfurt, 1438 S

Lamb HH (1985) Climatic History and the Future. Reprint. Princeton University Press, Princeton, 835 S

Meadows DH, Meadows DL, Zahn E, Milling P (1972) Die Grenzen des Wachstums (The Limits to Growth). Deutsche Verlagsanstalt, Stuttgart, 180 S

Beobachtung von dynamischen Prozessen
aus dem Weltraum in Zeitraffung:
Eine neue Wahrnehmungsdimension

GÜNTER WARNECKE

Von der Frosch- zur Weltraumperspektive: Bilder der Erde

Der Wunsch des Menschen, sich aus seiner Gebundenheit an die Erdoberfläche
und aus der dadurch gegebenen Begrenzung seines Gesichtskreises zu lösen, ist
alt. Aus der griechischen Mythologie kennen wir den überheblichen Versuch
des Ikarus, der zu hoch hinaus wollte und deshalb scheiterte; in der Hebräi-
schen Bibel finden wir im Buch der Könige (1. Kön. 18, 41–45) einen beschei-
deneren, aber dafür erfolgreichen Ansatz: um seinen Gesichtskreis für die Wettervorhersage zu erweitern, schickte Elia seinen Diener während der Dürre sie-
benmal auf die Höhe des Karmelgebirges, um nach der „handgroßen Wolke"
über dem Meer Ausschau zu halten, die dem für die fruchtbare – im ansonsten semiariden Klimagebiet gelegene – Jesreel-Ebene besonders wichtigen
„großen Regen" gewöhnlich vorausgeht. Aber das war natürlich umständlich
und beschwerlich und als Methode auf die Dauer völlig unzureichend, vor allem nicht anderswo anwendbar.

Grundlegende Abhilfen versprachen daher erst Techniken unserer Zeit.
Schon bald nach der Erfindung der Photographie – oder genauer gesagt:
nach der Erfindung der zeitlichen Trennung von Belichtung und Entwicklung
(Maddox 1871) – wurden Brieftauben als Kameraträger für Photographien
aus der „Vogelperspektive" eingesetzt (Julius Neubrunner 1903). 1891 hatten
aber schon Edwards und Rahrmann das Patent für eine raketengetragene Ka-
mera angemeldet, und 1907 bekam Alfred Maul das Patent für einen (in heuti-
ger Sprache) spin-stabilisierten Raketen-Kameraträger – und er flog sein Ge-
rät tatsächlich bis 870 m Höhe (1912, für kartographische Aufnahmen)! Mit
dem Drachen kam man zu jener Zeit etwa ebenso hoch, mit dem Ballon später
höher (1935 Explorer-II gar bis 22 km Höhe). Parallel dazu hatte sich im übrigen (ab 1909) die Flugzeug-getragene Luftbildphotographie mit ihren vielseiti-
geren Einsatzmöglichkeiten entwickelt (vgl. hierzu Reeves et al. 1975).

Raketengetragene Kameras kamen jedoch erst nach dem 2. Weltkrieg wieder
zum Zuge, und zwar 1946 mit V-2-Raketen (White Sands, N.M.) und danach
mit der Neuentwicklung der Aerobee, die dann Photos aus Höhen oberhalb
100 km lieferten. Bis hierhin war aber die Entwicklung lediglich in die Richtung einer „hyperhohen" Photographie gegangen, die zwar schon einen Überblick über weitere Areale bot, aber doch nur sporadisch und punktuell einsetz-
bar war – zudem mußten die Filmkassetten geborgen und danach die Filme
entwickelt werden, so daß das Interesse der Meteorologen, die regelmäßige Be-

obachtungen über viel größere Areale und momentan, in „Realzeit", benötigen, – von wenigen Ausnahmen abgesehen – bis dahin recht gedämpft blieb.

Der eigentliche Durchbruch zu einer großräumigen, globalen, ständigen, d.h. genügend häufig und regelmäßig wiederholten Beobachtung der Erde geschah einerseits durch die Entwicklung künstlicher Erdsatelliten, die oberhalb 300 km als Instrumententräger eingesetzt werden können und andererseits durch die Entwicklung spezieller Satelliten-Fernsehkamera-Systeme inklusive entsprechender Nachrichtentechnik, die die Gewinnung von Bildern zum einen vom photographischen Prozeß und zum anderen von der Rückholnotwendigkeit unabhängig machten und damit ihren augenblicklichen, heute sagt man „real-time", Gebrauch ermöglichten.

Erste Tests liefen 1959 durch Explorer-6; seit April 1960 (TIROS-1; erster, quasi-polar umlaufender Wettersatellit in 1000 km Höhe) liefern meteorologische Satelliten ununterbrochen Bilder, die im Laufe der Zeit immer flächendeckender, qualitativ verbessert und multispektral erweitert wurden. Beispiele seien eine neuere Aufnahme von Bord des amerikanischen, polar umlaufenden Wettersatelliten NOAA-7 (Abb. 1) sowie eine Aufnahme der Erde vom europäischen geostationären Satelliten Meteosat in ca. 36 000 km Höhe (Abb. 2). Beide Bilder sind von der Art, wie sie – zumindest in Ausschnitten – schon seit längerer Zeit Bestandteil der Fernsehwetterberichte sind.

Die soeben aufgezeigte Entwicklung läßt sich auch so beschreiben: Die Ermittlung des Atmosphärenzustandes hat sich in folgenden Schritten entwickelt: Erst von der quasi null- bis eindimensionalen visuellen Beobachtung eines Elia über die immer noch nulldimensionale (bei fortlaufender Registrierung eindimensionale) punktuelle Messung physikalischer Parameter durch die Galilei-Schüler und Zeitgenossen der Renaissance hin zu der von Alexander von Humboldt angeregten und von H. W. Brandes 1820 realisierten zweidimensionalen Feldanalyse in Form der üblichen synoptischen Wetterkarte. Dann erfolgte aufgrund der Entwicklung der Aerologie, d.h. durch die Verwendung von Messungen in der freien Atmosphäre mittels Drachen, Ballon, Flugzeug und Radiosonde, die Hinzunahme von Höhenwetterkarten (R. Scherhag, Deutsche Seewarte 1934), die – allerdings ohne eine direkte räumliche Abbildung zu liefern – ein dreidimensionales Erfassen meteorologischer Meßgrößen und damit atmosphärischer Zustände erlaubten. In dieses dreidimensionale Bild fügen sich nun die an Datendichte und Aussagekraft unvergleichlichen Satellitendaten als zusätzliche und zudem außerordentlich anschauliche Information ein.

Darüber hinaus hat sich frühzeitig gezeigt, daß die mit diesen neuen, zunächst für die Meteorologie, d.h. für die Wetterbeobachtung, entwickelten, satellitengetragenen Beobachtungstechniken gewonnenen Bilddaten Informationen enthalten, die auch für andere Wissenschaftsdisziplinen von Interesse sind. In wolkenlosen Gebieten bildeten sich nämlich die Verteilungsmuster und Strukturmerkmale der Land- und Meeresoberflächen in vielen interessanten Einzelheiten ab (Nordberg 1965; Nordberg und Samuelson 1965; Warnecke et al. 1971). Damit eröffneten sich für viele erdbezogene Angewandte Wissenschaften ganz neue Arbeitsfelder. Es entwickelte sich die sogenannte „Ferner-

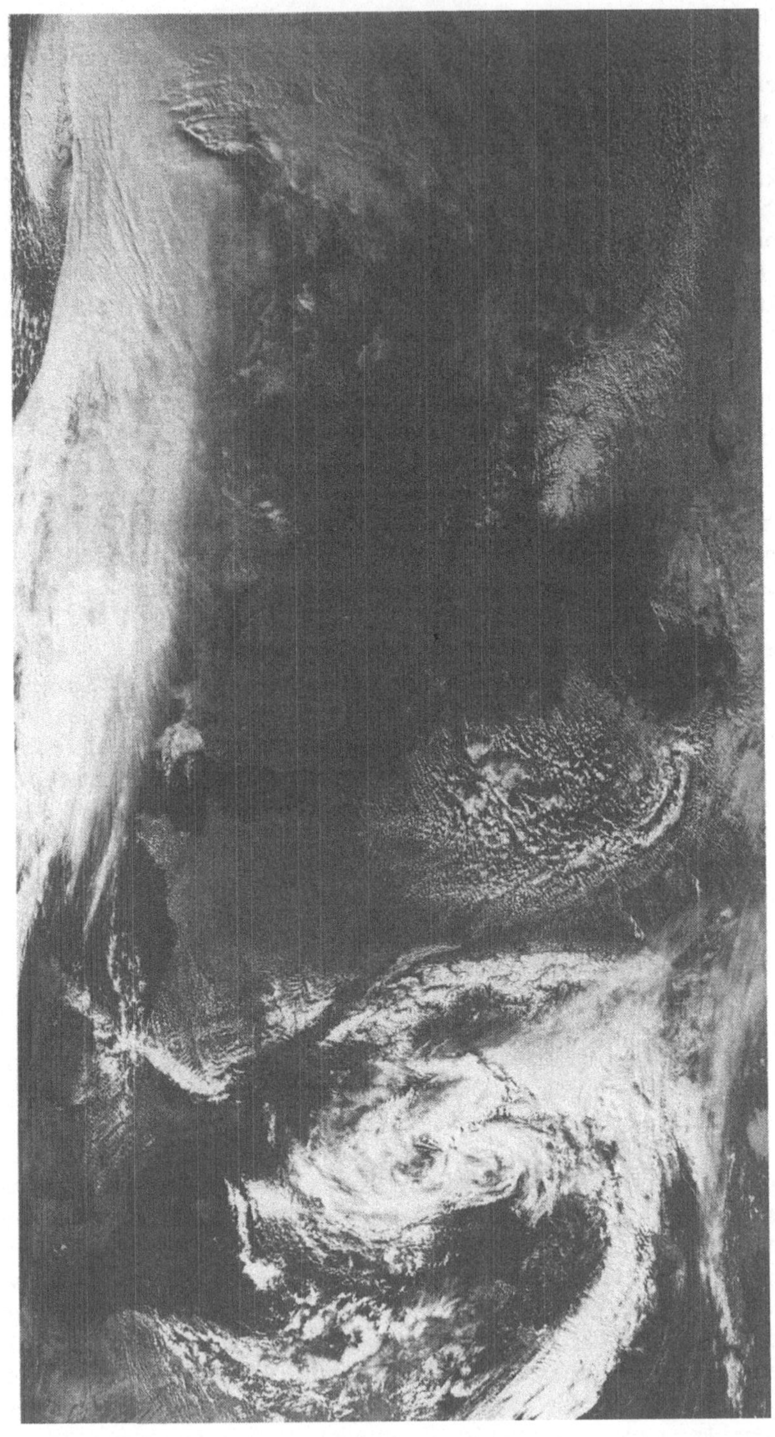

kundung" (engl. „remote sensing"), und in ihrem Gefolge hielt die moderne digitale Bilddatenverarbeitung Einzug in die Geowissenschaften. Dabei steht zum einen die Datengewinnung aus schwer zugänglichen Gebieten der Erde wie den Wüsten, tropischen Regenwäldern, Ozeanen und den Polargebieten im Vordergrund des Interesses, zum anderen die Eigenschaft der globalen, d. h. die ganze Erde umfassenden, Kartierungsmöglichkeiten für zahlreiche Oberflächenparameter wie z. B. den Vegetationsindex, der die Stärke und den Zustand des Pflanzenwuchses beschreibt (Blümel et al. 1988). Diese Möglichkeiten globaler Beobachtung, Kartierung und Überwachung zahlreicher Komponenten des komplexen planetarischen Systems Geo-Biosphäre wurden gerade rechtzeitig zugänglich, um dazu beitragen zu können, für die Lösung vieler derzeit brennend aktuell gewordener Fragen bezüglich etwaiger einschneidender globaler Umweltveränderungen oder für eine sinnvolle Erfassung, Überwachung und Nutzung großräumiger terrestrischer Ressourcen geeignete Datenbasen zu erstellen.

In der Meteorologie werden jedoch Beobachtungen in relativ hohem Zeittakt (global mindestens zwölfstündlich, regional aber besser stündlich oder halbstündlich) benötigt; das zwingt zu einer Begrenzung der Datenflut durch Beschränkung der räumlichen Auflösung. So begnügt man sich hinsichtlich der Größe der beobachteten Szenenelemente zumeist auf 1 bis 5 km Durchmesser (bei senkrechter Blickrichtung). Geologen, Geographen und Hydrologen benötigen aber im allgemeinen eine wesentlich höhere räumliche Auflösung, dagegen kommen sie mit einer wesentlich geringeren Beobachtungsfrequenz aus. So war es zweckmäßig, hierfür andere Satelliten, wie Landsat (1972), Seasat (1979), Spot (1986) etc. einzusetzen bzw. gesonderte Beobachtungsgeräte zu entwickeln, die zwar auf denselben physikalischen und technologischen Prinzipien beruhen, aber mehr den jeweiligen spezifischen Bedürfnissen angepaßt sind. Hierzu gehört neben einer vielfach höheren spektralen Auflösung vor allem auch eine Ausweitung der multispektralen Beobachtungen auf weitere Teile des elektromagnetischen Spektrums (vom Ultraviolett bis hin zu Radarwellenlängen).

Bis hier handelt es sich zwar immerhin um die Gewinnung von z. T. neuartigen Bilddaten, die zudem aus einer neuen, außerordentlich nützlichen Perspektive gewonnen werden, doch stellt diese neue Beobachtungsweise für unser Verständnis im Prinzip noch nichts grundsätzlich Neues dar, sind wir doch durch den Gebrauch von Landkarten und den Umgang mit den Wetterkarten seit lan-

---

Abb. 1. Fernsehbild von Bord des amerikanischen Wettersatelliten NOAA-7 vom 5. März 1972, von 14.30 bis 14.40 Uhr MEZ von Süd nach Nord wandernd aufgenommen im Nahen Infrarot (0,7–1,1 μm). Die Auflösung im Nadir beträgt 1,1 km/Bildpunkt (Aufnahme: DFVLR-GSOC/BKA, Oberpfaffenhofen). Deutschland liegt im Bereich labiler Kaltluft, die zu der charakteristischen Quellbewölkung – hier mit zahlreichen parallelen Wolkenstraßen – führt. Die Alpen treten, ebenso wie die norwegischen Gebirge, durch ihre Schneebedeckung hervor. Wolkenspiralen, die zu ausgeprägten Tiefdruckwirbeln gehören, sind über dem Mittelmeer und über dem Seegebiet zwischen Island und den Britischen Inseln zu erkennen. Der Bottnische Meerbusen zeigt entsprechend der Jahreszeit noch verbreitete Eisbedeckung

Abb. 2. Fernsehaufnahme im sichtbaren Spektralbereich des Wettersatelliten Meteosat vom 31. März 1985, 12.15 Uhr MEZ (Aufnahme: ESA/ESOC, Darmstadt). Von seiner Position in 0 geogr. Länge von 36 000 km über dem Äquator sieht er die Erde vom Rand der Antarktis bis zum südlichen Grönland und von der Karibik bis zum Arabischen Meer. Neben den für die mittleren und nördlichen Breiten charakteristischen Wolkenbändern und -spiralen im Zusammenhang mit den Wetterfronten und Tiefdruckgebieten sieht man deutlich die demgegenüber unregelmäßig strukturierte Schauer- und Gewitterbewölkung der Tropen (Brasilien und Zentralafrika). Markant tritt die wolkenfreie westliche und zentrale Sahara hervor, aus der sich eine ausgedehnte Staubwolke auf den Atlantik vorgeschoben hat, erkennbar an dem bogenförmigen grauen Schleier westlich der marokkanischen und mauretanischen Küste

gem, zumindest abstrakt, an diese Perspektive gewöhnt. Daher könnte man bei der Betrachtung von Satellitenbildern durchaus immer noch von „Beobachtung im konventionellen Sinne" sprechen.

Vom Standbild zur Bewegungsszene: Die Dynamik sichtbar gemacht

Der Sprung in eine weitere, ganz neue Dimension der Wahrnehmung dynamischer atmosphärischer und anderer dynamischer terrestrischer Vorgänge wurde dann aber 1967 ermöglicht, als der erste Wettersatellit in geostationärer Umlaufbahn, nämlich ATS-1, im Dezember 1966 gestartet, Bilder in halbstündlicher Folge von einem relativ zur Erdoberfläche ruhenden Ort aus lieferte. V. Suomi, University of Wisconsin, und T. Fujita, University of Chicago, wendeten nämlich auf diese Bildfolgen die kinematographische Methode an, d. h. „sie brachten die Bilder zum Laufen" – und der Schritt zur vierdimensionalen visuellen Beobachtung der Erde aus dem Weltraum war getan. Somit können heute dynamische terrestrische und atmosphärische Vorgänge – sofern sie sich im Strahlungsfeld abbilden und sich dadurch mit Remote-Sensing-Methoden erfassen lassen – auch als dynamische Vorgänge visuell wahrnehmbar dargestellt und in Zeitraffung im Bewegungsablauf beobachtet werden. So wahrnehmbare Vorgänge sind beispielsweise die Wolkenbewegungen und die Strukturänderungen von Wolken und Wolkensystemen, die Bildung und Ausbreitung von Staubwolken, Bewegungen des Meereises, die zeitliche Veränderung der verschieden temperierten Meeresströmungen oder der Ablauf von Vulkanausbrüchen.

Die Idee, Wettervorgänge filmisch und in Zeitraffung darzustellen, war im Prinzip 1967 keineswegs neu. Zeitraffer-Wolkenfilmszenen – vom Boden aus aufgenommen – sind in der Literatur erstmals (von W. N. Shaw) 1912 erwähnt worden. Gewissermaßen „Wetter aus der Vogelperspektive" hat Mitte der 30er Jahre R. Mügge in einem Zeichentrickfilm (Titel: „Zyklonenbildung auf der Wetterkarte") an Hand der zeitlichen Entwicklung des bodennahen Luftdruckfeldes erstmals in Bewegung dargestellt. Dies war jedoch eine außerordentlich mühselige und aufwendige Sache und ist deshalb einmalig geblieben – wenn man von neueren, auf Computergraphiken beruhenden Darstellungen der raum-zeitlichen Veränderungen atmosphärischer Parameterfelder absieht.

Die Bewegungsszenen aus Bildfolgen geostationärer oder auch polar umlaufender Satelliten haben neben dem Vorteil des mehr oder weniger gleichzeitigen („synoptischen") Überblickens großer Gebiete nun aber auch die Eigenschaft, daß sie die vielfältigen dynamischen Vorgänge in der natürlichen Superposition aller ihrer Größenordnungsskalen vorweisen, die vielfach verwirrend sein kann. Zu ihrer Entwirrung – falls nicht gerade diese Superposition der Forschungsgegenstand sein soll – bedarf es gezielter Manipulationen der Bildsequenzen bzw. der Bewegungsszenen, unter Berücksichtigung einer Reihe atmosphärendynamischer und wahrnehmungspsychologischer Randbedingungen.

Manipulationen zur Bewältigung der visuellen Datenflut

Die Illusion kontinuierlicher Bewegung wird in einer Bewegungsszene beim Betrachter bekanntlich erreicht, wenn eine Bildfolge mit einer Mindestfrequenz von etwa 20 Bildern pro Sekunde abgespielt wird. Von den gegenwärtigen geostationären Wettersatelliten erhält man in der Regel Folgen halbstündlicher Bilder. Das bedeutet, daß z. B. die 48 Meteosat-Bilder des infraroten Spektralkanals (IR) eines Tages (= 86 400 Sekunden) in zwei Sekunden ablaufen, eine beachtliche Zeitraffung im Verhältnis 1 : 43 200. Die resultierende Bewegungsszene läuft daher im allgemeinen für den Beobachter viel zu schnell ab, besonders angesichts der komplexen Bildinhalte und der großen Vielfalt der in einer solchen Szene gewöhnlich ablaufenden Vorgänge. Eine erste Verbesserung bringt daher beim Film schon ein ganz einfacher Trick, indem jedes Bild auf zwei aufeinander folgende Filmfelder gebracht wird. Durch diese Minderung der Zeitraffung leidet noch nicht die Illusion gleichförmiger Bewegung, doch wird die Tagesszene immerhin auf vier Sekunden (Zeitrafferverhältnis 1 : 21 600) gedehnt. Dadurch lassen sich jene Vorgänge, die sich über einen ganzen Tagesablauf erstrecken, also im Größenordnungsbereich der Entwicklungszeit gewöhnlicher Zyklonen und Hochdruckgebiete liegen, im Prinzip schon recht gut darstellen. Der visuelle Datenfluß aus einer in vier Sekunden abgespielten Folge von Satellitenbildern übersteigt aber noch immer das menschliche Auffassungsvermögen, und so sind weitere Manipulationen erforderlich. Als Naheliegendstes bietet sich die Wiederholung der Szene an, am besten als Endlosfilm, d. h. in Form einer „Filmschleife" (englisch „loop"), die man beliebig lange durch einen geeigneten Filmprojektor bzw. über den Bildschirm einer digitalen Bildverarbeitungsanlage laufen lassen kann. Die Bewegungsszene kann auf diese Weise beliebig oft wiederholt und somit beliebig lange beobachtet werden.

Dies reicht jedoch, wie die Erfahrung zeigt, bei weitem noch nicht aus, den immensen visuellen Datenfluß solcher Bewegungsszenen zu einer echten Information werden zu lassen, und es sind eine Reihe weiterer Bewegungsmanipulationen erforderlich, die sich wahrnehmungspsychologisch gut begründen lassen. Zunächst sei hervorgehoben, daß die primär technisch bedingte Zeitraffung einer visuellen Beobachtung der meisten atmosphärischen Vorgänge im Prinzip sehr entgegenkommt, da diese für die Inanspruchnahme unserer Aufmerksamkeit in der Natur im allgemeinen viel zu langsam ablaufen. Das visuelle System des Menschen ist einerseits in der Lage, Objekte recht genau zu positionieren, so daß es für die Wahrnehmung von Musterveränderungen, d. h. von Form- oder Strukturveränderungen bzw. Verschiebungen von Objekten in einer Bewegungsszene sehr sensibel ist — das gilt auch für komplexe Bildinhalte —, es bevorzugt aber andererseits ganz offensichtlich die Wahrnehmung schneller Veränderungen. Das liegt daran, daß im Kurzzeitspeicher des menschlichen Wahrnehmungssystems (s. Abb. 3) Bildinformation maximal nur etwa zehn Sekunden verweilen kann. Als weiterer Vorteil visueller Beobachtung kommt hinzu, daß definierte Strukturen rasch und integrativ erkannt und durch unbewußte, visuelle Interpolation auch dann identifiziert werden, wenn

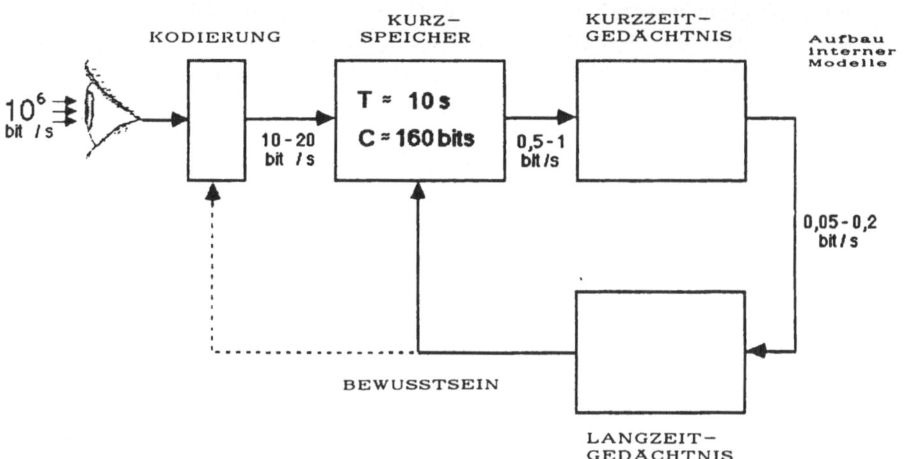

Abb. 3. Vereinfachtes Modell der visuellen Datenaufnahme, des Datenflusses und der Informationsverarbeitung des menschlichen visuellen Wahrnehmungssystems; T Speicherzeit; C Speicherkapazität. (Nach Frank 1969)

sie stark verzerrt oder nur bruchstückhaft auftreten (s. Abb. 4). Letzteres gilt – was in diesem Zusammenhang besonders wichtig ist – gleichermaßen zeitlich, d. h. für den sogenannten „optischen Fluß", in Bewegungsszenen.

Die gewünschte Transformation der enorm großen Datenflußdichte der Satellitenbildsequenzen in nutzbare Information macht nun eine gezielte Optimierung der Bewegungsdarstellung erforderlich. Hierfür gilt es zunächst, gewisse wahrnehmungspsychologische Randbedingungen zu beachten und möglichst nutzbringend umzusetzen. Bei der Betrachtung von Abb. 3 wird

Abb. 4. Der Buchstabe „A" in verschiedenen Schrifttypen aus dem Letraset-Katalog. Unter Vorgabe des „Kontextes", nämlich daß es sich um einen Großbuchstaben des römischen Alphabets handelt, erkennt der entsprechend Schreibkundige sofort diesen Buchstaben, selbst in den skurrilsten Varianten

deutlich, daß einerseits unser Auge ein sehr großer Datenfluß (10^6 = 1 Mio. Bit/s) trifft, andererseits das visuelle Wahrnehmungssystem bzw. Gehirn nur mit demgegenüber wesentlich geringeren Bit-Raten zu arbeiten in der Lage ist. Der Mensch hilft sich aber offenbar dadurch, daß er in dem auf der Netzhaut entstehenden Bild eine Codierung von strukturellen Elementen des Bildinhalts vornimmt, die die ursprüngliche Bit-Rate entsprechend zu reduzieren hilft. Dies sei an einem einfachen Beispiel demonstriert: Im Straßenverkehr „sieht" das Auge eigentlich jeden Pflasterstein, jedes Blatt an den Bäumen, jedes Detail an den Häuserfronten etc., *wahrgenommen* werden aber − hoffentlich! − nur die für unsere Bewegungssituation relevanten, „codierten" Bildteile wie Straßenführung, Hindernisse, andere Verkehrsteilnehmer, Verkehrszeichen u. ä. Treten stattdessen Schaufensterauslagen, Blumen am Wegrand o. ä. im Detail hervor, bewirkt das eine „Ablenkung". Es wurden also andere, für den Kontext falsche Bildinhalte codiert. Angesichts des sehr komplexen Bildinhalts der schnell ablaufenden Zeitrafferszenen und angesichts der gewöhnlich starken Veränderung des Bildinhalts während des abrupten Rücksprunges vom letzten zum ersten Bild einer Loop-Szene wird mehr Beobachtungszeit für das Einzelbild benötigt als die durchschnittliche Verweilzeit eines Bildes von 1/25 Sekunde. Es hat sich daher als sehr zweckmäßig („augenfreundlich") erwiesen, die Szene jeweils für einige Sekunden mit einem Standbild zu beginnen, evtl. auch zu beenden, um Zeit zu geben für eine angemessene Orientierung über den Bildinhalt und um eine entsprechende, möglichst umfassende Codierung zu gewährleisten.

Die Tatsache, daß der Kurzzeitspeicher nur für zehn Sekunden 160 Bit Information halten kann, zwingt dazu, die Bewegungsszenen möglichst kurz zu halten, und mit Abb. 3 läßt sich auch der Vorteil der Loop-Betrachtung begründen, weil nämlich zur Aufnahme von Bildinformation ins Kurzzeit- oder gar ins Langzeitgedächtnis die jeweils weiteren Reduzierungen der Bit-Rate durch entsprechend häufige Wiederholungen einer Szene kompensiert werden müssen.

Die Länge einer Szene muß sich in erster Linie aber an der Existenzzeit eines beobachteten Phänomens orientieren. Die Tatsache, daß die auf der Erde stattfindenden atmosphärischen und ozeanischen Vorgänge eine weite Spanne

Tabelle 1. Ungefähre Zeitrafferverhältnisse für die Darstellung atmosphärischer dynamischer Vorgänge typischer Größenordnungsklassen

Phänomene (Kameraposition)	Zeitrafferverhältnis
Gewöhnliche Wolkenentwicklung (vom Boden aus gefilmt)	1 : 10 bis 1 : 50
Erscheinungen in der Größenordnung von Gewittern (aus Bildfolgen geostationärer Satelliten)	1 : 500 bis 1 : 5000
Erscheinungen in der Größenordnung von Zyklonen (aus Bildfolgen geostationärer Satelliten)	1 : 10000 bis 1 : 30000
Globale Vorgänge der Allgemeinen Zirkulation (aus Bildfolgen auch polar umlaufender Satelliten)	1 : 86400 bis 1 : 2,5 Mio

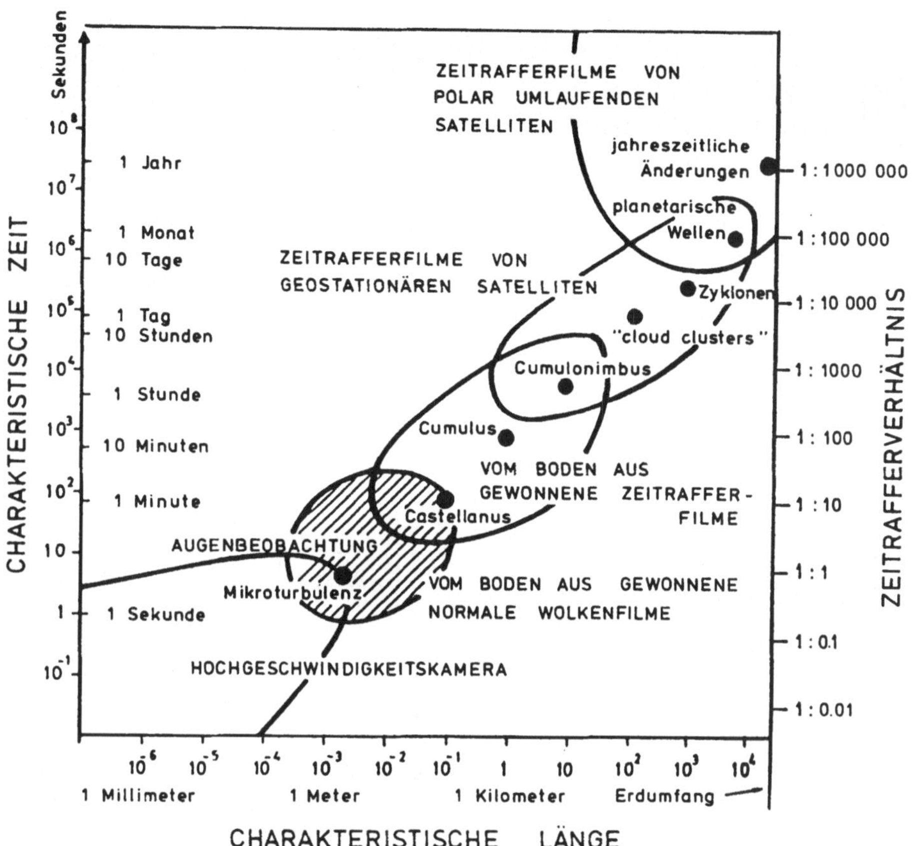

Abb. 5. Beziehung zwischen den Raum- und Zeitskalen für typische atmosphärische Phänomene, ihre jeweilige Beobachtbarkeit durch filmische Bewegungsszenen und die zugehörigen günstigsten Zeitrafferverhältnisse

räumlicher und zeitlicher Größenordnungen überdecken (s. Abb. 5) und daß diese verschiedenskaligen Vorgänge stets gleichzeitig und überlagert stattfinden und dabei in jeder Bewegungsszene superponiert vorkommen, bedingt nun, daß man nicht einfach mit einem festen Zeitrafferverhältnis auskommt, sondern – will man einen Vorgang visuell optimal wahrnehmbar machen – in jeder Bewegungsszene das für die zu untersuchenden Vorgänge jeweils angemessene Zeitrafferverhältnis experimentell herausfinden muß. Einige grobe Orientierungswerte für meteorologische Bewegungsszenen gibt beispielsweise Tabelle 1.

Aber selbst nach Ermittlung des optimalen Zeitrafferverhältnisses sind für das begrenzte visuelle Wahrnehmungsvermögen des Menschen noch eine Reihe weiterer technischer Manipulationen angebracht, die nicht nur die visuelle Wahrnehmung, sondern auch das Verständnis der meist hochkomplexen, dynamischen Bildinhalte erleichtern; und so ist sowohl für unterschiedliche

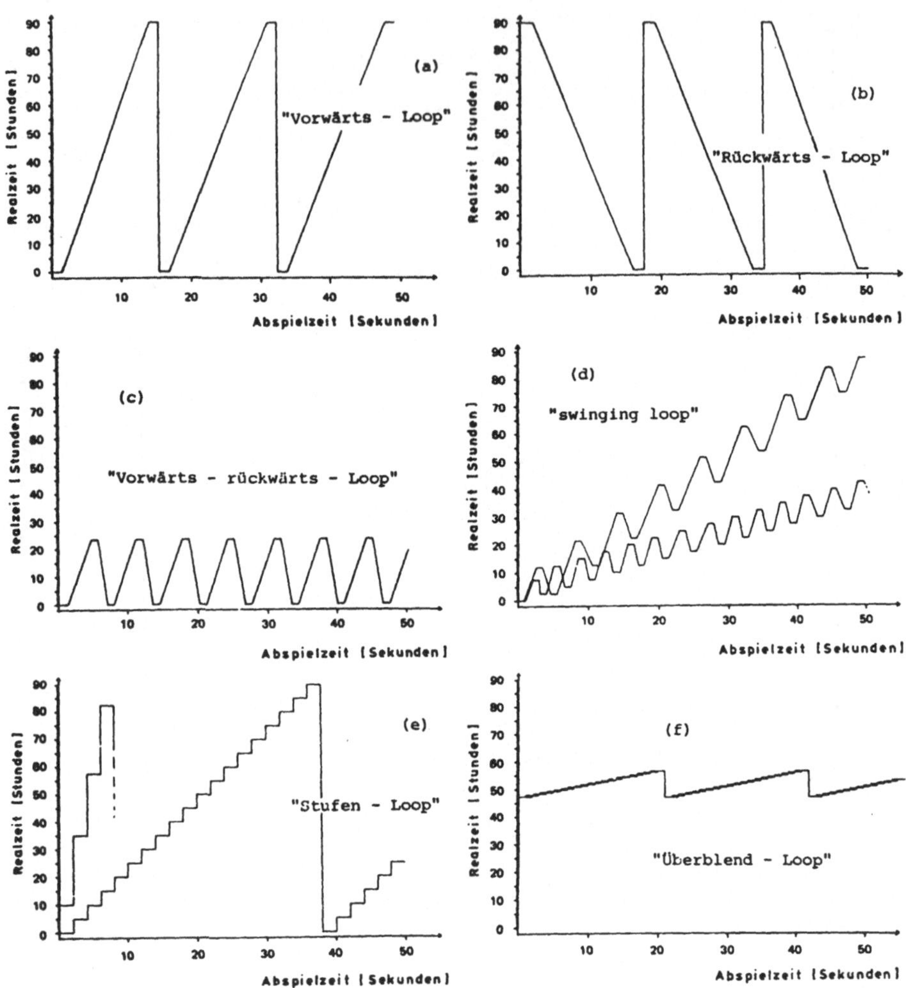

Abb. 6a–f. Szenenablauf bei einigen der gebräuchlichsten Formen von Endlos-Filmschleifen („loops") bei Satellitenbildfolgen; Erläuterungen s. Text

Bildinhalte als auch für die verschiedenen Darstellungs- und Beobachtungszwecke inzwischen eine Vielzahl von Endlosfilmarten entwickelt worden. Von diesen sind einige sehr gebräuchliche in Abb. 6 dargestellt, weitere sind bei Warnecke und Zick (1981) zu finden.

So ist es beispielsweise oft zweckmäßig, eine Bewegungsszene nicht nur in der natürlichen Zeitabfolge („Vorwärts-Loop"; Abb. 6a) zu studieren, sondern auch im Rückwärtsgang („Rückwärts-Loop"; Abb. 6b) oder gar in der fortlaufenden Abwechslung von Vorwärts- und Rückwärtsgang (Abb. 6c). Dabei ist das Einblenden von Standbildern (horizontal von links nach rechts verlaufende Kurvenstücke in Abb. 6) am Anfang einer jeden Teilszene auch eine wichtige visuelle Hilfe, um Vorgänge und Strukturen kontinuierlich, zeitlich vorwärts und rückwärts verfolgen zu können. Sind Bewegungsvorgänge zeitlich sehr variabel oder ziehen sie sich länger hin, als daß sie befriedigend visuell detailliert erfaßt werden können, ist eine zeitlich fortschreitende, „schaukelnde" Loop-Form („swinging loop"; Abb. 6d) eine bewährte praktische Lösung, die es gestattet, relativ kurzzeitige Abläufe innerhalb einer längeren Szene sowohl im Detail als auch im größeren raum-zeitlichen Zusammenhang zu beobachten.

Zuweilen können sogar Standbildfolgen in Loop-Form von Interesse sein (Abb. 6e), insbesondere dann, wenn die Ablaufgeschwindigkeit stark herabgesetzt werden soll. Dabei geht dann allerdings der Eindruck einer glatten, kontinuierlichen Bewegung verloren. Die Überblendtechnik, wie z. B. in Abb. 6f angedeutet, hilft ebenfalls, die Ablaufgeschwindigkeit herabzusetzen, doch wird durch die Überblendung erreicht, den Eindruck ruckartiger Bewegungen zu vermeiden und die Illusion glatter, kontinuierlicher Bewegungsabläufe bzw. gleichmäßiger Strukturänderungen wiederherzustellen.

Weitere Manipulationen, nämlich der Bilddaten selbst, mit digitalen Bilddatenverarbeitungsanlagen, wie z. B. Kontrastverstärkung, Farbcodierung, Mittelbildung (Summation) oder die Überlagerung multispektraler Bilddaten, können ebenfalls zum Unterdrücken bzw. zum Hervorheben bestimmter Bildinhalte bzw. bestimmter Größenordnungsskalen von Bewegungs- bzw. Strukturveränderungsvorgängen, also zur Steigerung der Wahrnehmung, herangezogen werden.

Zusammenfassend kann festgestellt werden, daß Satelliten nicht nur ein bekanntermaßen ausgezeichnetes Hilfsmittel sind für die laufende globale Beobachtung und Kartierung des Zustandes der Erdoberfläche und der Atmosphäre aus menschheitsgeschichtlich neuartiger Perspektive, sondern daß spezielle Methoden der Datenverarbeitung es darüber hinaus ermöglichen, aus Bildfolgen dynamische Vorgänge in Zeitraffung so als Bewegungsszenen darzustellen, daß sie auch als dynamische Vorgänge in ihrer vollen Komplexität visuell erfaßt und somit in ihrem natürlichen raum-zeitlichen Verhalten direkt beobachtet und erforscht werden können.

Die in der nachstehenden Liste aufgeführten Filme verschaffen einen Einblick in die Vielfalt der Möglichkeiten, die sich hiermit für die Beobachtung und Darstellung dynamischer Vorgänge auf der Erde bieten, allerdings sind diese Möglichkeiten noch nicht erschöpfend ergründet worden. Man muß sogar feststellen, daß das wissenschaftliche Potential dieser Art Bewegungsszenen in der Fachwelt vielfach noch gar nicht recht erkannt wurde. Zum Teil mag das daran liegen, daß es bis heute neben der rein visuellen Verarbeitung, die recht mühsam ist, kaum Verfahren gibt, die den Bewegungsszenen eigentümlichen Informationen ausreichend quantitativ zu erfassen und entsprechend weiterzuverarbeiten. Die (digitale) Analyse dynamischer Szenen („dynamic scene analysis") der Informatik steckt — was die Behandlung so komplexer, teilweise diffuser und zeitlich stark veränderlicher Strukturen anbetrifft, wie sie in meteorologischen Satellitenbildfolgen nun einmal vorliegen — zudem noch in den Anfängen (s. z. B. Warnecke 1983).

Übertragung dieser Methoden auf andere Wissenschaftsgebiete

Als letztes sei besonders hervorgehoben, daß die hier am Beispiel meteorologischer Satellitenbildsequenzen vorgestellten Erfahrungen und Erkenntnisse bei der visuellen Aufbereitung von Bildfolgen auf beinahe alle Disziplinen übertragbar erscheinen, in denen es auf eine visuelle Wahrnehmung und Interpretation von zeitlichen oder räumlichen dynamischen Änderungen („optischer Fluß") in Bildfolgen ankommt, seien diese Änderungen nun Ausdruck wirklicher Bewegungen („motion detection") oder die Folge von Strukturänderungen („change detection").

So hat z. B. Ibbeken 1985 vier Luftbilder von der Mündung des Laverde-Flusses an der Bianco-Küste Kalabriens, die über einen Zeitraum von ca. 40 Jahren verteilt aufgenommen wurden, zu einer Filmszene verarbeitet. Darin

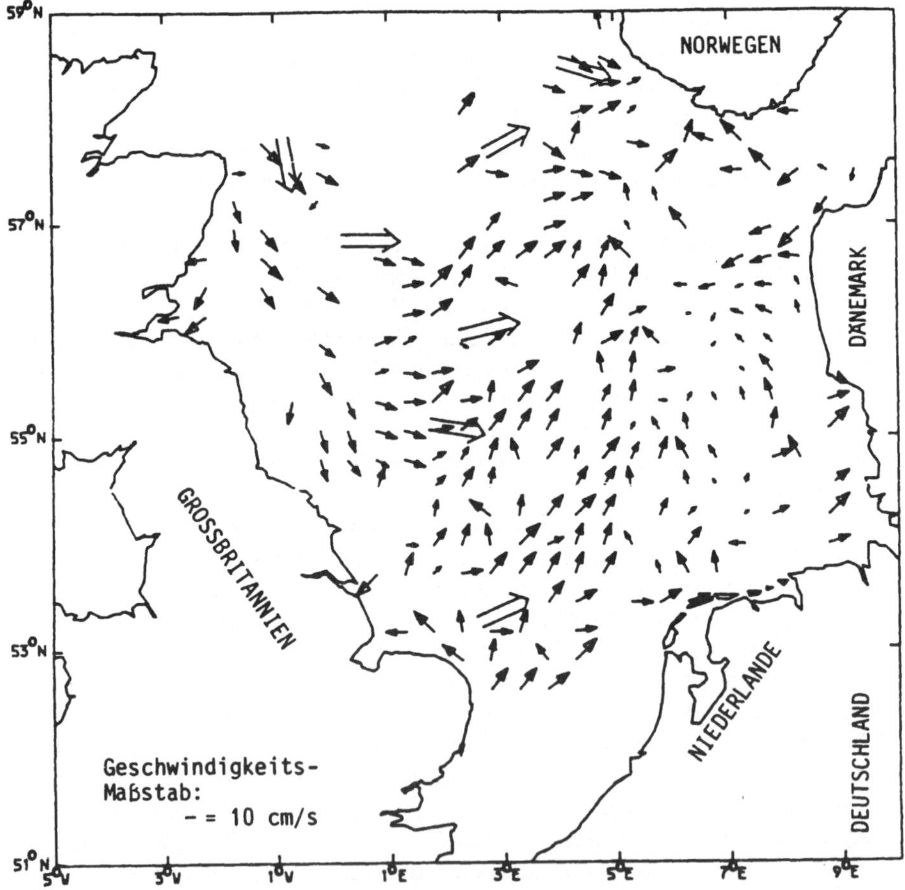

Abb. 7. Geschwindigkeitsvektoren an der Wasseroberfläche der Nordsee am 12. Mai 1984, abgeleitet aus zwei Infrarot-Bildern des meteorologischen Satelliten NOAA von 08. 12 und 15. 04 Weltzeit. Die offenen Pfeile (⇒) stellen Windangaben des Britischen Wetterdienstes dar. (Huang 1990)

sind die zeitlichen Veränderungen des Flusses einschließlich seiner Deltaschüttung und der wechselnden Auswirkungen auf die benachbarten Küstenabschnitte, d. h. die gesamte dramatische, komplexe Dynamik des stark schotternden Flusses beobachtbar. Ganz nebenbei zeigt sich, daß dabei auch alle gleichzeitigen anthropogenen Veränderungen der Landschaft wie Flußregulierung, Verkehrswegebau, neue Ansiedlungen, also Landnutzungsänderungen, auf diese Weise eindrücklich wahrgenommen und im Überblick erfaßt werden können.

Huang und Zick (1990) haben an einer mehrtägigen frühsommerlichen Meteosat-Infrarot-Bildfolge von der wolkenlosen Nordsee gezeigt, daß sich angesichts der beteiligten unterschiedlichen Zeitskalen durch geeignete Auswahl der an sich halbstündlichen Einzelbilder und durch entsprechende, dem Phänomen angepaßte Animation die getrennte visuelle Wahrnehmung

a) der täglichen strahlungsbedingten Temperaturschwankung im Oberflächenwasser;

b) der während der Schönwetterperiode von Tag zu Tag erfolgenden Zunahme der Wasserwärme und

c) der strömungsbedingten Temperaturänderungen

erreichen läßt. Bei letzterem wurde zudem noch der störende Einfluß der Gezeitenströme auf das Temperaturfeld durch entsprechende Veränderung der Bildfrequenz eliminiert. Huang (1990) ist es zudem gelungen, für eine konkrete „meteorologische" Satellitenbildfolge unter wolkenlosen Bedingungen aus den Verschiebungen der in den Bildern sich abzeichnenden Wassertemperaturstrukturen ein engmaschiges Abbild der Oberflächenströmungen der Nordsee abzuleiten (Abb. 7).

Die Explosion des nordamerikanischen Vulkans Mt. St. Helens im Mai 1980 ist mit einer GOES-Bildfolge dokumentiert (Anonymous 1981). Trotz des hierfür relativ großen zeitlichen Abstands der (halbstündlichen) Bilder ist neben der Winddrift der Aschenwolke die Bildung und radiale Ausbreitung der durch vorübergehende Wolkenbildung sichtbar werdenden ringförmigen Explosionsschockwelle das visuell einprägsamste Ereignis.

Literatur

Anonymous (1981) The eruption of Mt. St. Helens, 19 May 1980. Schwarz-Weiß-Film, 5 Min. The California Institute of Earth, Planetary and Life Sciences, 12208 NE 137th Pl, Kirkland, Wash., 98033 USA

Blümel K, Bolle H-J, Eckhardt M, Lesch L,, Tonn W (1988) Der Vegetationsindex für Mitteleuropa 1983–1985. Publ Inst f Meteorologie der Freien Universität Berlin, 70 S

Frank HG (1969) Kybernetische Grundlagen der Pädagogik, Bd 2., Agis, Baden-Baden

Huang W (1990) Satellite sea surface temperature measurements and oceanographic applications. Thesis, Carnegie Institute of Physics, University of Dundee, Scotland

Huang W, Zick C (1990) Surface circulation and solar heating in the North Sea. Video-Film, ZEAM. Freie Universität Berlin

Ibekken H (1985) River and beach – a gravel study. Color-Film, Ton: engl., 20 min, ZEAM, Freie Universität Berlin

Maddox (1871) zitiert in: Fischer WA (1975) History of remote sensing. In: Reeves RG (ed) Manual of remote sensing, vol I. Amer Soc Photogramm, Falls Church, Va, USA, pp 27–50

Neubronner (1903) zitiert in: Fischer WA (1975) History of Remote Sensing. In: Reeves RG (ed) Manual of remote sensing, vol I. Amer Soc Photogramm, Falls Church, Va, USA, pp 27–50

Nordberg W (1965) Geophysical observations from Nimbus I. Science 150:559–572

Nordberg W, Samuelson RE (1965) Terrestrial features observed by the high resolution infrared radiometer. NASA Special Publication SP-89, Washington, D.C., pp 37–46

Reeves RG, Anson A, Landen D (eds) (1975) Manual of remote sensing. Am Soc Photogrammetry, Falls Church, Va, USA

Shaw WN (1912) Preface to "The free atmosphere in the region of the British Isles" (2nd report). The Met Office, London Geophys Mem 2:13–22

Suomi V, Fujita T (1967) Film (9 Min.): Detailed views of mesoscale cloud patterns. The Walter A. Bohan Comp., Park Ridge, Ill., USA

Warnecke G (1983) Aspects of dynamic scene analysis in meteorology. In: Huang TS (ed) Image sequence processing and dynamic scene analysis. Springer, Berlin Heidelberg New York Tokyo, pp 594–600

Warnecke G (1987) The visualisation of the ceaseless atmosphere. In: Vaughan RA (ed) Remote sensing applications in meteorology and climatology. Reidel, Dordrecht, pp 245–257

Warnecke G, Zick CH (1981) The use of cinematographic methods for the presentation of atmospheric motions as revealed by remote sensing techniques from satellites. In: Cracknell AP (ed) Remote sensing in meteorology, oceanography and hydrology. Ellis Horwood, Chichester, pp 452–473

Warnecke G, Allison LJ, McMillin LM, Szekielda KH (1971) Remote sensing of ocean currents and sea surface temperature changes derived from the Nimbus II satellite. Journ Phys Oceanogr 1, pp 45–60

Ergänzende Filmliste

1. Zyklonbildung auf der Wetterkarte. Zeichentrickfilm/sw/stumm/10 Min. Autor: R. Mügge, IWF Göttingen

2. Klassische Polarfront – Wellenzyklogenese über dem Nordatlantik – Simplefilm 37. Meteosat-2, IR/Farbe/stumm/6 1/2 Min. Produktion: ZEAM-FU Berlin

3. Eine synoptisch-skalige Mittelmeerzyklone mit warmem Kern – 27. 9.–2. 10. 1983. METEOSAT-2, IR/Farbe/Ton: englisch/20 Min. Autoren: Ch. Zick, E. Rasmussen. Produktion: CDZ-Film in Zusammenarbeit mit ESA-ESOC und ZEAM-FU Berlin

4. Zwei Polartief-Entwicklungen – Simplefilm 25. METEOSAT-2, 25. 2.–2. 3. 1984, IR/Pseudofarbe/stumm/9 Min. Produktion: ZEAM-FU Berlin

5. Ein Kaltlufteinbruch über Südamerika – Simplefilm 18. SMS-1, IR/sw/stumm/5 Min., 16.–20. Juli 1975. Produktion: ZEAM-FU Berlin

6. The Initiation of Convection („Erzeugung von Konvektion"). GOES, VIS/IR/Farbe/Ton: englisch/19 Min. Autor: Vincent Oliver, NOAA-NESS-Applications Group, Washington, D.C., Produktion: Walter A. Bohan Company, Park Ridge, Ill./USA

7. Kármánsche Wirbelstraßen im Nachlauf Madeiras und der kanarischen Inseln – Simplefilm 33. Meteosat-2, VIS/Farbe/stumm/7 Min. Produktion: ZEAM-FU Berlin

8. Eine große Staubwolke über Nordwestafrika – Simplefilm 27. Meteosat-2, 28.–31. 3. 1985, VIS/IR/Grafik/Farbe/stumm/9 Min. Produktion: CDZ-Film Berlin, in Zusammenarbeit mit ESA und ZEAM

9. Großräumige Schwerewellen – Simplefilm 14. SMS-2, 27.–30. 7. 1976, IR/VIS/sw/stumm/ 6 Min. Produktion: ZEAM-FU Berlin

10. Seasonal Variations of Ice Pack in the Norwegian, Greenland, and Barents Sea. („Jahreszeitliche Veränderungen des Packeises in der Norwegischen See, der Grönland- und der Barents-See"). Nimbus-5-ESMR-Mikrowellen-Pseudofarbbilder, September 1973 – Dezember 1974, Farbe/Ton: englisch. Autor: P.W. Gloersen, NASA, Goddard Space Flight Center, Greenbelt, Maryland. Crawley Films

11. Die Bewegung von Eisfeldern – Simplefilm 35. NOAA-7, 24.–31. 3. u. 19.–29. 11. 1983. IR/sw/stumm/5 1/2 Min. Autor: W. Tonn, Institut für Meteorologie FU Berlin; Produktion: ZEAM-FU Berlin
12. Sea Ice in the Greenland Sea („Meereis in der Grönlandsee"), 29. 10. 1978–20. 5. 1979, NIMBUS-7, Microwave/Pseudofarbe/stumm/9 Min. Autor und Produktion: Leif Toudal Pedersen, Electromagnetics Institute Technical University of Denmark

Klimaforschung und Klimamodelle

GÜNTER FISCHER

Allgemeine Zirkulation und Klima

Die Quelle sämtlicher Bewegungsenergie in der Atmosphäre ist die Sonnenstrahlung; sie führt zu einer hauptsächlich von der geographischen Breite abhängigen Erwärmung der Erdoberfläche, welche sich der aufliegenden Luft mitteilt und diese zu meridionalen Ausgleichsströmungen zwingt. Unter dem Einfluß der Erdrotation erfolgt jedoch eine Umlenkung, so daß im Endeffekt eine im wesentlichen zonale, d. h. breitenkreisabhängige Struktur der großräumigen Zirkulationen resultiert. Hauptmerkmale dieser sogenannten Allgemeinen Zirkulation sind einmal die kräftigen Westwinde, die fast den gesamten Globus zwischen 3 km und 20 km Höhe einnehmen, zum anderen die in Bodennähe überwiegende Dreierstruktur der hemisphärischen Windverteilung. Letztere setzt sich (auf der Nordhalbkugel) aus den Nordostpassaten zwischen 30° Breite und dem Äquator, den sich polwärts anschließenden stark veränderlichen, im Mittel aber südwestlichen Winden der gemäßigten Breiten und aus den polaren Nordostwinden zusammen. Diese bodennahen Ost- und Westwinde markieren auch die unteren Äste der als Hadley-, Ferrel- und Polarzelle bekannten Sekundärzirkulationen; sie genügen dem Prinzip der Drehimpulskonstanz der Erde, wonach die an der Erdoberfläche reibenden Winde insgesamt die Rotation der Erde weder beschleunigen noch verlangsamen dürfen.

Klimaindikatoren sind dabei vor allem die zu den genannten Windsystemen gehörenden Bodendruckgebilde, weil sie über die vorherrschenden Vertikalbewegungen und damit über die Wolkenbedeckung und Niederschlagstätigkeit Auskunft geben. So ist das Absinken der Luft im subtropischen Hochdruckgürtel verantwortlich für die Existenz der Steppen und Wüsten um 30° Breite herum. Die Aufstiegsbewegungen im äquatorialen Tiefdruckgürtel und ebenso diejenigen in den Zyklonen der gemäßigten Breiten sorgen dagegen dort für Niederschlag und damit für ausreichende Vegetation.

Dieses sehr einfach gezeichnete Bild stellt nur die hauptsächlichen Züge der globalen Zirkulation heraus; wesentliche Modifikationen erfährt es durch den Einfluß der Land-Meer-Verteilung und dadurch induzierte Temperaturunterschiede, die zu monsunalen Zirkulationen führen — allem überlagern sich zudem die jahreszeitlichen Schwankungen.

Bei der Diskussion über mögliche Klimaänderungen durch einen erhöhten Glashauseffekt, der primär eine Erwärmung der unteren, eine Abkühlung der oberen Luftschichten hervorruft, wird vielfach auf Klimaverschiebungen durch eine Ausweitung der Steppen- und Wüstengebiete in die mittleren Breiten hinein hingewiesen. Diese wird damit begründet, daß durch die besonders starke Erwärmung der polaren Breiten infolge des dortigen Eisrückgangs der Temperaturkontrast Äquator-Pol abgeschwächt werde, was eine Umstellung der Allgemeinen Zirkulation mit den besagten Konsequenzen zur Folge hätte. Mathematische Modelle, welche z. Z. die Allgemeine Zirkulation der Atmosphäre und damit auch Klimaänderungen zu simulieren vermögen, deuten derartige Verschiebungen zwar an, aber die internen Wechselwirkungen und Rückkopplungen im irdischen Klimasystem sind derart komplex, daß nicht einmal die derzeit aufwendigsten Modelle eine ausreichend genaue Aussage über solche Einzelheiten der zukünftigen Entwicklung machen können.

Sinn und Zweck dieses Beitrags besteht darin, den Aufbau und die Eigenschaften der gegenwärtigen globalen Klimamodelle zu beschreiben und ihre Prognosen kritisch zu betrachten.

Klimadiagnose und Klimaprognose

Was weiß man und was weiß man nicht? Unbestreitbar, weil direkt zu messen, ist der Anstieg der zum Glashauseffekt beitragenden Spurengase Kohlendioxid, Methan, Chlorkohlenwasserstoffe, Ozon und anderer in der Atmosphäre (vgl. die Beiträge von Georgii und Fabian). So ist das CO_2, welches nur mit ca. 0,03 % Volumenanteilen vorkommt, seit der vorindustriellen Zeit um rund 25 % angewachsen und wird seine Konzentration Mitte des nächsten Jahrhunderts verdoppelt haben, wenn fossiler Brennstoff in gleichem Maße wie in den letzten Jahren verbraucht wird. Der physikalische Effekt einer Abschattung der von der Erde ausgehenden Wärmestrahlen durch die Glashausgase liegt ebenfalls klar auf der Hand. Er macht im normalen Rahmen überhaupt erst das Leben auf der Erde erträglich, die bodennahe Lufttemperatur würde sonst 30 K niedriger liegen. (1 Kelvin entspricht einer Temperaturdifferenz von 1 Grad auf der Celsiusskala). Gut gesichert ist auch, daß ein verdoppelter CO_2-Gehalt der Atmosphäre eine Erhöhung der bodennahen Mitteltemperatur um 1,2 K zur Folge hätte, wenn sich sonst nichts änderte; da aber positive Rückkopplungsmechanismen zu erwarten sind, so durch Veränderung der Wolkenbedeckung, Anstieg des Wasserdampfgehalts der Luft und durch das Abschmelzen von polarem Meereis, werden höhere Werte eintreten, die bei 3,0 ± 1,5 K liegen sollen (Bolin et al. 1986). Was den zeitlichen Verlauf der Erwärmung durch die Erhöhung aller Spurengase anbelangt, so wird diese von Wigley (1989) für das Jahr 2030 zu 1,5 ± 1,0 K, für das Jahr 2050 zu 2,2 ± 1,5 K abgeschätzt (s. auch „Policymakers Summary, Report prepared for IPCC", herausgegeben von Houghton et al. 1990; IPCC = Intergovernmental Panel on Climate Change, getragen von der Weltorganisation für Meteorologie, WMO, und dem Umweltprogramm der Vereinten Nationen, UNEP).

In den obigen Angaben treten schon gewisse Unsicherheitsmargen in Erscheinung, obwohl es sich bei der global und langzeitlich gemittelten bodennahen Lufttemperatur um einen relativ groben und nicht besonders aussagekräftigen Klimaparameter handelt. Denn erfahren möchte man natürlich lieber, wie sich bei einem realistischen Verlauf der zukünftigen Spurengasemission das Klima in Zeit und Ort entwickeln wird, in welchem Ausmaß und in welcher zeitlichen Verteilung sich Temperatur, Niederschlag, Bewölkung, Häufigkeit von Trockenperioden, von Unwettern und dergl. in einer bestimmten Region ändern werden. Hierüber gibt es noch keine verläßlichen Aussagen. Das bedeutet nicht, daß keine entsprechenden Rechenresultate existierten, nur sind diese noch zu widersprüchlich, als daß man auf sie bauen könnte.

Es soll hier jedoch nicht der Eindruck erweckt werden, daß eine Erhöhung der Weltmitteltemperatur um $3 \pm 1,5\,\mathrm{K}$ bei CO_2-Verdopplung nicht Warnung genug wäre, aber die Frage der regionalen Verteilung und des zeitlichen Verlaufs aller relevanten Klimaparameter ist natürlich von besonderem ökologischem und ökonomischem Interesse. Die einzige Chance, hierüber vertrauenswürdige Angaben zu erhalten, bieten die globalen dreidimensionalen Klimamodelle, denn nur sie sind in der Lage, den physikalischen Zustand der Atmosphäre und ihrer Ränder in Abhängigkeit von einer vorzugebenden Spurengaskonzentration im ausreichenden Detail zu prognostizieren; sie tun dieses auf der objektiven Grundlage der thermodynamischen und hydrodynamischen Gesetze. Diese Klimamodelle haben in den vergangenen zehn Jahren bereits umfangreiche Ergebnisse geliefert, die meisten davon unter der Annahme einer sprunghaften und anhaltenden Verdopplung der äquivalenten CO_2-Konzentration (letztere drückt die Wirkung aller Glashausgase in CO_2-Einheiten aus); sie geben zwar einheitlich eine allgemeine Erwärmung der unteren Luftschichten an, die besonders in polaren Gebieten ausgeprägt ist, aber z. B. in der geographischen Struktur und in den Beträgen der Temperaturerhöhungen sind ihre Aussagen doch recht unterschiedlich. Sieht man sich außerdem die vorhergesagten Niederschlagsänderungen auf der Erde an, so ist eine Übereinstimmung zwischen den einzelnen Modellen kaum zu erkennen (s. auch Übersichtsartikel von Dickinson 1989).

Im Prinzip ließen sich zukünftige Klimaentwicklungen auch durch Extrapolation der derzeitig beobachteten Trends abschätzen. Immerhin liegen Klimadaten über einen mehr als hundertjährigen Zeitraum weltweit vor, und der in dieser Zeit angestiegene Glashauseffekt sollte sich bereits in einer allgemeinen Temperaturerhöhung der unteren Luftschichten niedergeschlagen haben. In der Tat, sieht man sich die Zeitreihe der bodennahen Weltmitteltemperatur an (Hansen und Lebedeff 1988; Jones 1988; Jones et al. 1991), so erkennt man einen Anstieg von ca. 0,5 K in den letzten hundert Jahren; er besitzt jedoch keinen gleichmäßigen Gang; während der Jahre 1940–1960 waren sogar fallende Temperaturen zu verzeichnen. Deshalb ist eine Fortschreibung in die Zukunft sehr vom benutzten Ausgangszeitabschnitt und der Methodik der Datenglättung abhängig. Aber noch eine Schwierigkeit kommt hinzu: Es ist bisher statistisch nicht einwandfrei beweisbar, daß die erwähnten 0,5 K Temperaturanstieg überhaupt aus dem erhöhten Glashauseffekt erwachsen sind, denn dieser liegt noch innerhalb des Bereichs der natürlichen Schwankungen der Weltmitteltemperatur, hervorgerufen durch Vulkanausbrüche, Variationen in der Sonnenaktivität, Umwälzungen in den Weltozeanen u. a. Man muß also, um eine signifikante Aussage machen zu können, noch einige Jahre warten − solange, bis die Erwärmung ein Maß erreicht hat, das einwandfrei oberhalb der natürlichen Variabilität liegt (s. Wigley und Barnett 1990).

Aber es gibt andere Indizien, die vielleicht darauf hindeuten, daß sich der vermehrte Glashauseffekt bereits auswirkt, so der Rückgang der Gletscher in den gemäßigten Breiten, Erhöhung der Temperatur und des Wasserdampfgehalts über den tropischen Ozeanen, Rückgang der Temperatur in der Stratosphäre, Anstieg des Meeresspiegels (ca. 2 mm pro Jahr). Aber die von allen Modellen vorhergesagte besonders starke Erwärmung arktischer Regionen konnte andererseits bisher nicht beobachtet werden (Angell 1988; Flohn 1989; Folland et al. 1990).

Über die Konsequenzen, die aus den Beobachtungen und aus den Ergebnissen von Klimamodellen zu ziehen sind, gibt es bei den Wissenschaftlern unterschiedliche Ansichten: sollen sie kritisch sein und nur das sagen, was wirklich sichtbar und zweifelsfrei erkennbar ist, oder dürfen sie das nicht streng Nachweisbare durch Spekulationen ersetzen und diese vielleicht aufbauschen, um der Öffentlichkeit die denkbaren Klimakatastrophen möglichst plastisch vor Augen zu führen? Jede Variante ist bisher ausgespielt worden: Klimaexperten jeder Richtung sind zu Worte gekommen, die Medien haben ausführlich und eindringlich berichtet, die Politiker Konferenzen einberufen, die Regierungen Komissionen gebildet. Im Grunde genommen ist nichts geschehen, um den steigenden Glashauseffekt einzuschränken. Das liegt zu einem großen Teil daran, daß die Beweislast nicht groß genug erscheint, widersprüchliche Aussagen das Problem verwässern und die Menschheit auch noch andere Sorgen hat. So bleibt für die Wissenschaft nur übrig, mit verfeinerten Methoden die Klimaentwicklung weiterzuverfolgen und auf überzeugendere Ergebnisse mit verbesserten Klimamodellen zu hoffen.

Aufbau der globalen Klimamodelle

Die Vorgänge in der Atmosphäre unterliegen physikalischen Gesetzen, die sich in Differentialgleichungen formulieren lassen, aus denen die Zustandsvariablen durch „Integration" berechnet werden können. Man hat damit

Physikalisches Gesetz:	*Gleichung:*	*Variable:*
Impulserhaltung	Bewegungsgleichung	Wind
Massenerhaltung	Kontinuitätsgleichung	Luftdruck
Energieerhaltung	1. Hauptsatz der Wärmelehre	Temperatur
Feuchtebilanz	Wasserdampfgleichung	Wasserdampf
Gasgesetz	Gasgleichung	Dichte

Dies sind übrigens dieselben Gleichungen, die auch für die moderne Wettervorhersage Verwendung finden. Sie stellen ein abgeschlossenes System dar, welches im Prinzip unter Vorschrift von Anfangs- und Randbedingungen für *jeden* Punkt und *jede* Zeit eine Vorhersage liefert. Physikalisch gesehen bereiten nur die irreversiblen Prozesse, die mit der Reibung in den Bewegungsgleichungen, der Wärmezufuhr in der thermodynamischen Gleichung und der Kondensation in der Wasserdampfgleichung in Verbindung stehen, Probleme, denn ihre Gesetzmäßigkeiten sind im Detail nicht genau bekannt, so z. B. nicht der exakte Wert der Absorptionskoeffizienten von atmosphärischen Gasen, der für die Strahlungserwärmung bedeutsam ist. In der Praxis spielen diese Unsicherheiten wahrscheinlich nur eine sekundäre Rolle gegenüber den Fehlern, die, wie noch dargelegt werden wird, aus den unumgänglichen Approximationen zur Lösung der Gleichungen herrühren.

Die Bedingungen, die an den Rändern der Atmosphäre herrschen, sind besonders wichtig, da sie die Klimaänderungen ganz wesentlich mitdiktieren. Da existiert einmal die am Oberrand der Atmosphäre einfallende Sonnenstrahlung — unsere primäre Energiequelle —, die aber genügend genau bekannt ist und deshalb kaum Probleme bereitet. An der Erdoberfläche sind die Bedingungen wesentlich komplizierter; hier müssen Land-, Gebirgs-, Meer- und Eisverteilung und die entsprechenden physikalisch unterschiedlichen Eigenschaften wie Rauhigkeit, Wärmekapazität, Temperatur, Feuchte, Albedo (Rückstrahlungsvermögen z. B. von Eis oder Schnee) vorgeschrieben werden, die aber selbst wiederum von Ort und Zeit abhängen. Die Eigenschaften dieser Subkomponenten des Klimasystems, d. h. Geo-, Hydro-, Kryo- und — genau genommen — auch Biosphäre, sind deshalb ebenfalls durch mathematische Gleichungen festzulegen, die ihren physikalischen Einfluß erfassen können. So ist z. B. einleuchtend, daß ein vermehrter Glashauseffekt nicht nur die Atmosphäre aufheizen muß, sondern u. a. auch die Wassermassen der Ozeane. Diese verschlucken aber wegen ihrer großen Wärmekapazität zunächst jede merkbare Temperaturerhöhung der Atmosphäre, und es dauert nach einer theoretischen Studie von Wigley und Schlesinger (1985) ca. 50 Jahre (mit einer großen Unsicherheitsspanne, bis sich die Erwärmung nach einer sprunghaft vorgegebenen CO_2-Verdopplung zu 63% durchgesetzt hat (s. auch Schlesinger 1986; Schlesinger und Jiang 1988; Bryan und Spelman 1985).

Die Eigenschaft des Ozeans, Wärme aus der Luft aufzunehmen und in die Tiefe zu verfrachten, bestimmt wesentlich den zeitlichen Temperaturverlauf im gesamten Klimasystem. Sie muß deshalb adäquat berücksichtigt werden, indem die Dynamik und Thermodynamik der Ozeane ebenfalls in ein Differentialgleichungssystem verpackt wird, welches über über seine „oberen" Randbedingungen mit den „unteren" Randbedingungen der atmosphärischen Gleichungen gekoppelt ist. Das gilt entsprechend auch für die anderen Komponenten des Klimasystems, was zu einem ineinandergeschachtelten System nichtlinearer Gleichungen führt, welches das in der Natur existente weite Spektrum von Strukturen und Prozessen mit äußerst unterschiedlichen Zeit- und Raumskalen möglichst zutreffend beschreibt. Die Spanne reicht z. B. von der Windbö, die kaum 1 Minute überlebt, über die großen Wetterwirbel der Atmosphäre, die einige Tage existieren, die weiträumigen Strömungen der Ozeane, die Fluktuationen von Monaten und länger aufweisen, bis hin zu den Eisbewegungen der Polarkappen im Zeitraum von 10000 Jahren. Hieraus ist schon die Schwierigkeit abzumessen, diese Vielfalt der Zeit- und Raumskalen durch eine in der Praxis handhabbare Lösung der Gleichungssysteme erfassen zu können, eine

Vielfalt, die sich in den beobachteten Klimaelementen durch ihre große zeitliche Unruhe als natürliche Klimavariabilität bemerkbar macht. Die prinzipiellen Grenzen der Vorhersagbarkeit derartiger physikalischer Systeme zeigen Fortak und Lange in den folgenden Beiträgen.

Schwachstellen der Modelle

Aus der Schilderung der vielen Freiheitsgrade des Klimasystems wird ersichtlich, daß die Vorhersagen aus ökonomischen Gründen nur einen beschränkten Bereich von Prozessen umfassen können. Zudem wird durch die Komplexität und Nichtlinearität der Gleichungen ein numerisches Lösungsverfahren im Computer erzwungen, das ebenfalls nur eine begrenzte Anzahl von Informationen zu verkraften vermag. Hierfür werden die Differentialgleichungen durch Differenzengleichungen approximiert, d. h. in ein algebraisches System umgewandelt, in dem die Variablen nicht mehr überall im Raum und in der Zeit, sondern nur an bestimmten Gitterpunkten bzw. zu bestimmten Zeitpunkten definiert sind. Dies ist vergleichbar mit einem „Siebdruck" der Natur, der nur Konturen ab einer bestimmten Größe, die durch den Abstand der Gitterpunkte vorgegeben ist, zur Geltung bringt, d. h. auflöst. Dieses unzulängliche Abbild der Wirklichkeit nennt man dann „Modell"; es besitzt naturgemäß Fehler, die sowohl mathematischer als auch physikalischer Natur sind und im folgenden kurz skizziert werden sollen. (Die Struktur des NCAR-Modells als Beispiel eines hochentwickelten Klimamodells ist in Abb. 1 dargestellt. Eine Erläuterung der verwendeten Abkürzungen der Modelle findet sich in der Legende zu Tabelle 1.)

Die mathematischen Fehler beruhen auf der Tatsache, daß die numerische Methode zur Lösung (Integration) der Gleichungen nur eine Approximation darstellt, die umso ungenauer ist, je weiter die Punkte des Gitternetzes auseinanderliegen. Die heutigen Klimamodelle, mit denen eine Vorhersagezeit von 10 bis 100 Jahren überspannt wird, weisen in der Atmosphäre Gitterpunktabstände von etwa 500 km horizontal und 1 km vertikal auf und besitzen Zeitschritte von etwa einer halben Stunde; sie sind damit wesentlich gröber in ihrer Auflösung als die Wettervorhersagemodelle, welche horizontale Gitterpunktabstände von ungefähr 200 km besitzen, dafür aber auch nur Vorhersagen bis zu 10 Tagen zu liefern brauchen.

Die physikalischen Fehler liegen darin, daß Prozesse, deren Durchmesser kleiner sind als das Doppelte der Gitterpunktabstände, nicht aufgelöst werden können, aber in der Natur nichtsdestoweniger die größeren Strukturen beeinflussen. Die Bildung von Haufenwolken über weiten Meeresgebieten zeigt z. B. an, daß dort großräumig Wärme an die Atmosphäre abgegeben wird – im „Siebdruck" des Modells sind aber die vielen kleinen Haufenwolken nicht zu erkennen und ihr weiträumiger Erwärmungseffekt direkt nicht zu erfassen. Um diesen jedoch indirekt in Ansatz bringen zu können, wird die Methode der sogenannten Parametrisierung benutzt, wobei, um bei unserem Beispiel zu bleiben, der Effekt der Haufenwolken durch die an den Gitterpunkten bekannten

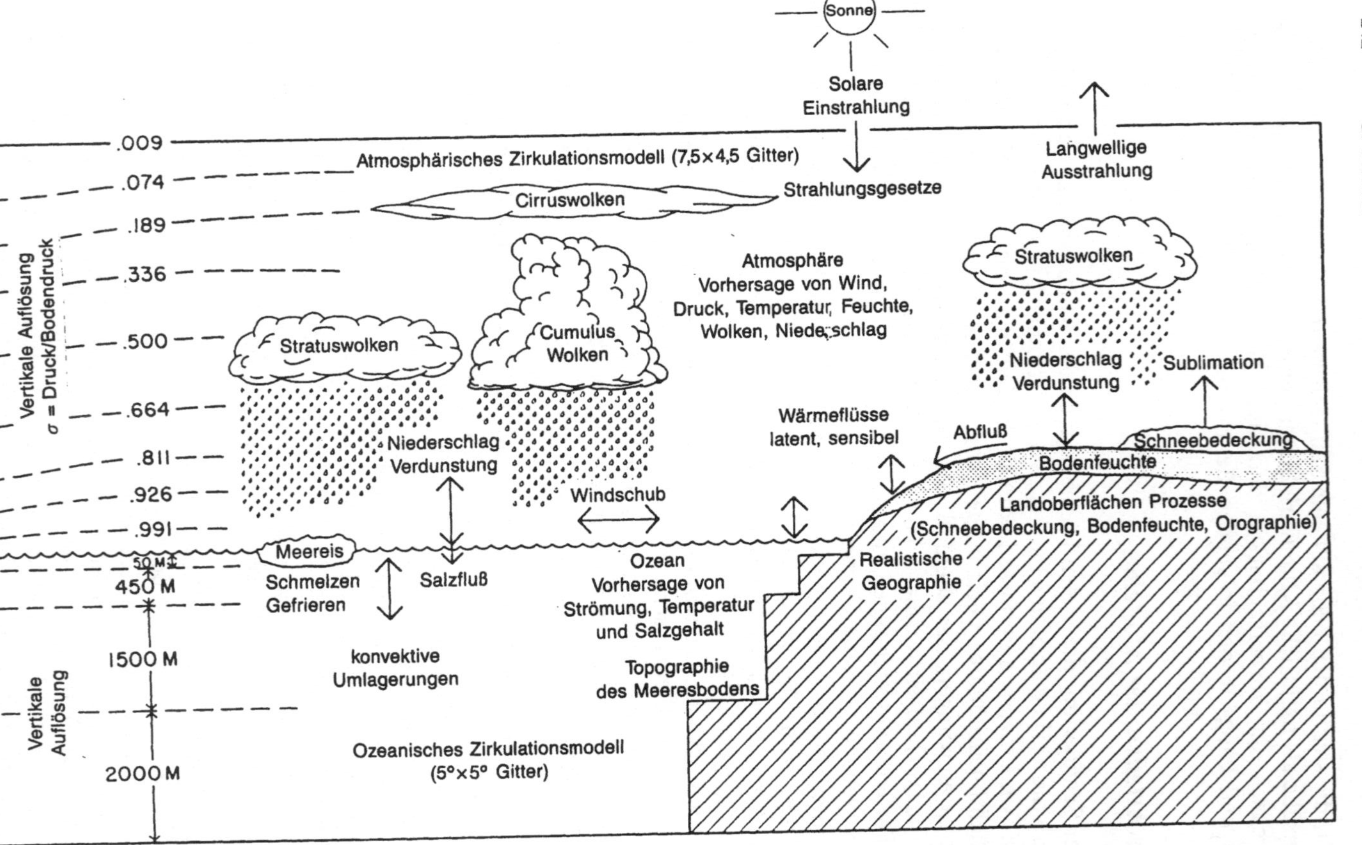

Abb. 1. Schematische Darstellung der Struktur des NCAR-Klimamodells mit gekoppelten Atmosphäre-Ozean-Zirkulationsmodellen; Skizzierung der physikalischen Prozesse und Wechselwirkungen, die berücksichtigt werden. (Nach Washington und Meehl 1989)
NCAR = National Center for Atmospheric Research, eine Großforschungseinrichtung der US-amerikanischen Universitäten

Zustandsgrößen, wie vertikale Temperaturschichtung, Wasserdampfgehalt der Luft und Windverteilung, abgeschätzt wird.

Eine weitere Vereinfachung der Physik erfolgt dadurch, daß nicht sämtliche Unterkomponenten des Klimasystems berücksichtigt werden: Von den Ozeanen wurde bisher meistens nur die obere „Deckschicht" mit einer Tiefe durchmischten Wassers von ca. 50 m, vom Eis allein das schwimmende Meereis betrachtet. Dieser thermodynamische Deckschichtozean zirkuliert nicht, sondern nimmt nur lokal Wärme auf bzw. gibt diese an die Atmosphäre ab, d. h. die in der Natur wirkenden horizontalen und vertikalen Wärmetransporte durch die Meeresströmungen müssen parametrisiert werden. Das Meereis kann schmelzen und sich neu bilden, aber nicht driften. Mit dieser Vereinfachung und Beschränkung auf die relativ „schnellen" Klimakomponenten, die innerhalb der nächsten 100 Jahre in erster Linie reagieren, wird der Rechenaufwand reduziert, wobei man hofft, daß darunter die Qualität der Prognosen für diesen Zeitbereich nicht wesentlich leidet. Jedoch gehen die Bemühungen jetzt immer mehr in Richtung echter ozeanischer Zirkulationsmodelle, welche einen den Atmosphärenmodellen ähnlichen physikalischen Aufbau besitzen und mit diesen sowohl thermodynamisch als auch dynamisch gekoppelt werden (s. als Beispiel das NCAR-Modell in Abb. 1).

Die Unzulänglichkeiten der Modelle haben ihre Wurzeln also ganz wesentlich in der Kapazitätsbegrenzung selbst der heutigen Supercomputer, die eine engere Auflösung und vollständigere Erfassung der Klimakomponenten mit vertretbarer Effizienz nicht zuläßt, denn der Rechenzeitverbrauch der Klimamodelle liegt derzeit bei etwa 1 Std./Monat. Die Notwendigkeit, ausreichend Zugang zu einem Supercomputer zu haben, ist der wesentlichste Grund dafür, daß nur ca. 10 Institutionen auf der Welt in der Lage sind, globale dreidimensionale Klimamodelle zu betreiben — trotz der Dringlichkeit der Fragestellung.

Qualität der Klimamodelle

Wie groß die Fehler der Klimamodelle wirklich ausfallen, kann man kaum im voraus bestimmen; daß sie nicht vernachlässigbar sind, weiß man aus den Erfahrungen mit den Wettervorhersagemodellen. Zur Überprüfung ihrer Qualität bietet sich natürlich an, die Modelle nach unserem *heutigen* aus Beobachtungen gut bekannten Klima zu fragen. Zu diesem Zweck startet man eine Rechnung von einem im Grunde beliebigen Anfangszustand aus, schaltet die Sonnenstrahlung an, gibt die heute gültigen Randbedingungen und Luftbestandteile ein und geht schrittweise in die Zukunft, bis sich das Modellklima nach einigen Jahrzehnten Simulationszeit eingeschwungen hat, d. h. einen Zustand erreicht hat, der sich statistisch nicht mehr ändert. Danach werden die Resultate einer Analyse unterworfen — d. h. Mittelwerte und Varianzen gebildet — und mit den entsprechenden Angaben aus den Beobachtungen verglichen. Folgende Größen und Verteilungen werden dabei behandelt (die in Klammern stehenden Elemente werden von den meisten Modellen noch nicht berücksichtigt):

Atmosphäre	*Erdboden (oberste Schicht ca. 10 m)*	*Ozeane*	*Eis*
Wind	Temperatur	Temperatur der Deckschicht bis ca. 50 m Tiefe	Meereisbedeckung Meereisdicke
Druck	Feuchte	(Temperatur der tieferen Schichten)	(Eisdrift)
Temperatur Wasserdampf Wolken Niederschlag	Schnee Albedo (Vegetation) (Eis).	(Strömung) (Salzgehalt)	

Es existiert eine große Anzahl derartiger Vergleichsrechnungen mit Modellen, die sich durch die Parametrisierungen, Annahmen über Randbedingungen und ihre Gitterpunktsauflösung und -struktur unterscheiden und deshalb auch unterschiedliche Ergebnisse im einzelnen liefern (s. Gates 1985; von Storch et al. 1985; Gates et al. 1990; Santer und Wigley 1991). Die Übereinstimmung zwischen der errechneten und der beobachteten Weltmitteltemperatur erscheint zwar akzeptabel, denn die Abweichung beträgt „nur" $1-2$ K; bei regionaler Betrachtung treten jedoch Fehler auf, welche die bei verdoppelter CO_2-Konzentration prognostizierten Temperaturänderungen übertreffen.

Im Klimamodell der Oregon State University (OSU) (Schlesinger und Zhao 1988) z. B. liegt die bodennahe Mitteltemperatur 1,5 K höher als in der Natur (s. auch Tabelle 1), zudem (und damit verbunden) ist die Meereisbedeckung auf die Hälfte des beobachteten Wertes geschrumpft. Hier kommt ein vielfach auftretender Defekt zur Geltung, der durch die Kopplungsmodalitäten der Klimakomponenten im Modell verursacht wird. Die Kopplung enthält Vorschriften über den kleinskaligen („turbulenten") Austausch von Wärme, Impuls und anderen Eigenschaften an den Grenzflächen zwischen Atmosphäre, Ozean und Meereis. Die unvermeidbaren Fehler in den Parametrisierungen dieser Austauschflüsse führen nun zu einer sogenannten Klimadrift, d. h. das Modell produziert einen Klimazustand, der sich mehr oder minder von dem beobachteten unterscheidet. Reduziert, aber nicht vollständig behoben, wird diese Klimadrift durch eine empirische Korrektur der Austauschflüsse (Flußkorrekturmethode). Sie wird aus ungekoppelten Rechnungen, in denen jeweils beobachtete Zustände der Ränder vorgeschrieben werden, abgeleitet (Sausen et al. 1988).

Der möglichst zutreffende Vergleich zwischen berechneten und beobachteten Daten erfordert eine äußerst komplexe statistische Analyse. Hierzu reicht eine Betrachtung der zeitlichen Mittelwerte allein nicht aus, vielmehr muß auch untersucht werden, ob das zeitliche Schwankungsverhalten der Modellatmosphäre mit der Realität übereinstimmt. Denn nur wenn auch diese Klimavariabilität von den Modellen adäquat erfaßt wird, kann man glaubwürdige Prognosen der anthropogenen Klimaänderungen erwarten. Im allgemeinen geben die Modelle die zeitlichen Fluktuationen zu schwach wieder.

Klimaänderungsexperimente mit CO_2-Verdopplung

Um eine CO_2-induzierte Klimaänderung zu simulieren, geht man bisher gewöhnlich so vor, daß die oben beschriebene Rechnung, die sog. Kontrollrechnung, welche das derzeitige Klima „$1 \times CO_2$" repräsentieren soll, exakt wiederholt wird, mit der einzigen Ausnahme, daß eine doppelte CO_2-Konzentration, die konstant in der Zeit bleibt, eingegeben wird. Das Ergebnis dieser „$2 \times CO_2$"Rechnung vergleicht man dann mit der „$1 \times CO_2$"Kontrollrechnung und bildet die Differenz „$2 \times CO_2$ minus $1 \times CO_2$", welche dann die Klimaänderung angibt. Auch wenn − wie beschrieben − das Modell Fehler besitzt, so ist doch zu erwarten, daß sich diese durch die Differenzbildung der beiden Modellrechnungen weitgehend aufheben.

Der ideale Weg, der neuerdings auch zunehmend beschritten wird, würde zwar darin bestehen, den zeitlichen Verlauf der Klimaänderung in Abhängigkeit von einem vorgegebenen zeitlichen Verlauf der CO_2-Konzentration (ein sog. Szenario) zu bestimmen, aber im obigen Fall „$2 \times CO_2$" läßt sich durch Tricks die Rechnung beschleunigen, so daß der Gleichgewichtszustand relativ schnell erreicht wird, wenn auch auf Kosten der Synchronisation mit dem realen Zeitverlauf.

Wenn im folgenden nur Verteilungen der Temperatur- und Niederschlagsänderungen besprochen werden, so geschieht dies, um die Informationsfülle in Grenzen zu halten. Es sei aber nochmals betont, daß sämtliche übrigen Zustandsgrößen, z. B. die Windzirkulationen oder die Wolkenbedeckung, Änderungen unterworfen sind, die ebenfalls berechnet werden.

Was zeigen nun die fünf Modelle, mit denen derartige Experimente durchgeführt worden sind? (s. hierzu auch Tabelle 1; eine Zusammenschau von Ergebnissen findet man bei Schlesinger 1991 sowie bei Mitchell et al. 1990). Die Modelle, die sämtlich nur einen thermodynamischen Deckschichtozean besitzen, geben praktisch überall auf der Erde eine Erwärmung der unteren Luftschichten an, mit Ausnahme des NCAR-Modells, wo über kleineren Gebieten auch eine Abkühlung vorkommt, so über Ostsibirien im Winter mit einem Betrag von 2 K. Die Erwärmung ist in den Tropen am geringsten und hier besonders über den Ozeanen, am größten in den Polargebieten − dort vor allem an der Eisgrenze. Im Sommer der jeweiligen Halbkugel ist sie am kleinsten, aber zwischen den einzelnen Modellklimaten gibt es sowohl qualitative als auch quantitative Unterschiede, die in den hohen Breiten besonders auffällig sind. So z. B. nimmt im GFDL-, GISS- und UKMO-Modell die Winter-Temperaturerhöhung über Nordamerika von Süden nach Norden von 4 K bis zu 10 K zu, während sowohl das NCAR- als auch das OSU-Modell nur eine Erwärmung von 2 K über Kanada und dem NW-Pazifik zeigen. Im ganzen ergibt sich eine annehmbare Übereinstimmung in der meridionalen Verteilung der Temperaturänderungen, jedoch nicht in ihren zonalen Mustern (Santer und Wigley 1990).

Da der Glashauseffekt schon seit über 100 Jahren zunimmt, sollten die Beobachtungen − sofern andere Effekte übertönt werden − ein globales Temperaturänderungsmuster, qualitativ ähnlich dem der Modelle bei verdoppelter CO_2-Konzentration, aufweisen. Eine entsprechende Vergleichsanalyse mit dem OSU-Modell zeigte allerdings keinerlei Korrelation (Santer et al. 1991); die Autoren scheinen jedoch eine gewisse Übereinstimmung mit Beobachtungen nach Normierung der örtlichen Temperaturänderungen mit den dort herrschenden zeitlichen Temperaturfluktuationen gefunden zu haben.

Die prognostizierten Niederschlagsänderungen streuen stark von Modell zu Modell. Polwärts von 30° Breite fällt zwar allgemein mehr Niederschlag, mit Ausnahme im GFDL-Modell, welches weniger Niederschlag über dem größten Teil Nordamerikas und Europas vorhersagt. Auch kommt es zu verstärkten Niederschlagsaktivitäten in den tropischen Breiten im Bereich der Konvergenzzonen; besonders ausgeprägt ist dieses beim NCAR-Modell. Jedoch ist die Streuung der Niederschlagsänderungen zwischen den Modellen recht hoch; sie erreicht für 50% der Erdoberfläche mindestens ebenso große Werte wie die Niederschlagsänderungen selbst − d. h. die Modellaussagen sind sehr unterschiedlich, was die regionalen Niederschlagsänderungen anbetrifft.

Tabelle 1. Die von fünf globalen Klimamodellen jeweils mit Deckschichtozean prognostizierten Änderungen der bodennahen Temperatur und des Niederschlags sowie Auflösungsvermögen der Modelle

Modell	GFDL[a]	GISS[b]	NCAR[c]	OSU[d]	UKMO[e]
Horizontales Gitternetz (Auflösung: geograph. Breite × Länge)	$4,44° \times 7,5°$	$7,83° \times 10,0°$	$4,44° \times 7,5°$	$4,0° \times 5,0°$	$5,0° \times 7,5°$
Anzahl horizontaler Flächen (Vertikale Auflösung)	9	9	9	2	11
Temperaturfehler K („$1 \times CO_2$-minus-Beobachtung"; globales Mittel)	+0,6	0,0	0,2	+1,5	−0,4
Temperaturänderung K („$2 \times CO_2$ minus $1 \times CO_2$"; globales Mittel)	+4,0	+4,2	+3,5	+2,8	+5,2
Relative Niederschlagsänderung % („$2 \times CO_2$ minus $1 \times CO_2$"; globales Mittel)	8,7	+11,0	+7,1	+7,8	+15,0
Niederschlagsänderung mm/Tag an 50°N, 100°W („$2 \times CO_2$ minus $1 \times CO_2$")	−0,52	+0,45	+0,18	+0,38	+0,19

[a] GFDL, Geophysical Fluid Dynamics Laboratory, Princeton, USA (Wetherald und Manabe 1986)
[b] GISS, Goddard Institute for Space Studies, New York, USA (Hansen et al. 1984)
[c] NCAR, National Center for Atmospheric Research, Boulder, USA (Washington und Meehl 1984)
[d] OSU, Oregon State University, Corvallis, USA (Schlesinger und Zhao 1988)
[e] UKMO, United Kingdom Meteorological Office, Bracknell, UK (Wilson und Mitchell 1987)

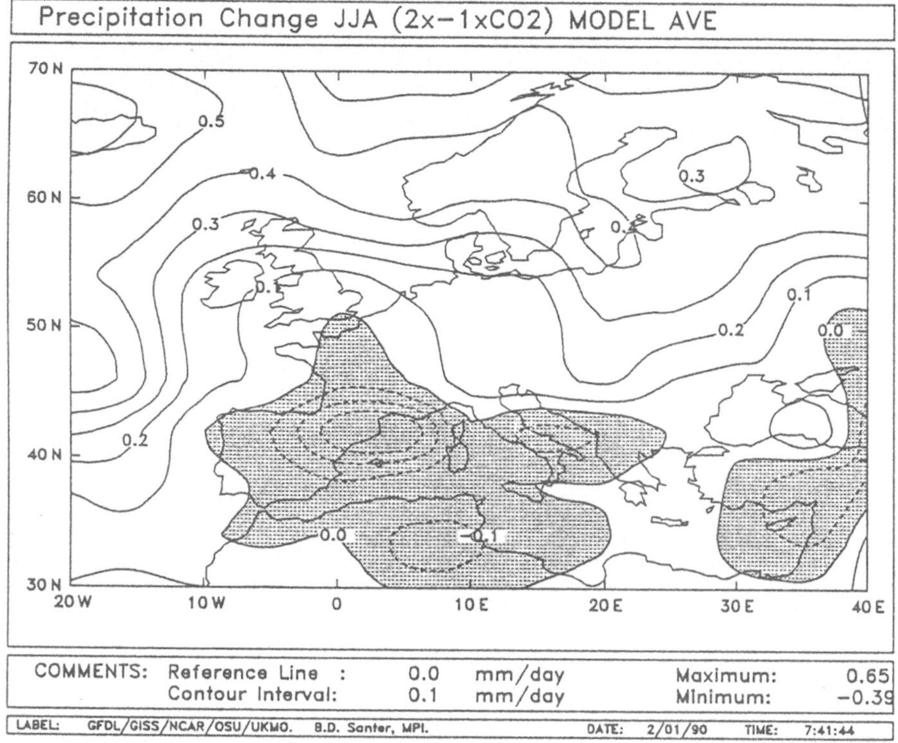

Abb. 2 a Verteilung der Niederschlagsänderungen $\overline{\Delta N}$ im europäischen Raum während des Sommers (Juni, Juli, August) aufgrund verdoppelter CO_2-Konzentration. Aufgetragen sind die aus den 5 Modellen der Tabelle 1 resultierenden Mittelwerte; negative Änderungen sind *schraffiert*, der Isolinienabstand beträgt 0,1 in der Einheit mm/Tag

Mit Blick auf Europa ergeben die fünf Modelle Temperaturerhöhungen im Winter zwischen 9 K in Nordskandinavien und 4 K im Mittelmeergebiet mit einer jeweiligen Streuung von 4 K und 1 K; die sommerliche Erwärmung liegt im gesamten Bereich bei 1–2 K. Diese einigermaßen gute Übereinstimmung in den Modellprognosen garantiert jedoch nicht deren Richtigkeit, da in allen Modellen gemeinsame Fehler auftreten können. Die gemittelten Niederschlagsänderungen über Europa und die entsprechende Streuung zwischen den Modellen sind für den Sommer in Abb. 2 aufgetragen. Außer im Mittelmeergebiet, wo bis zu 0,4 mm/Tag weniger Regen fällt, ist die Bilanz positiv und ergibt in Teilen Skandinaviens ein Plus von 0,4 mm/Tag (Abb. 2a). Aber die Streuung (Abb. 2b) besitzt die gleiche Größenordnung, woraus die Unterschiedlichkeit in den einzelnen Modellresultaten deutlich wird.

Tabelle 1 faßt die Angaben der fünf betrachteten Modelle über die globalen Temperatur- und Niederschlagsänderungen zusammen. Man sieht, daß sich die Erwärmung der bodennahen Luft zwischen 5,2 K beim UKMO-Modell und 2,8 K beim OSU-Modell bewegt. Es fällt auch mehr Niederschlag auf die Erde,

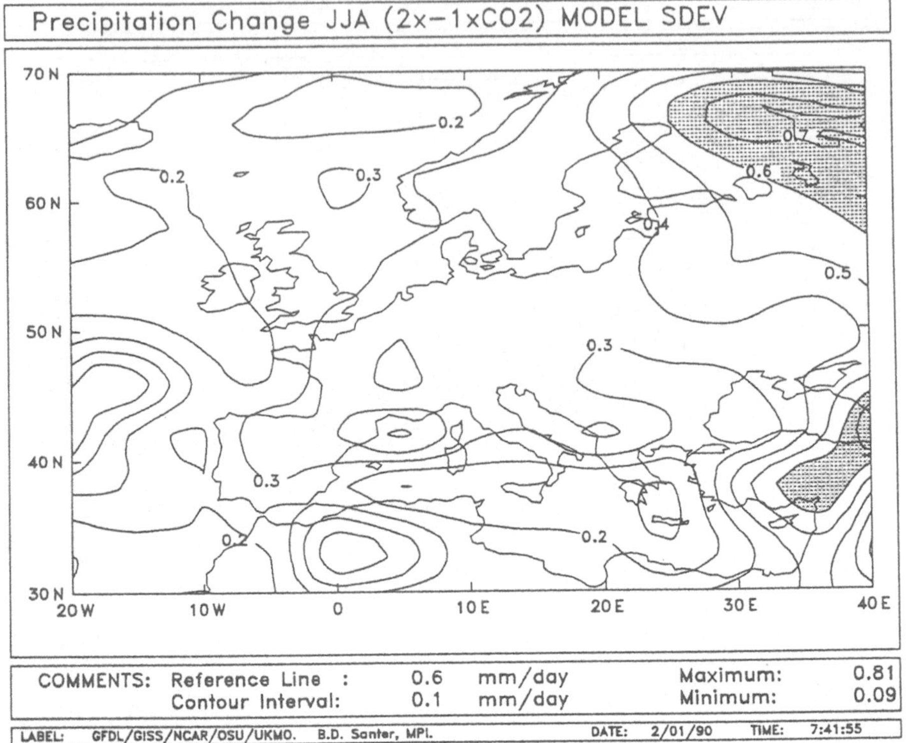

Abb. 2b Standardabweichung σ der Niederschlagsänderungen in **a** zwischen den 5 Modellen. Der Isolienabstand beträgt 0,1 in der Einheit mm/Tag; Werte über 0,6 mm/Tag sind *schraffiert*. Die Standardabweichung ergibt sich aus:

$$\sigma = \left\{ \sum_{i=1}^{\sigma} (\varDelta N_i - \overline{\varDelta N})^2 \right\}^{1/2}$$

(Die Abbildungen 2a und 2b wurden dem Autor freundlicherweise von Herrn Dr. B.D. Santer, MPI für Meteorologie in Hamburg, zur Verfügung gestellt.)

zwischen 7,1% (NCAR-Modell) und 15,0% (UKMO-Modell). Für einen ausgewählten Ort nahe Winnipeg gibt das GFDL-Modell ein Niederschlagsdefizit, alle übrigen Modelle zeigen dort jedoch eine Vermehrung des Niederschlags. (Eine ausführlichere Tabelle findet sich in Cubasch und Cess 1990).

Klimasensitivität der Modelle

Trotz des sehr ähnlichen physikalischen mathematischen Aufbaus der Modelle ergeben sich also beträchtliche Unterschiede in den Resultaten. Diese sind hauptsächlich Rückkopplungseffekten zuzuschreiben, die sich durch die nicht einheitlichen Parametrisierungen − hauptsächlich betrifft das die Wolken −

in den Modellen verschieden auswirken. Falls keine Rückkopplungen vorhanden wären, würde die CO_2-Verdopplung eine Erwärmung von 1,2 K induzieren. Aber durch sekundäre Einflüsse wird der primäre Effekt möglicherweise verstärkt (positive Rückkopplung) oder abgeschwächt (negative Rückkopplung). So erhöht sich z. B. mit einem CO_2-induzierten Temperaturanstieg die Verdunstung an der Meeresoberfläche und die Aufnahme von Wasserdampf durch die Luft. Letzterer behindert die Ausstrahlung der Erdoberfläche noch wirksamer als das Kohlendioxid (die Temperatureffekte von H_2O und CO_2 betragen bei normaler Verteilung 20 K bzw. 7 K), so daß daraus eine positive Rückkopplung resultiert. Auf der anderen Seite ist es denkbar, daß dann mehr Wolken gebildet werden. Dadurch würde mehr Sonnenenergie in den Weltenraum zurückgestrahlt, und die Temperaturen gingen zurück, was einer negativen Rückkopplung entspräche.

Die Modelle geben fast alle eine positive Rückkopplung an. Ob die Prozesse aber richtig wiedergegeben werden, ist die Frage und im einzelnen abhängig von den Vorgaben, mit denen die Modelle gespeist werden, z. B. von der Vorschrift, wie sich Wolken bilden, welche Höhe, welche Mächtigkeit und welchen Wassergehalt diese annehmen und wie die Strahlung von ihnen absorbiert, emittiert und gestreut wird. In der Art der Berücksichtigung derartiger Prozesse, deren Gesetzmäßigkeiten nicht exakt bekannt sind, unterscheiden sich die Modelle hauptsächlich und geben entsprechend auch unterschiedliche Antworten, wie die Ergebnisse zeigen. Die schon erwähnte Klimadrift läßt sich auch als Folge einer vom Modell falsch verstandenen Rückkopplung zwischen den einzelnen Klimakomponenten auffassen.

Die wichtigsten Rückkopplungen innerhalb der Atmosphäre entstehen einmal durch die mit der Erwärmung einhergehende Erhöhung des Wasserdampfes (positive Wasserdampf-Temperatur-Rückkopplung), ferner durch die Änderung der Wolkenbedeckung, der Wolkenhöhe und der optischen Eigenschaften der Wolken (Wolken-Strahlung-Rückkopplung, Vorzeichen positiv, wenn auch umstritten), sowie durch Verminderung der Reflexion der Sonnenstrahlung durch Eisschmelze (positiv bei Eis/Schnee-Albedo-Temperatur-Rückkopplung). Besonders die Behandlung der Wolken in den Modellen ist ein kritischer Punkt, der in erster Linie für die unterschiedlichen Resultate verantwortlich zu sein scheint (Cess et al. 1989). Sogar ein und dasselbe Modell reagiert empfindlich auf vorgegebene Variationen wolkenphysikalischer Parameter. So ergaben sich für das UKMO-Modell anstelle der 5,2 K Erwärmung in Tabelle 1 Werte von nur 2,9 K oder 1,9 K je nachdem, welches Wolkenbildungsschema und welche optischen Eigenschaften der Wolken in den Parametrisierungsansätzen vorgeschrieben worden waren (Mitchell et al. 1989), wobei zunächst alle gleich akzeptabel erscheinen, da die realen wolkenphysikalischen Vorgänge nicht genau bekannt sind. Hier muß jedoch angemerkt werden, daß die Eignung wolkenphysikalischer Ansätze wenigstens z. T. durch Beobachtungen überprüfbar ist. Verteilung, Höhe, Mächtigkeit, Wassergehalt von Wolken können von Satelliten aus in bestimmten Fällen beobachtet werden; Forschungen auf diesem Gebiet erfolgen durch das International Satellite Cloud Climatology Project (ISCCP). Auch die Bestimmung der optischen Eigenschaften der Wolken, d. h.

ihr Einfluß auf die Strahlungsbilanz der Atmosphäre, ist per Satellit möglich und findet im Rahmen des Earth Radiation Budget Experiments (ERBE) statt; beide Projekte werden von der Weltorganisation für Meteorologie (WMO) koordiniert.

Es sei noch einmal betont, daß auch gleiche Aussagen von Modellen nicht für deren Richtigkeit bürgen, denn die im Grunde sich einander ähnelnden Parametrisierungen können gemeinsame Fehler besitzen und damit allgemein zu falschen Rückkopplungsprozessen und Prognosen führen. Für diese Möglichkeit sprechen die bekannten systematischen Fehler der operationellen Wettervorhersagemodelle, die miteinander über das Muster der Land-Meer-Verteilung korreliert sind.

Verlauf der Klimaänderung bei zeitlicher Vorgabe der Spurengaskonzentration

Die erste brauchbare zeitabhängige („transiente") Klimasimulation mit realistischen Perspektiven sowohl des CO_2-Eintrags als auch der anderen Spurengase stammt vom GISS-Modell (Hansen et al. 1988), das auch für die „$2 \times CO_2$-Prognose" in Tabelle 1 herangezogen worden war. Die Rechnungen starten mit dem Jahr 1958 und überspannen einen Zeitraum bis zu 100 Jahren; sie bestehen aus einer Kontrollrechnung (jetzige Spurengaskonzentration), die synchron mit drei weiteren Experimenten für unterschiedliche Szenarien des zukünftigen Spurengaseintrags verglichen wird. Die Resultate zeigen im Jahr 2020 im ungünstigsten Fall — mit ca. 1,5% pro Jahr Zunahme der äquivalenten CO_2-Konzentration (entspricht der heutigen Rate) — einen bodennahen Temperaturanstieg von 1,5 K im globalen Mittel, im günstigsten Fall — Glashausgaskonzentration bleibt ab Jahr 2000 konstant — von 0,5 K. Im mittleren Szenario der Rechnung, welches darauf basiert, daß die Wachstumsrate der Spurengaskonzentration abnimmt, so daß der jährliche Spurengaseintrag ungefähr auf dem jetzigen Niveau verbleibt, liegt der Wert bei 1 K. Die geographische Verteilung der Erwärmung für das Jahresmittel 1980, 1990 und 2010 zeigt, daß diese in der mittleren Troposphäre der niederen Breiten relativ hoch liegt, im Einklang mit dem UKMO und in Diskrepanz zum GFDL- und NCAR-Modell (bei „$2 \times CO_2$"-Experimenten!).

Beim Vergleich der bodennahen Temperaturänderungen im Juli-Mittel verschiedener Jahre ist im ungünstigsten Fall etwa ab dem Jahre 2000 ein deutliches Überwiegen der Erwärmungsgebiete gegenüber den Abkühlungsgebieten zu erkennen, und im Jahre 2029 ist die Temperatur fast überall angestiegen. Die Erwärmungsgebiete weisen dabei allgemein höhere Temperaturen auf als sie in der Vergangenheit in extremen Fällen im Juli beobachtet worden sind. Die geographische Verteilung der Juli-Temperaturänderungen schwankt von Jahr zu Jahr, zeigt jedoch in ihren wesentlichen Zügen keine besonders gute Übereinstimmung mit dem Muster auf, welches dasselbe Modell bei „$2 \times CO_2$" im Gleichgewicht erzeugt hat. Eine einfache Erklärung hierfür existiert nicht.

Der zeitliche Trend des Klimas wurde auch vom NCAR-Modell simuliert (Washington und Meehl 1989). Die dazu herangezogene Modellversion besitzt einen zirkulierenden Ozean (s. Abb. 1), anstatt des Deckschichtozeans der älteren Version, die den Resultaten der Tabelle 1 zugrunde liegt. Die Experimente starten nach umfänglichen und aufwendigen Vorbereitungen, die dazu dienen, das gekoppelte System Atmosphäre, Ozean, Meereis in einen (fast) eingeschwungenen Zustand zu bringen; sie überdecken jeweils 30 Jahre und bestehen aus einem Kontrollexperiment (Kontrolle = „$1 \times CO_2$"), einem mit verdoppelter CO_2-Konzentration („$2 \times CO_2$") sowie einem dritten mit 1% Erhöhung der äquivalenten CO_2-Konzentration pro Jahr („transient").

Der Verlauf der global gemittelten Ozeanoberflächentemperatur ist in Abb. 3 aufgetragen (die bodennahe Lufttemperatur besitzt einen sehr ähnlichen Gang). Der leichte Temperaturabfall im Kontrollexperiment ist der schon erwähnten „Klimadrift" zuzuschreiben, dieser Defekt sollte aber bei Betrachtung der Klimaänderungen „$2 \times CO_2$-minus-Kontrolle" und „transient-minus-Kontrolle" weitgehend herausfallen.

Der zeitliche Verlauf der Temperaturänderung der Ozeanoberfläche „$2 \times CO_2$-minus-Kontrolle" ist immer positiv und ergibt schon nach 13 Jahren einen Wert von knapp 1 K, der sich nach 30 Jahren nur auf 1,2 K erhöht. Die bodennahe Luft hat sich dann um 1,6 K erwärmt. Es ist nicht zu erwarten, daß auch bei Verlängerung der Rechnung der Wert von 3,5 K erreicht wird, der aus

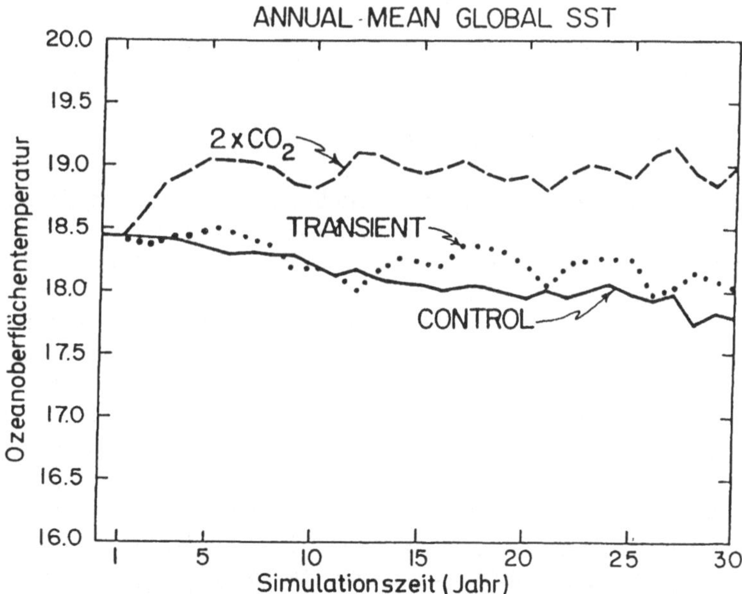

Abb. 3. Zeitlicher Gang der global gemittelten Ozeanoberflächentemperatur in der Kontrollrechnung (*Control*), im Fall sprunghaft verdoppelter CO_2-Konzentration ($2 \times CO_2$) und bei allmählicher CO_2-Eingabe mit 1% Erhöhung pro Jahr (*transient*). (NCAR-Modell, nach Washington und Meehl 1989)

dem NCAR-Modell mit Deckschichtozean im Gleichgewicht resultiert (s. Tabelle 1). Das „transiente" Experiment ergibt nach 30 Jahren dagegen Temperaturerhöhungen von ca. 0,3 K (Ozeanoberfläche) bzw. 0,7 K (bodennahe Luft).

Die Autoren haben über die letzten Jahre des Experiments Mittelwerte der geographischen Verteilung der Druck-, Temperatur- und Eisbedeckungsänderung gebildet, aus denen sich größere Unterschiede zwischen „$2 \times CO_2$-minus-Kontrolle" und „transient-minus-Kontrolle" in den genannten Größen abzeichnen. Während im ersten Fall die Meereisgrenze zurückgeht, das Islandtief sich abschwächt und eine leichte Abkühlung im Nordatlantik polwärts 70° Breite von ca. 1 K erfolgt, ergibt der „transiente" Fall einen großräumigen Temperaturabfall von z. T. über 6 K im Atlantik und über Europa bis 90° Ost Länge und nördlich 50° Breite. Verbunden ist letzteres mit einer Ausweitung des Meereises, einer Absenkung der Oberflächentemperatur des Atlantiks (1 K), einem Anstieg des Bodendrucks über den Britischen Inseln und einer stärkeren Zyklonenaktivität im isländisch-norwegischen Raum. Dieses Resultat spiegelt sich in keinem anderen Modell wider. Das NCAR-Modell mit Deckschichtozean zeigt für „$2 \times CO_2$" der Tabelle 1 im Bereich Atlantik – Europa dagegen eine Erwärmung.

Mit ähnlichen Mitteln wie das NCAR-Modell hat das GFDL-Modell Klimaänderungen simuliert. Dabei wurde das atmosphärische ebenfalls mit einem ozeanischen Zirkulationsmodell gekoppelt, die äquivalente CO_2-Konzentration um 1% pro Jahr erhöht und das über ein Intervall von 100 Jahren. Die resultierenden Temperaturänderungen ergeben im globalen Mittel eine Erwärmung von rund 1 K pro 30 Jahre (Stouffer et al. 1989). Nord- und Südhalbkugel zeigen jedoch ein stark divergierendes Verhalten: während mit Schwerpunkt im marinen-antarktischen Bereich die Temperaturen fallen – im Mittel der Jahre 61–70 beträgt die Abkühlung bis 6 K – erwärmen sich die polaren Gebiete der Nordhalbkugel (Alaska ca. 4 K, Nordatlantik ca. 2 K im Mittel der Jahre 61–70) mit wachsender Tendenz. Die Unterschiede im Verhalten der beiden Hemisphären ist auf eine Umstellung der ozeanischen Zirkulation zurückzuführen, die besonders an der ozeanischen Südpolarfront hervortritt, wo sich das Absinken kalter Wassermassen in den tiefen Ozean abschwächt.

Eine derart drastische asymmetrische thermische Entwicklung ist im OSU-Modell mit Ozeanzirkulation (Schlesinger und Jiang 1988) kaum zu entdecken; diese Simulation überdeckt aber nur 20 Jahre, sie schätzt die zeitliche Entwicklung einer verdoppelten CO_2-Konzentration ab. Auch im oben beschriebenen „transienten" 30jährigen Experiment mit dem NCAR-Modell sind keine wesentlichen Unterschiede zwischen den Halbkugeln zu entdecken.

Eine hemisphärische Asymmetrie in der Temperaturverteilung der bodennahen Luft ist jedoch in den bis 100 Jahre überdeckenden Experimenten mit den beiden Versionen des „Hamburger" Modells ECHAM deutlich zu erkennen. Auch mit diesem Modell wurden sowohl „$2 \times CO_2$" als auch „transiente" Rechnungen mit verschiedenen Szenarien der Spurengaskonzentration durchgeführt (Cubasch et al. 1990; Sausen et al. 1990). Die beiden Versionen basieren auf dem gleichen Atmosphärenmodell – ein modifiziertes Wettervorhersagemodell des EZMW (Europäisches Zentrum für mittelfristige Wettervorhersagen) in relativ grober 5,6°-Auflösung in Länge und Breite und 15 Flächen in der Vertikalen, unterscheiden sich aber durch die physikalische und mathematische Struktur der Ozeanzirkulations- und Meereismodelle. In beiden Fällen wird ein globaler Erwärmungstrend von 1,4 K pro 30 Jahre bei 1,3% jährlicher Erhöhung der CO_2-Konzentration (derzeitige Rate) prognostiziert − in guter Übereinstimmung mit den Resultaten des NCAR-GISS- und des GFDL-Modells. Beiden Versionen gemeinsam ist auch eine stärkere Erwärmung der Nordhalbkugel. Aber die Beträge und die geographische Verteilung der Temperaturänderungen divergieren stark, so daß im Mittel des Vorhersagezeitraums 41−50 Jahre nur ein Korrelationskoeffizient von 21% resultiert (Santer et al. 1991). Bezogen auf die entsprechenden Temperaturänderungsmuster des „transienten" GISS-Modells im Mittel der Jahre 81−90 weist die eine Version einen Korrelationskoeffizienten von 68% auf, während die andere mit −5% keine Ähnlichkeit zeigt. Im Hinblick auf die ebenfalls durchgeführten „2 × CO_2"-Rechnungen zeigen beide Versionen jedoch mit 68% und 89% eine gute Übereinstimmung mit ihren „transienten" Mustern. Einen Einblick in die Problematik der „transienten" Experimente haben Bretherton et al. (1990) gegeben.

Folgerungen

Die globalen Klimamodelle geben keine einheitliche Prognose über die geographische Verteilung und den Betrag der CO_2-induzierten Erwärmung. Die Unterschiede basieren hauptsächlich auf der verschiedenen Behandlung der nicht direkt auflösbaren Prozesse, deren physikalische Wirkung durch „Parametrisierung" angenähert werden muß, wozu es eine Reihe scheinbar gleich guter, aber nicht identischer Vorschläge gibt, die von den einzelnen Modellgruppen in der einen oder anderen Hinsicht bevorzugt werden. Die Parametrisierungen betreffen besonders die Strahlung und die Wolkenbildung in der Atmosphäre, den Austausch von Wärme, Feuchte und Impuls an der Erdoberfläche, die Verteilung der Wärme im Ozean und das Schmelzen und Gefrieren des Meereises. Je nach der engeren Wahl der Parametrisierungen werden unterschiedlich Rückkopplungsmechanismen ausgelöst, welche die Größe der resultierenden Klimaänderung (Klimasensitivität) festlegen.

Hinzu kommt, daß es nur geringer Auslenkung gewisser Klimakomponenten bedarf, um größere Änderungen oder Schwankungen im Klimasystem hervorzurufen. Ein einziges Prozent weniger Albedo (durch Verminderung der Wolken- oder Eisbedeckung) würde schon die Gleichgewichtstemperatur um 0,3 K senken, 1% weniger Sonnenstrahlung würde 0,6 K ausmachen, 1% abgeschmolzenes Antarktiseis ließe den Meeresspiegel um 70 cm ansteigen. Die tropischen Gebiete der Ozeane verzeichnen Temperaturschwankungen der Meeresoberflächentemperatur bis zu 5 K über wenige Monate, verursacht durch vermehrtes oder vermindertes Aufquellen kalten Tiefenwassers (El-Niño-Phänomen). In der Atmosphäre kommt es dadurch zu einer relativ starken Temperaturvariabilität, die sich der relativ geringen glashausinduzierten Erwärmung überlagert und diese lange Zeit überdecken kann.

Aber unsere Ergebnisse waren nicht nur vom Aufbau der Klimamodelle — der speziellen Vorschrift ihrer Physik, der räumlichen Auflösung u. a. — abhängig, sondern auch z. T. vom Modus der zeitlichen Eingabe der Spurengase in die Atmosphäre. Ob dies plötzlich oder allmählich geschieht, kann die berechnete Struktur der Klimaänderungen regional beeinflussen.

Aber auch übereinstimmende Aussagen der Modelle brauchen nicht richtig zu sein, sondern können auf gemeinsamen Fehlern beruhen, wie bereits ausgeführt wurde.

Durch die Möglichkeit, die differierenden Resultate der Klimamodelle in unterschiedlicher Weise zu interpretieren, haben natürlich „Klimapropheten" leichtes Spiel, Behauptungen in der einen oder anderen Richtung aufzustellen und Klimakatastrophen an die Wand zu malen, die nicht in einfacher Weise zu widerlegen sind.

In Zukunft wird es verstärkte Anstrengungen geben, besser abgesicherte Informationen aus den Modellen herauszuholen. Höhere Auflösung vor allen Dingen und exaktere Formulierung der Prozesse, ermöglicht durch Fortschritte in der Computertechnik, größere Erfahrungen, die durch weitere Klimaexperimente gewonnen werden, hier auch durch Reproduktion der Eiszeiten, können zur Hebung der Qualität und Aussagekraft der Modelle beitragen. Aber auch neue Fragen werden sich durch die Vermehrung der Freiheitsgrade im Modellsystem auftun (wie derzeit z. B. schon durch Berücksichtigung der vollen ozeanischen Zirkulation). Wann und wie damit glaubhafte Klimaprognosen zu erzielen sind, in welchem Umfang die Probleme überhaupt lösbar sind, steht noch in den Sternen. Denn es ist durchaus denkbar, daß sich das chaotische Verhalten einfacher nichtlinearer Systeme (s. Beitrag von Lange) im Klimasystem wiederfindet. Aber auch sonst sind dem Blick in die Zukunft prinzipielle Grenzen gesetzt, wie der Beitrag von Fortak zeigt.

Literatur

Angell JK (1988) Variations and trends in tropospheric and stratospheric global temperatures 1958–1987. J Clim 1:1296–1313

Bretherton FP, Bryan K, Woods JD (1990) Time-dependent greenhouse-gas-induced climate change. In: Houghton JT, Jenkins GJ, Ephraums JJ (eds) Scientific assessment of climate change. Cambridge University Press, Cambridge, pp 173–194

Bryan K, Spelman MJ (1985) The ocean's response to a carbon-dioxide-induced warming. J Geophys Res 90:11679–11688

Cess RD, Potter GL, Blanchet JP, Boer GJ, Ghan SJ, Kiehl JT, Le Treut H, Li Z-X, Liang X-Z, Mitchell JFB, Morcrette J-J, Randall DA, Riches MR, Roeckner E, Schlese U, Slingo A, Taylor KE, Washington WM, Wetherald RT, Yagai I (1989) Interpretation of cloud-climate feedback as produced by 14 atmospheric general circulation models. Science 4:513–516

Cubasch U, Cess RD (1990) Processes and modelling. In: Houghton JT, Jenkins GJ, Ephraums JJ (eds) Scientific assessment of climate change. The IPCC Working Group. Cambridge University Press, Cambridge, pp 69–92

Cubasch U, Böttinger M, Maier-Reimer E, Mikolajewicz U (1990) Simulation of the transient CO_2 greenhouse effect with a coupled ocean-atmosphere model (ECHAM + LSG). In: Boer GJ (ed) Research activities in atmospheric and oceanic modelling. CAS/JSC Working Group on Numerical Experiment, Report No. 14, WMO Geneve, S 9.1–9.3

Dickinson RE (1989) Uncertainties of estimates of climatic change: a review. Clim Change 15:5–13

Flohn H (1989) Wo bleibt das Erwärmungssignal? Geowissenschaften 7, 2:31–60

Folland CK, Karl T, Vinnikov KYa (1990) Observed climate variations and change. In: Houghton JT, Jenkins GJ, Ephraums JJ (eds) Scientific assessment of climate change. IPCC Working Group, I. Assessment. WMO/UNEP. Cambridge University Press, Cambridge, pp 195–238

Gates WL (1985) Modeling as a means of studying the climate system. In: MacCracken MC, Luther FM (eds) Projecting the climate effects of increasing carbon dioxide. US Dep of Energy, DOE/ER-0237, Wash, DC, S 57

Gates WL, Rowntree PR, Zeng Q-C (1990) Validation of climate models. In: Houghton JT, Jenkins GJ, Ephraums JJ (eds) Scientific assessment of climate change. IPCC. Cambridge University Press, Cambridge, pp 93–130

Hansen J, Lebedeff S (1988) Global surface temperatures: update to 1987. Geophys Res Lett 15:323–326

Hansen J, Laris A, Rind D, Russell G, Stone P, Fung I, Ruedy R, Lernar J (1984) Climate sensitivity analysis of feedback mechanisms. In: Hansen JE, Takahashi T (eds) Climate processes and climate sensitivity. Maurice Ewing Series 5. American Geophysical Union, Washington DC, pp 130–163

Hansen J, Fung J, Laris A, Rind D, Lebedeff S, Ruedy R, Russell G (1988) Global climate changes as forecast by Goddard Institute for Space Studies three-dimensional model. J Geophys Res 93:9341–9364

Houghton JT, Jenkins GJ, Ephraums JJ (eds) (1990) Climate change. The IPCC Scientific Assessment, Report by Working Group I (World Meteorological Organization/United Nations Environment Programme). Cambridge University Press, Cambridge, 365 p

Jones PD (1988) Hemispheric surface air temperature variations: recent trends and an update to 1987. J Clim 1:654–660

Jones PD, Wigley TML, Farmer G (1991) Marine and land temperature data sets: a comparison and a look at recent trends. In: Schlesinger ME (ed) Proc DOF Workshop on greenhouse-gas induced climatic change. Elsevier, Utrecht (im Druck)

Mitchell JFB, Senior CA, Ingram WJ (1989) CO_2 and climate: a missing feedback? Nature (London) 341:132–134

Mitchell JFB, Manabe S, Tokioka T, Meleshko V (1990) Equilibrium climate change. In: Houghton JT, Jenkins GJ, Ephraums JJ (eds) Scientific assessment of climate change. IPCC Working Group I. Cambridge University Press, Cambridge, pp 131–172

Santer BD, Wigley TML (1990) Regional variation of means, variances and spatial patterns in general circulation model control runs. J Geophys Res 95:829–850

Santer B, Wigley TML, Jones PD (1991) Detection of an enhanced greenhouse effect fingerprint. Eingereicht bei Nature (London)

Sausen R, Barthel K, Hasselmann K (1988) Coupled ocean-atmosphere models with flux-corrections. Clim Dyn 2:154–163

Sausen R, Lunkeit F, Oberhuber JM (1991) Transient CO_2-experiments with a coupled atmosphere-ocean model (ECHAM + OPYC). In: Boer GJ (ed) Research activities in atmospheric and oceanic modeling. CAS/JSC Working Group on Numerical Experimentation. Report No 14, WMO Geneve, S 9.4–9.6

Schlesinger ME (1986) Equilibrium and transient warming induced by increased atmospheric CO_2. Clim Dyn 1:35–51

Schlesinger ME (1991) Model projections of the climatic changes induced by increased atmospheric CO_2. In: Schlesinger ME (ed) DOE Workshop on greenhouse-gas-induced climatic change. Elsevier, Utrecht (im Druck)

Schlesinger ME, Jiang X (1988) The transport of CO_2-induced warming into the ocean: an analysis of simulations by the OSU coupled atmosphere-ocean general circulation model. Clim Dyn 3:1–17

Schlesinger ME, Zhao Z-C (1988) Seasonal climate changes induced by doubled CO_2 as simulated by the OSU atmospheric GCM/mixed-layer ocean model. J Clim 2:463–499

Stouffer RJ, Manabe S, Bryan K (1989) Interhemisphere asymmetries in climate response to a gradual increase of atmospheric CO_2. Nature (London) 342:660–662

von Storch H, Roeckner E, Cubasch U (1985) Intercomparison of extended-range January simulations with general circulation models: statistical assessment of ensemble properties. Beitr Phys Atmos 58:477−497
Washington WM, Meehl GA (1984) Seasonal cycle experiment on the climate sensitivity due to a doubling of CO_2 with an atmospheric general circulation model coupled to a simple mixed-layer ocean model. J Geophys Res 89:9475−9503
Washington WM, Meehl GA (1989) Climate sensitivity due to increased CO_2: experiments with a coupled atmosphere and ocean general circulation model. Clim Dyn 4.1:1−38
Wetherald RT, Manabe S (1986) An investigation of cloud cover change in response to thermal forcing. Clim Change 8:5−23
Wigley TML (1989) When will equilibrium CO_2 results be relevant. Clim Monit 17:99−106
Wigley TML, Schlesinger ME (1985) Analytical solution for the effect of increasing CO_2 on global mean temperature. Nature (London) 315:649−652
Wigley TML, Barnett TP (1990) Detection of the greenhouse effect in the observations. In: Houghton JT, Jenkins GJ, Ephraums JJ (eds) Scientific assessment of climate change. IPCC Working Group I. Cambridge University Press, Cambridge, pp 239−256
Wilson CA, Mitchell JFB (1987) A doubled CO_2 climate sensitivity experiment with a global climate model including a simple ocean. J Geophys Res 92:13315−13343
WMO (World Meteorological Organization) (1975) The physical basis of climate and climate modelling. GARP Publ Ser No 16, Geneve

Weiterführende Literatur

Bach W (1982) Gefahr für unser Klima. Müller, Karlsruhe, 317 S
Berger WH, Labeyrie LD (eds) (1987) Abrupt climate changes. Evidence and implications. NATO ASI-Series C 216. Reidel, Dordrecht
Berger A, Dickinson R, Kidson J (eds) (1989) Understanding climate change. Geophysical Monograph 52, IUGG vol 7, Washington, 187 p
Bolin B, Döös BR, Jäger J, Wassick RA (eds) (1986) The greenhouse effect, climatic change and ecosystems. SCOPE vol 29. Wiley, Chichester, 539 pp
Crutzen PJ, Müller M (Hrsg) (1989) Der Klimakollaps, Gefahren und Auswege. Beck, München, 271 S
Enquetekommission (1988) Schutz der Erdatmosphäre, eine internationale Herausforderung. Zwischenbericht, Deutscher Bundestag, Bonn, 583 S
Flohn H (1985) Das Problem der Klimaänderungen in Vergangenheit und Zukunft. Wissenschaftliche Buchgemeinschaft, Darmstadt, 228 S
Gregory S (ed) (1988) Recent climatic change. Belhaven, London, 326 p
Hansen JE, Takahashi T (1984) Climate processes and climate sensitivity. Geophysical Monograph 29, Maurice Ewing, vol 5, 368 pp
Hantel M (1988) Climate modelling, the present global surface climate. In: Fischer G (ed) Landolt-Börnstein V/4c2. Springer, Berlin Heidelberg New York Tokyo, 474 pp
Hendersson-Sellers A, McGuffi K (1987) A climate modelling primer. Wiley, Chichester, 217 pp
McCracken MC, Luther FM (eds) (1985) Projecting the climate effects of increasing carbon dioxide. US Department of Energy, DOE/ER-0237, Washington, DC, 381 pp
McCracken MC, Luther FM (eds) (1985) Detecting the climate effects of increasing carbon dioxide. US Department of Energy, DOE/ER-0235, Washington, DC, 198 pp
Monin AS (1986) An introduction to the theory of climate. Reidel, Dordrecht, 259 pp
Schlesinger ME (ed) (1988) Physically-based modelling and simulation of climate and climate change. NATO Advanced Study Institute Series, Kluwer Academic, Dordrecht, 1069 pp
Schönwiese CD, Dickmann B (1987) Der Treibhauseffekt. Der Mensch ändert das Klima. Dt Verlags-Anstalt, Stuttgart, 232 S, rororo 1989
Washington WM, Parkinson CL (1986) An introduction to three-dimensional climate modeling. University Science Books, Mill Valley, California. Oxford University Press, 422 pp
Wigley TML (1989) The greenhouse effect: scientific assessment of climate change. Lecture presented at the Prime Minister's seminar on Global climatic change, 26 April 1989. UK Department of Environment, 18 pp

Prinzipielle Grenzen der Vorhersagbarkeit atmosphärischer Prozesse

HEINZ FORTAK

Die Grenzen des kausalen Denkens

Die Erwartungshaltung des heutigen Menschen bezüglich der Vorhersage atmosphärischer Prozesse (Wetter, Klima) wie auch hinsichtlich der Vorhersage künftiger wirtschaftlicher oder sozialer Veränderungen beruht auf seinem monokausalen Denken, auf seinem tief verwurzelten Glauben an die Kausalität allen Geschehens. So glaubt er an die prinzipielle Möglichkeit von exakten deterministischen Vorhersagen in dem Sinne, daß bei Kenntnis der Anfangszustände (des Jetzt) die Naturgesetze, die er im Laufe der Evolution als richtig erkannt hat, die weitere zeitliche Entwicklung seines Mesokosmos für längere Zeit kausal steuern. Die evolutionäre Erkenntnistheorie meint, abschätzen zu können, wann im Laufe der Evolution und unter welchen Bedingungen diese Erwartung kausaler Zusammenhänge entstand und wann es begann, daß diese Erwartungshaltung einen selektionsbewährten Algorithmus darstellte (Riedl 1980): Es soll die Zeit des späten Pleistozäns, d. h. die Zeit vor etwa 100 000 Jahren gewesen sein. Die mesoskalige Welt des frühen Menschen war zeitlich stabil, sozial streng geordnet, es kamen kaum abrupte Wechsel und Sprünge im Ablauf des Geschehens vor, und exponentielles Wachstum war unbekannt. Somit bewährte sich das monokausale Denken besonders auch deshalb, weil das eigene Handeln des Menschen keine nichtlinearen Rückkopplungen in seiner Welt verursachte.

Es ist erstaunlich, daß sich auf dieser Evolutionsstufe des Gehirns die modernen Naturwissenschaften entwickeln ließen, daß es möglich wurde, das Buch der Natur in den Lettern der Mathematik zu schreiben, wodurch die Vorstellungswelt des Menschen vom mesoskaligen Bereich sowohl in den mikroskopischen als auch in den makroskopischen (kosmische Invarianz mathematischer Theoreme) hinein erweitert werden konnte. Auf der Zeitskala eröffneten sich auch Möglichkeiten langfristiger Beobachtungen komplizierter Systeme. Dies trifft alles in besonderem Maße auch für die Meteorologie zu. Bei den Erweiterungen der bisherigen Vorstellungswelt kam es jedoch schnell zu Konflikten mit dem Kausalitätsprinzip. Die jahrzehntelange Diskussion über den Bereich der Mikrowelt im Zusammenhang mit der Quantentheorie und die Probleme in der Kosmologie, etwa was die Konsequenzen des zweiten Hauptsatzes der Thermodynamik anbelangt, zeugen ebenso davon wie die Beobachtungen des Langzeitverhaltens komplexer physikalischer oder chemischer Systeme, bei denen es infolge nichtlinearer innerer Wechselwirkungen zur nicht kausal erklärbaren Bildung von kohärenten Strukturen kommt. Diese Phänomene sind erst seit etwas mehr als zehn Jahren bekannt. Es scheint, daß unsere kognitiven Denkstrukturen, die uns wohl genetisch aus dem späten Pleistozän zukommen, in die Welt, in der wir heute leben, nicht mehr so recht passen. Dies betrifft insbesondere unseren Hang zum ausschließlich kausalen Denken.

Die Meteorologie scheint ein besonders schönes Beispiel für diese Wandlung des Denkens abzugeben. Hier hat man es mit mikro- wie mit makrometeorologischen Phänomenen zu tun und hier dringt man, etwa im Bestreben, das Erdklima zu verstehen und vorherzusagen, in räumliche und zeitliche Bereiche vor, die dem frühen Menschen noch völlig unerreichbar waren. Es ist hier auch besonders klar demonstrierbar, daß es im Fall sehr komplexer makroskopischer physikalischer Systeme nicht nur praktische, sondern auch prinzipielle Grenzen der Vorhersagbarkeit geben müßte.

Das Problem der Kausalität in physikalischen Systemen

Die Gesetze nach denen sich ein beliebiges physikalisches System im zeitlichen Verhalten darstellt, sind innerhalb weniger Jahrhunderte in den Labors experimentierender Physiker derart gewonnen worden, daß durch Ausschaltung störender Effekte isolierte Phänomene studiert werden konnten. Experimente mit Systemen, die sehr viele Phänomene gleichzeitig und außerdem in größeren Dimensionen enthalten, sind in der Regel nicht durchführbar. Daher ist die Übertragbarkeit dieser für den Maßstab („scale") der Laborphysik gültigen Gesetze beispielsweise in den atomaren Mikrobereich oder in den globalen Makrobereich der Atmosphäre nicht von vornherein gegeben. In der Atomphysik sind die Gesetze, die aus der Labormechanik herstammen, mit Sicherheit nicht anwendbar; in der Meteorologie ist man sich neuerdings nicht mehr so ganz sicher, inwieweit die hier der klassischen Laborphysik entstammenden Gesetze universell anwendbar sind.

Charakteristisch für die Gesetze der klassischen Physik ist die Tatsache, daß sie die Gestalt deterministischer mathematischer Gleichungen besitzen. Dies bedeutet, daß allein die Kenntnis eines beliebigen Anfangszustandes ausreicht, um das gesamte künftige Verhalten des Systems zu berechnen. Über diesen Alptraum des physikalischen Determinismus und seine Konsequenzen ist noch lange in das 20. Jahrhundert hinein sehr ernsthaft diskutiert worden (Kanitscheider 1981). Selbst heute ist man noch bestrebt, das Phänomen der Turbulenz in strömenden Fluiden als deterministisches Chaos zu interpretieren (Großman 1983). In der Vergangenheit haben sich die größten Physiker mit dem Problem der Kausalität, und damit mit dem Problem der deterministischen Vorhersagbarkeit, auseinandergesetzt (Planck 1948; Einstein 1952; Ertel 1954). Planck meint, daß das Kausalgesetz weder richtig noch falsch sei, sondern lediglich ein heuristisches Prinzip darstelle. Er beruft sich dabei auch auf die Meteorologie.

Die bis heute überzeugendste Darstellung der Problematik stammt von Ertel (1954). Er geht von der unbestreitbaren Tatsache aus, daß aus erkenntnismethodischen Gründen die Welt stets in mindestens zwei Untersysteme dekomponiert werden muß. Das eine Untersystem ist dabei ein beobachtbares, von dem anderen besitzt man i. a. nur unvollständige Informationen. Der Laborphysiker versucht, den Einfluß des zweiten, störenden Untersystems durch geeignete Maßnahmen auszuschalten. Allgemein, beispielsweise im Fall der Atmosphäre, ist dies nicht möglich, denn dort besteht das störende Untersystem aus den kleinräumigen Phänomenen, die immer präsent sind und die das Gesamtgeschehen in der Atmosphäre entscheidend mitbestimmen. Ertel zeigt, daß selbst bei durchgängiger Kausalstruktur des Weltsystems die Anfangsbedingungen des interessierenden Teilsystems, das unserer Beobachtung zugänglich ist, nicht ausreichen, um die Folgezustände desselben zu bestimmen. Es werden auch die Anfangswerte des störenden Untersystems für eine deterministische Vorhersage des beobachtbaren Systems benötigt. Da man diese jedoch prinzipiell nicht kennt (sie sollen ja dem nicht explizit beobachtbaren Untersystem angehören), ist die prinzipielle Unmöglichkeit einer deterministischen Vorhersage für ein System, das mit einem störenden Untersystem in Wechselwirkung steht, bewiesen. Diese Aussage bezieht sich in erster Linie auf komplexe makroskopische physikalische Systeme, die Phänomene sehr unterschiedlicher Größenordnung enthalten, was in besonderem Maße für das atmosphärische System zutrifft.

In diesem Zusammenhang muß das Problem der Dekomposition physikalischer Systeme näher erörtert werden. Nur das gesamte Weltall ist als ein geschlossenes System zu interpretieren. Einstein (1952) und Ertel (1954) waren überzeugt davon, daß dieses Gesamtsystem kausal funktionieren müßte. Untersysteme können in vielerlei Art auftreten: Ein System kann intern deterministischen Gesetzen gehorchen, jedoch extern in dem Sinne offen sein, daß es mit einer stochastischen, d. h. sich statistisch verhaltenden Umgebung in Wechselwirkung steht. Der Laborphysiker schaltet diese störende Umgebung weitgehend aus. Ein System kann aber auch schon intern aus zwei Untersystemen bestehen: einerseits aus den beobachtbaren Phänomenen und andererseits aus den nicht beobachtbaren, stochastischen. Ein solches System wird als intern offenes System bezeichnet. Die Umgebung kann hierbei eine rein kausal-deterministische, eine stochastische oder eine gemischt kausal-stochastische sein.

Zur Verdeutlichung soll als Beispiel das atmosphärische System herangezogen werden. Wie noch ausgeführt werden wird, enthält das atmosphärische System Phänomene, die einen sehr großen Bereich von Größenordnungen überdecken. Der Bereich der kleinräumigen Phänomene ist routinemäßig nicht beobachtbar, lediglich statistische Informationen sind darüber verfügbar. Dieser Bereich muß deshalb als Bereich des stochastischen Teilsystems aufgefaßt werden. Die anderen, großräumigen Phänomene sind dagegen beobachtbar. Das atmosphärische System ist somit intern offen. Die Umgebung besteht einerseits aus dem Weltraum, andererseits aus der Erdoberfläche. Das Teilsystem Weltraum stellt für die Atmosphäre eine deterministische Umgebung dar: lediglich die Sonnenstrahlung tritt in Wechselwirkung mit dem atmosphärischen System. Im Gegensatz dazu besteht die Wechselwirkung mit dem Umgebungssystem Erdoberfläche aus einer solchen, die sehr vielfältiger Natur ist: Wechselwirkungen mit den Teilsystemen Hydrosphäre (Wasser), Kryosphäre

(Eis, Schnee), Lithosphäre (Landflächen) und Biosphäre (inklusive der Tätigkeit des Menschen).

Von besonderer Bedeutung ist in diesem Zusammenhang, daß die Teilsysteme des gesamten irdischen Systems sehr unterschiedliche Reaktionszeiten auf Änderungen in anderen Teilsystemen besitzen. So verhält sich die Hydrosphäre ungleich träger gegenüber Einflüssen aus ihrer Umgebung als die Atmosphäre. Aber auch die Atmosphäre reagiert als Ganzes relativ träge. So dauert es einige Tage, bis die Sonnenstrahlung oder die Reibung an der Erdoberfläche in die Vorhersagemodelle eingeht. Dies bedeutet, daß man bei einer Vorhersage für den Zeitraum von Tagen so tun kann, als ob die Atmosphäre mit ihrer Umgebung überhaupt nicht in Wechselwirkung stünde. Selbst von den Wechselwirkungen interner Art, d. h. von den Wechselwirkungen zwischen den kleinräumigen und den großräumigen Phänomenen, kann man absehen. Diese Tatsache hat die Entwicklung von Methoden für die kurzfristige Wettervorhersage überhaupt erst ermöglicht. Es ist denkbar, daß der frühe Mensch kurzfristige Wettervorhersagen in ähnlicher Art hätte erbringen können, wie man es heute noch den Schäfern zuschreibt. Dies hätte noch im Bereich seines Mesokosmos (100 km Umgebung, ein Tag als Zeitmaß) gelegen. Bei Erweiterung auf die globale Atmosphäre, auf Langfristvorhersagen für Wochen im voraus oder gar für Vorhersagen von Klimaänderungen sind alle internen und externen Wechselwirkungen im Spiel, und es sind neue, meist überraschende Entwicklungen denkbar, — Entwicklungen, die nicht mehr unserer linearen kausalen Denkweise entsprechen.

Das atmosphärische System

Das globale Gesamtsystem Atmosphäre + Hydrosphäre + Kryosphäre + (Lithosphäre + Biosphäre) stellt das größte auf der Erde mögliche physikalische (und physikalisch-chemische) System dar. Erst seit wenigen Jahrzehnten sind globale Beobachtungssysteme, wie Wettersatelliten, verfügbar, die eine laufende Verfolgung des Verhaltens der einzelnen Teile des Gesamtsystems ermöglichen (vgl. z. B. den Beitrag von Warnecke). Dabei hat sich die Kenntnis über die Vielfalt der beispielsweise in der Atmosphäre realisierten Strömungsstrukturen außerordentlich erweitert. Die Tatsache, daß sich eine unvorstellbare Menge von Molekülen der Luft so zusammenfindet, daß etwa ein Tiefdrucksystem mit einer Ausdehnung von etlichen tausend Kilometern gebildet wird, ist sehr erstaunlich. Dieses kooperative Verhalten der Moleküle mit dem Ziel der Bildung von Strömungsgebilden charakteristischer Formen und Eigenschaften hat in den letzten 15 Jahren in vielen Zweigen der Physik und der Chemie große Aufmerksamkeit auf sich gezogen. Man nennt diese in den Fluiden auftretenden Gebilde heute kohärente Strukturen. Im Gegensatz zu den Verhältnissen bei Laborexperimenten ist die Vielfalt der in der Atmosphäre (und im Ozean) auftretenden kohärenten Strukturen unvorstellbar groß. Das räumliche Größenverhältnis zwischen den kleinsten und den größten ist wie eins zu einer Milliarde, das Verhältnis der zugehörigen Struktur-Lebensdauern wie eins zu einer Million. Am unteren Ende des Spektrums der kohärenten Strukturen stehen die kleinen Wirbel der atmosphärischen Turbulenz mit Lebensdauern von Sekunden, am oberen Ende die großen planetarischen Wellen mit Wellenlängen bis zu 10000 km und Erhaltungstendenzen von vielen Tagen. Die heute verfügbaren Bilder von Bord der Wettersatelliten vermitteln einen sehr anschaulichen Eindruck des Geschehens.

Interessanterweise gruppieren sich die kohärenten Strukturen derart, daß sich Klassen von Strukturen mit jeweils ähnlichen Eigenschaften erkennen lassen. Die Gruppe der großen Hoch- und Tiefdruckgebiete fällt besonders auf; die Spiralarme im Wolkenbild der Tiefdruckgebiete sind heute jedermann bekannt. Es existieren offensichtlich Ordnungsprinzipien, die zur Versklavung einer Vielfalt von möglichen kohärenten Strukturen zugunsten der realisierten führen. Dieses Verhalten der Atmosphäre findet seine Parallele in der Evolution der Pflanzen- und Tierwelt auf der Erde. Im Unterschied dazu findet aber der Prozeß der Evolution zur Herausbildung von Arten (kohärenten Strukturen) in der Atmosphäre unvergleichlich viel schneller statt als in der lebenden Welt. Das dem Ganzen unterliegende Prinzip muß, mathematisch gesehen, sehr ähnlich sein. Man weiß heute aus Biologie, Physik, Chemie und Meteorologie, daß die nichtlinearen Wechselwirkungen dafür verantwortlich sind, − Wechselwirkungen, die wir, da wir an die lineare kausale Extrapolation gewöhnt sind, nicht mehr anschaulich verstehen können. Lediglich in der Sprache der Mathematik, heute unter Verwendung sehr leistungsfähiger Computer, finden wir den Zugang zum Verständnis, zur Erklärung und zur Vorhersage dieser Prozesse.

In der Meteorologie begann die Untersuchung derartiger nichtlinearer Systeme unmittelbar nach Aufkommen der ersten Computer, d. h. bereits in den frühen 50er Jahren. Die ersten numerischen Wettervorhersagen berücksichtigten schon voll die Nichtlinearität der Natur, allerdings nur in Form eines sehr einfachen Modells der Atmosphäre.

Es soll nun nach den Ursachen für die Auslösung der Vielfalt von Bewegungsformen in der Atmosphäre gefragt werden. Die primäre Ursache ist, wie jedermann weiß, die Sonnenstrahlung. Doch müssen als zusätzliche Ursachen die Kugelgestalt der Erde und die Rotation derselben genannt werden. Eine der Sonne stets zugewandte scheibenförmige Erde würde in ihrer Atmosphäre, wenn überhaupt, eine weit geringere Vielfalt von kohärenten Strukturen aufweisen als unsere Erde. Kugelgestalt und Rotation der Erde führen zu einer räumlich differenzierten Erwärmung des Systems durch die Sonnenstrahlung, zu der Ausbildung von räumlichen Temperaturgegensätzen und damit zu einer steten Aufrechterhaltung einer Grundstruktur des Systems, hier manifestiert im Temperatur- und Strahlungsfeld. Nach den Gesetzen der Thermodynamik, insbesondere des Zweiten Hauptsatzes, entspricht dieser Vorgang einer Erniedrigung der Entropie (einer Erhöhung der Ordnung, es wird ja eine Struktur gebildet) des Systems. Kein Makrosystem (das in strengem Sinne abgeschlossen sein müßte) duldet jedoch auf Dauer die Existenz von geordneten Strukturen in seinem Innern. Es löst Ausgleichsbewegungen zum Abbau dieser Strukturen aus. Im Fall der Atmosphäre und auch des irdischen Gesamtsystems bestehen die Ausgleichsbewegungen in Bewegungen der Atmosphäre und der Ozeane mit dem Ziel, die vorher erwähnte Struktur im Temperatur- und Strahlungsfeld abzubauen. Dies gelingt dem System jedoch infolge der Konstanz der Sonnenstrahlung nie. Das System bedient sich dabei der raffiniertesten Tricks: wenn es zum Zweck der Entropieerhöhung des Gesamtsystems, was ja das Ziel ist, vorteilhaft ist, bildet es lokal und für begrenzte Zeit kohärente Strukturen im Strömungsfeld, d. h. vorübergehende lokale Entropieerniedrigungen im Innern, die aufgrund ihrer besonderen Eigenschaften nach Ablauf ihrer Lebensdauer die Entropieerhöhung für das Gesamtsystem beschleunigt vollzogen haben. Die Vielfalt der kohärenten Strukturen in der Atmosphäre und im Ozean dient dem System nur als (an sich unerwünschtes) Heer von Hilfstruppen zur Erreichung des einen Ziels: dem Abbau der von der Sonnenstrahlung immer wieder aufgebauten Struktur im Temperatur- und Strahlungsfeld.

Das eindrucksvollste Beispiel für diesen Vorgang findet sich in den mittleren geographischen Breiten. Hier findet sich in der Temperatur-Strahlungs-Struktur der größte räumliche Gegensatz. Das Gesamtsystem bildet deshalb hier die größten Strukturen, nämlich die Kette der Tief- und Hochdruckgebiete. Diese haben die Eigenschaft, beispielsweise warme Luft sehr effektiv nach Norden und kalte Luft nach Süden zu befördern, d. h. einen erheblichen Beitrag zum Abbau der Temperatur-Strahlungs-Struktur des Gesamtsystems zu leisten. Wenn eine der individuellen Strukturen, etwa ein Tiefdruckgebiet, ihre Aufgabe einige Tage lang erfüllt hat, ist sie verbraucht, sie stirbt ab, die Atmosphäre muß sich neue bilden. Dies ist die Ursache für das wechselhafte Wetter in den mittleren Breiten. Eigentlich sollten wir der Atmosphäre dafür dankbar sein, denn ohne diese Ausgleichsprozesse in den mittleren Breiten würde sich sehr schnell ein für das Leben unerträgliches Klima auf der Erde ausbilden. Die Situation ist jedoch auch unter den heutigen Bedingungen gefährlich genug: die Gesamtentropie des Systems befindet sich nämlich sehr nahe an ihrem maximal möglichen Wert; sie ist allerdings unserer Kenntnis nach bisher nur geringen klimatologischen Schwankungen unterworfen. Dies kann sich aber empfindlich ändern, wenn der Mensch darin fortfährt, sich klimaverändernd zu betätigen.

Das Problem der mathematisch-physikalischen Beschreibung

Mitte des 19. Jahrhunderts hatte die Physik das mathematische Modell für die Beschreibung der Bewegungen von Flüssigkeiten und Gasen bereitgestellt, die Thermodynamik der Gase war voll in mathematischer Form entwickelt, und am Ende des Jahrhunderts stand auch die mathematische Behandlung der Strahlung zur Verfügung. Dabei handelte es sich, der Erfahrung bei den zugrundeliegenden Experimenten entsprechend, um eine Beschreibung der Phänomene im kleinräumigen Maßstab unter Verwendung von Zahlenwerten, die der molekularen Struktur der Flüssigkeiten und Gase entstammten. Gegen Ende des Jahrhunderts wandte man sich bereits den auch im normalen Leben stets zu beobachtenden turbulenten Strömungen zu. Dabei gelang es nicht, eine befriedigende mathematische Erklärung und Beschreibung für dieses Phänomen zu finden. Erstaunlicherweise ist das bis heute nicht gelungen. Im Sinne der Betrachtungen zur Ausbildung kohärenter Strukturen handelt es sich hierbei um den Umschlag einer durch wenige Strukturen ausgezeichneten laminaren Strömung in eine solche, die eine Vielfalt von Strukturen in Form von Wirbeln aufweist. Wir haben dabei das einfachste Beispiel für die Ausbildung kohärenter Strukturen in strömenden Flüssigkeiten vor uns, dessen Erklärung immer noch große Schwierigkeiten bereitet, jedenfalls was das tiefere mathematische Verständnis des Vorgangs anbelangt. Nicht ohne Grund hat sich die theoretische Physik nach langen Jahren der Abstinenz hydrodynamischen Problemen gegenüber nun verstärkt diesem Problem zugewandt. Seit etwa 20 Jahren weiß man auch in vielen anderen Wissenschaften, daß diese Welt eine Welt der nichtlinearen Wechselwirkungen ist, jedenfalls immer dann, wenn es sich um Systeme handelt, die aus vielen Individuen, — in der Physik spricht man von Freiheitsgraden, — besteht.

Daß die Hydrodynamik eine im Sinne der Neuentdeckung der Bedeutung der Nichtlinearität nichtlineare mathematische Struktur besitzt, war den Physikern natürlich seit Mitte des vorigen Jahrhunderts bekannt. Nur hatte man bis zur Entwicklung der modernen Computer keinerlei Hoffnung, mathematische Lösungen der diesbezüglichen Gleichungen zu finden. Wie erwähnt wurde, machte die Meteorologie den Anfang mit numerischen Lösungen unter Verwendung der ersten Computer. Heute werden die mathematischen Gleichungen vielerorts numerisch integriert, und es werden dabei selbst turbulente Strömungen numerisch simuliert, was zum Verständnis dieses Phänomens zumindest beigetragen hat (Deissler 1984).

Offen scheint zunächst noch die Frage, ob die für kleinräumige Strömungssysteme gültigen und bewährten mathematischen Gleichungen auch für die Beschreibung der globalen Strömungssysteme Verwendung finden können. In der Meteorologie hat sich jedoch vom Anfang der numerischen Integration an gezeigt, daß sich diese Gleichungen auch für die Berechnung der großräumigen Strömungssysteme verwenden lassen, solange man allerdings die Vorhersagezeiträume nicht über etwa zwei bis drei Tage hinaus ausdehnt. Die inzwischen hochentwickelte numerische Wettervorhersage für die großräumigen Phänomene liefert für das aktuelle Wetter (Niederschlag, Bewölkung) an Punkten, die durch die großräumigen Strukturen nicht aufgelöst werden können, allerdings nicht so sehr viel. Hier setzt immer noch die Erfahrung des klassischen Meteorologen den Schlußstein.

Das Problem der Anfangsbedingungen

Die der Vorhersage zugrundeliegenden mathematischen Gleichungssysteme haben den Charakter von deterministischen Gleichungen. Wie zu Beginn ausgeführt wurde, genügt die Kenntnis eines beliebigen Anfangszustandes, um die gesamte weitere Entwicklung des Systems vorherzusagen. Bei genauer Kenntnis der Anfangsbedingungen würde dies eine Vorhersage für beliebig lange

Vorhersagezeiträume bedeuten. Da die Erfahrung aber lehrt, daß die großräumige Vorhersage selbst unter Verwendung der aufwendigsten Modelle und der leistungsfähigsten Computer nach spätestens fünf Tagen unrealistische Vorhersagen liefert, kann nur der Schluß gezogen werden, daß entweder die Gleichungssysteme nicht korrekt sind oder daß die Anfangsbedingungen zu ungenau bestimmt worden sind.

Da man in der Meteorologie das Bestreben hat, an den klassischen deterministischen Gleichungen der Hydrodynamik festzuhalten, kam nur die Möglichkeit in Betracht, daß die Ursache für das Zusammenbrechen der Vorhersage nach so kurzer Vorhersagezeit in der ungenauen Kenntnis der Anfangsbedingungen zu suchen sei. Dazu führte Lorenz (1969) ein beispielgebendes numerisches Experiment folgendermaßen durch: eine im Prinzip bewährte mathematische Gleichung für die Vorhersage der Strömung der Atmosphäre in der Höhe von etwa 5000 m wurde für zwei Vorhersagen benutzt, wobei sich die Anfangszustände nur ganz geringfügig voneinander unterschieden. Dabei ergab sich, daß die beiden Vorhersagen für die großräumigen Strukturen bereits nach fünf Tagen stark voneinander abwichen und daß nach einer Vorhersagezeit von etwa drei Wochen keinerlei Zusammenhang zwischen den beiden Vorhersagen mehr bestand. Diese Zeit markiert die prinzipielle Grenze der Vorhersagbarkeit unter Verwendung dieses Modells der Atmosphäre. Da man das Auseinanderlaufen der beiden Vorhersagen auf die Nichtlinearität der verwendeten Gleichung zurückführen muß, findet man auch hier etwas Charakteristisches nichtlinearer Systeme, nämlich daß kleine Störungen an geeigneter Stelle bzw. zu geeigneter Zeit dazu führen, daß das System aus einem Zustand mehr oder weniger spontan in einen völlig davon verschiedenen umschlagen kann. Wenn auch das beschriebene Experiment von Lorenz nicht exakt mit dem Bild des spontanen Umschlagens übereinstimmt, so ist die Verwandtschaft damit doch nachzuweisen.

Der Erfolg der Vorhersage, ausgedrückt durch die möglichst große Annäherung an die prinzipielle Grenze der Vorhersagbarkeit, hängt somit von der Genauigkeit in der Kenntnis der Anfangsbedingungen ab. Damit ist es in der Meteorologie trotz aller Anstrengungen der vergangenen Jahrzehnte nicht besonders gut bestellt. Die dazu benötigten vertikalen Sondierungen an sehr vielen Stellen auf der Erdoberfläche sind allein schon aus Kostengründen sehr eingeschränkt. Hinzu kommt, daß sie auf den Ozeanen, die 70% der Erdoberfläche ausmachen, nur sehr verdünnt (auf Inseln und den wenigen Wetterschiffen) durchgeführt werden können.

Die Untersuchung dieser Sachverhalte unter Verwendung von Modellen der Atmosphäre, die das Geschehen vollständiger beschreiben, etwa durch Berücksichtigung des Einflusses der großen Kettengebirge, steht noch aus. Doch auch hier zeigten Abschätzungen anderer Art, daß prinzipielle Grenzen der Vorhersagbarkeit im obigen Sinne bestehen und daß die Vorhersagegrenze bei oder sogar unterhalb derjenigen liegt, die Lorenz unter Verwendung des einfachsten Modells gefunden hatte. Interessante Untersuchungen von Holloway (1983) ergaben, daß die prinzipielle Grenze der Vorhersagbarkeit unter Verwendung eines nur leicht gegenüber dem Lorenzschen Modell verbesserten Modells empfindlich vom Durchmesser des Planeten sowie von der sogenannten effektiven Höhe seiner Atmosphäre abhängt. Planeten mit kleinem Durchmesser, kleiner effektiver Höhe ihrer Atmosphäre und großer Rotationsgeschwindigkeit würden den dort prognostizierenden Meteorologen das Leben sehr erleichtern; dort schiebt sich die prinzipielle Grenze der Vorhersagbarkeit weit in die Zukunft hinaus.

Bei diesen Untersuchungen handelt es sich jedoch um unrealistische Experimente insofern, als nach Ablauf von wenigen Tagen die volle Physik des ganzen Systems zum Tragen kommt, wie früher schon ausgeführt wurde. Das Modell muß dann die Strahlung, den Wasserkreislauf und alle Wechselwirkungen mit den Teilsystemen an der Erdoberfläche berücksichtigen. Dies ist u. a. weitgehend in dem am höchsten entwickelten Modell des Europäischen Zentrums für Mittelfristige Wettervorhersage in Reading, UK, realisiert. Wenn auch Untersuchungen zur prinzipiellen Grenze der Vorhersagbarkeit mit diesem Modell nicht bekannt sind, so zeigt doch die Tatsache, daß Vorhersagen über Zeiträume von vier bis fünf Tagen hinaus immer noch nicht möglich sind, daß es einerseits auch hier eine prinzipielle Grenze der Vorhersagbarkeit geben wird und daß es andererseits wahrscheinlich nicht nur an der Ungenauigkeit in der Kenntnis der Anfangsbedingungen liegen wird, sondern an der möglicherweise unvollständigen Beschreibung des Geschehens durch das Modell. Es ist denkbar, daß man von der mathematischen Beschreibung mittels deterministischer Gleichungen abgehen und physikalisch begründete stochastische (statistische) Gleichungssysteme verwenden muß. Es ist aber auch möglich, daß im Rahmen von Langzeitintegrationen von nichtlinearen Gleichungssystemen etwas zum Tragen kommt, was man in anderen nichtlinearen Theorien der Physik als Gedächtnis des Systems für vergangene Zustände beschreibt. Es sei in diesem Zusammenhang der Vergleich mit der menschlichen Gesellschaft erlaubt. Auch diese besteht aus einer riesigen Zahl von Individuen (sie besitzt sehr viele Freiheitsgrade) und man weiß, daß hier nichtlineare Prozesse eine große Rolle spielen, die innerhalb der Gesellschaft spontan zu Strukturbildungen (Gruppenbildungen), zur Versklavung kleinerer Gruppen u. a. führen. Eine wesentliche Rolle spielt aber hier das Gedächtnis der Gesellschaft, das sich in den Ergebnissen der geschichtlichen Entwicklung und in der Erinnerung daran widerspiegelt. Es leuchtet unmittelbar ein, daß die noch so genaue Kenntnis des Anfangszustandes der menschlichen Gesellschaft, die man wie bei der Atmosphäre zu einem beliebigen Zeitpunkt global kennen müßte, sicherlich nicht gewährleisten würde, daß man unter Verwendung eines mathematischen Modells in der Lage wäre, die Zukunft der Menschheit für beliebig lange Zeiträume vorherzusagen. Selbst für den Fall, daß für diese Vorhersage ein mathematisches Modell sehr hoher Glaubwürdigkeit vorliegen würde, was aber kaum denkbar ist, müßten die vielfältig manifestierten Erinnerungen innerhalb des Systems eine ganz entscheidende Rolle für die Weiterentwicklung spielen. Die linear bzw. in einfacher Weise nichtlinear durchgerechneten Szenarien für Zukunftsprognosen der Weltbevölkerung, die allgemein bekannt geworden sind, haben sich nicht als sehr zuverlässig erwiesen.

Das Problem der Randbedingungen

Neben den prinzipiellen Grenzen, die durch die nichtlineare Fortpflanzung fehlerhafter Anfangsbedingungen im Vorhersage-Gleichungssystem zustandekommen, treten auch solche auf, die auf die prinzipielle Unkenntnis der Randbedingungen zurückzuführen sind. Es wurde bereits auf die beiden Berandungen der globalen Atmosphäre eingegangen. Es sind dies der Weltraum einerseits und die Erdoberfläche andererseits. Für langfristige Vorhersagen benötigt man die Anfangsbedingungen der globalen Atmosphäre sowie die der obersten Schichten der Ozeane. Dabei hat man es nur mit den genannten beiden Berandungen zu tun. Für Kurzfristvorhersagen (Vorhersagezeitraum unter vier Tage) kann man mit den Anfangsbedingungen nur eines Teils des Systems auskommen, etwa mit den Daten der nördlichen Hemisphäre für Vorhersagen auf der Nordhalbkugel. Dabei tritt zu der oberen und unteren Randbedingung noch eine seitliche, etwa am Äquator.

Die erste Untersuchung zu Aspekten der prinzipiellen Begrenztheit der Vorhersage atmosphärischer Zustände stammt von Ertel (1948). In den 40er Jahren war an die Beschaffung globaler Anfangsdaten nicht zu denken; ein Anfangswerte- und Vorhersagegebiet war von vornherein mit seitlichen Begrenzungen behaftet. Obgleich die Anschauung bereits lehrt, daß die Vorhersage für ein Teilgebiet der Atmosphäre ohne Kenntnis dessen, was sich in der Umgebung abspielt und was sich in zeitlich veränderlichen Randbedingungen an der Berandung des Teilgebietes manifestiert, nicht möglich sein kann, führte Ertel den mathematischen Beweis unter Verwendung eines geeigneten Modells der Atmosphäre. Später wurde von Charney (1949) nachgewiesen, daß man ohne Kenntnis der Vorgänge in der Umgebung für ein Vorhersagegebiet, das in ein größeres Anfangswertegebiet eingebettet ist, kurzfristige Vorhersagen deshalb wagen kann, weil die Fehler, die durch die nichtberücksichtigten seitlichen Randbedingungen erzeugt werden, nur langsam in das kleinere Vorhersagegebiet hineinwandern. Heute wird für Kurzfristvorhersagen als seitliche Berandung ein Breitenkreis in Äquatornähe gewählt, in einer Region der Atmosphäre, in der großräumig nicht viel passiert und von wo deshalb auch kaum Fehler, die durch falsche Randbedingungen erzeugt worden sind, in das eigentliche Vorhersagegebiet hineinlaufen können.

In den komplizierten Vorhersagemodellen für Langfristvorhersagen oder gar für die Simulation des Klimas und seiner möglichen Veränderungen wird die Formulierung der Randbedingungen an der Erdoberfläche zu einem bemerkenswerten Problem. Dort findet die Wechselwirkung zwischen der Atmosphäre und den verschiedenen Untersystemen wie Hydrosphäre, Kryosphäre, Lithosphäre im Bereich der sogenannten planetarischen Grenzschicht statt, die eine vertikale Mächtigkeit von rund 1000 m besitzt und die durch die kleinräumige atmosphärische Turbulenz beherrscht wird. In Ermangelung einer befriedigenden Theorie für die kleinräumigen Turbulenzen stellt man die turbulenten Energie- und Stoffübergänge in Abhängigkeit von den großräumigen Variablen der freien Atmosphäre dar. Die dabei verwendeten Parameter werden rein heuristisch angesetzt. Eine echte Wechselwirkung zwischen Atmosphäre und Erdoberfläche gibt es dabei nicht, die Ausbildung der kleinräumigen Verhältnisse am Erdboden in Abhängigkeit vom großräumigen Geschehen kann nicht beschrieben werden. In diesem Modelldefizit liegt eine neue Grenze für die Vorhersagbarkeit.

Abschließende Bemerkungen, weitere Aussichten

Seit der Mensch seßhaft wurde, ist das Bedürfnis nach Vorhersagen des Wetters eng mit seinem Wunsch nach Vorhersagen seines eigenen Schicksals verbunden. Die in jeder Landschaft zu findenden Bauernregeln stellten den ersten Versuch einer pauschalen Witterungsvorhersage dar. Erst Moritz Knauer, Abt des Klosters Langheim bei Lichtenfels am Main, notierte den visuellen Wetterablauf während voller sieben Jahre (vom 21.3.1652 bis zum 20.3.1659) und schloß, im damaligen astrologischen Geist befangen, daß sich das von ihm beobachtete Wetter in siebenjährigem Zyklus wiederholen müßte. Später (1721) entstand hieraus der sogenannte Hundertjährige Kalender, an dessen Brauchbarkeit für ganz Mitteleuropa auch heute noch weitgehend geglaubt wird.

Bis in die Mitte des 19. Jahrhunderts war an Wetterinformationen für den Menschen lediglich der Anblick des Himmels verfügbar. Erst nach Erfindung des Telegraphen war es möglich (ab 1863), synoptische Darstellungen großräumiger Druckverteilungen sogar im täglichen Rhythmus zu erstellen und zu verbreiten. Die auf diesen bis heute enorm weiterentwickelten Wetterkarten beruhende Wettervorhersage hat sich für Kurzfristvorhersagen bewährt. Nach und nach flossen in diese neben wachsender Erfahrung zunehmend physikalische Vorstellungen ein.

Die großen Erfolge der theoretischen Mechanik während des 19. Jahrhunderts führten zu dem Glauben, daß die deterministische Physik alles in der Natur erklären könnte. In diesem Sinne stelle Bjerknes (1904) ein Programm auf, das zum Ziel hatte, exakte Wettervorhersagen für lange Vorhersagezeiträume rein theoretisch zu erstellen. An eine Lösung der schon erwähnten nichtlinearen Gleichungssysteme war natürlich damals nicht zu denken. Deshalb wandte sich die zunächst an der Meteorologie interessierte Physik aktuelleren Forschungsgebieten zu und überließ die Meteorologie mehr oder weniger der Geographie. In der Zeit nach dem 1. Weltkrieg wurden die eindrucksvollsten großräumigen Strukturen in der Atmosphäre, die Fronten, entdeckt und systematisch untersucht. Einige Theoretiker hatten jedoch nicht aufgegeben. So versuchte Richardson (1922) die erste numerische Integration des Systems von nichtlinearen Gleichungen. Der Erfolg war, den damaligen Hilfsmitteln entsprechend, enttäuschend. Andere Theoretiker setzten grundlegende Untersuchungen im Sinne des Bjerknesschen Programms fort (Ertel, Rossby). Der Erfolg stellte sich für diese Optimisten der Theorie Anfang der 50er Jahre ein, als die ersten Computer verfügbar waren (Charney et al. 1950). Heute ist die numerische Wettervorhersage für Kurzfristvorhersagen aus den Wetterdiensten nicht mehr wegzudenken.

Die dieser Art von Vorhersage zugrundeliegenden Modelle erlauben nur eine geringe räumliche Auflösung; nur wenige Vorhersagepunkte treffen das Gebiet der Bundesrepublik. Heutige Bemühungen bestehen darin, durch laufende Verfeinerungen der Modelle und der räumlichen Auflösung Kurzfristvorhersagen zu erstellen, die weit mehr als bisher den Bedürfnissen der Verbraucher entsprechen. Dies scheint auf der Grundlage der Gleichungen aus der deterministischen Physik möglich zu sein. Die Hoffnung auf eine wesentliche Verbesserung der Kurzfristprognose ist unter den Meteorologen sehr groß.

Über die Entwicklung und die Leistungen der mittelfristigen Wettervorhersage wurde bereits kurz berichtet. Für die Lösung dieses für alle Zweige des öffentlichen Lebens wichtigen Problems gründeten die Europäer das Europäische Zentrum für Mittelfristige Wettervorhersage in Reading, UK. Hier wurde alles zusammengetragen, was an Know-how auf dem Gebiet der mathematischen Modellierung großräumiger atmosphärischer Prozesse weltweit verfügbar war. Außerdem wurden und werden die jeweils größten und leistungsfähigsten Computer installiert. Dies hatte zur Folge, daß die Europäer auf diesem Gebiet heute eine führende Rolle einnehmen. Trotzdem haben sich die ursprünglichen Erwartungen noch nicht in vollem Umfang erfüllt. Großräumige Vorhersagen mit befriedigendem Ergebnis über einen Vorhersagezeitraum von vier bis fünf Tagen hinaus sind, wenn überhaupt, dann doch sehr schwer zu erreichen. Gegenwärtig steht die Verfeinerung der räumlichen Auflösung im Vordergrund des Interesses, wenn auch laufend an der Erweiterung des Vorhersagezeitraums weitergearbeitet wird.

Da schon bei der Entwicklung von Mittel- und Langfristvorhersagemodellen die gesamte Physik der Wechselwirkungen mit den anderen Teilsystemen des globalen Gesamtsystems einbezogen werden mußte, konnte versucht werden, mit derartigen Modellen Vorhersagen extrem langer Vorhersagezeit durchzuführen. Dabei ergab sich, daß die Atmosphäre nach etwa zwei Wochen ihre Anfangsbedingungen zu vergessen scheint. Dies ist angesichts der Ausführungen weiter vorn eine erstaunliche Tatsache. Der weitere Verlauf des Geschehens in der globalen Atmosphäre wird stark von der Sonneneinstrahlung und den Mechanismen gesteuert, die in dem Kapitel über das atmosphärische System behandelt worden sind. Ohne Weiterbeachtung der einmal vorhanden gewesenen Anfangsbedingungen läuft das physikalische Geschehen formal wie in der Natur ab. Eine Zuordnung zum wirklichen Geschehen ist lediglich durch Vergleich von gewissen statistischen Kenngrößen möglich. Diese Untersuchungen führten zu der Überzeugung, daß sich mit einem Modell für das globale Gesamtsystem auch das Klima der Erde mathematisch simulieren lassen müßte. Tatsächlich ist man nun auch dabei, wenigstens das Modell für das Teilsystem Atmosphäre über sehr viele Modelljahre in der Hoffnung laufen zu lassen, daß dann gewisse dringende Probleme der gegenwärtigen Klimatologie gelöst werden könnten. Eines der wichtigsten Probleme ist in diesem Zusammenhang das Problem des Anwachsens der Kohlendioxidkonzentration in der Atmosphäre als Folge des anthropogenen Energieverbrauchs (vgl. die Beiträge von Fischer und von Georgii).

Die Aussagekraft der extrem langfristig integrierten Modellgleichungen der Atmosphäre für Antworten von einer derartigen Tragweite für die Menschheit dürfte gegenwärtig noch sehr gering sein. Noch gelingt die modellmäßige Beschreibung von Hydrosphäre und Kryosphäre und die netzmäßige Kopplung aller Teilsysteme unter Berücksichtigung aller möglichen Wechselwirkungen zwischen den Teilsystemen nicht so überzeugend, daß man in Fachkreisen Befriedigung empfinden würde. Das betrifft in besonderem Maße die noch unbefriedigende Modellierung der Wechselwirkung zwischen den oben genannten Teilsystemen und der Biosphäre. Diese Wechselwirkung hat sich in der Erdgeschichte als bedeutsam erwiesen. Nicht ohne Grund ist gegenwärtig die Verbesserung der Kurzfristvorhersage gegenüber der Vorhersage für das gesamte Klimasystem zurückgetreten: Das Schicksal der gesamten Menschheit hängt heute von gravierenden globalen Klimaänderungen ab, von Klimaänderungen, die der Mensch heute selbst verursachen kann.

Literatur

Bjerknes V (1904) Das Problem der Wettervorhersage, betrachtet vom Standpunkt der Mechanik und Physik. Meteorol Z 21:1−7

Charney JG (1949) On a physical basis for numerical prediction of large-scale motions in the atmosphere. J Meteorol 6:371−385

Charney JG, Fjortoft R, von Neumann J (1950) Numerical integration of the barotropic vorticity equation. Tellus 2:237−254

Deissler RG (1984) Turbulent solutions of the equations of fluid motion. Rev Mod Phys 24.2, I:223−254

Einstein A (1952) Aus meinen späten Jahren. Stuttgart

Ertel H (1948) Das Problem der Wettervorhersage vom Standpunkt der theoretischen Meteorologie. Z Meteorol 4/5:97−106

Ertel H (1954) Kausalität, Teleologie und Willensfreiheit als Problemkomplex der Naturphilosophie. Akademie-Verlag, Berlin, 29 S

Großmann S (1983) Deterministisches Chaos. Rhein-Westf Akademie der Wissenschaften, Vorträge N 321. Westdeutscher Verlag, Düsseldorf, 44 S

Holloway G (1983) Effects of planetary wave propagation and finite depth on the predictability of atmospheres. J Atmos Sci 40:314−327

Kanitscheider B (1981) Wissenschaftstheorie der Naturwissenschaft. de Gruyter, Berlin, 281 S

Lorenz EN (1969) The predictability of a flow which possesses many scales of motion. Tellus 21:289−307

Planck M (1948) Der Kausalbegriff in der Physik 4. Aufl Joh. Ambrosius Barth, Leipzig, 23 S

Richardson LF (1922) Weather prediction by numerical process. Cambridge University Press, London 236 p

Riedl R (1980) Biologie der Erkenntnis. Parey, Berlin

Die Chaostheorie und mögliche Anwendungen auf das Wetter- und Klimasystem

HANS-JOACHIM LANGE

Die Grundlagen der Naturwissenschaften sind wohl noch nie so tiefgreifend verändert worden wie in unserem Jahrhundert. Die Relativitätstheorie und die Quantentheorie haben das bisherige naturwissenschaftliche Weltbild so weitgehend umgestoßen, daß Konsequenzen in vielen Bereichen einschließlich der Philosophie zu verarbeiten waren und noch sind. Die Fundamente der beiden genannten Theorien sind seit etwa 60 Jahren ausgearbeitet. Seit etwa 20 Jahren entwickelt sich nun eine Theorie des „Deterministischen Chaos", und es ist schon abzusehen, daß sie das dritte wissenschaftliche Großereignis dieses Jahrhunderts ist. Sie verändert die Sicht der Natur ein weiteres Mal. Als selbstverständlich angenommene Grundlagen und Anschauungsformen müssen aufgegeben werden. Dies kommt schon im Namen der neuen Theorie zum Ausdruck, der wie ein Widerspruch wirkt, denn nach unserer herkömmlichen Anschauung kann ein System *entweder* deterministisch *oder* chaosartig sein, aber nicht beides gleichzeitig.

Daß hier kein Widerspruch vorliegt, sieht man schon an sehr einfachen Gleichungen. Es zeigte sich, daß entgegen der ursprünglichen Auffassung keine komplizierten Gleichungen nötig sind, um ein außerordentlich komplexes dynamisches Verhalten zu erzeugen. Mit einfachen Gleichungen, wie z. B. der sogenannten *logistischen Gleichung* (s. Gleichung (1)), die Lorenz bereits 1964 als eine Art Stellvertreter für mögliches Klimaverhalten angesehen hat (Lorenz 1964), läßt sich aber natürlich auch einfacher experimentieren als mit komplizierten Gleichungen. Nur durch die Verwendung einfacher Gleichungen ist es möglich geworden, die angedeuteten, völlig überraschenden, grundsätzlichen Eigenschaften der deterministischen Physik zu erkennen.

In diesem Beitrag soll mit Hilfe der logistischen Gleichung (s. Gleichung (1)) gezeigt werden, wieso Determinismus durchaus mit Nichtvorhersagbarkeit vereinbar ist. Es liegt auf der Hand, daß dies gewaltige Auswirkungen auf alle prognostizierenden Naturwissenschaften hat, zu denen ja auch die Meteorologie gehört. Insbesondere kann eine Begründung für die „prinzipiellen Grenzen der Vorhersagbarkeit atmosphärischer Prozesse" (s. Beitrag von Fortak) gegeben werden. Von großer Wichtigkeit ist die Frage der Anfangsbedingungen. Wann sind sie wichtig, wann werden sie „vergessen"? Um dies zu klären, soll die logistische Gleichung zu einem zweidimensionalen, *gekoppelten* Gleichungssystem erweitert werden (zu einer Varianten der berühmten *Bäckertransformation*). Dabei kann auch der Unterschied zwischen dem neuentdeckten, *deterministischen Chaos* und dem altbekannten, früher als einzig möglich angesehenen, *stochastischen Chaos* deutlich gemacht werden. Es stellt sich heraus, daß *beide* Chaosarten die Beschreibung atmosphärischer Vorgänge beeinflussen können.

Einfache Gleichungen können also komplexes Verhalten beschreiben. Komplexe Gleichungen, wie z. B. die Gleichungen, die das Klimasystem oder das Wetter zu beschreiben versuchen, können ebenfalls komplexes Verhalten erzeugen. Die Atmosphäre selbst macht es uns ja augenscheinlich vor. Reicht diese Parallelität schon aus, um aus der Erforschung einfacher Systeme mit komplexer Dynamik Rückschlüsse auf das Verhalten komplizierter Systeme zu ziehen? Darf man einfache Gleichungen als Sinnbilder für das Verhalten der Atmosphäre benutzen? Diese schwierige Frage wird am Schluß diskutiert. Natürlich wird es nicht möglich sein, das Detailverhalten der äußerst komplexen Atmosphäre mit einfachen Gleichungen zu simulieren. Es wird jedoch die Auffassung vertreten, daß dennoch viele grundsätzliche Verhaltensweisen übertragbar sind. Es zeigt sich zwar, daß bei Verwendung von Differentialgleichungen (statt der bis dahin verwendeten ein- und zweidimensionalen Differenzengleichungen) mindestens drei Dimensionen nötig sind, um deterministisches Chaos zu erzeugen. Die dann einsetzenden Verhaltensweisen, z. B. die Verletzung der starken Kausalität und die unperiodische Bewegung, sind aber wieder prinzipiell gleich zu bewerten. Hier gibt es dann auch die ersten direkten Anwendungen zur Beschreibung atmosphärischer Phänomene.

Ein weiterer Einwand gegen die Übertragbarkeit von Aussagen über einfache Systeme mit dennoch komplexem Verhalten auf komplexe Systeme könnte deshalb erhoben werden, weil durch kooperative Verhaltensweisen der Subsysteme eines komplexen Systems synergetische Effekte auftreten können. Es kommt dann zur Bildung kooperativer, *kohärenter Strukturen* (s. auch Beitrag Fortak). Diese sind aber nur bei oberflächlicher Betrachtungsweise das Gegenteil von Chaos. Zum Beispiel ist das Umschlagen einer laminaren in eine turbulente Strömung eine Strukturbildung (den thermischen Molekülbewegungen werden organisierte Wirbelbewegungen überlagert), die aber durchaus mit der Chaostheorie im Einklang stehen kann (und von ihr vielleicht sogar erklärt werden könnte). Auch machen Strukturbildungen das Studium einfacher Gleichungen nicht überflüssig. Im Gegenteil, gerade wegen der kooperativen Verhaltensweisen in komplexen Systemen ist es oft möglich, die unermeßlich vielen Freiheitsgrade zurückzuführen auf das Verhalten einiger weniger (die anderen werden „versklavt"), was naturgemäß zu einer starken Vereinfachung der verwendeten Gleichungen führt.

Komplexe Dynamik aus einfachen nichtlinearen Gleichungen

Obwohl die Auswirkungen der Chaostheorie auf das allgemeine Naturverständnis nicht geringer sind als die der physikalischen Umwälzungen vor 60 Jahren, sind ihre grundlegenden Prinzipien wesentlich einfacher zu verstehen. Das eröffnet dem interessierten Laien die „einmalige" Gelegenheit, verhältnismäßig tiefe Einblicke in ein folgenreiches, aktuelles Gebiet der Physik zu nehmen. Um diese Einfachheit zu demonstrieren, möge man sich einmal die Iterationsgleichung (*Logistische Gleichung*) vor Augen führen:

$$Y_{n+1} = a\,Y_n - a\,Y_n^2 = a\,Y_n\,(1 - Y_n) \tag{1}$$

Hierin ist a irgendein Parameter, z. B. a = 2:

$$Y_{n+1} = 2\,Y_n\,(1 - Y_n) \tag{2}$$

Das Kennzeichen einer solchen Iterationsgleichung ist es, daß Y auf der linken Seite den Index „n + 1" trägt, während alle Y-Werte der rechten Seite den Index „n" haben; n steht für eine beliebige Zahl. Der Index kann als Zeitparameter aufgefaßt werden, und das bedeutet, daß man aus einem Y_n in der rechten Seite der Iterationsgleichung das *zukünftige* Y_{n+1} errechnet. Entscheidend ist, daß dieses Resultat Y_{n+1} wieder in die gleiche Formel rechts „eingefüttert" wird, zur Errechnung von Y_{n+2} usw. Das Ergebnis einer Rechnung ist zugleich der Startwert für die nächste Rechnung! Das nennt man auch „Rückkopplung".

Angenommen, der zweite Term in der Klammer von Gleichung (2) würde nicht existieren. Dann hätte man die Gleichung

$$Y_{n+1} = 2\,Y_n$$

Auch dies ist eine Iterationsgleichung, und zwar diejenige für ungedämpftes Wachstum. Ist z. B. der Startwert $Y_n = Y_0 = 1/4$, dann ist ja $Y_{n+1} = Y_1 = 1/2$, $Y_2 = 1$, $Y_3 = 2$, $Y_4 = 4$, $Y_5 = 8$ usw. Diese Iterationsgleichung beschreibt die Realität offenbar sehr schlecht, denn ungedämpftes Wachstum kann ja aus der Umgebung auf Dauer nicht „versorgt" werden. Daß in der Realität bei Wachstum die Ressourcen für weiteres Wachstum knapp werden, ist durch den negativen Term in der Klammer von Gleichung (2) berücksichtigt. „Versorgung", „Nachschub" usw. wird aber als „Logistik" bezeichnet, und so erklärt sich auch der Name für die Iterationsgleichung (1) bzw. (2).

Testen wir gleich das Wachstum nach Gleichung (2). Setzt man rechts wieder den Startwert $Y_0 = 1/4$ ein, so erhält man das Resultat $Y_1 = 3/8$, welches dann wieder rechts eingesetzt wird zur Errechnung von $Y_2 = 15/32$, dann $Y_3 = 255/512$ usw. Bringt man alles auf den Nenner 512, so erhält man die Wertefolge

$$\frac{128}{512}\,,\quad \frac{192}{512}\,,\quad \frac{240}{512}\,,\quad \frac{255}{512} \quad \text{usw.}$$

Man sieht schon, daß sich für n $\rightarrow \infty$ ein Grenzwert Y = 1/2 herausbildet, was man durch Weiterrechnen erhärten kann. Wenn man die Iteration von vornherein mit dem Startwert 1/2 beginnt, so ist offenbar

$$Y_0 = 1/2\,,\quad Y_1 = 1/2\,,\quad Y_2 = 1/2\,,\ \ldots \quad \text{oder} \quad Y_{n+1} = Y_n = Y\,.$$

Y = 1/2 ist also eine *stationäre*, d. h. zeitunabhängige Lösung von (2), und tatsächlich ergibt sich dieser Wert (neben Y = 0) als Lösung der Bestimmungsgleichung

$$Y = 2\,Y\,(1-Y) \tag{3}$$

Da also der Wert 1/2 sich durch die Iteration nicht (mehr) ändert, ein anderer Wert aber von dem Wert 1/2 „angezogen" wird, sagt man, der Wert 1/2 sei ein *Attraktor* der Iteration (2).

Was geschieht, wenn man andere Parameterwerte als a = 2 in der Gleichung (1) verwendet? Variiert man zwischen a = 1 und a = 3, so stellt man fest, daß die Iteration für jeden dieser Parameter einen Attraktor im obigen Sinne hat. Allerdings ist der Attraktor für jedes a ein anderer, er hängt von a ab nach der Formel:

$$Y = 1 - \frac{1}{a} \quad (a = 1, \ldots, 3) \tag{4}$$

Gleichung (4) enthält natürlich unseren Sonderfall Y = 1/2 für a = 2. Außerdem verifiziert man ganz leicht, daß sich der Wert 1 − 1/a durch die Iteration (1) nicht verändert:

$$a\left(1 - \frac{1}{a}\right) - a\left(1 - \frac{1}{a}\right)^2 = 1 - \frac{1}{a} \tag{5}$$

Gleichung (5) ist nichts anderes als die „Probe" dafür, daß (4) (neben Y = 0) eine stationäre Lösung von (1) ist.

Die Lösungen solcher Iterationsgleichungen sind so elementar, daß man kaum glauben kann, daß es dabei irgend etwas Besonderes zu entdecken gibt. Jedoch erhält man äußerst überraschende Ergebnisse, wenn man größere Parameterwerte als a = 3 in der Iterationsgleichung (1) verwendet, wie wir gleich sehen werden. Vor allem aus solchen und ähnlichen Rechenexperimenten hat sich in den letzten zwei Jahrzehnten die Chaostheorie entwickelt. Wenn man früher geahnt hätte, daß es an den elementaren Iterationen etwas zu entdecken gibt, hätte man die Chaostheorie auch viel früher haben können. Allerdings werden längere Iterationsrechnungen schnell sehr umfangreich, und es ist wohl kein Zufall, daß die Entwicklung der Chaostheorie mit der allgemeinen Verbreitung der Computer zeitlich zusammenfällt.

Um die angedeuteten Besonderheiten der logistischen Gleichung (1) kennenzulernen, stellen wir die Abhängigkeit des Attraktors vom Parameter graphisch dar, wobei die Abszisse die Werte a = 1, ..., 4 annimmt (Abb. 1). Im Bereich a = 1, ..., 3 finden wir den schon besprochenen Verlauf Y = 1 − 1/a wieder, d. h., die Ordinate steigt von 0 bis 2/3 an. Der Verlauf im restlichen Bereich a = 3, ..., 4 demonstriert den Übergang zum Chaos. Dieser Verlauf ist äußerst verblüffend, und doch kann ihn jeder Besitzer eines Heimcomputers mit weni-

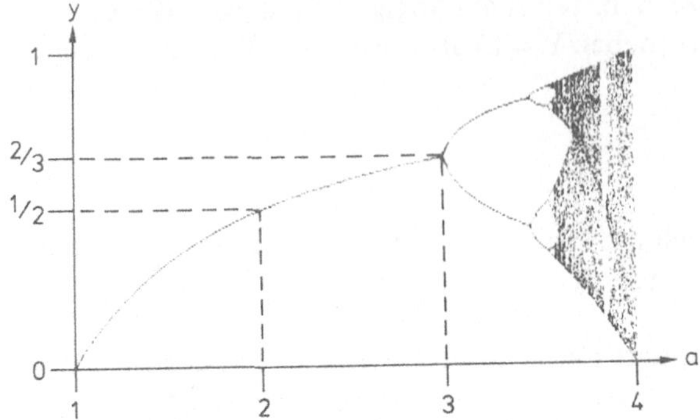

Abb. 1. Attraktoren der logistischen Iterationsgleichung $Y_{n+1} = a\,Y_n\,(1-Y_n)$ für $a = 1, \ldots, 4$. Während der Verlauf der Kurve für $Y = 0, \ldots, 2/3$ stabil ist, treten im Bereich $a = 3, \ldots, 4$ Verzweigungen („Feigenbäume") zunächst mit der Periode 2, dann mit der Periode 4 auf. Dieser Bereich demonstriert den Übergang zum Chaos. Das eingerahmte Feld ist in Abb. 2a vergrößert dargestellt

gen BASIC-Zeilen nachprüfen: zwischen a = 3 und a = 3,449 ... (eine irrationale Zahl) besteht der Attraktor aus 2 Werten (er ist ein *Zweierzyklus*); d. h. die Iteration endet damit, daß zwei Werte Y_α und Y_β periodisch angenommen werden. An die Stelle von (3) treten also die Beziehungen

$$Y_\alpha = a\,Y_\beta(1-Y_\beta) \quad \text{und} \quad Y_\beta = a\,Y_\alpha(1-Y_\alpha)$$

(Äquivalent ist die Aussage, daß Y_α *und* Y_β stationäre Lösungen einer neuen Iterationsgleichung sind, die eine zweimalige Anwendung von (1) beschreibt). Zwischen a = 3,449 ... und a = 3,544 ... besteht der Attraktor aus 4 Werten, er ist ein *Viererzyklus*. Bei a = 3,564 ... kommt es zu einer weiteren *Periodenverdopplung*, die man in der Abbildung gerade noch erkennen kann. Es folgen unendlich viele weitere Verdopplungen, sie sind jedoch nicht mehr zu erkennen, da sie in immer kürzeren Abständen folgen (vgl. Abb. 2). Feigenbaum (1978) entdeckte, daß das Parameterintervall, das zu einer bestimmten Verdopplung führt, immer 4,6692 ... mal kleiner ist als das Parameterintervall, das zu der Verdopplung davor geführt hat. Daraus folgt, daß es bei a = 3,5699 ... eine Parameter-Obergrenze gibt, oberhalb derer keine Periodenverdopplungen mehr stattfinden, oder anders gesagt, sie finden alle *vor* dieser Obergrenze statt. Nichtsdestoweniger kann eine Gleichung aber größere Parameterwerte annehmen. Dann erhält man ein unperiodisches, chaotisches Umherspringen der Punkte! Unsere Gleichungen sind aber nach wie vor determini-

Abb. 2a–c. Ausschnittsvergrößerungen von Abb. 1; a für den Bereich $a = 3,5, \ldots, 4$ (Ausschnitt siehe b); b für den Bereich $a = 3,83, \ldots, 3,86$ (Ausschnitt siehe c); c für den Bereich $a = 3,8535, \ldots, 3,8543$. Deutlich zu unterscheiden sind Bereiche mit „chaotischen" Punktfeldern und „geordneten" Fenstern. In den Fenstern finden sich − bis in unvorstellbar kleine Bereiche − weitere „Feigenbäume". Dieses ist eine typische Eigenschaft von Fraktalen.

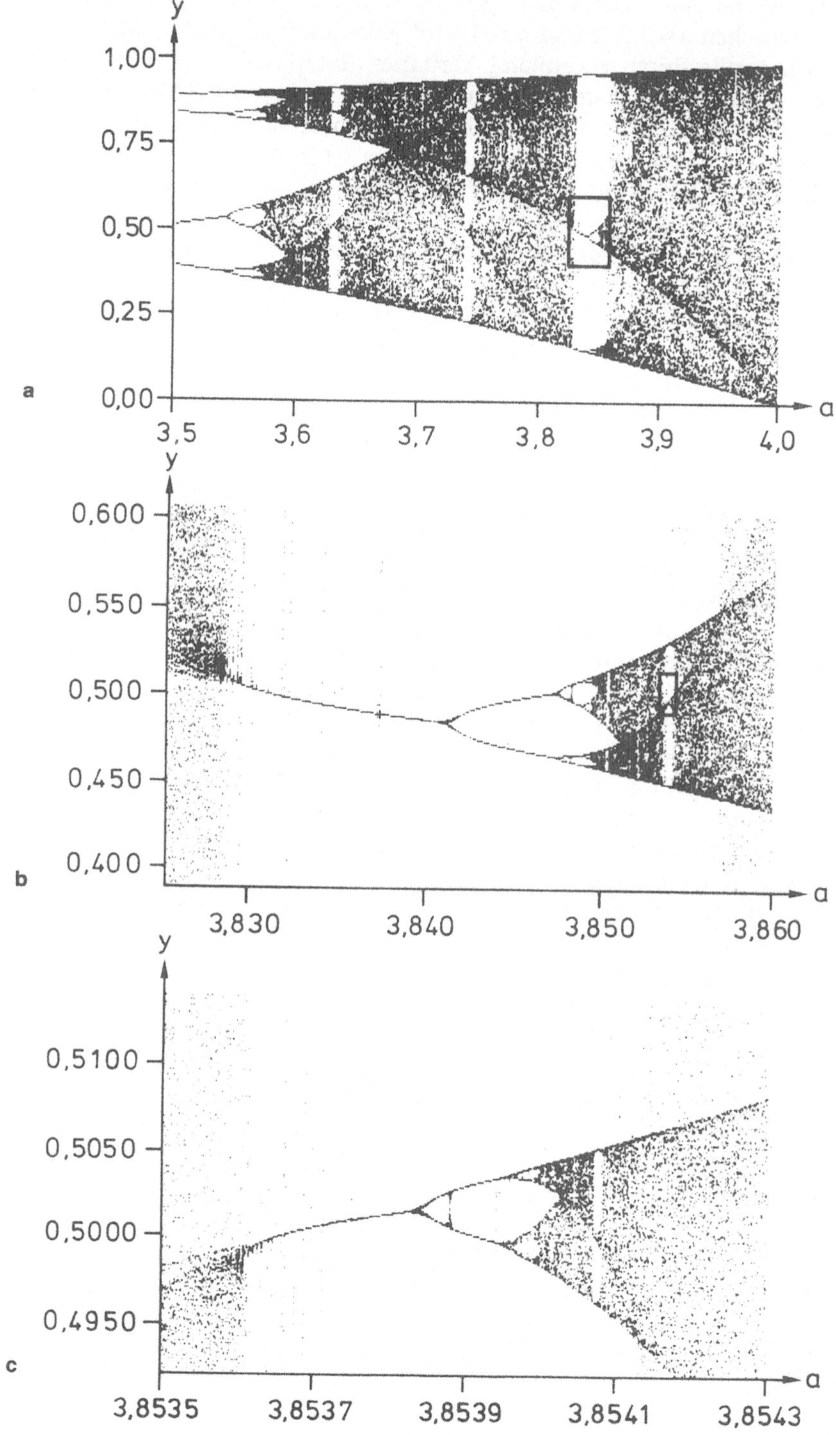

stisch, und daher nennt man diesen Effekt *Deterministisches Chaos*. Das Chaos zwischen a ≈ 3,570 und a = 4 wird jedoch immer wieder für kurze Parameterintervalle durch geordnetes Verhalten unterbrochen (s. unten). Ob Chaos oder „geordnete Fenster", für Parameterwerte zwischen 3,570 und 4 bleiben die Iterationspunkte auch bei noch so langen Iterationen immer innerhalb eines streng abgegrenzten Bereiches. Dieser ist in Abb. 1 auch klar zu erkennen. Bei Parameterwerten a > 4 allerdings würden die Iterationswerte unendlich groß.

Die *Feigenbaumkonstante* 4,6692 . . . tritt übrigens in gleicher Weise auch bei ganz anderen Gleichungen auf. Diese Universalität des Übergangs zum Chaos, diese Unabhängigkeit von der Art der speziellen Gleichung, ist ein starkes Argument dafür, daß die aus (1) gewonnenen grundsätzlichen Erkenntnisse nicht nur in der Biologie und Ökologie von Bedeutung sind (wo Gleichungen wie (1) direkt zur Anwendung kommen), sondern z. B. auch in der atmosphärischen Wissenschaft.

Es ist also nicht so, daß das Verhalten etwa nur chaosartig wirkte, weil durch die fortwährenden Periodenverdopplungen so viele Perioden entstanden sind! Man stellt sich das Chaos gern als eine unüberschaubare Periodizität vor, weil wegen der nichtlinearen Skalenwechselwirkung tatsächlich immer neue Wellen angeregt werden. Gleichung (1) *ist* nichtlinear. Aber die alleinige Eigenschaft der Nichtlinearität, immer neue Wellen anzuregen, führt höchstens zu einem Chaos, das als unüberschaubare Periodizität definiert werden müßte, etwa der Landauschen Turbulenzvorstellung entsprechend (Landau und Lifschitz 1978). Das aus Gleichung (1) entstandene Chaos ist aber gänzlich unperiodisch! Offenbar hat die Nichtlinearität noch eine andere Qualität, die vor 20 Jahren nicht bekannt war. Wir werden zur tatsächlichen Abwesenheit jeder Periodizität später noch einen anderen Beweis sehen, – einen Beweis, der auch ohne die Feigenbaumkonstante und die daraus folgende Obergrenze für Periodenverdopplungen auskommt.

Daß aus deterministischen Gleichungen absolut unperiodisches, also nicht extrapolierbares Verhalten entstehen kann, muß Klimatologen und Meteorologen natürlich stark interessieren. Zwar kannte man auch schon früher unperiodisches Verhalten, allerdings wurde es dann immer mit instabilem Verhalten identifiziert. Daß Chaos und Stabilität zugleich auftreten können, ist für uns das eigentlich Neue an diesem Verhalten. Obwohl der Punkt sich unperiodisch bewegt, bleibt er doch *global stabil*, er bleibt ja immer in einem begrenzten Wertebereich gefangen. Der ganze Bereich ist also ein Attraktor, und da man sich früher deterministische, unperiodische Bewegungen in einem begrenzten Lösungsraum nicht vorstellen konnte, nannte man ihn „*seltsamen" Attraktor*. – Wenn man allerdings die Gleichung (1) mit einem Parameter a > 4 verwendet, geht die globale Stabilität verloren. Dann gibt es keinen Attraktor mehr, auch keinen „seltsamen".

Bifurkationen und ihre Bedeutung im atmosphärischen Verhalten

Nach den bisherigen Ausführungen ist nicht zu verstehen, daß Y = 1 − 1/a kein Attraktor mehr ist, sobald a > 3 ist. Die Gleichung (5) gilt doch *immer*, unabhängig vom Wert von a! Das stimmt zwar, und deshalb ist auch 1 − 1/a immer ein sogenannter *Fixpunkt* der Iteration. Ein Fixpunkt, d. h. eine stationäre Lösung, ist aber nur dann auch ein Attraktor, wenn er stabil ist, d. h. wenn ihm andere Y-Werte im Verlauf der Iteration näherkommen und sich nicht etwa von ihm entfernen. Für a > 3 ist genau das letztere der Fall: Wenn man die Iteration (1) mit einem Y-Wert startet, der nur geringfügig von 1 − 1/a abweicht, wird diese Abweichung vergrößert. Der Fixpunkt ist also *instabil*, er heißt dann *Repellor*. Angezogen wird die Iteration stattdessen von „neu aufgetauchten" Werten, nämlich von 2 Werten, falls a zwischen 3 und 3,449 … liegt, sonst von 4, 8, 16, … Werten oder von dem ganzen Wertebereich, der den „seltsamen" Attraktor ausmacht. Ein Repellor schon für a < 3 ist übrigens Y = 0, die zweite stationäre Lösung von (1) oder (2).

Wir stellen also fest, daß die Stabilitätseigenschaften der stationären Lösungen vom Parameter a der Gleichung abhängen. Wenn also a zeitlich veränderlich wäre, so würde sich das Verhalten des Systems urplötzlich ändern, wenn a einen *kritischen* Wert durchlaufen würde, bei dem bisher stabile Lösungen instabil werden und dafür neue stabile Lösungen auftauchen. Solche Verhaltensweisen nennt man *Bifurkationen* oder *Lösungsverzweigungen*.

Solche Bifurkationen spiegeln sich auch in den vielfältigen Verhaltensweisen der Atmosphäre und des Klimasystems wieder. Hier kommt es oft durch Instabilitäten zu ganz abrupten Verhaltensänderungen. Und es ist auch erwiesen, daß diese Änderungen bei bestimmten kritischen Werten von Parametern in den atmosphärischen Gleichungen erfolgen. Diese Parameter sind hier meist Gradienten, die die Atmosphäre „antreiben", d. h. in der Atmosphäre *sind* die Parameter zeitabhängig. So kommt es z. B. bei einem kritischen Wert des meridionalen, d. h. von Süd nach Nord gerichteten globalen Temperaturgefälles, zur *baroklinen Instabilität*, und eine ruhige „zonalsymmetrische", d. h. annähernd parallel zu den Breitenkreisen verlaufende, Zirkulation schlägt um in eine wirbelbehaftete. Auf diese Weise entstehen die wetterwirksamen Zyklonen der mittleren Breiten.

Die Überraschungen, die Gleichung (1) birgt, sind noch längst nicht alle beschrieben. Wir hatten schon darauf hingewiesen, daß mitten in den Chaosbereich Parameterbereiche mit geordnetem Verhalten eingebettet sind. Wie komplex die Dynamik wirklich ist, die mit einer derart einfachen Gleichung erzeugt werden kann, wird deutlicher, wenn man diese „geordneten Fenster" genauer untersucht (Abb. 2). In Bild (a) ist die Skala des Parameters a sechsfach gespreizt. Das breiteste „Fenster" liegt bei etwa a = 3,84. Das hier eingezeichnete kleine Rechteck ist in Bild (b) noch einmal stark vergrößert worden: es enthält einen kleinen kompletten „Feigenbaum"! Die Bifurkationen sind also mit dem Wert a = 3,57 noch nicht beendet, in dem Fenster wiederholt sich das ganze Szenarium noch einmal in verkleinertem Maßstab. Jedoch zeigt Bild (b) nur das *größte* geordnete Fenster jenseits von a = 3,57, von denen es unendlich viele gibt!

Unsere Vorstellungskraft wird jedoch endgültig überfordert, wenn wir erfahren, daß die kleinen „Feigenbäume" in den unendlich vielen Fenstern des großen „Feigenbaumes" selbst wieder Fenster enthalten, die ihrerseits noch kleinere komplette „Feigenbäume" enthalten (Bild (c)). Die fortwährenden Vergrößerungen kann man beliebig oft wiederholen, man sieht im Prinzip immer das Gleiche! Diese Eigenschaft nennt man *Scaleninvarianz*, es ist eine typische Eigenschaft von *Fraktalen*. Es kann hier nicht näher auf diesen Aspekt eingegangen werden, es sei aber auf die vielen eindrucksvollen graphischen Darstellungen von Fraktalen und ihrer Selbstähnlichkeit verwiesen (z. B. bei Peitgen und Richter 1986).

Die Verletzung der starken Kausalität

Um weitere wichtige grundsätzliche Eigenschaften deterministischer Gleichungen kennenzulernen, die auch für die Dynamik der Atmosphäre relevant sind, konzentrieren wir uns nun auf den Parameterwert 4 der logistischen Gleichung:

$$Y_{n+1} = 4\,Y_n\,(1-Y_n) \tag{6}$$

Diese Gleichung läßt sich analytisch lösen. Dazu wird die Variablentransformation $Y_n = \sin^2(\pi X_n)$ vorgenommen:

$$\sin^2(\pi X_{\underline{n+1}}) = 4\sin^2(\pi X_n)\ (1-\sin^2(\pi X_n))$$
$$= (2\sin(\pi X_n)\cos(\pi X_n))^2$$
$$= \sin^2(\pi\,\underline{2X_n})\ .$$

Aus den unterstrichenen Argumenten liest man die Iteration in der transformierten Variablen X ab. Wenn Y_{n+1} aus Y_n nach der Formel (6) berechnet wird, so errechnet sich die Transformierte einfach aus

$$X_{n+1} = 2X_n\ .$$

Allerdings ist noch eines zu beachten: wenn $X_n > 1/2$ ist, ist $X_{n+1} > 1$, und im nächsten Iterationsschritt wird das Argument größer als 2π. Daher ist in solchem Fall vom Argument 2π abzuziehen, d. h. von $2X_n$ ist 1 zu subtrahieren:

$$X_{n+1} = \begin{cases} 2X_n & \text{falls } 0 \leq X_n < 1/2 \\ 2X_n - 1 & \text{falls } 1/2 \leq X_n \leq 1 \end{cases} \tag{7}$$

Eine Zahl zwischen 0 und 1 wird also auf eine andere Zahl zwischen 0 und 1 abgebildet: in den transformierten Variablen ist die logistische Gleichung eine Transformation des Einheitsintervalls auf sich selbst. Sehen wir uns dazu das Beispiel zweier Iterationen von (7) mit fast gleichen Anfangsbedingungen an:

n	$X1_n$	$X2_n$
0:	0,1	0,101
1:	0,2	0,202
2:	0,4	0,404
3:	0,8	0,808
4:	0,6	0,616
5:	0,2	0,232
6:	0,4	0,464
7:	0,8	0,928
8:	0,6	0,856
9:	0,2	0,712
10:	0,4	0,424

Wir sehen hier den Beginn dieser Iterationen. Die eine (X1) startet mit 0,1, die andere (X2) mit dem davon wenig verschiedenen Wert 0,101. Bis zum dritten Schritt wird einfach verdoppelt, dann muß zusätzlich die 1 subtrahiert werden usw. Interessant wird es nach dem 9. Schritt, weil hier der Rechenschritt für die Iteration X1 ein anderer ist als für die Iteration X2. Einmal wird die 1 subtrahiert, einmal nicht! Das demonstriert die *sensible Abhängigkeit von den Anfangsbedingungen*, also die Verletzung des Prinzips der *starken Kausalität*, d. h. „ähnliche Ursache, ähnliche Wirkung". Diese Verletzung kommt dadurch zustande, daß immer wieder einmal zwei ursprünglich dicht benachbarte Startpunkte rechts und links von 1/2 zu liegen kommen und dann unterschiedlich behandelt werden.

Offenbar wiederholt sich im ersten Beispiel die Wertefolge $0,2-0,4-0,8-0,6$ bis ins Unendliche. Dieser Viererzyklus ist kein Attraktor. Es ist zwar ein 4facher Fixpunkt der Iteration vorhanden, aber kein stabiler, und somit haben wir ein weiteres Beispiel für einen Repellor. Die Repelloreigenschaft kommt immer erst bei kleinen Störungen zum Ausdruck. Eine solche Störung ist gerade durch die etwas verschobene Anfangsbedingung der Iteration $X2_n$ simuliert worden.

Besonders anschaulich wird der Iterationsverlauf, wenn man ihn in Dualzahlen darstellt. Wenn man eine Dualzahl mit 2 multipliziert, wird nur das Komma um eine Stelle nach rechts verschoben. Dazu ein Beispiel:

$$X_0 = 0,10011000101110\ldots$$
$$X_1 = 0,0011000101110\ldots$$
$$X_2 = 0,011000101110\ldots \tag{8}$$
$$X_3 = 0,11000101110\ldots$$

Unsere Anfangsbedingung ist hier eine Zahl zwischen 1/2 und 1, da die erste Nachkommastelle eine „1" ist. Diese „1" wird also nach der Kommaverschiebung subtrahiert, gemäß der Rechenvorschrift (7). (Es muß ja auch eine Zahl im Einheitsintervall herauskommen.) Es entsteht eine Zahl zwischen 0 und 1/2, denn wir haben eine „0" gleich nach dem Komma, so daß nach der nächsten

Kommaverschiebung wieder eine Null vor dem Komma steht usw. Insgesamt ist die Iterationsvorschrift dadurch zu erfüllen, daß bei jedem Schritt das Komma um eine Stelle nach rechts „rutscht" und eine eventuell vor dem Komma auftauchende „1" ersatzlos entfällt. In dieser Form heißt die logistische Gleichung auch *Bernoulli-Verschiebung.*

Wir sehen hier also den dynamischen Ablauf, wie er sich nach der logistischen Gleichung mit a = 4 aus einer Anfangsbedingung ergibt. *Daß* aus einer Anfangsbedingung der dynamische Ablauf folgt, ist nicht neu. Normalerweise muß man aber erst Gleichungen lösen, um aus Anfangsbedingungen den dynamischen Ablauf zu ermitteln. Das Besondere an dieser Darstellung ist also, daß das Lösen von Gleichungen unnötig wird, daß man den dynamischen Ablauf direkt aus der Anfangsbedingung *ablesen* kann, durch eine bloße Kommaverschiebung! Damit ist die Abhängigkeit der Dynamik von der Anfangsbedingung auf eine extrem bequeme Form gebracht und veranschaulicht worden!

Die Darstellung ist aber nicht nur sehr bequem, sondern auch sehr informativ. Sie ermöglicht z. B., den schon angekündigten Beweis zu verstehen, daß das Zeitverhalten wirklich unperiodisch ist (der Beweis stammt von Ford aus dem Jahr 1983; s. z. B. Davies 1988): Das Einheitsintervall, das durch die Iterationsvorschrift auf sich abgebildet wird, ist äquivalent mit allen möglichen Folgen von unendlich vielen Einsen und Nullen nach dem Komma. Eine Anfangsbedingung auswählen heißt also, eine Folge von unendlich vielen Einsen und Nullen auswählen. Dabei ist es extrem unwahrscheinlich, daß man ausgerechnet eine rationale Zahl erwischt. Dazu müßte sich ja eine endliche Teilfolge von Einsen und Nullen ab einer bestimmten Stelle wiederholen, und zwar bis ins Unendliche!

Also könnten im allgemeinen die Ziffern einer beliebigen Anfangsbedingung auch ebensogut Ergebnisse von Münzwürfen sein, dem Paradebeispiel eines Zufallsprozesses. Der durch die logistische Gleichung *determinierte* Zeitverlauf entsteht aber durch Kommaverschiebungen in dieser *zufälligen* Zahlenreihe! Ist also eine unendliche Folge von Nullen und Einsen vorgegeben, so besteht keine Möglichkeit festzustellen, ob sich dahinter eine deterministische Zeitreihe verbirgt oder ob diese Ziffernfolge „erwürfelt" worden ist. Damit ist gezeigt, daß das deterministische und das *stochastische Chaos* in ihrer Phänomenologie nicht unterscheidbar sind. Insbesondere ist die deterministische Reihe nicht periodisch, was wir beweisen wollten.

Man sieht an der Darstellung (8) aber noch mehr, z. B. das Poincarésche Wiederkehrtheorem in ein beliebiges Intervall. Ein solches Intervall kann man sich dadurch verschaffen, daß man die binäre Zahlenfolge irgendwo abbricht. Wir erhalten dann eine endliche Ziffernfolge nach dem Komma, die wir mit dem linken Intervallende identifizieren. Das rechte Intervallende erhalten wir dadurch, daß wir die abgebrochene Ziffernfolge mit unendlich vielen Einsen auffüllen. Wir können das Intervall beliebig klein machen, nämlich durch Abbrechen und Auffüllen der Ziffernfolge beliebig weit hinter dem Komma. Das linke Intervallende bleibt jedoch auch bei noch so kleinem Intervall eine endliche Ziffernfolge. Nach der Zahlentheorie kommt jede endliche Ziffernfolge irgendwo in einer irrationalen Zahl vor, und das sogar unendlich oft (mit ganz wenigen, nicht relevanten Ausnahmen; s. Davies 1988). Wenn man die Kommaverschiebung vornimmt, erzeugt man also unendlich oft eine Zahl, die mit der Ziffernfolge des linken Intervallendes beginnt. Da die weiteren Ziffern im allgemeinen beliebig sind (nicht alles Einsen), liegt die entstandene Zahl *in* dem ausgesuchten Intervall. Jeder Punkt zwischen 0 und 1 wird also beliebig oft und beliebig dicht erreicht. Diese *Ergodizität* hätte man bisher bei solch einfachen Systemen nicht für möglich gehalten.

Die Rolle der Anfangsbedingungen in gekoppelten Systemen

Es gibt einen Zusammenhang zwischen der transformierten logistischen Gleichung (7) und der Bäckertransformation. Die letztere ist eine Abbildung des Einheitsquadrates auf sich selbst, die man sich folgendermaßen vorstellen kann: der Bäcker rollt seinen von der Seite her gesehenen quadratischen „Teig" aus auf doppelte Länge und halbe Höhe, schneidet dann die rechte Hälfte ab und legt sie oben wieder auf. Betrachtet man dabei die Bewegung eines Punktes in diesem Quadrat (s. Abb. 3), dem *Phasenraum* des zweidimensionalen Systems, dann beschreibt die transformierte logistische Gleichung gerade die Veränderungen der X-Koordinaten dieses Punktes: im ersten Schritt ist in unserem Beispiel $X < 1/2$; der Wert wird also verdoppelt, wie Gleichung (7) fordert. Die Y-Koordinate halbiert sich dagegen. Im zweiten Schritt wird nach der Verdopplung von X eine „1" subtrahiert, weil ja die rechte Hälfte des „Teiges" um die

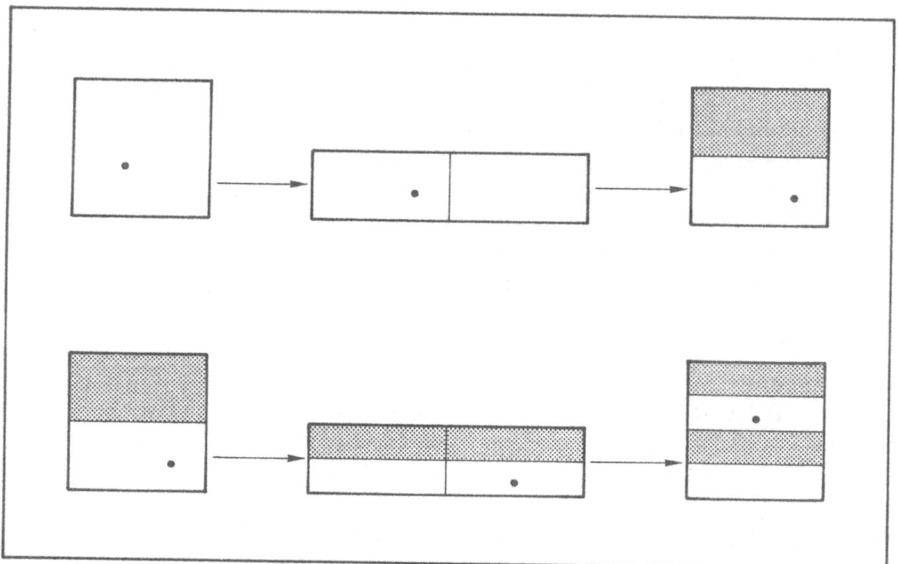

Abb. 3. Die Bäckertransformation beschreibt das Wandern eines Punktes in einem zweidimensionalen System bei Anwendung der Transformationsgleichungen (9). Zur näheren Erläuterung siehe Text

Einheitsstrecke nach links wandert. Auch das entspricht der Vorschrift (7), und
es bedeutet gleichzeitig für die Y-Koordinate, daß „1/2" addiert wird. Damit
haben wir schon die Transformationsgleichungen der Bäckertransformation
gewonnen:

$$X_{n+1} = \begin{cases} 2X_n & \text{falls } 0 \le X_n < 1/2 \\ 2X_n - 1 & \text{falls } 1/2 \le X_n \le 1 \end{cases}$$
$$Y_{n+1} = \begin{cases} Y_n/2 & \text{falls } 0 \le X_n < 1/2 \\ Y_n/2 + 1/2 & \text{falls } 1/2 \le X_n \le 1 \end{cases} \tag{9}$$

Immer dann, wenn $X > 1/2$ ist, wird von dem verdoppelten X „1" subtrahiert
und zum halbierten Y „1/2" addiert. Das ganze ist eine fortlaufende Expan-
sion in X-Richtung und eine Kontraktion in Y-Richtung, die immer wieder unterbrochen wird. Weil die Y-Iterationen von den X-Werten abhängen, ist dies
ein System von zwei gekoppelten Differenzengleichungen. Die Kopplung ist allerdings einseitig, Rückkopplung von Y nach X findet nicht statt.

Eine häufige Wiederholung der in Abb. 3 angedeuteten Prozedur würde veranschaulichen, daß die Bäckertransformation ein *mischendes* System beschreibt. „Mischend" heißt, daß nicht nur jeder Punkt des Phasenraumes beliebig dicht erreicht werden kann (das ist die Eigenschaft von ergodischen Systemen), sondern daß dabei auch Phasenraum-Volumenelemente stark verzerrt
werden. Das ist gerade der Ausdruck der sensiblen Abhängigkeit von den Anfangsbedingungen im Bild der Phasenflüsse.

Nun soll auch die Bäckertransformation im Dualsystem dargestellt werden.
Das Zeitverhalten der X-Werte ist ja identisch mit dem einer logistischen Gleichung. Es wird durch Kommaverschiebungen nach rechts beschrieben, wobei
eventuell vor dem Komma auftauchende „Einsen" entfallen. Das Halbieren der
Y-Werte geschieht im Dualsystem durch Kommaverschiebungen nach links. Dabei wird die erste Nachkommastelle eine Null, außer wenn 1/2 (dual 0,1) addiert werden muß. Das geschieht aber genau dann, wenn in der X-Reihe eine
„1" frei wird. Die Einsen der X-Reihe entfallen also nicht mehr ersatzlos, sondern sie werden in die Y-Reihe eingebaut. Das ist in dem folgenden Beispiel
durch Hervorhebung verdeutlicht:

$$
\begin{aligned}
X_0 &= 0,\mathbf{1}001000101110\ldots & Y_0 &= 0,000101011\ldots \\
X_1 &= 0,001000101110\ldots & Y_1 &= 0,\mathbf{1}000101011\ldots \\
X_2 &= 0,01000101110\ldots & Y_2 &= 0,01000101011\ldots \\
X_3 &= 0,\mathbf{1}000101110\ldots & Y_3 &= 0,001000101011\ldots \\
X_4 &= 0,000101110\ldots & Y_4 &= 0,\mathbf{1}001000101011\ldots
\end{aligned}
\tag{10}
$$

Wir haben also auch das Zeitverhalten eines gekoppelten Systems auf Kommaverschiebungen zurückgeführt und sind damit von dem eigentlichen Lösen der
gekoppelten Iterationsgleichungen befreit worden. Was sich durch fortwährende Wiederholung der in Abb. 3 angedeuteten Prozedur abspielt, sieht man
prinzipiell auch an den Zahlenreihen (10). Bei der logistischen Gleichung hat

diese Darstellung des Zeitverhaltens als Bernoulli-Verschiebung tiefere Einblicke in das Wesen der Dynamik ermöglicht. Gewinnen wir nun auch tiefere Einblicke in die Dynamik gekoppelter Systeme?

Anfangsbedingungen sind in der Praxis nur mit endlicher Genauigkeit angebbar, d. h. die bekannte Ziffernfolge nach dem Komma von X_0 und Y_0 ist irgendwann zu Ende. Wenn im Rahmen der Kommaverschiebungen alle bekannten Nachkommastellen von X_0 „verbraucht" sind, ist die weitere Zukunft von X unbekannt, aber auch die von Y, denn man weiß ja nicht mehr, was man an der signifikantesten Stelle von Y einsetzen muß. Die Zukunft ist auch deswegen unbekannt, weil keine Periodizitäten vorhanden sind, die eine Extrapolation in die Zukunft ermöglichen. Hier wirkt sich also das deterministische Chaos auf die Vorhersagbarkeit aus. Determiniertheit und Nichtvorhersagbarkeit sind kein Widerspruch: Das System ist ja determiniert, und trotzdem nicht vorhersagbar.

Solange man noch prognostizieren kann, werden die Zustände von X immer ungenauer (es sind ja immer weniger Stellen nach dem Komma bekannt). Je weiter man vorhersagen will, desto genauer benötigt man die Anfangsbedingung. Die Anfangsbedingung wird mit jedem Schritt wichtiger, sie wird keinesfalls „vergessen". Ganz im Gegensatz dazu wird die Anfangsbedingung von Y doch vergessen, sie wird mit jedem Schritt unwichtiger. Die Ziffernfolge der Anfangsbedingung „rutscht" ja an immer weniger signifikante Dualstellen, die signifikanten Y-Stellen werden von den X-Werten besetzt. Die Y-Variable wird durch die X-Werte „gesteuert", bis man nicht mehr weiß, wie sie gesteuert wird, weil die bekannten Dualstellen von X verbraucht sind.

Nun ist aber die Kenntnis von einem System im allgemeinen nicht *nur* dadurch begrenzt, daß man die Anfangsbedingungen der Freiheitsgrade mit nur endlicher Genauigkeit kennt. In komplexen Systemen wie der Atmosphäre kennt man sehr viele Freiheitsgrade überhaupt nicht. Daher haben z. B. alle Modelle der Atmosphäre einen niedriger dimensionalen Phasenraum als die Atmosphäre selbst: der Phasenraum des Modells ist eine *Projektion*, ein *Unterraum* des wirklichen Phasenraumes der Atmosphäre.

Man kann auch diese fundamental andere Art von Unkenntnis mit unserem Zweivariablensystem (10) simulieren, nämlich dadurch, daß man nur die Y-Reihe als bekannt voraussetzt. Die bekannten Y-Werte erhält man durch Projektion des unbekannten Phasenpunktes. Der bekannte Phasenraum ist also wieder (hier eindimensionaler) Unterraum des tatsächlichen (hier zweidimensionalen) Phasenraumes. Selbst wenn man die Y-Werte mit unendlicher Genauigkeit angeben könnte (sozusagen ∞ genau gemessen hätte), und dies von unendlicher Vergangenheit bis zur Gegenwart, wäre trotzdem die Größenordnung (die signifikanteste Stelle) des nächsten Schrittes in der Zukunft unbekannt. Es fehlt die Information der X-Werte, die hier die Rolle eines verborgenen Freiheitsgrades spielt. Die Nichtvorhersagbarkeit hat hier also ganz ähnliche Ursachen wie die Nichtvorhersagbarkeit des Würfelns, wo man auch nicht alle Ursachen berücksichtigen kann, die das Würfelergebnis beeinflussen.

Hier wirkt sich also das stochastische Chaos aus, vor dem uns auch eine (sowieso nur hypothetische) unendlich genaue Kenntnis der Parameter nicht schützen kann, wenn wir nicht *alle* Parameter kennen. Wenn man andererseits eine (ebenfalls hypothetische) vollständige Kenntnis aller Parameter hätte, aber nur von endlicher Genauigkeit, ist das System wieder nicht vorhersagbar, da sich das deterministische Chaos auswirkt. Somit verdeutlicht die Bäckertransformation als Bernoulli-Verschiebung nicht nur das erst vor 20 Jahren bekanntgewordene deterministische Chaos, sondern auch das schon immer bekannte stochastische Chaos sowie die Unterschiede zwischen beiden.

Die Gültigkeit unserer Überlegungen ist übrigens nicht dadurch begrenzt, daß sich die Argumentationen auf das Dualsystem gestützt haben. Wenn man die Bäckertransformation so abändert, daß der „Teig" auf zehnfache Länge ausgerollt wird, dieser dann in zehn Teile zerlegt wird und alle wieder zu einem neuen Quadrat aufeinandergelegt werden, dann erhält man die Transformation der Koordinaten durch Bernoulli-Verschiebungen im Dezimalsystem (Ekeland 1984), und die weitere Argumentation bleibt die gleiche.

Kontinuierliche Systeme in drei Dimensionen

Bisher haben wir uns nur mit Iterationsgleichungen befaßt. Die Veränderung der Variablen kann man hier als eine sprunghafte „zeitliche" Entwicklung interpretieren. In vielen Fällen, wie z. B. bei der Modellierung der Populationsdichte saisonal brütender Tiere, ist dies eine bessere Approximation an die Realität als eine Beschreibung durch kontinuierliche Zeitverläufe. Atmosphärische Entwicklungen sollte man aber doch besser als kontinuierliche Prozesse auffassen, d. h. durch Differentialgleichungen, und ihre kontinuierlichen Lösungen beschreiben.

Solche Lösungen sind nicht durch Punktwolken, sondern durch ununterbrochene Linien („Trajektorien") in einem Phasenraum darstellbar. Wichtig ist, daß sich die Trajektorien niemals kreuzen dürfen, denn ein solcher Kreuzungspunkt wäre ein Zustandspunkt, der sich nach zwei Richtungen hin entwickeln könnte. Das widerspräche aber dem Prinzip der *schwachen Kausalität* (nicht „ähnliche Ursache, ähnliche Wirkung", sondern „gleiche Ursache, gleiche Wirkung", was eine noch schwächere Forderung ist). An der schwachen Kausalität hält man aber auch im Rahmen der Chaostheorie fest.

Diese Bedingung schränkt die Möglichkeiten für Lösungstrajektorien so stark ein, daß ein „seltsamer" Attraktor nur in Phasenräumen mit mindestens drei Dimensionen vorkommen kann. Ein „seltsamer" Attraktor in z. B. zwei Dimensionen wäre ja ein abgegrenzter Teilbereich eines flächenartigen Phasenraumes, in den die Trajektorie irgendwann gelangte, aus dem sie dann aber nie wieder heraus dürfte. Die Trajektorie müßte in dieser begrenzten Fläche zeitlich unbegrenzt unperiodische Bewegungen machen, ohne sich selbst überkreuzen zu dürfen. Man kann sich leicht vorstellen, daß dies unmöglich ist. Möglich ist allenfalls, daß sich die Trajektorie asymptotisch einem Punkt oder einem Kreis nähert. (Dies ist die Aussage des „Poincaré-Bendixen-Theorems".) Dann aber entspricht der Attraktor einem stationären bzw. periodischen Zustand des Systems. In einem eindimensionalen Zustandsraum bleibt sogar nur die erste Möglichkeit. Daß wir mit Hilfe von Gleichung (1) im eindimensionalen Phasenraum doch einen „seltsamen" Attraktor finden konnten, ist dennoch verständlich. Die dynamische Entwicklung im Phasenraum ist ja bei Verwendung von Iterationsgleichungen statt Differentialgleichungen nicht durch ununterbrochene Trajektorien gegeben, sondern durch diskrete Punktefolgen, und diese können sich unperiodisch verhalten, ohne sich zu „berühren" und damit das schwache Kausalitätsprinzip zu verletzen.

Der Meteorologe E. N. Lorenz hat in seiner berühmten Arbeit „Deterministic Nonperiodic Flow" (Lorenz 1963) gezeigt, daß Differentialgleichungen in drei Dimensionen deterministisches Chaos nicht nur ermöglichen, sondern daß es auch tatsächlich entsteht. Historisch gesehen ist dies die Arbeit, die die moderne Chaostheorie begründet hat. Sie ist lange nicht beachtet worden, und man ist erst auf sie aufmerksam geworden, als man 10 Jahre später durch Iterationsexperimente der eingangs beschriebenen Art auf ganz ähnliche Phänomene stieß. Abbildung 4 zeigt die Lorenzschen chaotischen Phasentrajektorien im dreidimensionalen Zustandsraum. Es sind Lösungen der gekoppelten Differentialgleichungen

$$dx/dt = s\ (-x+y)$$

$$dy/dt = rx-y-xz \tag{11}$$

$$dz/dt = -bz+xy$$

Diese Gleichungen beschreiben in grober Approximation die Konvektion, d. h. die vertikalen Bewegungen in Luftmassen, die von unten erwärmt werden. Die Gleichungen sind aber auch als Approximation für andere geophysikalische Phänomene verwendet worden, z. B. für das Magnetfeld der Erde (Robbins 1976) oder für die bereits vorher erwähnte barokline Instabilität (Pedlosky und Frenzen 1980). Für den Fall der Beschreibung der Konvektion steht die Variable x für die Vertikalgeschwindigkeit, und y bzw. z bezeichnen den horizontalen

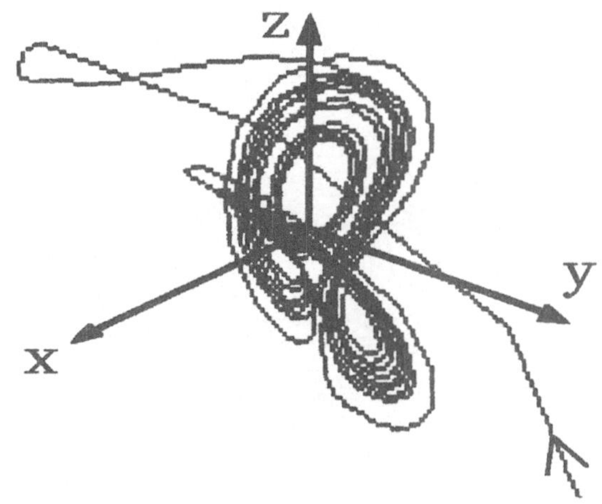

Abb. 4. Der Lorenz-Attraktor als Beispiel für einen „seltsamen" Attraktor in einem Phasenraum mit mindestens drei Dimensionen; nach Gleichung (11). (Unter Verwendung des Programmes „Phaser" in Kocak 1986)

bzw. vertikalen Temperaturgradienten, d. h. die entsprechenden Temperaturdifferenzen; s und b ergeben sich aus der Viskosität (Zähigkeit des Mediums) und den Abmessungen des Konvektionsmodells und liegen daher fest (s = 10 und b = 8/3). Der Parameter r dagegen wird variiert, er entspricht also unserem Kontrollparameter a in der logistischen Gleichung (1). r steht hier für die „Rayleighsche Zahl", sie verschlüsselt den Antrieb der Konvektion durch den vertikalen Temperaturgradienten. Bei ihrer Variation ergeben sich sprunghafte Verhaltensänderungen entsprechend den vorher besprochenen Bifurkationen. Stationäres Verhalten („Wärmeleitung") geht über in Konvektion und schließlich in Chaos („Turbulenz"). Abbildung 4 zeigt den zugehörigen „seltsamen" Attraktor.

Ein anderes dreidimensionales System von Differentialgleichungen, das deterministisches Chaos zeigt, bilden die Rössler-Gleichungen:

$$dx/dt = -y-z$$
$$dy/dt = x+0{,}2\,y \tag{12}$$
$$dz/dt = z\ (x-a)+0{,}2$$

(Rössler 1976), wozu Abb. 5 ein Bild zeigt. Das System (12) hat nur einen nichtlinearen Term (den Term xz in der dritten Gleichung), während die Lorenzgleichungen (11) derer zwei haben (xz in der zweiten und xy in der dritten Gleichung). Daher ist das Verhalten der Trajektorien im „seltsamen" Attraktor hier auch etwas einfacher und anschaulicher zu verstehen. Das Bifurkationsverhalten bei einer Variation des Parameters a geht von einfach-periodischem Verhalten über Periodenverdopplungen bis zum deterministischen Chaos.

Beide Gleichungssysteme zeigen nach dem Erreichen des „seltsamen" Attraktors eine Verletzung des Prinzips der starken Kausalität. Bei den Iteratio-

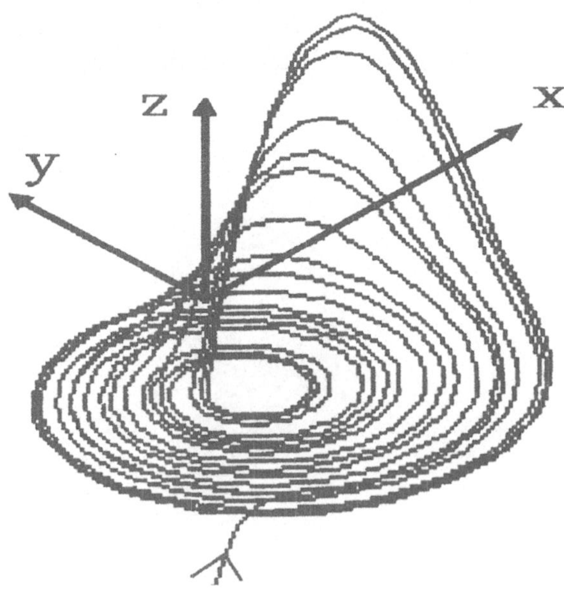

Abb. 5. Der Rössler-Attraktor als weiteres Beispiel für einen „seltsamen" Attraktor. Im Gegensatz zum Lorenz-Attraktor mit zwei nichtlinearen Termen hat dieses System nur einen nichtlinearen Term; nach Gleichung (12). (Unter Verwendung des Programmes „Phaser" in Kocak 1986)

nen haben wir uns diesen entscheidenden Grund für die Begrenzung der Vorhersagbarkeit dadurch klargemacht, daß Teile des Phasenraumes einfach „auseinandergerissen" werden können, so wie der Bäcker nach dem Ausrollen den „Teig" auseinanderschneidet. Dadurch werden ursprünglich dicht benachbarte Zustandspunkte weit getrennt, und das ist identisch mit der Verletzung der starken Kausalität. Bei kontinuierlichen Differentialgleichungen müssen wir uns das Trennen der Zustandspunkte auch ohne das Auseinanderreißen von Phasenraum-Teilgebieten klarmachen. Dazu dient die von Smale eingeführte „*Hufeisentransformation*", welche ganz ähnlich wie die Bäckertransformation zu interpretieren ist. Der entscheidende Unterschied ist, daß der „Teig" nach dem Auswalzen nicht zerschnitten wird, sondern wie ein Hufeisen zurückgefaltet wird. Das Trennen von Phasenpunkten durch andauernde Wiederholungen dieses Prozesses ist dann ebenso verständlich. Wenn man die Phasenbahnen in Abb. 5 immer wieder durchläuft, kann man dieses dauernde Strecken und Falten im Phasenraum direkt verfolgen: ein flächenartiges Bündel von Phasentrajektorien (vorderer Bildbereich) wird wie ein Gummituch auseinandergezogen (rechte Bildseite) und dann gefaltet.

Wenn man sich vorstellt, daß der Bäcker den „Teig" vor dem Auseinanderschneiden oder vor dem Falten „komprimieren" könnte, dann würde das ursprüngliche Quadrat nicht wieder komplett ausgefüllt werden können. Abbildung 6 zeigt, wie das im Fall der Hufeisentransformation gemeint ist. Für den Phasenraum bedeutet dieses Bild, daß die Zustandspunkte, die zu einem bestimmten Zeitpunkt einen vorgegebenen Teilraum einnehmen, später einen kleineren Teilraum des Phasenraumes einnehmen. Der „Phasenfluß" ist kontrahierend. Physikalisch bedeutet das, daß das zugrundeliegende System *dissipativ* ist. Das Trennen von Nachbarpunkten muß aber durch die Kompression nicht verhindert werden, da die Streckung in *einer* Dimension vor der Faltung die Phasenpunkte mehr trennen kann, als sie durch die Kompression genähert werden. Tatsächlich gibt es deterministisches Chaos in konservativen *und* in dissipativen Systemen.

Durch die fortwährende Kontraktion entstehen immer mehr Lücken im Phasenraum. Er bekommt eine „faserige" Struktur, er wird immer „linienartiger". In einem präzisen mathematischen Sinn kann man das dadurch beschreiben, daß die ursprüngliche („*Hausdorffsche*") Dimension des Ausgangsraumes niedriger wird, sie strebt einem Wert zwischen 1 und 2 zu, d.h. der Attraktor im Phasenraum ist „nicht mehr" ganz Fläche und „noch nicht" ganz Linie. Gebilde mit gebrochenen Dimensionen sind nichts anderes als die oben bereits erwähnten Fraktale, für die also die gebrochene Dimensionalität neben der vorher genannten Eigenschaft der Selbstähnlichkeit eine zweite wichtige Eigenschaft ist.

Chaos in mehrdimensionalen Systemen

Dreidimensionale Phasenräume reichen nicht aus zur realistischen Beschreibung meteorologischer Phänomene. Hat der ursprüngliche Phasenraum mehr als drei Dimensionen, so kann die Dimensionsverminderung eines „seltsamen"

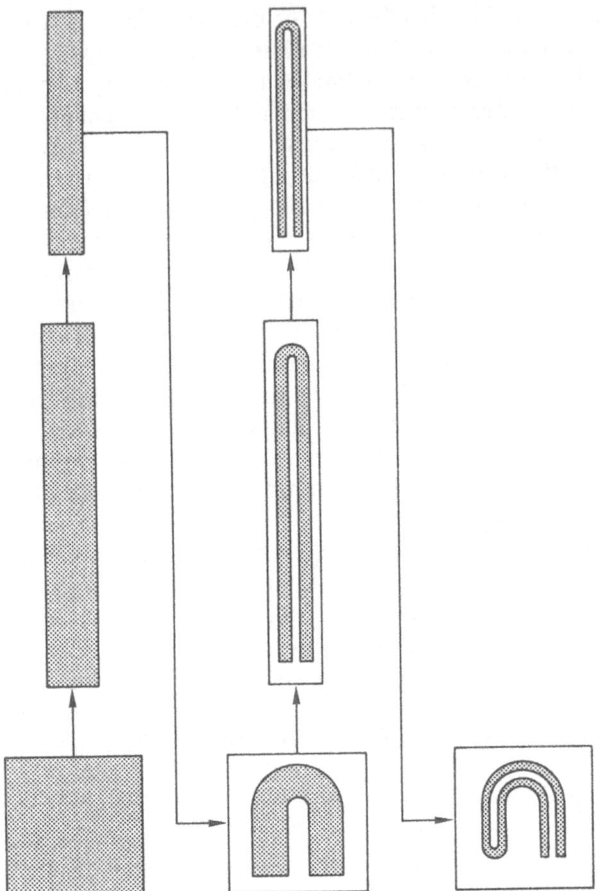

Abb. 6. Die Hufeisentransformation zur Veranschaulichung einer kontinuierlichen Differential-gleichung. Hierbei wird der „Teig" nach dem Auswalzen nicht zerschnitten, sondern wie ein Huf-eisen zurückgefaltet (*oberer Teil*). Könnte der „Teig" vor dem Falten „komprimiert" werden, würde er im gegebenen Phasenraum einen entsprechend geringeren Raum einnehmen (*unterer Teil*). Die Hufeisentransformation veranschaulicht das fortwährende Auseinanderziehen und Zurückfalten der flächenartigen Phasenebenen im Rössler-Attraktor

Attraktors mehr als eine „ganze" Dimension betragen. Ein dynamisches System in n Dimensionen ist im allgemeinen gegeben durch das Gleichungs-system:

$$\dot{x}_1 = f_1 (x_1, x_2, \ldots, x_n)$$

$$\dot{x}_2 = f_2 (x_1, x_2, \ldots, x_n) \tag{13}$$

$$\ldots\ldots\ldots\ldots\ldots\ldots\ldots\ldots$$

$$\dot{x}_n = f_n (x_1, x_2, \ldots, x_n) \, ,$$

wobei die Punkte zeitliche Ableitungen von x_n, also dx/dt, bedeuten.

Die x_i sind die Variablen, deren Werte den Zustand des Systems bestimmen. Sie entsprechen den Werten x, y, z in den speziellen Gleichungen (11) und (12). Die Funktionen f_i sind im allgemeinen nichtlinear und ebenso wie in (11) oder (12) von Kontrollparametern abhängig, bei deren kritischen Werten Bifurkationen auftreten, die zum Wechsel des Attraktors führen. „Seltsame" Attraktoren als direktes Ergebnis solcher Systeme nichtlinearer Differentialgleichungen mit mehr als drei Dimensionen sind fast noch nie untersucht worden. (Eine Ausnahme für vier Dimensionen bildet die Arbeit von Rössler 1979.) Es gibt jedoch indirekte Anwendungen. Dabei nutzt man aus, daß die n Differentialgleichungen (13) erster Ordnung äquivalent sind mit *einer* Differentialgleichung n-ter Ordnung für eine der Variablen, z. B. für x_1:

$$x_1^{(n)} = f \ (x_1, \dot{x}_1, \ldots, x_1^{(n-1)}) \tag{14}$$

Hier bedeutet z. B. $x_1^{(n)}$, daß x_1 insgesamt n-mal nach der Zeit abgeleitet wird.

Die Möglichkeit, aus der Zeitreihe einer einzigen Variablen die ganze Dynamik des Vielvariablensystems ableiten zu können, wird dadurch verständlich, daß die eine Variable aufgrund der Kopplungen des Systems Informationen über alle anderen Variablen enthält. Man muß also den Phasenraum nicht unbedingt durch die Koordinate (x_i) aufspannen, man kann die Dynamik auch durch den zeitlichen Verlauf *eines* der x_i und seiner zeitlichen Ableitungen *bis zur Ordnung n−1* darstellen. Stellt man sich die höheren Ableitungen durch endliche Differenzen approximiert vor, dann reicht es sogar aus, diskrete, zeitversetzte Werte der einen Variablen zu kennen, d. h. der Phasenraum

$$(x_1, x_2, \ldots, x_n) \tag{15}$$

ist zu ersetzen durch einen Phasenraum mit den Koordinaten

$$(x_1(t), x_1(t+T), \ldots x_1(t+(n-1)T)) \ , \tag{16}$$

wobei T die Zeitversetzung ist.

Das liefert eine ganz neue Auswertemethode für meteorologische oder klimatologische Zeitreihen (z. B. Nicolis und Nicolis 1985; Fraedrich 1986), die hier ganz kurz beschrieben werden soll. Normalerweise sollte der durch (16) aufgespannte Phasenraum genauso viele Dimensionen haben wie der Phasenraum von (15). Das ist bei der Atmosphäre offensichtlich unmöglich, da man niemals alle Variablen kennt, von denen das atmosphärische Verhalten abhängt. Man konstruiert also durch die zeitversetzten Koordinaten einen Phasenraum mit weniger Dimensionen („*Einbettungsdimension*"). So erhält man wenigstens eine Projektion des eigentlichen (unbekannten) Phasenraumes auf einen niedriger dimensionalen Unterraum. Nun ist die Frage, welche Einbettungsdimension ausreichend ist. Hier hilft der oben beschriebene Befund, daß bei dissipativen Systemen das Verhalten durch einen Attraktor beschrieben werden kann, der weniger Dimensionen hat als der komplette Phasenraum. Es ist plausibel, die Einbettungsdimension etwas größer zu wählen als die Dimension des Attraktors, denn dann kann wenigstens das Langzeitverhalten wiedergegeben werden.

In der Praxis geht man so vor, daß man Phasenräume (16) mit wachsendem n bildet, Punktwolken in ihnen erzeugt (wozu natürlich sehr viele Werte in der gemessenen Zeitreihe vorhanden sein müssen) und jedesmal die Dimensionalität des Raumes bestimmt, der von der Punktwolke eingenommen wird. Für vollkommen zufällige Werte wird die Dimension der Punktwolke gleich der jeweiligen Einbettungsdimension sein: der ganze Raum ist mit Punkten angefüllt, unabhängig von seiner Dimension. Wenn aber die Dimension der Punktwolke von einem n an nicht mehr mit der Einbettungsdimension „mitsteigt", sondern (fast) konstant bleibt, so ist das die Dimension des Attraktors. Auf diese Weise haben Nicolis und Nicolis für den Klima-Attraktor die fraktale Dimension 3,1 gefunden. Nach diesem Ergebnis ist es also nicht sehr sinnvoll, Klimamodelle mit weniger als 4 Dimensionen zu konstruieren.

Zusammenfassung und Schlußbetrachtung

Die Frage der Verallgemeinerungsmöglichkeiten der in diesem Beitrag und anderswo beschriebenen Beispiele wird in der Fachwelt diskutiert. Trotz vieler noch offener Fragen ist doch zu folgern, daß die moderne Chaostheorie Anwendungen in der Naturwissenschaft hat und daß sie auch praktische Hilfe leisten kann bei der Lösung dringender Zeitfragen. Die Modellierung des Klimas *ist* offenbar ein dringendes Problem. Das Klima ist jedoch ein derart komplexes System, daß an eine auch nur annähernd vollständige Berücksichtigung aller Faktoren in einem Modell nicht zu denken ist. Man muß also von vornherein approximieren, d. h. das Klimageschehen in einem niedriger dimensionalen Phasenraum abbilden als es der Wirklichkeit entspricht. Aber wo soll man abbrechen? Nicht immer wird das Modell dadurch besser, daß man zusätzliche Effekte berücksichtigt. Ein sinnvolles Kriterium ist es offenbar, zu fordern, daß sich wenigstens das Langzeitverhalten des Systems in dem Modell entfalten kann, und dazu ist nach der oben zitierten Studie ein mindestens vierdimensionaler Modellphasenraum notwendig.

Die Chaostheorie lehrt uns aber zugleich, die gewonnenen Ergebnisse kritischer zu beurteilen. Gerade für die Situation, das Klima in einer niedriger dimensionalen Projektion des tatsächlichen Phasenraumes beschreiben zu müssen, treffen die Folgerungen voll zu, die wir anhand der Bernoulli-Darstellung der Bäckertransformation für die Vorhersagbarkeit in einem Unterraum gezogen haben: die Variablen, die in den unbekannten Dimensionen versteckt sind *und* das deterministische Chaos sind bei einer Einschätzung der gewonnenen Ergebnisse zu berücksichtigen. Das altbekannte, stochastische Chaos wirkt sich aus, da nicht alle Systemparameter bekannt, d. h. verborgene Parameter vorhanden sind. (Es ist klar, daß die Vorhersagbarkeit leidet, wenn man Parameter nicht kennt, die das System beeinflussen!) Das neuentdeckte deterministische Chaos wirkt sich aus, da die Systemparameter mit nur endlicher

Genauigkeit bekannt sind. Der Grund ist die sensible Abhängigkeit von den Anfangsbedingungen, d. h. die Verletzung des Prinzips der starken Kausalität. Ähnliche Ursachen haben keine ähnlichen Wirkungen. Das System ist mischend, es mischt die Zustandspunkte im Phasenraum. Deterministisches Chaos wird nicht verhindert durch die Kenntnis aller Parameter, und stochastisches Chaos wird nicht verhindert durch die unendlich genaue Kenntnis der bekannten Parameter.

Selbst wenn es möglich wäre, alle Parameter zu kennen *und* sogar mit unendlicher Genauigkeit, so wäre noch immer die Möglichkeit des unperiodischen Verhaltens zu beachten. Man könnte dann zwar beliebig lange prognostizieren, man könnte aber niemals aus noch so langen Prognosen das weitere Zeitverhalten extrapolieren. Man könnte also niemals aus dem Bisherigen etwas lernen für die Zukunft. Aber selbst diese noch immer ungünstige Situation ist vollkommen hypothetisch. In der Realität ist das Gegenteil der Fall, weder sind alle Parameter bekannt, noch sind sie mit unendlicher Genauigkeit bekannt, so daß beide Chaosarten zusammenspielen und vom prognostizierenden Meteorologen oder Klimatologen, aber auch von jedem anderen Naturwissenschaftler beachtet werden müssen.

Neben den methodischen Fortschritten durch die Chaostheorie ist auch ihr grundsätzlicher Einfluß auf das allgemeine Denken in der Naturwissenschaft (und langfristig sicher auch in der Geisteswissenschaft) von außerordentlicher Bedeutung. Die Quantentheorie hatte vor 70 Jahren für Aufregung gesorgt, da sie den Begriff des Zufalls in der Mikrophysik aufgewertet hat. Bekannt ist Einsteins Sträuben gegen die neuen Vorstellungen, die er in dem berühmten Satz „Gott würfelt nicht" zusammengefaßt hat. Trotz der Quantentheorie hat bis vor 20 Jahren wohl niemand geglaubt, daß sich auch in der makroskopischen Physik die Bedeutung des Zufalls ändern würde. Bis dahin verstand man unter Chaos allenfalls ein stochastisches Chaos, das nur dann wirkt, wenn man das System nicht in allen Details kennt. Wegen der „verborgenen Parameter" kommt die tatsächlich vorhandene Vorhersagbarkeit nur nicht zum Zug, sozusagen aus praktischen Gründen. (Einstein suchte bis zuletzt sogar in der Mikrophysik nach den verborgenen Parametern.) So war es eine Sensation, als man vor 20 Jahren entdeckte, daß Chaos gerade durch deterministische Gleichungen *erzeugt* werden konnte. Es gibt also auch ein deterministisches Chaos! Damit ist auch die makroskopische Physik betroffen. Welche Auswirkungen das auf das allgemeine Weltbild des Menschen haben wird, ist noch nicht abzuschätzen.

Literatur

Davies P (1988) Prinzip Chaos. Bertelsmann
Ekeland I (1984) Das Vorhersagbare und das Unvorhersagbare. Harnack, München
Feigenbaum M (1978) Quantitative Universality for a Class of Nonlinear Transformations. J Statist Phys 19:25–52

Fraedrich K (1986) Estimating the dimensions of weather and climate attractors. Am Meteorol Soc 43, 5:419−432

Kocak H (1986) Differential and Difference Equations through Computer Experiments. Springer, Heidelberg New York Tokyo, 224 S

Landau LD, Lifschitz EM (1978) Lehrbuch der Theoretischen Physik, Bd VI. Hydrodynamik. Akademie-Verlag, Berlin

Lorenz EN (1963) Deterministic nonperiodic flow. J Atmos Sci 20:130−141

Lorenz EN (1964) The problem of deducing the climate from the governing equations. Tellus 16:1−11

Nicolis C, Nicolis G (1985) Gibt es einen Klima-Attraktor? Phys Blätt 41, 1:5−9

Pedlosky J, Frenzen C (1980) Chaotic and periodic behaviour of finite-amplitude baroclinic waves. J Atmos Sci 37:1177−1196

Peitgen HO, Richter PH (1986) The beauty of fractals. Springer, Berlin Heidelberg New York Tokyo

Robbins KA (1976) A moment equation description of magnetic reversals in the Earth. Proc Natl Acad Sci USA 73:4297−4301

Rössler OE (1976) An equation for continuous chaos. Phys Lett 57 a:397

Rössler OE (1979) An equation for hyperchaos. Phys Lett 71 a:155

Sachverzeichnis